润滑油性质及应用

主　编　陈国需
副主编　方建华　王泽爱

中国石化出版社

内 容 提 要

　　本书较系统地介绍了摩擦磨损基础知识、润滑的基本原理、润滑油的性质、组成及分类。结合油料应用理论知识和油料工作实际，重点讨论了发动机润滑油、液压油、齿轮油、压缩机油、冷冻机油、真空泵油、汽轮机油及其他工业润滑油等主要润滑油产品的主要理化性质及其性能影响因素。本书适用于油品应用专业的课程教学，也可作为润滑油企业技术、业务、管理人员的学习参考书。

图书在版编目（CIP）数据

　　润滑油性质及应用／陈国需，方建华，王泽爱主编. —北京：
中国石化出版社，2016. 1（2022. 2 重印）
　　ISBN 978-7-5114-3702-0

　　Ⅰ. ①润… Ⅱ. ①陈… ②方… ③王… Ⅲ. ①润滑油 Ⅳ. ①TE626. 3

　　中国版本图书馆 CIP 数据核字（2016）第 021745 号

中国石化出版社出版发行

地址：北京市东城区安定门外大街 58 号
邮编：100011　电话：(010)57512500
发行部电话：(010)57512575
http://www. sinopec-press. com
E-mail：press@ sinopec. com
北京艾普海德印刷有限公司印刷
全国各地新华书店经销

*

787×1092 毫米 16 开本 21. 75 印张 510 千字
2016 年 3 月第 1 版　2022 年 2 月第 2 次印刷
定价：58. 00 元

前　言

　　随着石油工业和机械设备的快速发展，润滑油的种类越来越高，品质要求也越来越严格，质量性能不断提高。为了使从事油品应用工程专业的人员系统深入了解润滑油的相关知识，实现正确选用和使用各类润滑油，保证用油设备技术性能的发挥，特编写了《润滑油性质及应用》一书。

　　本书较系统地介绍了摩擦磨损的种类及特点、润滑的基本原理、润滑油的组成、性质、种类和使用等内容。全书分为摩擦和磨损基础知识，润滑理论简介，润滑油的性能，润滑油组成及分类，发动机润滑油，液压油，齿轮油，压缩机油、冷冻机油和真空泵油，汽轮机油，其他工业用油共十章，重点介绍了发动机润滑油、液压油、齿轮油等常用润滑油品种的种类牌号、主要理化性质及其性能影响因素。

　　本书力求内容详实准确，兼顾发展；讨论分析深入浅出，注重理论与实际相结合；章节配置合理，便于学习。既可作为高等院校油料专业的培训教材，又可供企业、科研机构油料应用工程技术人员参考或自学之用。

　　由于作者编写水平有限，经验不多，疏漏和不妥之处在所难免，恭请广大读者批评指正。另外，由于编撰本书所参考的文献资料较多，内容庞杂，许多文献资料的标示在书中难免漏失，尽请相关作者谅解。

编　者

目　　录

第一章 摩擦和磨损基础知识

1964年英国教育科研部授权以 Jost 为首的润滑工程工作组对摩擦、磨损和润滑的教育与研究现状进行调查。在1966年发表的调查报告中首次提出摩擦学（Tribology）这一术语，并指出通过运用摩擦学的原理与知识，可以使英国工业每年节约五亿一千多万英磅。自此，摩擦学引起了世界各国的高度重视。

摩擦学是研究机械系统中两个相互运动接触表面的摩擦，磨损和润滑现象、规律及技术的工程科学。摩擦消耗了世界上一次性能源的 1/3~1/2，而通过良好的润滑则可挽回其中50%的能量损失。60%~80%的机械部件失效是由磨损造成的，而润滑是减少磨损的重要措施之一。为了弄清润滑的原理，必须了解摩擦和磨损的基础知识。

第一节 金属表面性状

从摩擦学的角度来了解金属表面性状，主要有三方面的内容：一是金属表面形貌，二是金属表面层结构，三是金属材料及其表面力学性能。

一、金属表面形貌

即使加工很"光滑"的零件表面，在显微镜观察下也是凹凸不平的（图1-1），有如地球表面的地貌一样，布满了高山深谷。零件表面的这种凹凸不平的几何形状，称之为表面形貌。表面上凸起处称为波峰，凹下处称为波谷。相邻的波峰和波谷间的距离称为波幅 H，相邻波峰或相邻波谷间的距离称为波距（或波长）L。根据表面的波距与波幅之比（L/H）将它们分为宏观形状误差、波纹度和粗糙度三种，实际的表面轮廓可以看成是这三种误差的叠加（图1-2）。

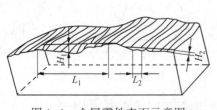

图1-1 金属零件表面示意图

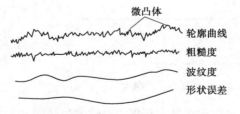

图1-2 表面偏差示意图

1. 宏观形状误差

它是不重复的或不规则的几何偏差，如圆孔出现了椭圆度，圆柱体出现了锥度等。这种偏差往往不被认为是表面形貌的组成部分，是由于加工设备、加工工艺等存在较大缺陷引起的。一般认为宏观偏差 $L/H>1000$。

2. 波纹度

它是大体上呈周期性变化的偏差，一般认为 L/H 在 $50\sim1000$。表面的波纹度是由于加工时机具性能的缺陷(如机床、刀具的低频振动，不均匀的切削力，不均匀的进刀等)引起的。

3. 粗糙度

它是表面波纹上的微几何偏差，$L/H<50$。微观偏差的每一个单独的峰叫做微凸体。粗糙度是切削工具与金属表面作用引起的。粗糙度的大小与使用的刀具和切削规范等有关。

粗糙度对摩擦和磨损具有一定的影响。对于相对运动的表面，表面越粗糙，摩擦阻力越大，增加了动力消耗且使摩擦表面温度升高，从而恶化工作条件。同时，由于表面粗糙，实际接触面积小，单位面积压力增大，且凹凸表面相互嵌入，增大啮合作用，从而加剧磨损。但是，如果表面过于光滑，两表面吸引力增大，也不利于润滑油的储存或边界润滑膜的形成，也会增大摩擦和磨损。因此，接触表面应当有适当的粗糙度。

表征粗糙度的特性参数比较多，根据 GB/T 1031—1995，以轮廓算术平均偏差 R_a、微观不平度十点高度 R_z 和轮廓最大高度 R_y 作为考察表面粗糙度的特征参数，附加的评定参数为"轮廓微观不平度的平均间距 S_m"、"轮廓的单峰平均间距 S"和"轮廓支承长度率 T_p"。R_a 是以表面轮廓的波峰和波谷的中心线 m 为基准，由多次测得波峰及波谷距中心线的距离 Z_i (图 1-3)取其绝对值之和除以测量的次数 n 即得。

$$R_a = \frac{1}{n}\sum_{i=1}^{n}|Z_i| \tag{1-1}$$

微观不平度十点高度 R_z 是被测轮廓在基本长度 l 内的五个最高点和五个最低点之间的平均距离(图 1-4)。

$$R_z = \frac{(h_1 + h_3 + h_5 + h_7 + h_9) - (h_2 + h_4 + h_6 + h_8 + h_{10})}{5} \tag{1-2}$$

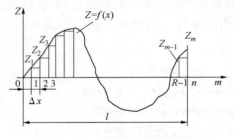

图 1-3　轮廓算术平均偏差

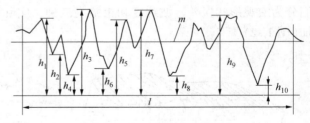

图 1-4　微观不平度十点高度

R_y 是被测轮廓在基本长度 l 内轮廓峰顶线和轮廓谷底线之间的距离(图 1-5)。

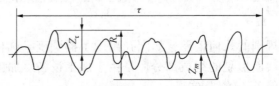

图 1-5　测量轮廓最大高度示意图

表 1-1 列出了对应于不同加工光洁度等级的上述粗糙度参数及其取值的对应关系。

表 1-1 不同粗糙度参数及其数值对应表

光洁度等级	$R_a/\mu m$	R_z、$R_y/\mu m$	取样长度 l/mm
	100	400, 500, 630, 800, 1000, 1250, 1600	
1	50, 63, 80	200, 250, 320	8.0 （R_z、R_y 为 50 时取 2.5）
2	25, 32, 40	100, 125, 160	
3	12.5, 16.0, 20	50, 63, 80	
4	6.3, 8.0, 10.0	25, 32, 40	2.5
5	3.2, 4.0, 5.0	12.5, 16.0, 20	
6	1.6, 2.0, 2.5	8.0, 10.0	
7	0.8, 1.00, 1.25	4.0, 5.0, 6.3	0.8 （R_a 为 2.5 时取 2.5）
8	0.4, 0.50, 0.63	2.0, 2.5, 3.2	
9	0.2, 0.25, 0.32	1.00, 1.25, 1.6	
10	0.1, 0.125, 0.160	0.50, 0.63, 0.8	
11	0.05, 0.063, 0.080	0.25, 0.32, 0.4	0.25
12	0.025, 0.032, 0.040	0.125, 0.160, 0.2	
13	0.008, 0.010, 0.012, 0.016, 0.020	0.063, 0.080, 0.100	0.08
14		0.025, 0.032, 0.040, 0.050	

粗糙度特性参数不能反映表面凹凸体的形状、大小、数目分布等特性，即使参数值相同，表面形貌仍可能有显著差异。轮廓算术平均偏差 R_a 等表征表面微观偏差的特性参数是一平均值，对于个别微凸体来说，它的高度可能低于或高于平均值。对摩擦、磨损、润滑有影响的主要是那些较高的微凸体。因此，在考虑表面粗糙度对摩擦、磨损和润滑的影响时，必须要估计到这一情况。例如，要使油膜将两摩擦表面完全分隔开时，油膜厚度必须比两表面的轮廓算术平均偏差大若干倍。

除上述粗糙度特性参数外，微凸体高度分布曲线和承载面积曲线也是表面形貌特征重要的表示方法。微凸体高度分布曲线的求法如下：先将表面的峰及谷的中心线标出，按固定的间隔测出峰及谷的高度 Z_1、Z_2、Z_3……（图 1-6）。然后，将同一水平的标高数目加起来，算出它所占的比例(频率)，将各个水平标高的比例绘成高度分布矩形图。根据矩形图绘出确切的光滑曲线即得表面的高度分布曲线。一般情况下，它们呈高斯分布。

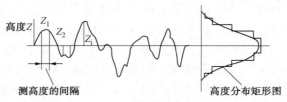

图 1-6 微凸体高度分布曲线

承载面积曲线的求法如下：以粗糙表面最低的凹谷所对应的水平面为基准面，然后用一理想平面与实际粗糙表面接触，求出某一高度(假定在此高度以上的体积被理想平面磨掉)的承载面积(或接触面积)与基准面面积的百分数,绘出高度与相应的百分数关系曲线(图1-7)。承载面积曲线主要用于计算摩擦副的实际接触面积,对摩擦和磨损研究具有重要意义。

二、金属表面层结构

在自然条件下,金属表面是由不同物质的薄层构成的,其性质与金属零件材料的基体不同,金属零件表面一般覆盖着三四层不同物质(图1-8)。

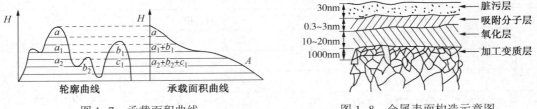

图1-7 承载面积曲线   图1-8 金属表面构造示意图

金属表面最外层是外来脏污物质,如手汗、油污、灰尘等,其厚度约为30nm。

第二层是吸附层。金属材料在成型过程中形成的晶格歪扭、晶格缺陷等使表面原子处于不稳定或不饱和状态,且成形过程中产生大量新生表面。新生表面的原子由于失去平衡而使其能量高于材料本体,金属表面力图获得更多的原子使其处于稳态,因此金属表面容易发生物理和化学吸附。吸附层是由从周围大气中吸附来的气体、液体分子等组成,厚度为 $0.3\sim3nm$。

第三层是氧化膜。在金属成形过程中新生表面一旦裸露,很快就与大气中的氧发生化学反应形成氧化膜,其厚度为 $10\sim20nm$。在太空高真空条件下,摩擦表面因不能形成氧化膜,洁净的两金属表面直接接触导致摩擦增大、磨损加剧,而有时表面的氧化又可能增大摩擦和磨损,如在一定条件下形成的高硬度的 Fe_3O_4 磨料、微动过程中的氧化腐蚀等。

第四层是加工变质层又叫贝比(Bieby)层或微细结晶层。这层物质是在加工过程中,表层分子的塑性流动或熔化沉积,在冷的下层材料上冷却硬化而形成。虽然其厚度只有10nm左右,但硬度却很高,是自然形成的抗磨料磨损层。然而,因其存有残余应力或微观裂纹,对材料的疲劳强度有负面作用。在微细结晶层和金属基体之间是加工变形层,它们是金属加工过程中晶格因高温、高残余应力等作用下发生扭曲而形成的,其硬度也比基体材料高。

三、金属材料及其表面力学性能

金属材料的强度、硬度、弹性、塑性、疲劳强度等力学性能与接触表面的摩擦和磨损密切相关。特定材料的强度、弹性和塑性是依据国家标准(GB/T 228—1987)通过拉伸试验测得的,将试样装夹在拉力试验机上,逐渐增大拉伸负荷,直至把试样拉断为止。绘制拉伸负荷 F_n 与试样伸长量 ΔL 间的关系曲线,并据此得到该材料的应力 σ($\sigma=F_n/S$,S 为试样原始截面积)-应变 $\varepsilon[\varepsilon=(L-L_0)/L_0]$ 关系。图1-9为低碳钢的 $\sigma-\varepsilon$ 曲线。

在外加载荷作用下,其变形依次经历了弹性变形、塑性变形和断裂三个阶段。

OE为弹性阶段,即去掉外力后,变形立即恢复,其应变值很小,E点的应力即材料产生弹性变形所承受的最大应力值,称为弹性极限 σ_E。在弹性变形范围内,应力与应变的比值称为材料的弹性模量 E（MPa），横向线应变与纵向线应变之比的绝对值称为横向变形系数或泊松比 γ。

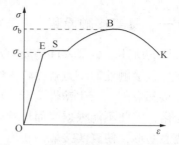

图 1-9　低碳钢的应力-应变曲线图

在 E 点以后产生的变形在卸去外力后不能恢复，这种产生永久变形的特性称为塑性变形。S 点附近，曲线比较平坦，不需要进一步增大外力，便可产生明显的塑性变形，此时对应的应力值为材料的屈服强度 σ_s。工程上将屈服变形量 0.2% 时的应力值称为屈服强度 $\sigma_{0.2}$，它表征材料对微量塑性变形的抗力。

有的材料如高碳钢、铸铁和某些经热处理后的钢等没有明显的屈服现象发生，因而无法确定其屈服强度值。经过一定的塑性变形后，必须进一步增加应力才能使其继续变形，当达到最大 B 点时的最大应力称为强度极限 σ_B（也称为抗拉强度）。施加到材料上的负荷超过 σ_B 后，试样的局部迅速变细，产生颈缩现象，试样迅速伸长且应力明显下降，到达 K 点后断裂。强度极限是零件设计时的重要依据，是评定金属材料强度的重要指标之一。

硬度是材料抵抗更硬物体压陷表面的能力大小，是衡量材料软硬程度的指标。常用的硬度表示方法为布氏硬度、洛氏硬度和维氏硬度。布氏硬度是通过测量硬质钢球在规定的载荷下保持一定时间后，在被测材料表面形成压痕的平均直径，并根据平均直径计算的压痕球缺表面积所承受的平均压力值，单位为 N/mm^2。当压头为硬质合金球时，硬度符号为 HBW；当压头为淬火钢球时硬度符号为 HBS。洛氏硬度是将坚硬的顶角为 120° 金刚石压头或直径为 1.588mm 的淬火钢球压头，在试验压力 F 的作用下垂直压向被测金属表面，由压痕深度计算的硬度值，符号为 HR。为了适应不同材料的硬度测试，采用不同的压头与载荷组合成 A、B、C、D、E、F、G、H 和 K 共计 9 种标尺，其表示符号即在 HR 后加上相应的标尺符号。维氏硬度试验原理与布氏硬度相同，所不同的是维氏硬度采用相对面夹角为 136° 的正四棱锥体金刚石作压头，用 HV 表示。

各种硬度值间没有理论的换算关系，但可通过常用硬度换算表进行近似换算，也可通过经验公式粗略地换算。硬度在 200~600HBS 时，1HRC 相当于 10HBS；硬度小于 450HBS 时，1HBS 相当于 1HV。

许多机械部件在所受应力的大小和方向随时间做周期性变化的交变应力下工作，如机床主轴、齿轮、滚动轴承等。在交变应力作用下，即使交变应力远低于材料的屈服强度，经长时间运行后也会发生破坏，这种破坏称为疲劳破坏。材料抵抗疲劳破坏的能力由疲劳试验测得，规定钢铁材料经受 107 次循环，有色金属经受 108 次循环时，材料断裂前的最大交变应力为该材料的疲劳强度，用 σ_r 表示。一般认为，产生疲劳破坏与材料的缺陷有关，在交变应力作用下，缺陷处首先形成微小裂纹，然后裂纹逐渐扩展，导致零件的受力截面减少，以致突然产生破坏。

第二节　金属表面的接触

第一节阐述的是单一金属表面的形状，没有涉及到两金属表面之间受载荷后发生的相互作用，本节对两金属表面接触后的接触面积和接触应力进行大致介绍。

一、真实接触面积

如前所述，金属零件的表面是按正态分布定律布满了高低不同的微凸体。最初由于接触点少，接触处的压力就比较大，接触点产生弹性变化。如果压力值超过材料的屈服强度 σ_S，接触点就会产生塑性变形。由于表面粗糙度是"时变"的，且表面硬度在摩擦过程中也会变化，因此不能根据表面形状确定出真实接触面积。但粗糙表面受载后接触点产生弹性或塑性变形，使真实接触面积增大。当真实接触面积 A_r 与较软材料屈服强度 σ_S 的乘积等于外载荷 F_n 时，接触面积不再增大，即真实接触面积 A_r 与外载荷 F_n 成正比。

$$A_r = \frac{F_n}{\sigma_S} \tag{1-3}$$

真实接触面积与表观面积之比是较小的，Bowden 曾做过真实接触面积 A_r 随外载荷大小而变化的试验，在钢/钢接触、表观面积 A 为 $21cm^2$ 时，接触点数和 A_r/A 的比值见表 1-2。

表 1-2　接触点数和真实接触面积与载荷 F_n 的关系

F_n/N	接触点数	A_r/A	F_n/N	接触点数	A_r/A
20	3	1/100000	1000	22	1/2000
50	5	1/40000	5000	35	1/400
200	9	1/10000			

当外载荷 F_n 增大时，真实接触面积 A_r 增加的比例与 F_n 增加的比例基本一致，这与理论计算真实接触面积 $A_r = F_n/\sigma_S$ 相吻合。但是，接触点数增加的比例低于 F_n 增加的比例，说明随着外载荷的增加，接触点数和单个接触点的面积都增大了。

二、接触应力

在外载荷作用下，接触面的表层要产生接触应力，接触应力与表面的摩擦和磨损息息相关。核兹（Hertz）于 1886 年最早运用弹性理论的基本方程解决了理想光滑表面弹性接触应力的分析计算问题，为了简化实际接触问题的复杂性，他做了以下一些假设：

（1）两个接触体材料都是绝对均匀和各向同性的；

（2）发生的变形都在弹性极限以内，没有任何残余变形；

（3）两个接触表面都是绝对光滑的；

（4）接触体间不存在切向载荷，即不考虑摩擦力；

（5）接触面积比整个接触体要小得多；

（6）接触表面之间无介质存在。

在此假设的基础上，Hertz 推导出工程上常见的球面/球面接触、球面/平面接触和柱面/柱面接触时接触区的半径 a 和接触中心处的最高接触应力 P_0 的值。

1. 球面/球面接触

设两球体的半径分别为 R_1、R_2，它们各自材料的弹性模量和泊松比分别为 E_1、γ_1，E_2 和 γ_2，法向载荷为 F_n，则得：

$$a = 0.9086 \sqrt[3]{\eta F_n \frac{R_1 R_2}{R_1 + R_2}} \qquad (1-4)$$

$$P_0 = 0.5784 \sqrt[3]{\frac{F_n}{\eta^2}\left(\frac{R_1 + R_2}{R_1 R_2}\right)^2} \qquad (1-5)$$

上式中：

$$\eta = \frac{1 - \gamma_1^2}{E_1} + \frac{1 - \gamma_2^2}{E_2}$$

2. 球面/平面接触

在式（1-4）中，当 $R_2 \to \infty$ 时，即为球面/平面接触，所以

$$a = 0.9086 \sqrt[3]{\eta F_n R_1} \qquad (1-6)$$

$$P_0 = 0.5784 \sqrt[3]{\frac{F_n}{(\eta R_1)^2}} \qquad (1-7)$$

3. 柱面/柱面接触

在线载荷 $F_n(\mathrm{N/m})$ 的作用下，在接触处形成一条宽度为 $2b$ 的狭长矩形接触区，同样可得：

$$b = 1.128 \sqrt{\eta F_n \frac{R_1 R_2}{R_1 + R_2}} \qquad (1-8)$$

$$P_0 = 0.5642 \sqrt{\frac{F_n}{\eta}\left(\frac{R_1 + R_2}{R_1 R_2}\right)} \qquad (1-9)$$

目前，Hertz 理论仍是机械工程上齿轮、凸轮、滚动轴承等应力大小、分布和变化计算的理论基础。但是，在 6 条假设中的有些条件与实际情况不太吻合，如金属材料是有晶格、晶界的，不可能是绝对均匀和各向同性的；粗糙表面的微凸体要产生塑性变形；绝对光滑的表面是不存在的；两表面间作相对运动时要产生切向应力等。因此，在应用 Hertz 公式时工程上常采用一些修正方法，以降低计算出的理论值和真实值间的差异。

第三节　摩　　擦

互相接触的物体在相对运动时产生的摩擦是日常生活中司空见惯的现象，但人们对摩擦本质的认识仍然不够深入。摩擦的大小一般用摩擦系数 μ 表示，其值等于摩擦力 F（切向力）与法向负荷 F_n 的比值，即 $\mu = F/F_n$。近年来研究表明摩擦系数不是材料的一种常数，随摩擦条件的不同，可在较大范围内变化。

一、摩擦的分类

（一）按摩擦副的运动状态分类

1. 静摩擦

当物体在外力作用下对另一物体产生微观弹性位移，但尚未发生整体相对运动时的摩

擦称为静摩擦。一个物体表面相对于另一个物体表面发生整体运动瞬间的切向阻力，称为最大静摩擦力，此时对应的摩擦系数称为静摩擦系数。

2. 动摩擦

一个物体表面相对于另一个物体表面发生整体运动过程中的摩擦称为动摩擦，其摩擦系数称为动摩擦系数，通常所说的摩擦系数即为动摩擦系数。

在相同条件下，动摩擦系数一般比静摩擦系数小。在工程实际中，静摩擦系数和动摩擦系数的差值越大，越易产生黏-滑现象，从而引起摩擦振动，如合上离合器时汽车的振动、切削时车刀的振动等。静摩擦系数和动摩擦系数的差值与材料刚度、滑动速度、滑动表面光洁度、润滑剂的理化性能相关。

（二）按摩擦副发生摩擦的部位分类

1. 外摩擦

两个相互接触物体在相对运动时接触表面发生的摩擦。它仅与两个物体接触部分表面的相互作用有关，而与物体内部状态无关。

2. 内摩擦

同一物体内部相对移动而产生的摩擦。如流体内部发生的相对运动时的摩擦；二硫化钼、石墨等层状固体润滑剂层间发生相对滑移时的摩擦；金属材料在成型过程中分子间的相对运动，都属于内摩擦。

（三）按摩擦副表面的润滑状态分类

1. 干摩擦

干摩擦一般认为是无润滑摩擦，这种摩擦通常存在于需要高摩擦力的机械部件，如制动器、干式离合器等；或从污染和安全角度考虑不能使用润滑剂的机械部件，如食品、化工、纺织机械的一些摩擦部位；或润滑剂不能胜任的工况，如特高温、特低温等。如果在金属表面存在氧化膜、湿气或污染物，它们之间的分子引力比清洁金属表面间小得多，从而使摩擦力显著下降。

2. 边界摩擦

在边界润滑状态（详见第三章），两接触表面被一层很薄的润滑膜隔开（可以从一个分子层到 $0.1\mu m$）。润滑剂的黏度、黏压系数、黏温系数等物理参数对摩擦的影响较小，而主要取决于金属及其表面特性和润滑剂中的润滑添加剂的性能。

3.（弹性）流体润滑摩擦

两物体的摩擦表面完全被油膜隔开，靠油膜的压力平衡外载荷（详见第二章）。在流体润滑状态下，摩擦阻力取决于润滑剂的内摩擦（黏度）大小；在弹性流体润滑状态下，摩擦阻力与润滑剂的黏度和黏压系数的大小密切相关。（弹性）流体润滑摩擦具有很低的摩擦系数，是节能、设备低磨损和长寿命最理想的摩擦条件。

4. 混合摩擦

这是指在摩擦表面上同时存在着干摩擦、边界润滑摩擦和（弹性）流体润滑的混合状态下的摩擦。混合摩擦一般以干摩擦和边界润滑摩擦并存的半干摩擦或边界润滑摩擦和（弹性）流体润滑摩擦并存的半流体摩擦的形式出现。

（四）按摩擦副的运动形式分类

（1）滑动摩擦　一个物体在另一个物体表面作相对滑动时的摩擦。

（2）滚动摩擦 一个物体在另一个物体表面上滚动时产生的摩擦。

（3）旋转摩擦 一个物体在另一个物体表面作旋转运动时的摩擦。

（4）微动摩擦 一个物体在另一个物体表面作小位移（一般是微米量级）振动时的摩擦。

这四种摩擦副运动形式中，滑动摩擦和滚动摩擦最为常见，与滑动摩擦阻力相比，滚动摩擦阻力仅为其 1/10 以下。

二、摩擦理论

对摩擦最早的阐述始于 15 世纪的达·芬奇（Leonardo Da Vinci，1452~1519），1699 年法国工程师阿蒙顿（Amontons）在大量摩擦试验的基础上，归纳了两条有关摩擦的基本定律：

（1）摩擦与两物体的接触面的大小无关。

（2）摩擦阻力 F 与垂直负荷 F_n 成正比。

$$F \propto F_n \quad 或 \quad F = \mu \cdot F_n \tag{1-10}$$

式中，μ 即称为摩擦系数。

1785 年法国物理学家库仑（Coulomb）继续进行了仔细的试验研究，证实阿蒙顿定律是正确的，并增加了第三条内容：

（3）在动摩擦中，摩擦阻力与滑动速度无关。

上述摩擦定律又称阿蒙顿-库仑定律，是根据当时的实验结果建立的，在一定条件下是成立的，一直到近代没有重大改变。但后来的研究发现这些定律在很多情况下是不正确的，例如第一定律不适用于非常光滑、洁净的表面，因为其摩擦力是与接触面积成正比的；第二定律仅适用于有一定屈服点的材料，不适用于弹性及黏性材料；滑动速度较大时，摩擦阻力会下降与第三定律也不相符。为了解释上述摩擦现象及定律，人们进行了摩擦理论的研究。

（一）早期摩擦理论

1. 机械连结（凹凸）理论

1699 年由阿蒙顿（Amontons）和海典（de la Hire）提出，金属的摩擦可能是由于粗糙表面的微凸体之间机械互锁作用引起的，表面粗糙度是产生摩擦阻力的主要原因。这个理论对静摩擦系数的存在作了解释，同时把动摩擦解释为使上表面的微凸体越过下表面微凸体所需的力（图 1-10）。该理论不能解释表面粗糙度很小时摩擦系数反而很高的摩擦现象。

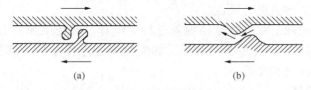

(a)　　　　　　　　　　　(b)

图 1-10　摩擦的机械联结理论示意图

2. 分子吸引理论

1929 年汤林生（Tomlinson）及 1936 年哈台（Hardy）先后提出，当一种材料的原子从它们配合表面上的吸力范围内被拉出时，要消耗一定能量，构成了摩擦力。后来又认为摩擦是由分子运动键的断裂过程所引起的，在这个过程中，由于表面及次表面分子周期性的拉伸、破裂及松弛，导致能量消耗。

（二）新摩擦理论

1. 焊合、剪切及犁削理论

该理论是鲍顿（Bowden）于1950年提出来的，认为接触表面相互压紧时，微凸体上的高压使其塑性变形，并发生局部焊合。这种焊合点因表面的相对滑动而被剪断，这一部分力量构成摩擦力的黏着分量 F_1。同时由于较硬表面的微凸体犁削较软表面材料的基体，它构成了摩擦力的犁削分量 F_2。所以，总摩擦力

$$F = F_1 + F_2 = A_r \cdot \tau + A_s \cdot \sigma_S \tag{1-11}$$

式中，A_r 为剪切总面积；τ 为焊合点的平均剪切强度；A_s 为沟槽横截面积。在大多数情况下，F_2 与 F_1 相比是很小的，可忽略不计，则：

$$F \approx A_r \times \tau \approx \frac{F_n}{\sigma_S} \times \tau \tag{1-12}$$

$$\mu = \frac{F}{F_n} = \frac{A_r \times \tau}{A_r \times \sigma_S} = \frac{\tau}{\sigma_S} \tag{1-13}$$

式中，σ_S 为材料的屈服强度。

焊合、剪切及犁削理论解释了前述的摩擦定律，说明摩擦系数是与金属材料的性质密切相关。从上述理论推出的式（1-12）看出，摩擦力 F 与负荷 F_n 成正比。这是因为摩擦力是与其实接触面积 A_r 成正比，而真实接触面又与负荷成正比[式（1-3）]，最后表现为摩擦力与负荷成正比的关系。至于古典摩擦定律中提到的摩擦力与接触面积无关，应该说成是与表观接触面积无关，而与真实接触面是相关的。

2. 变形、黏着和犁削综合作用理论

20世纪70年代确 N. P. Suh 提出了摩擦变形、黏附和犁削综合作用理论。该理论认为：两相对滑动物体表面之间的摩擦是表面间的黏附、微凸体的机械变形和硬磨粒对软表面的犁削这三方面综合作用的结果。

$$\mu = \frac{\tau}{\sigma_s} + \tan\theta + F_2 \tag{1-14}$$

式中，θ 为微凸体的倾斜角。

与焊合、剪切及犁削理论相比，该理论增加了微凸体摩擦变形对摩擦力的贡献，得到的摩擦系数理论值与实测值更为接近。

上述摩擦理论从宏观上对一些摩擦现象进行了解释，但在微观上有很多问题还是不清楚的。在实际应用中，还有很多影响因素，如摩擦副的工作条件、润滑膜等都没有考虑，摩擦理论还需进一步深化和完善。

（三）滚动摩擦机理

滚动时不发生滑动摩擦时的"犁沟"和黏着接点的剪切现象，因此用滑动摩擦的理论和模型不能解释滚动摩擦力的形成。一般认为滚动摩擦主要来自四个方面：微观滑移、弹性滞后、塑性变形和黏着作用。

1. 微观滑移效应

1876年，雷诺（O. Reynolds）用硬金属圆柱体在橡胶平面上滚动，观察到圆柱体每向前滚动一周，它前进的距离总比圆柱体的圆周小一点。在接触区内橡胶发生较大的弹性变形

（图 1-11），橡胶在 C 点的拉伸量与 B 和 D 处不同。1921 年海斯考特（Heathcote）考察了圆球在凹槽中滚动时的情况（图 1-12），当圆球滚动一周时，位于球中心的 AB 圆周与位于球边缘的 CD 圆周运行了不同的距离。这个距离必定导致界面滑移的发生，并有相应的摩擦能量损失。由于受载荷的金属表面会产生弹性变形，故此机理也能用于圆柱体在金属表面上的滚动。

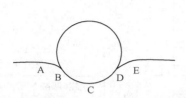

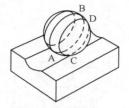

图 1-11　金属圆柱在橡胶平面上滚动时的示意图　　　图 1-12　圆球在凹槽中滚动情况

2. 弹性滞后

1952 年 Tabor 提出了滚动摩擦的弹性滞后理论。当钢球沿橡胶类的弹性体滚动时，使它前面的橡胶发生变形，因而对橡胶作功。橡胶的弹性恢复会对钢球的后部作功，从而推动钢球向前滚动。因为没有完全弹性的材料，故相比之下，橡胶对钢球所作的功总是小于钢球对橡胶所作的功、损耗的能量，表现为滚动的摩擦损失。这种摩擦有时称之为内摩擦，是由变形过程中橡胶分子相互摩擦造成的。

材料的弹性滞后损失与其松弛时间有关，因此黏弹性材料的弹性滞后现象比金属更为突出。低速滚动时，黏弹性材料在接触后沿部分恢复得快，因而维持了一个比较对称的压力分布，于是滚动阻力很小。反之，在高速滚动时，材料恢复得不够快，甚至在后沿来不及保持接触。速度越高压力分布的不对称性越高，这是实验已经证明的。

3. 塑性变形

在非重复的滚动接触中，当接触应力超过一定值，如 $P_0 \approx 3\sigma_s$（P_0 为最大接触应力，σ_s 为材料的屈服强度），滚道上将发生塑性变形。如果滚动的阻力主要是由塑性变形引起的，则有：

$$F \propto \frac{F_n^{\frac{2}{3}}}{r}$$

式中　F——滚动摩擦力；

　　　F_n——法向负荷；

　　　r——圆球的半径。

4. 黏着效应

滚动时接触表面的相对运动是法向运动，而不是滑动时的切向运动。黏着力主要是弱的范德华力，而强的短程力，例如金属键合力，仅可能在微观滑动区域中产生。如果发生黏着，将在滚动接触的后沿分离，这种分离是拉断而不是剪断。通常，滚动摩擦中黏着引起的摩擦阻力只占滚动摩擦阻力很小的一部分。

总之，在高应力下，滚动摩擦阻力主要由材料塑性变形产生；对于黏弹材料，弹性滞后是产生滚动摩擦阻力的主要因素；微观滑移和黏着效应对滚动摩擦阻力的影响相对较小。

三、影响摩擦系数的因素

摩擦系统由四个单元组成：一个摩擦件，对应摩擦副件，摩擦副的界面以及界面上的介质和工作环境。这四个单元都会对表征摩擦力大小的摩擦系数产生影响（图1-13）。

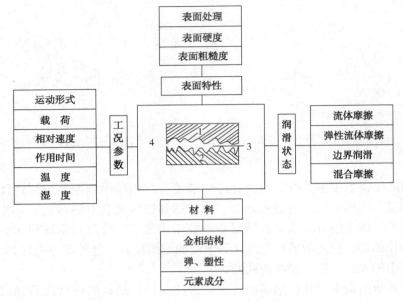

图1-13　摩擦系数的影响因素

（一）摩擦副材料

在早期摩擦的研究中，人们已发现不同的摩擦副材料摩擦系数不同，如两块铜材在空气中的摩擦系数为0.6，而石墨与石墨的摩擦系数在不太干燥的空气中约为0.1。从摩擦理论推出的式（1-13）和式（1-14）也说明摩擦系数大小与材料是相关的。材料的弹性模量和屈服强度越大，摩擦系数越低；具有密排立方结构和晶粒越细的材料摩擦系数小；晶体材料的取向、位错能大小、材料中硫、磷等元素的含量也会对摩擦系数产生影响。

（二）表面特性

对于不太光滑的表面，粗糙度一般情况下给整个摩擦系数的影响为0.01个数量级或更小。当表面粗糙度降低到表面分子吸引力起有效作用时，摩擦系数反而提高。材料的渗碳、渗氮、渗硼等不同的表面处理工艺会改变摩擦表面的元素组成，从而对摩擦系数产生影响；材料表面硬度或在摩擦过程中生成的硬化层也与摩擦系数相关。

（三）工况参数

在不同的摩擦运动形式中，滚动摩擦系数最小；在一定范围内增加载荷时，增大了实际接触面积，结果使摩擦系数上升；干摩擦时滑动速度增加，摩擦系数下降；温度会影响表面层的组织结构和性能；不同作用时间时表面层可能改变。

（四）润滑状态

摩擦副表面的润滑状态对摩擦系数有重要的影响（具体见第二章）。在流体摩擦下，润滑剂黏度是影响摩擦系数的重要因素；在弹性流体摩擦下，润滑剂黏度和黏压系数是影响摩擦系数的重要因素；而在边界摩擦状态下，减摩添加剂是影响摩擦的重要因素；在混合摩擦下，材料及其表面特性、润滑剂的黏度和边界润滑性能等都对摩擦有重要影响。

第四节　磨　　损

据统计，磨损、腐蚀和断裂是材料失效的三种主要形式，而磨损失效占 60% ~ 80%，磨损是造成材料和能源损失的重要原因。本节对磨损的定义、特性参数、磨损过程、不同类型磨损的基本理论和影响因素等有关磨损的基本知识进行介绍。

一、概述

（一）磨损定义及其特性参数

1969 年欧州经济合作与发展组织（OECD）对磨损下了一个比较确切的定义：由于表面的相对运动导致零件工作表面物质的持续损失。用于表征磨损的特性参数如下：

（1）磨损量　它可以是磨损质量、体积或厚度等。

（2）磨损率　用以表示磨损速率的参数。可以用磨损量与磨损时间的比值、磨损量与经过距离的比值、部件旋转一周或摆动一次时材料的磨损量来表示。

（3）耐磨性　又称磨阻或磨损抗力，是磨损量的倒数。

（二）磨损过程

根据不同工作时间段内磨损率的大小，一般机械零件摩擦副的磨损过程可分为磨合阶段、稳定磨损阶段和急剧磨损阶段（图1-14）。

1. 磨合阶段

新的摩擦副表面具有一定的表面粗糙度，且装配时存在误差。这导致在载荷作用下，开始时的实际接触面积小，单位接触面积实际承受的载荷较大，高接触应力必定产生高磨损率，如图1-14 中的 oa 线段。在工程实际中，一些摩擦副在正常工作前，设备制造商制定了相关的磨合程序或要求，有的摩擦副还需采用磨合液带走磨屑和摩擦热，以使磨合过程平稳进行。

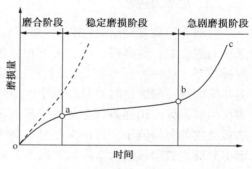

图 1-14　典型磨损过程

2. 稳定磨损阶段

经过磨合阶段，实际接触面积增大；摩擦表面发生加工硬化；摩擦副的配合精度得以提高；弹塑性接触条件被建立起来。这一阶段磨损趋于稳定，工作时间可以延续很长。它的特点是磨损量与时间成正比增加，磨损率基本不变，如图1-14 中的 ab 段，线段的斜率表示磨损率，横坐标时间表示零件的耐磨寿命。

3. 急剧磨损阶段

经过较长时间的稳定磨损后，摩擦条件发生较大变化，如摩擦表面间的配合精度丧失、表面温度升高以及金属组织的变化等致使磨损率急剧增加。这时机械效率下降、精度降低，产生异常的噪声及振动，最后导致零件的失效。如图1-14 的 bc 线段。

从磨损过程的变化来看，为了提高机械零件的使用寿命，应在设计或使用机器时，力求获得良好的磨合，从而延长稳定磨损阶段，推迟急剧磨损阶段的到来。若设计不当、磨合不够好或工作条件恶劣则不能建立稳定磨损阶段，在短暂的磨合后立即转入急剧磨损阶段，使零件很快损坏，如图 1-14 中虚线所示，应尽量避免这种情况发生。

（三）磨损的分类

从运动方式上磨损模式可分为滑动、滚动、微动、冲击磨损等；从磨损介质特性角度可分为普通磨损（二体磨损）、磨粒磨损、腐蚀磨损、冲蚀和气蚀磨损等。目前较通用的磨损分类是磨损机理的分类方法，即将磨损分为磨粒（料）磨损、黏着磨损、疲劳磨损、冲蚀磨损、腐蚀磨损和微动磨损等。英国的 T. S. Eyre 曾对工业领域中发生的各种磨损类型所占的比例作了大致估计（没有将疲劳磨损专门考虑为一种磨损类型），如表 1-3 所示。

表 1-3　各种磨损类型所占的比例

磨损类型	比例/%	磨损类型	比例/%	磨损类型	比例/%
磨料磨损	50	冲蚀磨损	8	微动磨损	8
黏着磨损	15	腐蚀磨损	5	其他	14

上述不同种类的磨损，从损伤机制角度，主要是磨粒磨损、黏着磨损、疲劳磨损和腐蚀（摩擦化学）磨损。各种复杂的磨损现象是这四种磨损机制单独或综合的表现。下面主要介绍这四种磨损机制。

二、磨粒磨损

欧洲合作与发展组织（OECD）对磨粒磨损的定义为：由于硬颗粒或硬突起物使材料产生迁移而造成的一种磨损。由定义可知它包括由硬颗粒和表面的硬突起在软表面擦过引起的两种类型。前一种类型如犁地时沙土对犁铧的磨损；颗粒物料输送过程中对溜槽、料仓、漏斗的磨损；研磨物料对研磨机中的磨杆、磨球、衬板的磨损；润滑剂中的硬颗粒对摩擦表面的磨损等。用锉刀打磨金属使其表面粗糙或用砂轮衍磨提高表面光洁度可作为第二种磨粒磨损的典型例子。目前由于科学技术的发展，可以得到高光洁度的表面，由表面硬突起引起的磨粒磨损已大为降低。但是，由硬颗粒引起的磨粒磨损仍较为严重。

（一）磨粒磨损形成机理

磨粒磨损的形成机理主要有三种观点：

（1）微观切削机理　当磨粒与金属表面接触时，材料在磨粒作用下发生如刨削一样的切削过程，这种过程造成材料一次性去除。

（2）犁沟形成机理　磨粒在力作用下，挤压被磨材料使其向两侧隆起，多次变形后隆起物产生脱落，而磨粒滑过的路径形成了犁沟。

（4）疲劳破坏机理　磨粒颗粒连续地射向金属表面，在相应部位产生交变接触应力，导致金属表面材料疲劳破坏，对硬表面材料则产生疲劳脆性裂纹。

第一种机理比较适用于刚性材料，第二种机理比较适用于塑性变形较大的材料，而第三种机理主要适用于脆性材料。

（二）磨粒磨损定量计算公式

对于磨粒磨损的定量公式，摩擦学专著都引用 E. Rabinowicz 在 1966 年提出的简化模型，并由此推出磨料磨损的定量计算公式。该模型假设半角为 θ 的硬磨粒滑过不产生任何塑性变形的绝对刚体，其嵌入深度为 d，圆锥体的半径为 r（图 1–15）。

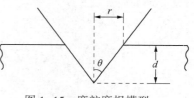

图 1–15　磨粒磨损模型

一个锥体滑过单位距离刨出金属材料的体积为：

$$V_1 = 2\left(\frac{1}{2}rd\right) = rd$$

而 $d = r\cot\theta$，所以：n 个锥体则刨出的总体积

$$V = nr^2\cot\theta \qquad (1-15)$$

又因锥体在移动中与受磨金属接触的垂直投影面积为 $\pi r^2/2$，n 个为 $n\pi r^2/2$。这个总面积承担了正向负荷 F_n，故有：

$$F_n = n\frac{\pi r^2 \sigma_s}{2}$$

式中，σ_s 为软金属的屈服强度。由此得：

$$nr^2 = \frac{2F_n}{\pi\sigma_s}$$

代入式（1–15）中得：

$$V = \frac{2F_n\cot\theta}{\pi\sigma_s} \qquad (1-16)$$

考虑到材料的硬度 H_B 与屈服强度 σ_s 成正比，即 $H_B = C\sigma_s$（C 为常数，约等于 3），将其代入式（1–16）中得：

$$V = \frac{2CF_n\cot\theta}{\pi H_B} = \frac{2C\cot\theta}{\pi} \times \frac{F_n}{H_B} = K\frac{F_n}{H_B} \qquad (1-17)$$

上式表明，在一定的磨粒条件下，单位滑动距离内磨损体积与施加的载荷成正比，与被磨材料的硬度成反比。应当注意的是：导出此公式是基于最简单的模型，它未考虑到硬颗粒的不同形状、分布规律；硬颗粒在摩擦面的滚动；硬颗粒滑动时被磨材料的塑性变形，磨损过程中的环境条件等的影响。以考虑被磨材料的弹性变形为例，当材料的弹性变形足以能容许磨粒通过，那么，表面的永久性擦伤是能避免的。船舶在含沙较多的水中航行时，其推进器的轴采用水润滑的橡胶轴承时，其抗磨损能力要比用青铜轴承时大。与此类似的是汽车发动机曲轴的白合金轴承，由于白合金较软，能容许细小的颗粒杂质嵌入合金中而不产生不良影响，因而减缓了曲轴的磨损。

（三）磨粒磨损的影响因素

材料的磨粒磨损是一个复杂的多因素综合作用的结果，由磨粒、零件材料和工况条件组成的这个磨损系统中，影响磨粒磨损的主要因素见图 1–16。

1. 磨粒特性的影响

磨粒硬度对材料的磨损率有显著的影响。当磨粒硬度远高于被磨材料的硬度时，磨损

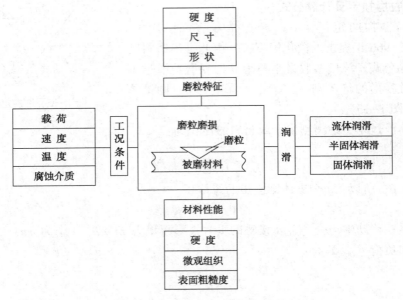

图1-16　磨粒磨损的影响因素

率很大且磨损率与磨料硬度无关；当被磨材料的硬度接近于磨粒硬度时，磨损减慢；当磨粒的硬度低于被磨材料时，随两者差别的增大，磨损急剧减小。不同被磨材料都有相应的磨粒临界尺寸，当超过这一尺寸时，磨损增加的幅度显著降低。尖锐磨粒的磨损率较大，而圆形磨粒的磨损率相对较小。

2. 材料性能对磨粒磨损的影响

硬度是反映材料耐磨性的重要参数。宏观硬度HB越大，耐磨性越好。金属材料在磨粒磨损过程中发生"加工硬化"，磨损后的表面硬度有所提高。材料的耐磨性与其磨后硬度成正比，只要磨后硬度相等，其相对耐磨性也是相同的，因此材料磨后硬度比其原始宏观硬度与耐磨性有更直接的关系。材料的微观组织与机械性能有密切关系，因而它对材料的耐磨性也有重要影响，由于工作环境、磨粒特征等不同，微观组织对磨粒磨损的影响程度存在差异，低应力、小磨粒尺寸、软磨粒硬度、材料高碳含量对微观组织较为敏感。对于软硬材料表面组成的摩擦副，硬表面粗糙度越大、微凸体峰顶越尖锐，其磨损量愈大。

3. 工况条件对磨粒磨损的影响

式(1-17)表明磨料磨损体积与压力成正比。所以负荷增加时，磨粒磨损可由轻微磨损转为严重磨损。滑动速度增大时，摩擦磨损产生的更多的摩擦热，甚至引起材料的相变，从而导致磨损增大。在一定温度和腐蚀条件下，磨粒磨损产生的新鲜表面又促进了腐蚀作用，这种恶性循环加剧了磨粒磨损。

4. 润滑对磨粒磨损的影响

流体润滑、半固体润滑和固体润滑形成的润滑膜在一定程度上将两摩擦表面有效隔开，有效降低了磨粒磨损。流体润滑还可起冲走磨粒、带走摩擦热作用，降低磨粒磨损效果更为明显，但要注意流体自身的清洁度，以免带入磨粒。

三、黏着磨损

如前所述，任何看起来很光滑的金属表面，从微观结构的角度来看仍然是粗糙的。两个表面靠在一起，也只有少数孤立的微凸体相接触。当加上负荷时，在互相接触的突出处，局部压力很高。如果超过屈服强度时，微凸体就产生塑性变形，直到真正的接触面积增大到足以支持所加的负荷为止。同时表面的污染膜、氧化膜破裂，结果新鲜金属表面裸露出来，由于分子力作用使两个表面发生焊合。摩擦面继续滑动时就会剪断联接点，同时又产生新的联接点。在联接点被剪断时，如果剪断的位置刚好是原来的交界面，那么就不会出现磨损。如果剪断的位置不是原来的交界面，那么金属就会从这一表面转移到另一表面，在以后的重复摩擦过程中，一些转移的金属会脱离下来，金属表面便出现磨损。

许多机械零件的磨损失效与黏着磨损相关，如宇宙中因缺氧而使机械零件易发生黏着磨损、飞机发动机主连杆和轴套、汽车发动机活塞环和气缸套、加工刀具和被加工材料之间等都易发生黏着磨损。黏着磨损发生一般较突然，严重时可导致机械零件"咬死"。黏着磨损当摩擦副之间没有润滑剂，或润滑膜因高温、高压、高剪切等原因而遭到破坏时易发生黏着磨损。

（一）黏着磨损类型

根据摩擦表面黏着磨损程度，将黏着磨损分为以下四种类型。

1. 涂沫

金属从一个表面转移到另一个表面上，并形成很薄的堆积层。例如涡轮表面的软金属铜涂抹在蜗杆的螺旋面上；铅基合金涂膜在钢表面上等。发生涂膜时，黏着点的焊合强度大于软金属的剪切强度，发生在离结合面不远的较软金属浅层内。

2. 擦伤

它是沿滑动方向产生细小滑痕的现象。在摩擦副表面相对滑动时，较硬的凸峰（或较硬的颗粒）在较软金属的亚表层内产生擦伤，有时也会发生在硬金属表面上。内燃机的活塞和缸壁之间经常出现擦伤现象。擦伤时黏着点的剪切强度既大于软金属，也大于硬金属。

3. 胶合

在滑动表面之间，固相焊合产生局部破坏，但尚未出现局部熔焊的现象。胶合的显著特征是在摩擦表面出现明显的撕脱痕迹。在润滑不良时齿轮、凸轮、螺杆、轴承等都易发生胶合。胶合时黏着点的剪切强度比两基本金属高得多，黏着区较大，破坏发生在一个或两个基体金属较深处。

4. 咬卡

此时外力已不能克服界面的接合强度，摩擦面相对运动被停止。从胶合到咬卡一般在很短时间内即完成，起初工作噪声和振动增大、接触表面温度急剧升高，接着润滑剂冒烟，继而摩擦副咬死。

（二）黏着磨损定律

根据黏着磨损机理可推导出一条简化的黏着磨损定律。假设接触点是一些相同的半径为 a 的半球形微凸体，每一接触点的接触面积为 πa^2，承受的负荷为 $\sigma_s \pi a^2$（σ_s 为屈服强度）。当表面移动时，每一对微凸体从接触到滑过所经路程为 $2a$。每一微凸体产生的半球形磨损碎片的体积为 $2\pi a^3/3$，单位距离的磨损量为：

$$V_1 = \sum \frac{\frac{2}{3}\pi a^3}{2a} = \frac{1}{3}\sum \pi a^3 = \frac{n}{3}\pi a^2$$

式中，n 为触点的总数。接触点承担的总负荷 F_n 为：

$$F_n = n\sigma_S \pi a^2$$

上式可变为 $n\pi a^2 = F_n/\sigma_S$，代入磨损量公式中，因此有：

$$V_1 = \frac{F_n}{3\sigma_S}$$

经过距离 L 后，磨下金属的体积为 V，则：

$$V = V_1 L = \frac{F_n L}{3\sigma_S}$$

此式是设想所有接触点都产生一磨损碎片。如果仅有一部分磨损片，那么方程变为：

$$V = Kl\frac{F_n L}{3\sigma_S}$$

又因材料的硬度 H_B 与屈服强度 σ_S 成正比，即 $H_B = C\sigma_S$，所以：

$$V = K\frac{F_n L}{H_B} \tag{1-18}$$

式中，K 为磨损系数，它与接触点产生磨损碎片的概率以及摩擦副的材料有关。表 1-4 列出了一些工作条件下磨损系数 K 值。

表 1-4　某些工作条件下的磨损系数 K 值

摩 擦 条 件	摩擦副材料		K
在空气中 清净表面、室温		铜对铜	10^{-2}
		低碳钢对低碳钢	10^{-2}
		不锈钢对不锈钢	10^{-2}
		铜对低碳钢	10^{-3}
真空(6.65×10^{-5}Pa) 载荷 9.8N 速度 1.95m/s 室温	不锈钢对 不锈钢	清净面	10^{-3}
		PbO 薄膜面	10^{-6}
		Sn 薄膜面	10^{-7}
		Au 薄膜面	10^{-7}
		MoS$_2$ 薄膜面	$10^{-9}\sim10^{-10}$
流体动压润滑	所有金属		$<10^{-13}$
弹性流体动压润滑	所有金属		$10^{-9}\sim10^{-13}$
边界润滑	所有金属		$10^{-6}\sim10^{-10}$

由表 1-4 看出，磨损系数 K 值依干摩擦、固体薄膜润滑、弹性流体动压润滑和流体动压润滑的顺序依次降低。式(1-18)表明磨损量与摩擦经历的路程成正比、与材料的表面硬度成反比，很多实验证实了上述两条结论。对于负荷与磨损量成正比的结论仅在应力(负荷

除以表观面积)低于材料硬度 1/3 的条件下成立。当应力大于 $HB/3$ 时，整个表面都将产生塑性变形，真接触面积大片地增加，磨损也迅速增大。机械设计中应力必须低于材料硬度的 1/3，才不会产生严重的黏着磨损。

（三）黏着磨损的影响因素

影响黏着磨损的因素较多，概括起来主要有两个大的方面：一是摩擦副材料的特性；二是摩擦副的工作条件。

1. 摩擦副材料特性对黏着磨损的影响

（1）金属的互溶性　是指各元素之间在合金形成固体时相互溶解的能力。一般来说，相同金属或互溶性好的摩擦副，黏着倾向大。

（2）材料的组织结构　在金属的体心、面心和密排六方点阵中，密排六方晶体表面微凸体变形最小，因而接触面积也小，使两个黏合面破坏时所需的力也最小。晶粒及亚晶粒的细化不但能提高强度和硬度，也能同时改善韧性和塑性。因此，晶粒细化对提高耐磨性也是有利的。

（3）材料的硬度　由式（1-18）可知，硬度越低，磨损越大。因此提高表面硬度可降低表面微凸体的黏合，从而提高抗磨性。对钢来说，700HV（或 70HRC）以上，可消除黏着磨损。

2. 载荷、滑动速度对黏着磨损的影响

载荷增加时增大了接触面积和摩擦力，表面温度升高，塑性变形区扩大，促进了黏着磨损的发生。高速度时表面发热速率超过散热速率，同样导致摩擦表面温度的升高，增大了磨损。

3. 工作环境

在大气中工作的金属材料表面容易氧化，氧化膜、污染物等可直接防止金属纯净表面的接触，黏着磨损的程度会有所降低。在宇航环境中，机械零件在超高真空的条件下工作，金属表面不易生成氧化膜，且摩擦热因没有空气传热难以散失掉。因此，黏着磨损对于宇航机械零件的摩擦学设计是一个十分重要的问题。润滑也有助于将两摩擦表面有效隔开，从而降低黏着磨损。

四、疲劳磨损

前面阐述的磨粒磨损和黏着磨损机理是基于固体表面的直接接触。磨损在摩擦一开始时就出现，并且在整个摩擦过程上持续下去。这两种磨损机理无法解释两表面被油膜隔开、表面间无尘埃及金属屑等颗粒时，零件表面仍会出现点蚀及剥落为典型特征的磨损，这种类型的磨损称之为疲劳磨损。疲劳磨损可定义为"当两个接触体相对滚动或滑动时，在接触区形成的循环应力超过材料的疲劳强度的情况下，在表面层将引发裂纹，并逐步扩展，最后使裂纹以上的材料断裂剥落下来的磨损过程"。疲劳磨损最易出现在滚动接触的机械零件表面上，如滚动轴承、齿轮、车轮、轧辊等。

（一）疲劳磨损理论

1. 脱层理论

脱层理论认为两个接触表面作相对运动时，硬微凸体在软表面上滑过时，引起软表面的塑性变形，在金属表层将出现大量位错。金属组织中如果有硬颗粒阻止位错，则在该处形成裂纹或空洞，如此反复受力，裂纹将不断扩大，以致形成磨屑而脱落。该理论不能很好解释不存在夹杂物时，同样会出现疲劳磨损的现象。

2. 微观点蚀理论

根据核兹理论，在负荷作用下，理想光滑表面上的接触应力分布呈椭圆形。但实际表面总会存在一定的粗糙度，形成了很多分散的微观应力场(图1-17)，从而引发很多微观点蚀，微观点蚀的底部常会产生二次裂纹，二次裂纹向纵深发展导致了疲劳磨损。

3. 转移膜理论

两摩擦表面相对运动时，软金属将转移到硬金属表面，随着接触次数的增加，软金属转移量增大，转移膜面积和厚度增加。当达到某个极限条件时，便发生断裂，形成磨屑。

（二）疲劳磨损类型

1. 滚动疲劳磨损

滚动元件之间尽管有一层润滑油膜把两个零件的表面隔开，但对面的强大的应力可通过油膜传递过来。通过油膜传来的应力分为正应力及剪应力。正应力的最大值出现在零件表面。剪应力的最大值出现在零件表面之下，如图1-18所示。

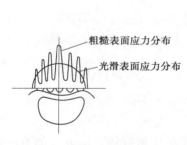

图1-17　理想与粗糙表面应力分布比较

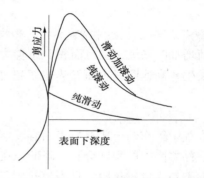

图1-18　滚动、滑动下剪应力分布示意图

不管是点接触还是线接触，最大剪应力的作用点是在接触点下面，距离表面为0.786b之处(b为点接触或线接触在应力作用下接触区的1/2宽度)。在实际工作中，滚动元件的运动不单纯是滚动，往往伴随着滑动运动。随着滑动的加剧，最大剪应力就出现在表面。对于一完善、无缺陷的金属材料来说，在滚动接触的情况下，损坏的位置决定于出现最大剪应力的位置。如果还伴随着滑动，损坏的位置就移向表面。

当滚动元件运转次数达到一临界值时会出现大的磨损碎片。在此之前磨损很小，可忽略不计。一旦出现了磨损碎片，滚动轴承的使用寿命随之终结。这一点与滑动轴承相比有明显的差异。滑动轴承的黏着磨损和磨粒磨损在一开始运转时就出现，并使轴承逐渐损坏，可用磨损量来衡量磨损情况。但对滚动轴承来说，不宜采用磨损量，而是采用"使用寿命"，即在出现磨损碎片前的总的旋转次数或在一定转速下的旋转时间来衡量。一般轴承制造厂是以同类型轴承中90%的轴承所能达到的总旋转次数，作为此种轴承的使用寿命。经过大量的实验，找出了滚动轴承的使用寿命N与负荷的三次反比，即：

$$F_n^3 N = 常数$$

2. 滑动疲劳磨损

滑动接触在前面已谈到会产生黏着磨损和磨粒磨损。但是，并不排除两个微凸体接触和相对移动时不发生黏着磨损和磨粒磨损的情况。这种情况是由于两微凸体接触时，一个微凸体或者两个同时在压力下产生塑性变形而让过，不发生黏结和擦伤。经过多次的这种形式的接触，就会因疲劳而导致微凸体脱落，形成磨损碎片。

在黏着磨损公式(1-18)中，K 曾被解释为微凸体经接触后产生一磨损碎片的概率，但未从物理意义上予以阐明。此外，黏着磨损理论也没有解释转移的金属是如何产生磨损颗粒的。特别是对于摩擦表面中较硬的表面同样会产生磨损的现象，黏着磨损理论更难以说明。这些问题都可由疲劳磨损的观点得到解释。常数 K 是一微凸体经过足够多的接触和变形次数而产生疲劳破损碎片的概率。从一摩擦面转移到另一摩擦表面的金属，经过多次的接触和变形，就会疲劳、断裂，最后从摩擦面上掉下来，成为摩擦面间的金属碎屑。同样，较硬的金属表面的微凸体、经多次的接触碰撞后也会使金属疲劳、断裂，最后从基体上脱落下来，成为磨损碎片。

（三）影响疲劳磨损的因素

1. 材料组成及其组织结构的影响

钢中的非金属夹杂物破坏了金属的连续性，容易形成应力集中和引发疲劳裂纹。钢中的氢气容易引起氢脆和氢致裂纹，因此，要求冶炼金属时应减少夹杂物及空隙，以提高金属材料的抗疲劳磨损能力。增加钢中的残余奥氏体可以增大接触面积，使接触应力下降，从而阻碍了疲劳裂纹的萌生和扩展。

2. 材料硬度及其表面粗糙度的影响

对于点蚀与剥落这种形式的疲劳磨损，裂纹的萌生是主导的过程，材料硬度越高，裂纹越难于萌生，疲劳寿命也越长。在油品润滑的条件下，疲劳裂纹的扩展阶段是影响疲劳寿命的主要因素，硬度越高，裂纹扩展速率越快。由微观点蚀理论可知，表面粗糙度越大，越易发生疲劳磨损。实验也证实了上述结论，以滚动轴承为例，粗糙度 $R_a = 0.4\mu m$ 时的轴承寿命比 $R_a = 0.8\mu m$ 时高 2~3 倍；$R_a = 0.2\mu m$ 时的轴承寿命比 $R_a = 0.4\mu m$ 时高 1 倍。

3. 润滑的影响

大量研究工作表明疲劳磨损寿命一般都是随接触表面润滑剂实际黏度的增加而提高，因此润滑剂高黏度和高黏压系数可延长材料的疲劳寿命。近年来的一些研究认为：润滑剂中的添加剂，特别是润滑添加剂也能提高材料的疲劳寿命。但如果润滑油中混入水分，疲劳寿命则大大降低。润滑剂因酸性或水分提供的原子氢渗入到摩擦表面，引起材料的氢脆，可导致其过早的疲劳失效。

五、摩擦化学磨损

摩擦化学磨损是在摩擦作用促进下，环境介质或其他物质与摩擦副在摩擦表面发生化学反应或电化学反应，所产生的表面损伤，统称为摩擦化学磨损。它是有第三者参加的磨损形式，是材料受化学反应或磨损综合作用的一种复杂的磨损过程。例如，沿海地区工作的机械，常比内陆地区磨损快；受无机肥料或农药强力腐蚀作用的喷洒机械，其使用寿命只能达到设计寿命的 40%~80%。润滑剂中的极性添加剂在一定条件下可增大磨损等是摩擦

化学磨损的典型实例。

（一）摩擦化学磨损机理

摩擦化学磨损是摩擦和化学反应的结合，环境介质或其他物质可使材料表面组织结构恶化，或者在摩擦表面生成疏松的或脆性反应层，随后在磨料或微凸体作用下很容易被破碎去除，从而导致材料磨损的增加。另一方面，由于摩擦导致温升和新鲜的金属表面，加速了化学反应速率，同时加快了摩擦化学磨损。在一些情况下是先发生化学反应，然后因机械磨损作用使生成物脱离本体；另外一些情况是先产生机械磨损，生成磨损颗粒后，再发生化学反应。摩擦和化学反应相互影响、相互促进了摩擦化学磨损。

（二）摩擦化学磨损的种类

氧化磨损和腐蚀磨损是摩擦化学磨损的主要两种类型。

1. 氧化磨损

在氧化性介质（氧气、液氧或空气）中工作时，摩擦副表面氧化膜形成后被磨掉，然后又在新鲜金属表面形成新的氧化膜，如此往复的过程导致了氧化磨损。金属的氧化与摩擦副的载荷、滑动速度、环境温度和介质中含氧量等因素有关，可形成不同形式的氧化物，即 FeO（黑色）、Fe_3O_4（黑色）和 Fe_2O_3（红褐色）。氧化磨损是化学氧化和机械磨损两种作用相互促进的过程。如在 18℃ 时，钢表面在 40min 内可生成厚度为 2nm 的氧化膜；而在摩擦氧化时，40min 内生成的膜厚度可达 500nm。如果氧化膜具有强的耐磨性，氧化膜生成速度大于氧化膜的磨损速度，则摩擦表面持续存在的氧化膜可避免摩擦面的直接接触，在一定程度上降低了黏着磨损和疲劳磨损。如果氧化膜生成速度小于氧化膜的磨损速度，则氧化磨损居于主导地位。微动磨损的过程中主要发生的即为氧化磨损。

微动磨损是指二个接触表面发生极小幅度（一般是微米量级）相对运动时的磨损现象。它通常存在于振动工况下的"近似紧固"的机械配合件之中，如各种连接件、各种紧固机构和夹持机构、各种过盈配合、轴承等。最新发展的微动三体理论认为微动磨损主要包含磨屑的形成和磨屑的演化两个过程。在磨屑的形成过程中，接触表面首先发生黏着和塑性变形，并伴随强烈的加工硬化，白层开始形成；随着白层的破碎，颗粒剥落；颗粒剥落后被碾碎，并发生迁移，迁移过程取决于颗粒的大小、形状和机械参数（如振幅、频率、载荷等）。在磨屑的氧化过程中，起初磨屑轻度氧化、仍为金属本色，在碾碎和迁移过程中进一步氧化，颜色变为灰褐色，此后再深度氧化，颜色呈红褐色，此时磨屑成分主要是 Fe_2O_3，含有少量的 Fe_3O_4。

影响微动磨损的因素很多，摩擦副材料、负荷、振幅、温度、湿度、振动频率、介质等都会对微动磨损产生影响，因此研究微动磨损时须指明这些参数值。目前减少微动磨损主要采取四项措施：一是摩擦副材料的合理匹配和表面处理；二是降低振幅，最好至 0；三是改变其腐蚀环境；四是通过润滑降低振动时的摩擦系数。在微动表面采用润滑剂则可改变其腐蚀环境和降低摩擦系数，如在大气氛围下工作的摩擦副采用油脂润滑时，可降低空气中的氧气摩擦表面的接触，从而降低氧化磨损；在较大振幅下，且可显著降低摩擦系数，从而降低磨损。

2. 特殊介质腐蚀磨损

置于酸、碱、盐、高湿度环境下的摩擦副易发生腐蚀磨损，腐蚀介质的 pH 值、介质成分、介质浓度都会影响腐蚀磨损的大小。高 pH 值有助于降低腐蚀磨损，强酸的腐蚀磨损更大。在低的介质浓度下，材料表面会与介质作用形成保护膜，当浓度增大到一定值时，可加快腐蚀磨损。如润滑剂中含大量活性硫的极压添加剂在摩擦表面可形成铁的硫化物层，有助于降低磨损，但在高浓度、高温等特定条件下，它们反而促进了腐蚀磨损。一些研究表明摩擦副载荷大小、载荷频率也会对腐蚀磨损产生较大的影响。

机械中使用润滑油脂可防止金属表面遭受环境中腐蚀物质的损害。但是如果有水分或腐蚀性物质落入油品中，以及油品自身的氧化变质都会使其腐蚀性增强。

根据辩证的观点，事物都是一分为二的。腐蚀作用一般会增大机器的磨损，但在一定条件下又可利用腐蚀作用来减少磨损。润滑油中含氯、硫、磷元素的极压添加剂在高温、高负荷等条件下，与金属作用生成保护层，防止因金属直接接触而发生的黏着磨损。

腐蚀磨损是一复杂的相互作用过程。通常当腐蚀是磨损的主要原因时，往往还存在各种类型磨损的相互影响。首先金属表面与周围的"气氛"作用产生表面膜，表面膜的最初磨损可能是由于黏着或擦伤。由于通常的表面膜特别是氧化铁膜具有磨料性质，从这些表面膜磨下的碎屑落在摩擦表面间，就会发生磨粒磨损。高接触应力能增强局部腐蚀，并导致疲劳磨损。加工过程中形成的金属中的内应力，使金属在腐蚀性"气氛"中引起"应力-腐蚀"裂纹，它与摩擦结合起来能导致剧烈的磨损。

六、其他磨损

(一) 浸蚀磨损

浸蚀(或冲蚀)磨损是指材料受到小而松散的流动粒子冲击时表面出现破坏的一类磨损现象。大自然的风雨对建筑物造成的破坏、地形地貌随时间的演变、舰船螺旋桨叶片出现的蜂窝状破坏等都包含了冲蚀磨损。按流动粒子的种类，可分为下述三种浸蚀磨损。

1. 固体颗粒产生的浸蚀

当一固体粒子流束射向一表面时，磨损率与进攻的角度、固体粒子的延展性或脆性有关(图 1-19)。

由图中看出，具有延展性的颗粒和脆性颗粒各有不同的磨损曲线。说明不同性质的粒子产生侵蚀的机理不同。具有延展性的颗粒当冲蚀率接近峰值(攻击角为 30°左右)时，它的磨损机理与磨粒磨损的相同。脆性粒子易使表面产生裂纹，进而产生磨损颗粒。不论是延展性颗粒，还是易脆性颗粒，其浸蚀率粒子流的动能成正比，即与粒子速度的平方成正比。

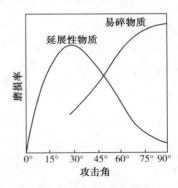

图 1-19 攻击角与磨损率的关系

2. 流体浸蚀

当流体的细滴以高速(1000m/s)冲击固体表面时，在表面上会产生很高的、超过材料屈服强度的压力。固体表面受到冲击会产生塑性变形和破裂，经反复多次冲击后，就会出现麻点和浸蚀。

3. 空穴浸蚀

空穴浸蚀是在固体与流体的相对运动中发生的。在流体中由于压力变化产生气泡，不稳定的气泡在靠近固体表面时破裂，会产生很大的撞击力使表面受到损伤。在船的推进器叶片上及离心泵叶轮上都发现过空穴侵蚀。

气泡的稳定性决定气泡内外的压力差和气泡的表面能量。后一因素可衡量气泡破裂时所释放的能量以及气泡破裂时引起的潜在损伤。因此，液体表面张力的减小，如同增大蒸汽压，能降低空穴浸蚀。

（二）电蚀磨损

电蚀磨损主要出现在带电的摩擦副，如铁路的受电弓与接触线、各种电接触、电机轴颈与轴承等。以其磨损途径主要为：

（1）静电力足够大时撕脱表面材料；

（2）电流通过两表面直接接触的微凸体，使之熔化并连接在一起，当表面分离时，熔接点断裂，表面受损伤。

电蚀磨损所引起的表面损伤多为呈麻点状的点蚀。对于在导电工作下的摩擦副，降低接触电阻是减少电蚀磨损的主要措施；对于非导电的摩擦副，采取措施提高绝缘性能，以降低电蚀磨损。

第二章 润滑理论简介

在两个相对运动的摩擦表面间加入润滑剂达到润滑的目的已成为人们的常识。公元前1900 年，埃及人在拖动滑撬上的石雕像时，在滑撬与地面间加入流体性的物质以降低摩擦；我国古代《诗经》已有"载脂载辖"的记载。由此可见，古代人类就已知道使用润滑剂了，但是对润滑理论的研究在时间上则迟得多。直到 1883 年，英国机械工程师师宾·托尔（Benuchamp Tower）指出滑动轴承在有效运转时，润滑油能形成一层具有承载能力的流体动压作用的润滑膜；1888 年英国水力学家奥·雷诺（Osborne Reynolds）提出了流体动压润滑理论，并推导了轴承内油膜压力的分布，从此开创了润滑理论研究的先河；1902 年德国学者斯特里贝克（R. Stribeck）在大量滑动与滚动轴承摩擦试验的基础上，获得了摩擦系数与负荷、转速和油品黏度的关系曲线，从润滑机理及特征角度将润滑分为三种，即流体润滑、混合润滑和边界润滑；随着润滑设计和润滑技术的不断完善，流体膜的厚度在 20 世纪 80 年代以后已降为 $0.1\sim1\mu m$；进入 21 世纪，机械零部件向小体积、大负荷、高速度发展，弹性流体动力润滑和薄膜润滑在近 30 年来先后成为国内外流体润滑理论研究的主要方向，同时提出了各种边界润滑膜的形成机理。本章主要对这些润滑理论进行简要的介绍。

第一节 润滑的作用及分类

一、润滑的作用

润滑的作用不仅仅是减少摩擦和降低磨损，还具有其他方面的作用。

1. 降低和控制摩擦

在摩擦副相对运动的表面加入润滑剂后，在不同的润滑方式下形成不同厚度的润滑膜，将摩擦面间的摩擦转化为很低抗剪强度的油膜分子间的内摩擦或者是低抗剪强度的边界润滑膜与摩擦面间的摩擦，从而降低了摩擦阻力。但对于利用摩擦作功的工况条件，如车辆制动、变速等装置，润滑的作用则是控制摩擦。

2. 减缓磨损

润滑降低了摩擦，即降低了摩擦表面间的切向力，所以磨损也随之降低。摩擦副间的润滑剂将两表面部分或全部隔开，避免或减少了直接接触，黏着磨损得以降低。液态润滑剂可带走摩擦表面的磨粒而降低磨粒磨损，同时润滑剂也可改变摩擦副表面的腐蚀性环境，从而降低腐蚀磨损。

3. 降温冷却

相对运动的摩擦副克服摩擦所做的功转化为热量，其中一部分通过机壳向外扩散，另一部分则使机械温度升高。液态润滑剂在流过摩擦副的润滑点时可带走摩擦产生的热量，起到降温冷却作用，使机械部件在规定的温度范围内工作。

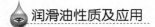

4. 防止腐蚀

机械零件部摩擦表面和其他各外露表面，不可避免地要和周围介质接触，如空气、湿气、蒸汽、腐蚀性液体和气体等。润滑剂通过吸附、反应成膜隔绝了表面与周围介质的接触，起着防止锈蚀和保护金属表面的作用。

5. 密封作用

在蒸汽机、活塞式压缩机、内燃机、柴油机等的气缸与活塞、螺杆式压缩机或冷冻机的螺齿间，液态润滑剂具有增强密封的效果，可减少燃油、压缩气体或致冷剂气体的泄漏量，提高工作效率。

6. 阻尼、减震

润滑剂充满在摩擦副间隙时，还可起机械运转引起的振动、冲击等的阻尼和缓冲作用。例如，汽车、摩擦车中的减震液；航空、航天设备上的加速度计采用的阻尼油；电位器、门、窗采用的各种阻尼脂等。

7. 动力传递

许多设备采用液压传动，使机械运转做功。在这些液压系统中使用的液压油具有传递静压力的功能。在工业或汽车上使用的一些无级变速器，利用无级变速器油高的牵引力，实现动力的传递。

8. 绝缘作用

变压器、电容器、电缆、光缆等电气零件需采用专门的油脂。油脂的绝缘性是其重要性能，直接影响电气设备的工作效率和使用寿命。

每种润滑剂不可能都俱备上述作用，不同润滑剂的主要作用不同。如抗磨液压油、重负荷齿轮油、脂降低摩擦、减少磨损作用显著；磨削液冷却降温功能明显；绝缘油、脂绝缘性是其主要功能等。

二、润滑的分类

对润滑研究的侧重点和目的不同，分类也各不相同。在此介绍工程实际中常用的几种分类方法。

（一）根据润滑剂的物质形状分类

（1）液体润滑　主要是指采用常温下流动性较好的润滑剂，如矿油型和合成型各种润滑油、金属加工液、阻尼（减震）液、刹车液等进行润滑的方式。

（2）半固体润滑　主要是指采用一定条件下可流动的物质，如不同种类、稠度和不同功效的润滑脂进行润滑的方式。

（3）固体润滑　主要是指采用具有低剪切力、高法向载荷的微米、亚微米和纳米粉体，在摩擦副表面上形成稳定、连续的硬质或软质保护膜，从而防止摩擦副破坏，满足某些特殊工况条件的润滑方式。

（4）气体润滑　采用气体作为润滑剂的润滑方式，如用于高速、轻载的空气轴承就是使用经过干燥过滤的压缩空气为润滑剂。

（二）根据润滑方式及装置分类

（1）集中润滑　通过油泵和油管，将油箱中的润滑剂连续或间断地送到各个润滑点。

对于用油量较大的系统，通常将各润滑点的润滑剂又汇合起来，过滤后再回到油箱以循环使用。目前，大型、先过设备基本采用了集中润滑系统。

（2）油雾润滑　是利用流动的压缩空气，将油/气混合物在油雾发生器内形成像烟雾一样、粒度约在 $2\mu m$ 以下的干燥油雾，油雾经过输送管路、由凝缩嘴再凝缩成为湿润的油粒子后喷射到润滑部件。油雾润滑的油耗量很低，一般为消耗型润滑，它适用于齿轮、蜗轮、链条、滑板、导轨以及各种轴承的润滑，特别在现代冶金企业中的大型、高速、重载的滚动轴承和齿轮上使用较为普遍。油雾润滑系统要求油中不能加入固体添加剂（如石墨、二硫化钼、软金属粉等），以防止堵塞该系统中的细孔通路，从而导致润滑失效。

（3）油气润滑　最近几年来发展起来的一种润滑方式。它与油雾润滑相似，但不同之处在于油气润滑并不将油撞击为细雾，而是利用压缩空气的流动，把油沿管路输送到润滑部位。只要油能流动，即能采用油气润滑系统。因此油气润滑与油雾润滑相比，其显著特点是：①对油的黏度和组成没有要求；②没有雾化率，润滑剂 100% 被利用；③油不被雾化，对人体和环境无害。油气润滑的典型实例是四辊轧钢机轴承的润滑。

（4）射喷润滑　润滑脂与一定压力的压缩空气在喷射阀混合后，由喷嘴射向润滑部件，达到良好的润滑目的。一些开式齿轮、链条、钢绳等采用了射喷润滑装置。

（5）其他润滑方式　包括油浴（飞溅）润滑、灌注、人工涂敷等。油浴润滑时油在密闭的机箱内保持一定的油位，机械旋转的某一件与油面相接触，搅动成雨雾状后，溅散、滴落到各摩擦部位，达到良好润滑的目的。在中、小型齿轮减速机、W 型和 V 型空气压缩机的气缸与曲轴，机床床头箱等部位均采用这种润滑方式。灌注式润滑特别适用于滚动轴承的脂润滑，将润滑脂灌入滚动轴承的滚子与内、外座圈之间的空间的 1/2 ~ 1/3。对于环境恶劣、多水、多尘、高温的轴承箱内还需注满润滑脂以防止外部介质进入箱体内。人工涂敷是原始而古老的方式，但目前仍在一些小型、低速、轻负荷的设备上应用。

（三）根据润滑膜的形成机理和特征分类

1902 年德国学者斯特里贝克（R. Stribeck）试验了法向负荷 F_n、运动速度 U、润滑油的黏度 η 对轴承摩擦系数 μ 的影响，在大量滑动与滚动轴承实验的基础上，得到 $\mu - \eta U/F_n$ 曲线，后来称之为 Stribeck 曲线（图 2-1）。曲线根据不同操作条件下油膜厚度、形成机理及特征，将润滑分为三个区域。

区域 I 为流体润滑，包括流体静压润滑、流体动压润滑和弹性流体动压润滑。在此区域内，油膜厚度 h 大于两表面的粗糙度 R_a。摩擦系数 μ 随 $\eta U/F_n$ 的值增大而略有增加，且呈线性变化；在此区域内摩擦表面没有直接接触，磨损几乎不发生（疲劳磨损除外）。

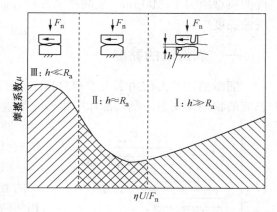

图 2-1　Stribeck 曲线及润滑区域

区域 II 为混合润滑区或称部分弹性流体动力润滑区域。此区域油膜厚度接近表面粗糙度 R_a，较高的微凸体相互接触。在这种状态下，载荷由接触的微凸体和油膜承担，摩擦阻力来自于微凸体的相互接触和油膜的剪切。

区域Ⅲ为边界润滑区。油膜厚度仅几个分子层厚或更小。在这种状态下，负荷几乎全部由接触微凸体以及润滑剂和摩擦表面相互作用生成的边界润滑膜承担。润滑剂的流变性质已不重要，摩擦和磨损主要由摩擦表面—润滑剂—摩擦表面的物理化学特性以及三者间的相互作用所决定。表2-1示出不同润滑类型下的油膜厚度和摩擦系数的大致范围值。

表 2-1 各种润滑类型的摩擦系数和油膜厚度

润滑类型	油膜厚度/μm	摩擦系数	润滑类型	油膜厚度/μm	摩擦系数
流体静压润滑	5~100	$10^{-6} \sim 10^{-3}$	混合润滑	1~0.05	0.01~0.05
流体动压润滑	1~50	$10^{-3} \sim 10^{-2}$	边界润滑	0.001~0.05	0.05~0.15
弹性流体动压润滑	0.1~1	$10^{-3} \sim 10^{-2}$			

通常认为，流体润滑以黏性流体膜为特征，因而符合普通连续介质力学规律；边界润滑以吸附膜或反应膜为特征，常以表面物理化学特性为研究基础。但是现代一些超精密机械和微型机械，如磁记录装置、微型马达等部件的润滑膜薄至纳米级，润滑剂分子在剪切诱导和固体表面吸附等作用下处于取向有序状态，人们将其称为薄膜润滑。就润滑机理而言，薄膜润滑是介于弹性流体润滑和边界润滑之间的一种独立的润滑形态，尽管薄膜润滑的有序膜模型早已提出，但它特殊的润滑规律和润滑本质还有待深入研究。下面各节主要概述流体动(静)压润滑、弹性流体润滑和边界润滑理论及特征。

第二节 流体动压润滑和流体静压润滑

流体动(静)压润滑时润滑油在摩擦表面间形成的油膜厚度远大于表面粗糙度，油膜厚度的典型值为1~100μm。从润滑油性质方面来说，对流体动(静)压润滑起主要作用的是润滑油黏度。

一、润滑油的黏度

润滑油在外力作用下发生相对移动时，其内部产生的摩擦阻力大小称为润滑油的黏度，黏度的物理含义是由黏性液体的牛顿定律确定的。牛顿于1668年观察黏性液体的流动规律时，将作层流运动的液体看成是由无数薄层的液层所组成(图2-2)。

最上一层液体流速 U 最大，最下层黏着在容器底部的液层，流速为0。液层的流速从下到上逐步增大，相邻两层有一微小的速度差 du，液层的速度梯度(剪切变形率)为 du/dy。由液体的内摩擦或黏度引起的相邻两液层的剪应力为 τ(剪切力与剪切面积的比值)，剪应力的作用是阻碍上面较快层的运动，加速下面较慢层的运动。由黏性液体的牛顿定律可知，在黏性液体中的任何一点，剪应力 τ 与剪切变形率 du/dy 成正比，即：

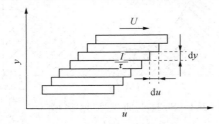

图 2-2 流体流动的牛顿模型

$$\tau = \eta \frac{\mathrm{d}u}{\mathrm{d}y} \tag{2-1}$$

比例常数 η 即液体的黏度，或称绝对黏度。在图 2-2 中，取两个面积各为 $1\mathrm{m}^2$、相距 1m 的单元流体，在相对移动速度为 1m/s 时所产生的阻力大小即为 η 的值。如果这个阻力为 1N，则动力黏度定义为 $1\mathrm{Pa} \cdot \mathrm{s}$（帕斯卡·秒），即 $1\mathrm{Pa} \cdot \mathrm{s} = 1\mathrm{N} \cdot \mathrm{s}/\mathrm{m}^2$。$\mathrm{Pa} \cdot \mathrm{s}$ 为国际（SI）单位制，习惯用非法定计量单位 $\mathrm{mPa} \cdot \mathrm{s}$、泊（Poise）或厘泊表示。其相互关系如下：

$$1\mathrm{Pa} \cdot \mathrm{s} = 10^3 \mathrm{mPa} \cdot \mathrm{s} = 10 \text{ 泊} = 10^3 \text{ 厘泊} \tag{2-2}$$

动力黏度通常用旋转黏度计或落球式黏度计测定。在工程实际中通常采用运动黏度，其值为相同温度下液体的动力黏度与其密度之比，在法定计量单位制中以 m^2/s 表示。习惯采用厘斯（cSt），$1\mathrm{cSt} = 1\mathrm{mm}^2/\mathrm{s} = 10^{-6} \mathrm{m}^2/\mathrm{s}$。绝大多数润滑油的黏度牌号，是根据厘斯这个计量单位确定的，如 68 号液压油就是指该液压油 40℃ 运动黏度的中心值为 68cSt。

除了动力黏度和运动黏度外，有些国家还采用恩氏黏度、赛氏黏度和雷氏黏度，它们与相同温度下运动黏度 V 值关系见表 2-2。

表 2-2　其他黏度与运动黏度的换算

黏度名称	符号	单位	换算为运动黏度 mm^2/s 的公式
动力黏度	η	$\mathrm{mPa} \cdot \mathrm{s}$	$V = \dfrac{\eta}{\rho}$
恩氏黏度	$°E$	—	(1) $°E$ 为 1.2~4.0 时： $V = 7.94 °E - \dfrac{8.22}{°E}$ (2) $°E$ 为 4.1~12 时：$V = 7.66 °E - 1$ (3) $°E$ 大于 12 时：$V = 7.576 °E$
赛氏黏度 （1）通用式 （2）燃料油（重油）式	SUS SFS	s s	(1)-1　赛氏黏度 SUS 为 34~115s 时： $V = 0.224 SUS - \dfrac{185}{SUS}$ (1)-2　SUS 为 115~21s 时：$V = 0.223 SUS - 1.55$ (1)-3　SUS 大于 215s 时：$V = 0.2158 SUS$ (2)-1　赛氏黏度 SFS 为 25~55s 时： $V = 2.22 SFS - 8$ (2)-2　SFS 为 55~145s 时：$V = 2.15 SFS - 4.3$ (2)-3　SFS 大于 145s 时：$V = 2.12 SFS$
雷氏黏度 （1）Ⅰ号（标准型） （2）Ⅱ号（海军型）	R R_A	s s	(1)-1　雷氏黏度 R 为 30~140s 时： $V = 0.255 R - \dfrac{171}{R}$ (1)-2　R 大于 140s 时：$V = 0.2463 R$ (2)-1　雷氏黏度 R_A 为 32~90s 时： $V = 2.46 R_A - \dfrac{100}{R_A}$ (2)-2　R_A 大于 90s 时：$V = 2.447 R_A$

某些油品，如液力传动液、车用齿轮油等的低温黏度通常用布氏黏度计法来测定，布氏黏度计测定的是油品的动力黏度，其测定方法见我国 GB/T 11145、美国 ASTM D2983 和德国的 DIN 51398 等标准。

二、流体动压润滑

（一）流体动压润滑的形成

在摩擦副运动过程中，油膜自动产生压力将摩擦副有效隔开的流体润滑称为流体动压润滑，摩擦副之间的楔形间隙是形成流体动压润滑的必要条件。下面以径向滑动轴承从静止到正常运转的过程来说明流体动压润滑是如何形成的。

一加有负荷 W 的轴承，在静止状态下轴与轴承的表面在 n 点［图 2-3（a）］发生金属与金属的直接接触。开始转动时，由于表面的摩擦作用，轴爬向轴承的左上方，接触位置移到 m 点［图 2-3（b）］。这时的油膜可分为两部分来看，在线段 ml 上方的是收敛形油膜，在 ml 下方的是扩散形油膜。由于润滑油的黏着性很强，轴旋转时，就将润滑油携带进轴与轴承的缝隙间，润滑油就像一个楔子一样嵌进轴与轴承当中，使轴与轴承间形成连续的油膜，这样作用称之为"油楔"作用。润滑油被旋转的轴携带进两表面间时，由于间隙是收敛形的，随着间隙的缩小，润滑油的压力增大。也就是说在收敛形的间隙中，进入的润滑油产生的压力推动轴向右［图 2-3（c）］。随着转速的增加，润滑油的压力也增大，当大到一定程度，所产生的压力的总和足以支持轴上的负荷时，就使轴和轴承的表面分开，使轴浮在油膜上旋转［图 2-3（d）］。油膜的最小厚度是在轴承的右下方 s 点处。

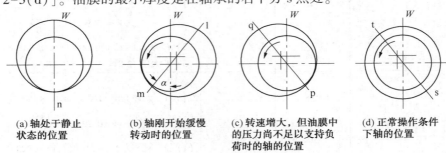

| (a) 轴处于静止
状态的位置 | (b) 轴刚开始缓慢
转动时的位置 | (c) 转速增大，但油膜中
的压力尚不足以支持负
荷时的轴的位置 | (d) 正常操作条件
下轴的位置 |

图 2-3　轴承中连续油膜的形成过程

滑动轴承中油膜存在压力，已为师宾·托尔（Benuchamp Tower）1883 年的著名试验所证实。他用一轴瓦做实验，轴瓦宽 15.24cm，轴瓦的弧的半径为 5.08cm，弧的包角为 157°，在轴瓦的背面钻 9 个孔，接上压力计，测量轴瓦与轴间油膜的压力分布。试验结果测得靠近轴瓦中间的油膜压力最大，达 4.14MPa 以上。整个轴瓦油膜压力的总和能承载 35620N 的负荷。师宾·托尔的试验表明，受荷的轴被油膜中产生的压力支持住，防止了轴与轴承的直接接触，因此，出现了"液体动力润滑"的概念。而在此以前，人们认为轴和轴承在运转时是直接接触的，加润滑剂的目的只是为了使两表面更"滑"一些，以减少摩擦阻力。1886 年雷诺在师宾·托尔实验的基础上，用数学分析的方法，阐明了在收敛油膜中产生压力的现象，并推导出著名的雷诺方程。

（二）雷诺（Reynolds）方程

流体动压润滑理论的基本方程是油膜中压力分布的微分方程，即雷诺方程。它是由雷诺根据流体力学的基本方程，作了一些简化而推导出来的，这些基本假定是：

（1）略去外力场（重力或磁力）对润滑油的作用。除去磁流体外，这项假设对结果影响不大。

（2）整个油膜中的黏度都是一样的。温度和压力是影响润滑油黏度的主要因素。因为轴承各处的温度和压力是不同的，所以流经轴承各处时，润滑油的黏度也就有所变化。将整个油膜中的黏度看成是一样的，即用黏度的平均值代替了变化的黏度值。这个假设对于高压和高速的情况下计算结果是有影响的，但一般情况下对结果的影响不大。

（3）油膜中的流动是层流，不是紊流。

（4）油膜中的惯性力很小，对油膜中产生压力的影响可忽略不计。

（5）润滑油与轴承表面间无滑动，即靠近工作表面的油层的速度与工作表面的速度一样。

（6）润滑油是牛顿流体，即剪应力与剪切速度成正比。

（7）流体是不可压缩的。

（8）轴承间隙很小，沿油膜厚度方向油的压力为常数；而且可以忽略弯曲面对油膜的影响，可将油膜摊平来分析。

根据以上假设，取收敛形油膜中的一个单元体进行分析。

图 2-4（a）是将滑动轴承颈向端面摊开形成收敛形油膜的示意图，B 表面固体不动。A 表面以恒速 U 沿 x 轴方向运动。表面 A 上承受垂直负荷 F_n。从油膜中取出润滑油的一极小单元来分析它受力情况。此单元放大后的受力情况见图 2-4（b）。沿 x 轴方向作用在单元上的力有四个。两个是作用与 x 轴垂直的两表面上的压力，另外两个是作用在单元顶面及底面的剪应力。作用在单元顶面的剪应力 τ_x，剪切力为 $\tau_x(\mathrm{d}x\mathrm{d}z)$。作用在单元底面的剪应力为 $\tau_x + \dfrac{\partial \tau x}{\partial y}\mathrm{d}y$，剪切力为 $\left(\tau_x + \dfrac{\partial \tau_x}{\partial y}\mathrm{d}y\right)\mathrm{d}x\mathrm{d}z$。作用在单元左面的压力为 P，在面积 $\mathrm{d}y\mathrm{d}z$ 上的力为 $P\mathrm{d}y\mathrm{d}z$。作用在单元右面上的压力为 $P + \dfrac{\partial p}{\partial x}\mathrm{d}x$，在面积 $\mathrm{d}y\mathrm{d}z$ 上的力为 $\left(P + \dfrac{\partial p}{\partial x}\mathrm{d}x\right)\mathrm{d}y\mathrm{d}z$。根据假设，惯性力及重力忽略不计，沿 x 轴方向的合力等于零，即：

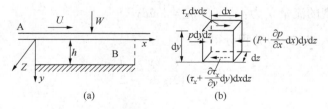

图 2-4　收敛油膜和其中的单元体受力图

$$P\mathrm{d}y\mathrm{d}z - \left(P + \frac{\partial p}{\partial x}\mathrm{d}x\right)\mathrm{d}y\mathrm{d}z + \tau_x\mathrm{d}x\mathrm{d}z - \left(\tau_x + \frac{\partial \tau_x}{\partial y}\mathrm{d}y\right)\mathrm{d}x\mathrm{d}z = 0$$

整理后为：
$$\frac{\partial p}{\partial x} = -\frac{\partial \tau_x}{\partial y} \tag{2-3}$$

在这个例子中，坐标中 y 轴向下是正方向。沿 x、y、z 三轴方向的速度分量分别以 u、v、w 表示。在动表面 A 上有：$y=0$，$u=U$，随着 y 的增加 u 逐渐减少，亦即剪切形变率 $\mathrm{d}u/\mathrm{d}y$ 是负的。在单元顶面上的剪应力 τ_x 向右是正的，在此情况下，牛顿定律为：

$$\tau_x = -\eta \frac{\partial u}{\partial y}$$

将 τ_x 代入式（2-3），并根据边界条件：

（1）动表面 A 上：$u=U$，$y=0$；

（2）固定表面 B 上：$u=0$，$y=h$。

得到流体速度 u 的分布方程：

$$u = \frac{1}{2\eta} \frac{\partial p}{\partial x}(y^2 - hy) + U \frac{h-y}{h} \tag{2-4}$$

根据滑动轴承的情况，取油膜中的一流体柱来考察流体的连续性。此流体柱高为 h，底面积为 $\mathrm{d}x\mathrm{d}z$［图 2-5（a）］。设流体以单位宽度为流量 q_x 从左边流入柱内［图 2-5（b）］，则流入宽度为 $\mathrm{d}z$ 的柱内的流量为 $q_x\mathrm{d}z$。从右边流出柱外的流量为 $\left(q_x + \frac{\partial q_x}{\partial x}\mathrm{d}x\right)\mathrm{d}z$，从前面流入柱体的流量为 $q_z\,\mathrm{d}x$，从后面流出的为：$\left(q_z + \frac{\partial q_z}{\partial z}\mathrm{d}z\right)\mathrm{d}x$。垂直方向由于油膜被两表面包罗，流量的变化与柱底运动速度过 V_0 和柱顶运动速度 V_h 有关。流体柱在垂直方向的流出量为 $V_h\mathrm{d}x\mathrm{d}z$，流入量为 $V_0\mathrm{d}x\mathrm{d}z$。由于流体是不可压缩的，流入量应等于流出量，即：

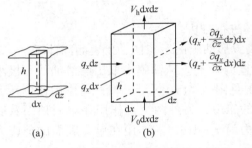

图 2-5　收敛形油膜中的流体柱流量图

$$q_x\mathrm{d}z + q_z\mathrm{d}x + V_0\mathrm{d}x\mathrm{d}z = \left(q_x + \frac{\partial q_x}{\partial x}\mathrm{d}x\right)\mathrm{d}z + \left(q_z + \frac{\partial q_z}{\partial z}\mathrm{d}z\right)\mathrm{d}x + V_h\mathrm{d}x\mathrm{d}z$$

整理后得到流体连续方程：$\dfrac{\partial q_x}{\partial x} + \dfrac{\partial q_z}{\partial z} + (V_h - V_0) = 0 \tag{2-5}$

x 方向单位宽度的流量 q_x 为：$\qquad q_x = \displaystyle\int_0^b u\mathrm{d}y \tag{2-6}$

将式（2-4）代入式（2-6）并积分得：

$$q_x = -\frac{h^3}{12\eta} \frac{\partial p}{\partial x} + \frac{h}{2}U \tag{2-7}$$

同样可得：

$$q_z = -\frac{h^3}{12\eta} \frac{\partial p}{\partial z} + \frac{h}{2}W_1 \tag{2-8}$$

式中：W_1 为 z 方向的运动速度。

将式（2-7）和式（2-8）代入式（2-5），并整理得：

$$\frac{\partial}{\partial x}\left(\frac{h^3}{\eta}\frac{\partial p}{\partial x}\right) + \frac{\partial}{\partial z}\left(\frac{h^3}{\eta}\frac{\partial p}{\partial z}\right) = 6\frac{\partial}{\partial x}(Uh) + 6\frac{\partial}{\partial z}(W_1 h) + 12(V_h - V_0) \tag{2-9a}$$

上式即三维雷诺方程。此方程式可根据使用的具体情况加以简化。

首先考虑等式右边头两项，它们是表示是 x 轴及 z 轴方向上速度梯度和油膜厚度的变化。实际上油楔只在一个方向形成，可舍去其中一项，如 $6\dfrac{\partial}{\partial z}(W_1 h)$，轴承上表面各点的速度相同，$U$ 不是 x 的函数，故 $\dfrac{\partial}{\partial x}(Uh)$ 可写为 $U\dfrac{\mathrm{d}h}{\mathrm{d}x}$。此外，如果轴承表面不是可渗透的，且两表面仅作相对运动，则 $V_h - V_0$ 可变为 $\dfrac{\mathrm{d}h}{\mathrm{d}t}$。则雷诺方程变为：

$$\frac{\partial}{\partial x}\left(\frac{h^3}{\eta}\frac{\partial p}{\partial x}\right) + \frac{\partial}{\partial z}\left(\frac{h^3}{\eta}\frac{\partial p}{\partial z}\right) = 6U\frac{\mathrm{d}h}{\mathrm{d}x} + 12\frac{\mathrm{d}h}{\mathrm{d}t} \tag{2-9b}$$

式(2-9b)右边第一项表明油楔的作用。第二项为挤压膜项，表示油膜受到挤压时所产生的影响。挤压膜项在轴承受到交变载荷时，它的影响较大，在稳定运动的轴承中则其值为 0。在实际应用的多数径向轴承中，$\dfrac{\mathrm{d}h}{\mathrm{d}x}$ 和 $\dfrac{\mathrm{d}h}{\mathrm{d}t}$ 具有同一数量级的影响，但 $\dfrac{\mathrm{d}h}{\mathrm{d}t}$ 的计算很复杂，因而常略去，而专门在交变载荷问题中讨论。再假设黏度 η 在各个方向均不变，则可将 η 移到微分符号外，雷诺方程就变为：

$$\frac{\partial}{\partial x}\left(h^3\frac{\partial p}{\partial x}\right) + \frac{\partial}{\partial z}\left(h^3\frac{\partial p}{\partial z}\right) = 6\eta U\frac{\mathrm{d}h}{\mathrm{d}x} \tag{2-9c}$$

1. 无限长(沿 z 轴)的径向轴承雷诺方程式

对于无限长(沿 z 轴)的径向轴承，则上式左边第二项为零，故得：

$$\frac{\partial}{\partial x}\left(h^3\frac{\partial p}{\partial x}\right) = 6\eta U\frac{\mathrm{d}h}{\mathrm{d}x} \tag{2-9d}$$

此式为一维雷诺方程式。

积分式(2-9d)得：

$$h^3\frac{\partial p}{\partial x} = 6\eta Uh + C$$

设油膜中压力最大处 $\dfrac{\partial p}{\partial x} = 0$ 时的油膜厚度为 h_0，代入上式最后得到：

$$\frac{\partial p}{\partial x} = 6\eta U\frac{h - h_0}{h^3}h \tag{2-9e}$$

式(2-9d)及式(2-9e)是无末端泄漏的动压润滑的雷诺方程式。

2. 无限短(沿 z 轴)的径向轴承雷诺方程式

对于无限长(沿 z 轴)的径向轴承，即是说 x 方向上的压力梯度比 z 方向的要小得多，因此式(2-9c)中左边第一项为零，故得：

$$\frac{\partial}{\partial z}\left(h^3\frac{\partial p}{\partial z}\right) = 6\eta U\frac{\mathrm{d}h}{\mathrm{d}x} \tag{2-9f}$$

通常，h 只是 x 的函数，而不是 z 的函数，所以雷诺方程可写成：

$$\frac{\partial^2 p}{\partial z^2} = 6\eta U\frac{\mathrm{d}h}{\mathrm{d}x}\frac{1}{h^3} \tag{2-9g}$$

从此式可得到压力分布公式：

$$P = 3\eta U \frac{1}{h^3} \frac{dh}{dx} \left(z^2 - \frac{l^2}{4} \right) \quad\quad (2-9\mathrm{h})$$

式中，l 为径向轴承的长度，由式(2-9h)可方便求出油膜中的压力分布。

3. 实际轴承的流体动压润滑最小油膜厚度

实际轴承的表面存在粗糙度 R_{a1} 和 R_{a2}，且轴颈具有挠曲量 y_1，安装误差引起偏斜量 y_2 和轴承、轴颈的几何形状偏差量 s 等。保证液体动压润滑的前提是最小油膜厚度必须大于上述各量之和，即：

$$h_{\min} > R_{a1} + R_{a2} + y_1 + y_2 + s \quad\quad (2-10\mathrm{a})$$

在实际工程计算中，通常仅考虑表面粗糙度对最小油膜厚度的影响，因此：

$$h_{\min} \geqslant K(R_{a1} + R_{a2}) \qu\quad (2-10\mathrm{b})$$

式中，K 为安全系数，一般取 $K>2$。根据式(2-10b)确定了流体动压润滑的最小油膜厚 $h_{\min}$ 后，为确保 $h_{\min}$ 值，可基于雷诺方程和轴承实际的工作条件导出润滑油的最低工作黏度。

三、流体静压润滑

与流体动压润滑不同，流体静压润滑是通过高压的液压系统将润滑油强行送到具有专门结构的运动摩擦表面间隙中(如静压滑动轴承间隙中、静压平面滑动导轨间隙中、静压丝杆间隙中等)。摩擦表面尚未开始运动前和运动过程中始终被高压油液分隔开，完全处于流体润滑状态，这种润滑称为流体静压润滑。

（一）流体静压轴承润滑的工作原理

以流体静压轴承为例，简单介绍流体静压润滑的工作原理。如图 2-6 所示，润滑油粗过滤后，由油泵输出，再精过滤后送至与轴承各个油腔相串联的节流阻尼器(R_1、R_2、R_3 和 R_4)，最后进入轴承的各个油腔，从而高压油液把轴浮起于轴承的中央。在轴没有受到径向

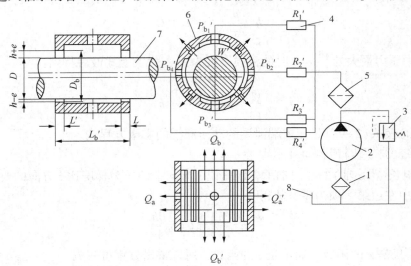

图 2-6 静压轴承工作原理

1—粗过滤器；2—油泵；3—溢流阀；4—节流阀；5—精过滤器；6—轴承套；7—轴颈；8—油箱

载荷(包括不考虑轴本身的质量)时，轴颈与轴承的四周油膜厚度基本相同，各个油腔的压力也基本相同。如果轴承受到径向垂直载荷 W(包括轴本身的重量)，图2-6中轴承上部油腔的间隙增大，而下部油腔减小。由于每个油腔串有节流阻尼器，油腔间隙增大时，油压减小，相反油腔间隙减小时，油压增大。这样，在上、下两个油腔形成压力差 $\Delta P = P_{b_3} - P_{b_1}$，这个压力差正好平衡外载荷 W，而保持流体静压润滑状态。

（二）流体静压润滑的特点

（1）静压润滑的承载能力与供油压力、承载面积、节流形式直接相关，而与轴的转速、间隙、载荷关系不大。

（2）在允许载荷范围内的各种速度下均具有完整的油膜和良好的润滑性能，因而摩擦力和磨损(疲劳磨损除外)很小。

（3）在轴颈和轴瓦之间的高压油膜具有良好的承载和吸振能力，因而轴承的抗震性好，从而使轴的运转平稳，回转精度高。

（4）各种流体(即使润滑性能不良)均可用于静压润滑，如气体、水、液态金属(钠)等。

（5）轴承材料和加工工艺要求可以比动压润滑轴承的低一些，但流体静压润滑需增加复杂的油泵和油路系统，设备成本相应增大了。

基于上述特点，流体静压轴承也具有较广泛的应用，从很小的精密机械到重型机械，如大型天文望远镜、机床、轧钢设备、雷达天线以及各种低速重载设备。

第三节　弹性流体动压润滑

弹性流体动压润滑是广泛存在于摩擦表面几何形状差别很大、实际接触面较小、承受压力高的零部件中的一种润滑状态，如齿轮、滚动轴承等的润滑。其油膜的形成是流体动压效应、接触表面弹性变形和润滑油黏压特性共同作用的结果。弹性流体动压润滑理论的研究已成为流体润滑研究的主要方向之一。在弹性流体润滑状态下，油膜的厚度不仅与油品常压下的黏度相关，而且与油品的黏压特性相关。

一、润滑油的黏压特性

润滑油的黏压特性是指油品黏度随压力变化的特性，当液体所受的压力增大时，液体分子间的距离就缩小，分子间的吸引力增大，液体的黏度也变大。某些物质的黏度随压力增大的情况见图2-7。

黏度和压力之间的关系也曾建立过一些经验方程式，较常用的是指数函数方程：

$$\eta = \eta_0 e^{\alpha p} \tag{2-11}$$

η 和 η_0 分别为压力下和常压下的黏度，α 称作黏压系数，含义为润滑油单位黏度的黏度随压力的变化率，即

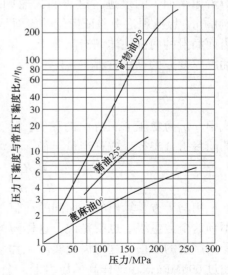

图2-7　黏度与压力的关系

$$\alpha = \frac{1}{\eta}\left(\frac{\mathrm{d}\eta}{\mathrm{d}p}\right)_T$$

各种润滑油的黏压系数是不同的，而且它是温度的函数，随着温度的上升，黏压系数变小。表2-3列出几种润滑油在不同温度下的黏度及黏压系数。

表2-3　几种润滑油在不同温度下的黏度及黏压系数

润滑油名称	黏度（左数值）/（mPa·s）及黏压系数（右数值）/（10^{-8}m²/N）													
	50℃		60℃		80℃		100℃		120℃		140℃		150℃	
MC-20航空润滑油	112	2.3	75	2.1	33	1.8	18	1.5	10.3	1.2	6.9	0.85	5.6	0.69
75%MC-20+25%变压器油	57.3	2.1	39.2	2.0	18.7	1.7	10.6	10.4	6.6	1.1	4.6	0.84	3.8	0.69
25%MC-20+75%变压器油	14.3	1.8	10.6	1.7	5.9	1.5	3.8	1.3	2.6	1.0	2.06	0.82	1.86	0.7
锭子油	11.4	1.3	8.4	1.3	4.6	1.2	3.0	1.1	2.2	0.97	1.7	0.89	1.6	0.84
MK-8航空润滑油	7.3	1.6	5.4	1.5	3.1	1.4	2.2	1.2	1.6	0.98	1.3	0.80	1.2	0.70
变压器油	7.3	1.6	5.4	1.5	2.9	1.4	2.0	1.2	1.6	0.98	1.3	0.80	1.2	0.70
внии нл-7（酯类油）	22.0	1.3	16.6	1.2	9.9	1.1	6.3	1.1	4.5	1.0	3.3	0.94	1.1	0.90
ъ-3в（酯类油）	22.8	0.86	16.0	0.85	8.1	0.85	5.1	0.84	3.4	0.83	2.5	0.83	2.2	0.83
лнм3-36/1к（酯类油）	9.9	0.96	7.3	0.93	4.2	0.86	2.8	0.79	2.0	0.72	1.7	0.62		
50-1-4Ф（酯类油）	6.7	0.94	5.4	0.93	3.7	0.86	2.7	0.80	2.1	0.74	1.6	0.69	1.5	0.66

黏度随压力变化的性能对一些重荷下运转的零部件特别重要。如齿轮和滚动轴承在高负荷下时的油膜压力可达3000～4000MPa，油品的黏压系数越高，此时弹性流体动压润滑越易实现。

二、弹性流体动力润滑特征

早在20世纪初，人们已注意到长期运转后的齿轮磨损率非常低，甚至齿轮表面仍然保留着原来加工的痕迹，这表明齿轮间存在足够厚的油膜将两齿面分隔开了。1916年马丁（Martin）想从理论上验证齿轮的齿面是否被完整的油膜隔开。他将雷诺方程应用在相当于两齿面润滑的两圆柱体润滑问题上，并认为圆柱体是刚体，黏度不随压力变化。得出了计算油膜厚度h的马丁方程。

$$h = 4.9R\frac{\eta_0 U}{W} \tag{2-12}$$

式中，η_0为常压下润滑油的黏度；U为齿面滚动速度；W为单位齿宽的载荷；R为两齿面的曲率折合半径，或称当量半径。

$$R = \frac{R_1 R_2}{R_1 + R_2} \qquad （R_1、R_2 为两柱体的半径）$$

用马丁方程算出的齿面间的油膜厚度不超过0.05μm。但齿轮表面加工的粗糙度，远远不到这个数量级。也就是说，这样薄的油膜不能防止金属表面微凸体的接触，齿轮表面会受到严重的磨损，这与齿轮实际工作状况相矛盾。齿轮、滚动轴承摩擦表面间的压力一般超过690MPa，在这样高的压力下，金属材料和润滑油的黏度都会受到很大的影响。因此，将零件视为绝对刚体和将润滑油视为黏度不变的液体动力润滑理论用于齿轮、滚动轴承等零件的计算，势必会出现很大的差异。

承载高负荷的齿轮和滚动轴承实际工作状况和理论预测的矛盾引起了研究人员的极大兴趣，使人们开始从不同角度改进动压润滑理论。直到20世纪40年代末，苏联学者 Ertel 和 Grubina 首先在动压润滑理论的基础上考虑了表面弹性变形和润滑油黏压特性的影响，通过对入口区的分析成功表明，在高副接触润滑中存在十分有效的微米/亚微米厚度的润滑油膜，从而揭示出一类重要的润滑状态，即弹性流体动压润滑（EHD 润滑）。EHD 润滑特征如图 2-8 所示。

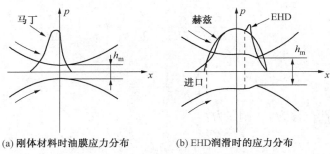

(a) 刚体材料时油膜应力分布　　(b) EHD润滑时的应力分布

图 2-8　刚性及 EHD 润滑应力分布示意图

从图中可见，EHD 膜的应力分布明显与马丁方程计算的油膜压力分布存在差异。它与干摩擦下的赫兹接触应力分布规律相近，典型特征是在出口的收缩部出现一突起的尖峰。与此相对应，接触区圆盘表面形状变成了几乎平直的面，只是在出口处有一凸起，其油膜厚度比平行区约减少 1/4。这是由于此处油压急剧下降，接触表面趋向于恢复弹性变形的缘故。

典型的 EHD 润滑接触区通常可分为三个区域，即进口区、赫兹区和出口区。当摩擦面旋转时，润滑油就被带入进口区，由于进口区是收敛的，润滑油愈向里进就愈被迫放慢速度，随着速度降低，润滑油中压力就增大。压力增大后润滑油的黏度也就变大，而黏度增大反过来又使油膜中的压力变得更大。在进口区，液体压力大于赫兹压力，能使摩擦面分开。一旦进口处的摩擦表面被油楔分开，润滑油就不断地进入，并且黏度在更高的压力下逐渐增大，促使产生更高的油膜压力。像这样继续进行，直到油膜中的压力增大到足以和整个赫兹压力抗衡时，润滑就会将两摩擦面完全分开。

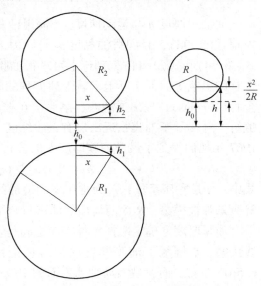

图 2-9　圆柱体间油膜厚度示意图

三、弹流膜厚计算及油膜参数

下面以圆柱体与圆柱体之间的线接触为例说明 EHD 膜厚的计算过程。如图 2-9 所示。

h_0 为两摩擦表面中线处的油膜厚度，h_2 和 h_1 是距中线 x 处所增加的油膜厚度，由几何关系得：

$$h_1 = R_1 - (R_1^2 - x^2)^{\frac{1}{2}} = R_1\left[1 - \left(1 - \frac{x^2}{R_1^2}\right)^{\frac{1}{2}}\right]$$

利用二项式公式展开，并略去高次项，得到：

$$h_1 = \frac{R_1}{2}\left(\frac{x}{R_1}\right)^2 = \frac{x^2}{2R_1}$$

同理可得：

$$h_2 = \frac{R_2}{2}\left(\frac{x}{R_2}\right)^2 = \frac{x^2}{2R_2}$$

所以：

$$h_1 + h_2 = \frac{x^2}{2R_1} + \frac{x^2}{2R_2} = \frac{x^2}{2}\left(\frac{1}{R_1} + \frac{1}{R_2}\right) = \frac{x^2}{2R}$$

其中：

$$\frac{1}{R} = \frac{1}{R_1} + \frac{1}{R_2}$$

设圆柱体的弹性位移为 v，则 v 为：

$$v = -\frac{2}{\pi E}\int_{s_1}^{s_2} P(s)\ln(x-s)^2 ds + C$$

式中，E 为折合弹性模量或等当量弹性模量，它和两接触面材料弹性模量的关系为：

$$\frac{1}{E} = \frac{1}{2}\left(\frac{1-v_1^2}{E_1} + \frac{1-v_2^2}{E_2}\right)$$

其中，E_1、E_2 分别为两摩擦表面的弹性模量，v_1、v_2 分别为两者的泊松比，$P(s)$ 为在 $x=s_1$ 及 $x=s_2$ 这一段内的压力，C 为常数。

所以油膜厚度为：

$$h = h_0 + h_1 + h_2 + v = h_0 + \frac{x^2}{2R} - \frac{2}{\pi E}\int_{s_1}^{s_2} P(s)\ln(x-s)^2 ds + C \qquad (2-13)$$

而油膜厚度 h 与运动速度 u、润滑油黏度 η、油膜中的压力 P 等的相互关系须服从雷诺方程式（2-9d），且润滑油黏度 η 与压力之间的关系服从式（2-11）。联合求解式（2-13）、式（2-9d）和式（2-11），理论上可求得油膜厚度、油膜中压力的分布、压力对摩擦表面几何形状的影响等。但实际上求解上述方程的解是比较困难的，直到 1959 年道森（Dowson）和希金森（Higginson）提出逆解法，第一次在较大工况范围内求得了等温牛顿流体弹流的完全数值解，并揭示了油膜临近出口有一收缩区、油膜的压力分布临近出口处有一尖峰值的现象。1967 年他们得到了最小油膜厚度 h 的公式：

$$h = 2.65\alpha^{0.54}(\eta_0 U)^{0.7} E^{-0.03} R^{0.43} W^{-0.13} \qquad (2-14)$$

式中，α 是黏压系数；η_0 为常压下润滑油的黏度；U 为齿面滚动速度；E 为折合弹性模量或等当量弹性模量；R 为两齿面的曲率折合半径，或称当量半径；W 为单位齿宽的载荷。

油膜厚度是确定摩擦零件表面之间是否为 EHD 润滑的重要依据，因此在 20 世纪中期，线接触、点接触下油膜厚度的许多理论计算或经验公式被提出来。典型的 EHD 厚度为 0.5μm 左右，而典型滚动轴承表面的中线平均粗糙度 Ra 为 0.025~0.76μm。如果配合不当便会使两摩擦表面的微凸体相互接触，产生磨损。因此，通常将油膜参数"K"作为评定有效润滑的依据。

$$K = \frac{h}{R_a} \tag{2-15}$$

式中，h 为油膜厚度，R_a 为综合粗糙度，其值为两表面中线平均粗糙度 R_{a_1} 与 R_{a_2} 之和。如果采用均方根粗糙度，此时综合粗糙度 $\sigma = \sqrt{\sigma_1^2 + \sigma_2^2}$，$\sigma_1$ 及 σ_2 为两摩擦表面的均方根粗糙度，得到的 K 值与相应的润滑状态和表面损伤情况见表 2-4。

表 2-4　不同 K 值下润滑状态及其表面损伤情况

K 值	润滑状态	表面损伤情况
≥3	完全 EHD 润滑	表面无损伤，即使有磨损，也是疲劳磨损所致
1~3	部分 EHD 润滑	轻微擦伤、缓慢磨损，严重擦伤、点蚀、胶合
<1	边界润滑	严重磨损、胶合

以上数据不是绝对的。如滚动轴承的 K 值太大，滚珠与滚道之间的摩擦力不足以保证纯滚动，将发生部分打滑现象而导致擦伤损坏，寿命下降；在边界润滑条件下，具有较优抗磨、极压性的润滑剂能有效地降低摩擦和磨损等。

上述 EHD 膜厚的计算是基于等温条件和牛顿流体，实际上沿油膜厚度方向由于温度不同而使油品黏度存在差异，这种差异会直接影响润滑油在弹性膜入口/出口的局部卷吸。一些实验已揭示了润滑油在高压下的非牛顿特性，这促使了 EHD 润滑中的流变效应研究；在一些工况条件下，如航天器中的滚动轴承采用保持架中储备的少量油进行润滑，因有限供油量而使赫兹区入口油压的形成受限，甚至于因极少的油量导致赫兹接触区外的油膜薄至不可流动。运动表面能把携带的全部润滑油都用于润滑，摩擦界面的油膜厚度为亚微米级，一些学者开展了供油量与 EHD 膜厚的关系研究，提出了乏油弹性流体动压润滑理论。

与稳态的点、线接触 EHD 润滑研究已比较成熟相比，人们对于非稳态弹性流体动压润滑的研究还在进展之中。但在工程实践中，非稳态弹流是普遍存在的现象，如滚动轴承、齿轮、凸轮和牵引驱动部件的负荷、速度和接触构型在一定工况条件下会随时间发生变化。要真实反映这些部件的润滑状态，必须对动态的膜厚变化规律进行研究，以指导非稳态下润滑油应用技术的发展。

第四节　边界润滑

在流体润滑（流体动压润滑、弹性流体动压润滑和流体静压润滑）时，连续的油膜将摩擦表面完全隔开，油膜中的压力平衡了摩擦副所受的外载荷，摩擦和磨损都很小。但是在负荷增大或黏度、转速降低等情况下，油膜将会变薄。当油膜厚度变薄到小于摩擦面微凸体的高度时，两摩擦面较高的微凸体将会直接接触，其余的地方被一到几层分子厚的油膜隔开，这时润滑油的减摩抗磨作用取决于润滑油化学成分与摩擦表面的相互作用，而润滑油的黏度，黏压系数、黏温系数的影响相对较小，这种情况就属于边界润滑。边界润滑广泛地出现于摩擦零件中，如齿轮、气缸的上、下止点及凸轮等处。正常运转条件下的流体动压润滑轴承，在启动时或停车时也会出现边界润滑。

边界润滑时摩擦产生的"机械能"所引起的表面效应起着很重要的作用。在机械能的作用下，摩擦副表面晶体缺陷增多；剥离出具有活性的新鲜金属表面；激发出外逸电子，形成高强度电场；出现瞬时高温、高压等。这些效应激发和促进了摩擦表面间物理和化学作用的进行，使润滑油中的润滑添加剂与摩擦表面相互作用，在表面形成保护膜和（或）改性层，从而减缓了零件的摩擦和磨损。润滑添加剂从物理状态上可分为液体润滑添加剂和固体润滑添加剂两大类；从功能上可分为摩擦改进剂和极压抗磨剂；从作用机理上，不同的润滑添加剂可在摩擦表面形成吸附膜、反应膜、沉积膜、或渗透层中的一种或几种，从而起到改进摩擦或降低磨损的作用。

一、吸附膜

（一）物理吸附膜和化学吸附膜

在边界润滑时，润滑油中极性添加剂团在分子引力或化学结合力作用下，被吸附在摩擦表面形成具一定承载力的润滑膜，这层膜通常称为吸附膜（图2-10）。在摩擦副相对滑动时，非极性的长链烷基犹如两个毛刷相互滑动一样，防止了两摩擦表面的直接接触，从而降低了摩擦，起到了润滑作用。这种极性添加剂通常称为摩擦改进剂。

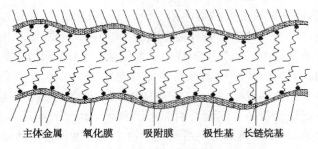

主体金属　　氧化膜　　吸附膜　　极性基　　长链烷基

图2-10　摩擦表面吸附膜示意图

根据吸附力的不同，吸附膜分为物理吸附膜和化学吸附膜。物理吸附膜是由于分子吸引力（主要是范德华力）的作用将极性物质吸附在固体表面形成定向排列的一至数个分子层厚的表面膜[图2-11（a）]。当温度升高到一定值时，物理吸附膜将脱附，脱附温度与分子结构有关，如表2-5所示。

表2-5　不同极性物质的脱附温度

极性物质	脱附温度/℃	极性物质	脱附温度/℃
ROH	40~100	RNH$_2$	100~150
RCOOH	70~100	RCONH$_2$	140~170

物理吸附膜的形成没有化学键参与作用，吸附与脱附完全是可逆的。

化学吸附膜是润滑剂极性分子的价电子与金属表面的电子交换而产生化学结合力，使极性分子呈定向排列而吸附在表面上，形成表面膜[图2-11（b）]。其吸附能不仅仅是分子间的力，还有化学结合能，因而化学吸附能明显高于物理吸附能，化学吸附能通常在42~420kJ/mol之间，而物理吸附能在8.4~42kJ/mol之间。

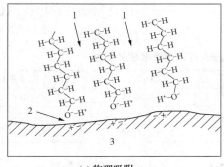

(a) 物理吸附　　　　　　　　　　(b) 化学吸附

图 2-11　吸附膜示意图

在金属表面上形成物理吸附膜还是化学吸附膜，决定于金属表面的活性程度及润滑剂中极性分子的性质。在非活性金属如镍、铬、铂等的表面上，有机酸及酯类仅能形成物理吸附膜。在活性金属铜、镉、锌等的表面上，有机酸能发生化学反应，生成相应的皂类，在金属表面形成化学吸附膜。化学吸附膜与基体的连接比物理附膜强，因而润滑性较好。表 2-6 为月桂酸对活性不同的金属的摩擦系数的影响。

表 2-6　室温时不同金属在干摩擦和润滑下的摩擦系数

表面材料		干摩擦	石蜡基油润滑	石蜡基油+1%月桂酸
非活性金属	镍	0.7	0.3	0.28
	铬	0.4	0.3	0.3
	铂	1.2	0.28	0.25
	银	1.4	0.8	0.7
活性金属	铜	1.4	0.3	0.08
	镁	0.6	0.5	0.08
	镉	0.5	0.45	0.05
	锌	0.6	0.2	0.04
活性较小金属	铁	1.0	0.3	0.2
	铝	1.4	0.7	0.2

月桂酸不能与非活性金属反应生成皂类，因此，石蜡基油中加入月桂酸对摩擦系数的影响不大。对活性金属来说，情况就大不一样。在石蜡基油中加入 1% 的月桂酸后，摩擦系数显著下降，这就是因为在金属表面上产生了化学吸附膜的缘故。

（二）影响吸附膜效能的因素

1. 极性物质种类及结构的影响

不同极性物质在摩擦表面上的吸附能力不同，按"酯<醇<羟酸<伯胺"的顺序增强，因而伯胺具有最优的减摩性能。对同系有机物来说，分子的链长在一定范围内增加，摩擦系数降低效果越明显；极性基团在烷基上的位置也会影响吸附膜的效能，最适合的位置是在长链烷基的最末端，这有助于极性分子在摩擦表面垂直紧密排列形成更强的吸附膜。基于同样的原因，正构烷基的极性分子减摩效果比含有一个或多个分支烷基的好，烷基结构愈

复杂，吸附膜分子的润滑效果就愈差。表2-7列出了一些极性化合物链长和极性基位置对摩擦系数的影响。

表2-7 极性化合物链长和极性基位置对摩擦系数的影响

极性物质	摩擦系数	极性物质	摩擦系数
辛酸	0.16	1-十八烷醇	0.12
十二烷酸	0.08	2-十八烷醇	0.16
硬脂酸	0.062	9-十八烷醇	0.23

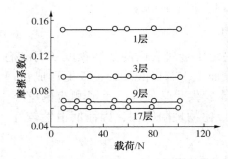

图2-12 分子层数对摩擦系数的影响

2. 吸附的分子层数对减摩效果的影响

通常极性分子的长度是低于微凸体的高度。以脂肪酸为例，十二烷酸的长度为1.7nm，硬脂酸的长度也为2.38nm，单分子层不能将表面的微凸体完全分开。如果硬脂酸在表面的吸附层越多，则形成的吸附膜越厚，越容易隔开表面上的微凸休，摩擦系数也就越低。图2-12示出分子层数对摩擦系数的影响。

单分子层吸附膜的润滑效果要比多分子层差一些，当分子层增加时，摩擦系数就下降，特别是最初几层比较明显，后来增加的分子层效果大为下降。

除了上面所说的极性添加剂种类和分子结构，以及形成的分子层数对吸附膜效能的影响外，极性添加剂的用量对润滑效能亦有影响。加入的极性添加剂应足以保证它在摩擦表面上形成有效的吸附膜。考虑到极性添加剂对油品其他性能的影响，一般加入量不需要很多，如油膜只需加1%左右，油酸分子就能挤开烃分子吸附在金属表面上，使摩擦系数降低的程度相当于油酸本身降低的程度。

3. 摩擦副材料及其工况条件的影响

如表2-6所示，摩擦表面金属的性质对吸附膜效能有显著影响。如果摩擦表面是非活性金属，将在摩擦表面形成物理吸附膜；如果摩擦表面是活性金属，在摩擦表面将形成化学吸附膜，其减摩性更优。在一定温度下，吸附膜会发生脱附，失去定向作用，使吸附的结构受到破坏，这个温度通常称为临界温度。化学吸附膜的临界温度比物理吸附膜的临界温度高，一般来说，对于脂肪酸，这个温度接近于形成的皂的熔点。在临界温度下，摩擦系数基本上不受温度的影响，当温度超过临界温度后，吸附膜遭到破坏，摩擦系数迅速上升；摩擦表面相对速度很低时，即由静摩擦向动摩擦过渡时，摩擦系数是随着速度的增加而下降。当速度在 $10^{-3} \sim 2\text{cm/s}$ 之间，处于平稳滑动的情况下，摩擦系数不受速度的影响，保持一定数值。当速度增大到使边界润滑转变为流体动压润滑时，摩擦系数即迅速下降；在一定负荷范围内，吸附膜的摩擦系数与负荷的大小无关。当负荷增大到使吸附膜破坏时，吸附膜即失去减摩功能。

二、化学反应膜

（一）化学反应膜及其形成过程

在大负荷、高速度等条件下，摩擦表面的温度升高，吸附膜容易破裂失去作用。两个摩擦面的微凸体在运动中直接接触，摩擦产生的热使接触处的温度高达数百度甚至上千度，在这样高的温度下，添加剂中的硫、磷、氯等活性元素与摩擦表面的金属反应，生成具有减摩、抗磨、增压的表面膜，这类表面膜称之为化学反应膜。这类含硫、磷、氯等元素的润滑添加剂称为极压抗磨剂。

化学反应膜比吸附膜稳定得多。它的摩擦系数与膜的抗剪强度有关，当抗剪强度低时摩擦系数亦低。通常摩擦系数在 0.1~0.25 范围内。反应膜如能在重载、高温等情况下保证有效的边界润滑，就应具有一定的厚度，一般要求反应膜的厚度为一至数十纳米，曾记录到厚度为 100nm 的硫化铁膜。以含硫添加剂为例，对化学反应膜的形成过程进行说明。

有机硫化物的作用机理首先是在金属表面吸附，形成吸附膜而减少金属之间的摩擦。随着负荷增大或转速提高，摩擦表面接触点的温度瞬时升高，有机硫化物中的 S—S 键断裂，S 与 Fe 发生反应，生成硫醇铁覆盖膜而起抗磨作用。随着负荷、转速进一步提高，硫醇铁中的 C—S 键开始断裂，从而生成高熔点的硫化铁固体膜，起极压作用。

在铁表面吸附：

$$Fe+R\text{—}S\text{—}S \longrightarrow Fe\begin{array}{|l}S\text{—}R\\ |\\ S\text{—}R\end{array}$$

形成硫醇铁膜：

$$Fe\begin{array}{|l}S\text{—}R\\ \\ S\text{—}R\end{array} \longrightarrow Fe\begin{array}{l}S\text{—}R\\ \\ S\text{—}R\end{array}$$

形成硫化铁膜：

$$Fe\begin{array}{l}S\text{—}R\\ \\ S\text{—}R\end{array} \longrightarrow FeS+R\text{—}S\text{—}R（R 为烷基）$$

一般而言，含氯化合物，如氯化石蜡、氯化脂肪酸（油）等与金属生成的氯化铁膜具有层状结构。因此剪切强度低，摩擦系数小，但其耐热强度低，在 300~400℃时破裂。含硫化合物，如硫化异丁烯、多烷基苄硫化物、硫化烯烃等与金属成生的硫化铁膜没有氯化铁膜的层状结构，但其熔点高，耐热性好。因此含硫极压抗磨剂降低摩擦的能力比含氯极压抗磨剂差，而极压性能比含氯极压抗磨剂好。硫化铁膜的脆性也决定了含硫极压抗磨剂的抗磨性较差。含磷极压抗磨剂，如三甲酚磷酸酯、亚磷酸酯、磷酸酯胺盐等的作用机理说法不一。旧观点认为：含磷化合物与金属反应生成磷化铁，磷化铁与铁生成低熔点的共融合金流向摩擦表面的凹部，使表面变得平顺光滑，起着化学抛光的作用。后来有人提出的机理与含硫化合物差别不大，认为磷化物首先在摩擦表面吸附，进一步形成了磷酸铁有机膜，最后生成无机磷酸铁反应膜。含磷极压抗磨剂的承载能力高于含氯极压抗磨剂而低于含硫极压抗磨剂。

除了含硫、磷、氯的有机物外，有机金属化合物，如环烷酸铅、二烷基二硫代磷酸锌、二烷基二硫代氨基甲酸钼等；含氮、硼等元素的有机杂环化合物，如咪唑啉衍生物、含杂环的硼酸酯等用作极压抗磨剂时，它们的作用机理也是在摩擦表面生成化学反应膜。

选择极压抗磨剂在摩擦表面形成化学反应膜来提高油品的润滑性能时，除了考虑化学反应膜抗剪切性、耐热性和膜的牢固性外，还要求形成的化学反应膜必须稳定，不易被氧化或水解而产生酸性物质或胶质等。此外，极压抗磨剂与接触材料的配伍性也应注意。化学反应膜的形成是以牺牲摩擦表面为代价，如果化学反应过强，如含硫极压抗磨剂与钢材料的反应，则会造成腐蚀磨损。因此，在选择选择极压抗磨剂时，必须根据具体的油品，金属材料等进行试验，使生成的化学反应膜在润滑性、稳定性，配伍性等各方面能满足使用要求。

（二）化学反应膜和吸附膜的复合作用

如前所述，吸附膜是在较缓和的边界摩擦条件下形成，化学反应膜是在苛刻的边界摩擦条件下形成而起到降低摩擦，减少磨损，防止黏着的作用。图 2-13 所示关系是不同温度下形成分别形成吸附膜和化学反应膜的两类添加剂的效能变化情况。曲线 1、2、3 分别为矿物油、脂肪酸及皂类的摩擦系数随温度变化的特性。在临界温度以下，脂肪酸及皂类的摩擦系数不随温度变化。超过临界温度，摩擦系数急剧上升。曲线 4、5、6 分别为含有磷、氯、硫极压抗磨添加剂的润滑油特性，在温度较低的情况下，未能生成反应膜，摩擦系数较高，达到反应温度后，摩擦系数下降，超过一定温度后，摩擦系数又迅速上升。不同的极压添加剂，所适应的范围也不同。含磷的极压剂适应的温度范围约为 150～250℃，含氯的约为 200～300℃，含硫的约为 300～800℃。

如果要求润滑油在边界润滑的缓和及苛刻条件下都具有良好的润滑作用，润滑油中需同时含有形成吸附膜的摩擦改进剂和形成化学反应膜的极压抗磨剂，以适应较宽的温度范围。摩擦改进剂和极压抗磨剂都是在接触表面上起作用，发挥功效的第一步是在表面上吸附。摩擦改进剂因其较强的极性优先吸附于摩擦表面，极压抗磨剂的作用不明显。随着摩擦表面温度的升高，吸附膜脱附，极压抗磨剂在表面接触处高温作用下，生成化学反应膜而起到润滑作用。图 2-14 示出摩擦改进剂和极压抗磨剂复合作用的结果。

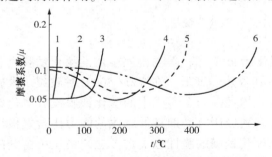

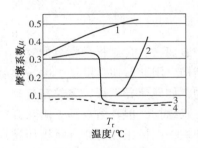

图 2-13　摩擦改进剂和极压抗磨剂适应的温度范围
1—矿物基础油；2—脂肪酸；3—皂类；
4—磷剂；5—氯剂；6—硫剂

图 2-14　不同润滑摩擦系数与温度的关系
1—石蜡基油；2—石蜡基油+摩擦改进剂（脂肪酸）；
3—石蜡基油+极压剂；4—石蜡基油+脂肪酸+极压剂

由曲线 2 和曲线 3 可知摩擦改进剂和抗磨极压剂分别在温度 T_r 以下和以上起作用。而曲线 4 则表明摩擦改进剂和极压抗磨剂复合使用时，在不同的温度条件下，油品都具有低的摩擦系数。

三、沉积膜

在边界润滑中，由于摩擦产生的高温、外逸电子、表面缺陷、新鲜金属表面等原因容易使摩擦表面的润滑介质发生分解、结合、聚合、缩合等一系列化学反应，并生成多种产物沉积在摩擦表面，形成沉积膜而起到防止金属直接接触，减缓摩擦磨损的作用。

沉积膜的概念在 20 世纪 60 年代初就由 Fen I. M. 提出过。他认为至少有四种类型的化学反应能在摩擦表面形成沉积物。

（1）加聚或缩聚反应在金属表面生成大分子。

（2）两个或更多的分子进行化学结合，生成固体表面层。

（3）一个分子分解成两种或更多的产物，沉积在表面形成润滑膜。

（4）界面处的分子结构发生异构化，在表面上沉积新的、具有更好润滑性的物质。

上述反应虽然是不同类型，但它们有一共同点，即摩擦表面的金属不参与反应。这与生成化学反应膜时需牺牲摩擦表面的金属有着本质的区别。为此，Fen 提出了"非牺牲性膜"的概念，并用实验证实了沉积膜对减缓摩擦磨损的有效性。

一些极压抗磨剂在边界润滑中产生沉积膜已为很多研究工作证实。如最常用的 ZDTP 能在摩擦表面形成深棕色的膜，膜中发现有 $\left[Zn-S-\overset{\overset{O}{\parallel}}{P}-S \right]_n$ 等聚合物。ZDTP 在摩擦过程中还会因受热生成一些降解产物如 $S{=}P(SR)(OR)_2$、$S{=}P(SR)_2OR$ 和 $S{=}P(SR)_3$ 等。这些油溶性降解产物具有很好的极压抗磨性，在沉积膜中还发现一些无机物如硫化锌、氧化锌、磷酸锌等。

有机钼的减摩作用也主要是能形成沉积膜。对 MoDTP 减摩机理的研究表明，在摩擦过程中它与 ZDTP 类似，容易分解，并生成一些相似的降解产物形成沉积膜。但 MoDTP 的更大的优点是分解产物中含有 MoS_2。它是一种具有层状结构的晶体，层与层之间较易滑动，能减少摩擦面间的摩擦阻力。

硼型抗磨剂在一定条件下也能形成沉积膜。无机硼酸盐在润滑油使用时，需用稳定分散剂使其成为硼酸盐分散体，从而在润滑油中均匀稳定分散。在边界条件下，硼酸盐分散体以原硼酸盐的形式沉积在摩擦表面起减摩抗磨作用。对于硼酸盐形成沉积膜的原因有电泳说和微球说。电泳说认为，当摩擦表面相对滑动时，在两表面形成了电场，分散在油中的带电颗粒(硼酸盐分散体)在电场的作用下移向一个电极表面而形成沉积膜，研究表明这种沉积膜的厚度是其他极压剂形成的膜的 10~20 倍。微球说认为，在摩擦作用下，硼酸盐结晶微球融化成黏而滑的微球，由微球构成的膜能将金属隔开避免擦伤。有机硼酸盐则被认为能在摩擦过程中与一些润滑介质在使用中产生的中间产物聚合而沉积在表面上。摩擦聚合物膜沉积在表面上，降低了接触应力，减缓了摩擦磨损。

摩擦聚合物减缓摩擦磨损的作用已被众多实验证明，例如加0.1%的能形成高分子的单体羟基酯，即能显著地提高油品的承载能力(表 2-8)。

单体羟基酯是由亚油酸的二聚酸与乙二醇反应合成的，在摩擦过程中的各种有利因素的影响下单体羟基酯生成高分子聚合物。

$$n(HOOC{-}R{-}COO{-}C_2H_4OH)\longrightarrow HO(OC{-}R{-}COO{-}C_2H_4O)_nH+(n-1)H_2O$$

近年来，新发展了高分子量、高碱值的磺酸盐(Ca、Ba、Na)，其极压抗磨作用并不亚于常规的氯、硫和磷系极压抗磨剂，如果和氯、硫和磷系极压抗磨剂复合使用，其极压抗磨效果更佳。目前对高分子量、高碱值的磺酸盐(Ca、Ba、Na)极压抗磨剂的作用机理认识还不够深入，初步分析认为是在摩擦表面沉积了碳酸盐保护膜，这层膜降低了摩擦和防止了摩擦表面的熔接，同时碱性磺酸盐还可以中和酸性污染物。

表 2-8　单体羟基酯对油品承载能力的影响

油　品	Ryder 齿轮失效负荷/(N/cm)	
	无单体酯	加 0.1%单体酯
JP-4 喷气燃料	350	5200
矿物油(100℃黏度为 4.5mm²/s)	2100	4400
己二酸癸酯	3000	46000

四、渗透层

润滑油中的非活性抗磨剂在苛刻的摩擦条件下，受到高温和外逸电子等的作用会离解出原子，离解出的原子在摩擦表面吸附、吸收。当其浓度在表面达到一定程度后便向内部渗透，形成一定深度的渗透层，从而提高了表面的耐磨性。从机理上讲，它与材料的渗碳、渗氮、渗硼等化学热处理提高材料接触疲劳抗力、耐磨及抗蚀性能有相似之处。近年来发展的含硼、氮、硅、铝、锡、铜等抗磨剂和稀土润滑添加剂在一定条件下的抗磨机理都是在摩擦表面生成了渗透层，已得到较为广泛应用的是胶体硼酸盐和硼酸酯，如 Chevron Oronite 公司的 OLOA 9750、Vanderbilt 公司的 Vanlube 289、茂名石油化工公司的 T361 等产品。采用硼酸盐或硼酸酯提高油品极压抗磨性能也有大量研究报道。

例如用硼酸酯的含氯衍生物(B-N 剂)加在润滑油中，能显著地提高润滑油的减摩抗磨性(表 2-9)。

表 2-9　B-N 剂的减摩抗磨性

项　　目		68 号矿物油	68 号矿油+10%B-N 剂母液
四球试验	最大无卡咬负荷 P_B/N	529	1078
	烧结负荷 P_D/N	1568	2450
	综合磨损指数 ZMZ	219	473
SRV 试验	摩擦系数(100N，30min，50℃)	0.132	0.092

用俄歇能谱仪(AES)对磨斑元素成分进行了分析(图 2-15)。

在磨斑表面的碳含量高达 66%，氧含量 10%，铁 10%，硼 8%，氮 4%。在溅射 1min 后硼含量最高达 14%，碳含量迅速下降，铁含量迅速上升。在溅射 6min 后硼含量仍保持 8%的含量。氮在溅射过程中，含量在 3%~7%波动。俄歇能谱沿磨斑深度的分析表明在摩擦表面形成了渗透层。

另外，稀土元素摩擦催渗硼的现象也说明形成渗透层在增强表面耐磨性方面的作用。

加 1%的二烷基二硫代磷酸镧(LaDTP)在含 5%的硼酸酯(OB)的 68 号油中使油品的减摩抗磨性得到显著提高，也增大了摩擦表面的显微硬度(表 2-10)。

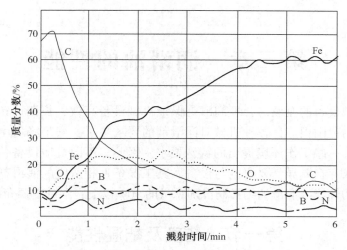

图 2-15　元素沿钢球磨斑深度分布的 AES 图

（加 3%B-N 剂在 68 号基础油中，392N 负荷下试验 20min）

表 2-10　镧剂对硼剂减摩抗磨性的影响

项　　目	ISO 68	ISO 68 +5.0% OB	ISO 68 +1.0% LaDTP	ISO 68 +5.0% OB+1.0% LaDTP
最大无卡咬负荷 P_B/N	509.6	744.8	1117.2	1185.8
磨斑直径 d(294N，30min)/mm	0.580	0.572	0.368	0.323
磨斑（588N，30min）				
直径 d/mm	—	0.913	0.686	0.513
显微硬度 $HV_{0.1}$/（kg/cm^2）	531	664	669	752
摩擦系数（100N，30min，50℃）	0.094	0.078	0.056	0.049

　　AES 对磨斑的元素深度分析表明，在亚表层（氩离子溅射 3min 之内）硼含量由不加镧时的 8%~12%，提高到加镧后的 12%~18%，说明了加镧对催渗硼的作用。其他的稀土元素如镨、钐、钆等都能起"摩擦催渗硼"的作用。这与机械零件表面化学热处理的"稀土元素对硼元素的催渗作用"极为相似。

　　边界润滑条件下，抗磨极压剂的作用机理是比较复杂的，一种抗磨极压剂在摩擦表面能形成多种膜而共同发生减摩抗磨作用。如有机酸、醇、胺等主要生成吸附膜，但也能形成聚合物膜；含硫、磷、氯的极压抗磨剂以生成化学反应膜为主，但在摩擦过程中也能形成吸附膜和摩擦聚合物。一些非活性抗磨剂形成吸附膜，随着负荷的增大，会在摩擦表面形成沉积膜和渗透层。

第三章　润滑油的性能

润滑剂是机械设备的血液，合理润滑是保证机械设备高效、长期运转的基本手段。由于机械设备使用的范围很广，各种机械对润滑剂的要求除了要满足降低摩擦、磨损的主要要求外，还要满足一些工作环境提出的特殊要求。因此，不同机械设备、不同工作条件对润滑剂的性能要求存在差异。要研制与设备及其工况条件相适应的润滑剂并合理应用，首先要了解润滑剂的性能。润滑油约占润滑剂总量的90%以上，本章主要介绍润滑油的性能。

第一节　黏度及黏温性能

一、黏度

黏度是润滑油最基本的一项指标，润滑油的牌号就是根据其在某一特定温度下的黏度而确定的。黏度也是设计流体润滑和弹性流体润滑工艺过程中所采纳的唯一的润滑油性能参数值。黏度的物理意义及黏度的表示方法见第二章第二节。

黏度是影响润滑油流动性的主要因素。用润滑油来降低零件表面的摩擦及磨损，就必须保证摩擦表面经常保持足够的润滑油膜。因此，润滑油应具有良好的流动性，以便能从设备的润滑系统中顺利地输送到各零件的摩擦表面上去。表3-1列出了不同黏度的润滑油从发动机启动到活塞上部出现润滑油的时间。

表 3-1　发动机启动后润滑油到达活塞上部的时间 *

气缸号数	黏度/（mm²/s）		气缸号数	黏度/（mm²/s）	
	1345	252		1345	252
1	10′27″	3′99″	1	10′10″	5′43″
2	29′5″	9′0″	2	3′25″	2′55″
3	30′10″	12′24″	3	17′20″	9′0″

注：* 发动机转速为700r/min，润滑油温度为26℃。

黏度越大的润滑油，从发动机启动到活塞上部出现润滑油的时间越长，摩擦表面金属直接接触的可能性越大，零件的磨损也就加剧。发动机启动时，由于摩擦表面间缺油，这时的磨损量往往比正常运转时大数倍。从总的磨损量来看，启动时产生的磨损约占发动机磨损量的2/3，而发动机工作期间所产生的磨损仅占1/3。因此，在保证润滑的前提下，应选用黏度较低的润滑油，以减少启动时发动机的损坏。

黏度的大小与润滑系统的温升直接相关。润滑油黏度越大，则其内摩擦越大，流动过程中产生的摩擦热也较多，且高黏度的油品也需要大功率的驱动设备，这些驱动设备在运转过程中也将产生大量的热。同时，高黏度油品因流动性较差而其散热能力降低。但是油品黏度越高，摩擦表面形成的油膜越厚，有利于避免摩擦面的直接接触或减少摩擦表面的接触面积，从而降低了摩擦热。通常，低速高负荷的应用工况选用黏度较大的油品，以保证足够的油膜厚度和正常润滑；高速低负荷的应用场合选用黏度较小的油品，以保证机械设备正常的起动和产生较少的液体内摩擦热。

黏度是评定润滑油质量的一项重要的理化性能指标，对于润滑油生产、运输和使用都具有重要意义。在实际应用中，通常根据40℃的运动黏度对油品进行黏度等级的划分，通常分为10号、15号、22号、32号、46号、68号、100号、150号、220号等黏度等级。例如220号齿轮油，即指40℃的运动黏度中心值为220mm²/s，波动幅度为中心值的±10%。当然，也要注意一些习惯称谓，如8号航滑是指50℃的运动黏度中心值为8mm²/s，而20号航滑是指100℃的运动黏度中心值为20mm²/s等。我国测定运动黏度的标准方法为GB/T 265，即在某一恒定的温度下，一定体积的液体在重力下流过一个标定好的玻璃毛细管的时间。黏度计的毛细管常数与流动时间的乘积就是该温度下液体的运动黏度。国外相应测定油品运动黏度的标准方法主要有美国的 ASTM D445、德国的 DIN 51550 和日本的 JISK2283 等。

二、黏温性能

润滑油的黏度是由分子间的吸引力决定的。当温度升高时，体积膨胀，分子的距离增大，分子间的吸引力减弱，导致润滑油的黏度下降。反之，当温度降低时润滑油的黏度升高。对于液体黏度与温度之间的关系，曾建立许多经验方程式，最常用的是 Walther 方程：

$$\lg(v+a) = b+c\lg T \tag{3-1}$$

式中，v 为运动黏度；T 为热力学温度；a、b、c 均为与油品组成有关的常数。

在工程上，不同温度下油品的黏度是通过实测而得到。黏度随温度变化的性质，称为油品的黏温性能。黏温性能是润滑油基本的性能之一，特别是对于在宽温度范围使用的润滑油，如航空发动机油、航天仪表油等尤为重要。目前通常采用黏度指数(VI)来衡量润滑油的黏温特性。黏度指数是某一润滑油黏度随温度变化程度与标准油黏度随温度变化程度进行比较所得的相对数值。根据20世纪20年代末期的石油工业技术水平，选择一种黏温性能好的直链烷基原油制取的润滑油，将其黏度指数定为100，并求出其37.8℃时的赛氏黏度 H 与98.9℃时的赛氏黏度 H_1 之间关系的经验方程：

$$H = 0.216H_1^2+12.07H_1-721.2$$

再选择一种黏温性能差的环烷基原油，由它制取的润滑油黏度指数定为0，求出其37.8℃的赛氏黏度 L 与98.9℃的赛氏黏度 L_1 之间关系的经验方程：

$$L = 0.0408L_1^2+12.568L_1-475.4$$

要求某一润滑油的黏度指数时，先测出此润滑油37.8℃和98.9℃的黏度 U 及 U_1，然后令98.9℃时的标准油的黏度 H_1 和 L_1 与 U_1 的值相等，根据以上两方程计算出 H 和 L 之值。最后按下式计算出此润滑油的黏度指数：

$$VI = \frac{L-U}{L-H} \times 100\% \tag{3-2}$$

这就是说，要确定一润滑油的黏度指数时，需选择98.9℃的黏度与此润滑油98.9℃的

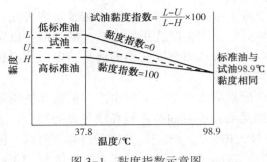

图 3-1 黏度指数示意图

黏度相同的两种标准油。比较它们在 37.8℃ 时黏度变化的程度(图 3-1)。

从图可见,试油和高标准油,低标准油在 98.9℃ 时的黏度相同。但由于黏温特性不同,低标准油在 37.8℃ 的黏度较大,而高标准油在 37.8℃ 黏度较小。当试油 37.8℃ 黏度较大时,其黏度指数较小,说明它的黏温特性较差;反之,如试油在 37.8℃ 时的黏度较小,则说明其黏温特性较好,黏度指数较高。

由此可见,黏度指数是试油的黏温特性与标准油比较得出的相对数值,黏度指数高,黏温特性好。因选择的标准油最高黏度指数为 100,所以这种方法只能用于黏度指数低于 100 的油品。

1972 年,国际标准组织的石油产品技术组的建议中规定了测量液体润滑剂的温度为-40℃ 、40℃ 及 100℃,因此,计算黏度指数采用了 40℃ 和 100℃ 的运动黏度。在实际工作中,如果试油黏度指数小于 100 时,根据 40℃ 和 100℃ 的动动黏度值,可直接查得其黏度指数。如果黏度指数等于或大于 100 时,且试油 100℃ 运动黏度值小于或等于 70mm²/s,可根据试油 100℃ 运动黏度值直接查表(GB/T 1995—98),得到黏度指数为 100 的标准油 40℃ 的运动黏度 H 值;如果试油 100℃ 运动黏度值大于 70mm²/s,按下式计算出 H 值:

$$H = 0.1684Y^2 + 11.85Y - 97$$

式中,Y 为试样 100℃ 时运动黏度值,Y 和 H 的单位均为 mm²/s。试油的黏度指数按下式求出:

$$VI = \left\{ \frac{[(anti\lg N) - 1]}{0.0075} \right\} N = \frac{(\lg H - \lg U)}{\lg Y} \tag{3-3}$$

式中,U 为试样 40℃ 时的运动黏度,mm²/s。表 3-2 列出不同油品的黏度和黏度指数

表 3-2   油品的黏度和黏度指数

油 品	运动黏度/(mm²/s)		黏度指数
	40℃	100℃	
32 号环烷基油	30	4.24	40
32 号石蜡基油	30	5.23	105
合成酯	30	5.81	140
聚醚	120	20.9	200
硅油	120	50.0	424

矿油基础油的黏度指数与原油的类型及精制方法有关。石蜡基矿油的黏度指数最高,中间基的次之,环烷基矿油的黏度指数最低。用溶剂精制法得到的油品黏度指数高于普通精制法,而加氢油的黏度指数高于溶剂精制法。精制矿物油的黏度指数可达 95~105,加氢精制油可达 130~140。

三、改进黏温性能的黏度指数改进剂

油品的黏度指数越高，油品的黏温性能就越好，就越易确保设备在低温启动时因润滑油不太高的黏度而具有较好的流动性而得到良好的润滑，同时设备正常工作温度下润滑油因较高的黏度形成足够厚的油膜。提高油品的黏度指数有两种措施，一是使用高黏度指数的基础油，二是加入黏度指数改进剂。早在20世纪30年代，人们就开始在油品中加入一种高分子化合物改善油品的黏温性能，这种高分子化合物即为黏度指数改进剂。

（一）黏度指数改进剂作用机理

润滑油中使用的黏度指数改进剂是一些油溶性的高分子化合物。在高温下这种高分子化合物本身运动能增加，凝聚力减小了，分子线卷伸展，其流体力学体积增大，导致液体内摩擦力增大，即黏度增加，从而降低了油品因温度升高而黏度降低的幅度，起到了增黏作用。在低温时，这种高分子化合物因分子间的作用力凝聚起来，分子线卷收缩成为小的圆形状态，对润滑油的内摩擦影响小，使得加入黏度指数改进剂后低温下的黏度增加不多，不至于影响低温使用性能。这样提高了油品的黏度指数，既保证了对润滑油低温启动的要求，又保证了高温下润滑的要求。在润滑油

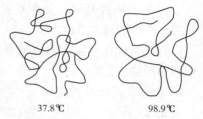

37.8℃　　　　98.9℃

图3-2　黏度指数改进剂在润滑油中的形状随温度变化示意图

中加入黏度指数改进剂可调配大跨度的多级油品，简化了油品品种，实现油品的通用化。与单级油相比，多级油的燃油和润滑油耗量降低，并能显著降低机械的磨损。

（二）黏度指数改进剂的种类

1. 聚异丁烯

低分子量的聚异丁烯是一种合成基础油，中、高分子量的聚异丁烯可作为黏度指数改进剂使用。聚异丁烯是最早使用的黏度指数改进剂，国外在20世纪30年代中期就开始工业应用，国内70年代开始工业生产，中分子量的产品代号为T603。目前作黏度指数改进剂用的聚异丁烯已逐步被聚甲基丙烯酸酯和乙丙共聚物所取代。

2. 聚甲基丙烯酸酯

聚甲基丙烯酸酯（简称PMA）是用甲基丙烯酸酯单体为原料，以苯甲酰过氧化物或偶氮二异丁腈为引发剂，以硫醇作分子量调节剂，在烃类溶剂中聚合而得到的一类高分子化合物。制备单体甲基丙烯酸酯时采用的醇的平均碳数对聚甲基丙烯酸酯的性能产生较大影响，平均碳数为8~10时，PMA的油溶性好，并能提供良好的黏温性能；平均碳数为12~14时，PMA具有增黏降凝双效作用；若再在PMA分子中引入含氮的极性化合物，则PMA同时具有增黏、降凝和分散作用（简称DPMA）。国外的PMA有几十种产品，可用于内燃机油、液压油、齿轮油和自动传动液中。国内60年代开始工业生产，产品代号为T602。现在国内也开发了具有增黏、降凝、分散作用的T632和具有增黏、降凝作用的T633和T634三个品种。

3. 乙丙共聚物

作为润滑油黏度指数改进剂用的乙丙共聚物（简称OCP）有两种途径进行制备。一是以

乙烯和丙烯为原料，在一定条件下直接聚合而成。二是用特定的乙丙胶热溶解或降解成要求的分子量而制得。聚合物中的乙烯含量高时，提高油品的黏度指数能力强，但它在油品中的油溶性变差；丙烯含量高时，聚合物侧链增多，增黏能力降低，氧化性能变坏。一般乙烯含量为40%~50%的乙丙共聚物基本上是无定型的高聚物。为了解决无定型的OCP分子量高时剪切稳定性差，分子量低时加入量增加导致油品清净性变差、低温性能变坏的矛盾，国外发展了半结晶型和结晶型的OCP。但是这两种OCP不适合于高蜡含量的基础油，因为它会影响高蜡含量基础油的倾点和低温性能。

OCP是70年代发展起来的黏度指数改进剂，是目前世界上用得较多的一个品种，国外生产了不同分子量、不同型态的OCP。为了使OCP具有分散的功能，在OCP的分子结构中引入了含N的极性基团，从而发展了分散型OCP（简称DOCP）。国内T611是用直接法生产的，用于汽油机油的T612、T612A和柴油机油的T613、T614是热溶解或降解而制得的产品，它们都是无定型的。具有增黏和分散作用的T621和T622多用于分别调配高档汽油机油和柴油机油。

4. 其他黏度指数改进剂

氢化苯乙烯/丁二烯共聚物（简称HSD）和氢化苯乙烯/异戊二烯共聚（简称SDC）的分子量为5万~10万时，其增黏能力和剪切稳定性很好，相同剪切稳定指数的星状HSD和SDC的增黏能力比OCP高，但其低温性能和氧化稳定性较差。国外Lubrizol和Shell公司生产这类黏度指数改进剂，国内没有这类产品。聚正丁基乙烯基醚由原苏联生产，分子量约为10000，剪切稳定性和低温性能较好，但其热稳定性和增稠能力较差。国内60年代开始生产，代号为T601。

下面列出我国常用的黏度指数改进剂的类型、名称、国内产品代号和化学结构式见表3-3。

表3-3　我国常用的黏度指数改进剂

化合物类型	化合物名称	国内代号	化学结构式
聚异丁烯	中、高分子量聚异丁烯（PIB）	T603	$\begin{array}{c} CH_3 \\ | \\ {+}CH_2{-}C{-}{+}_m \\ | \\ CH_3 \end{array}$
聚甲基丙烯酸酯	非分散型（PMA）	T602 T633 T634	$\begin{array}{c} CH_3 \\ | \\ {+}CH_2{-}C{-}{+}_m \\ | \\ C{=}O \\ | \\ O{-}R \end{array}$ R = C_1 ~ C_20
	分散型（DPMA）	T632	$\begin{array}{c} CH_3 \quad\quad R_2 \\ | \quad\quad\quad | \\ {+}CH_2{-}C{-}{+}_m{+}CH_2{-}C{-}{+}_m \\ | \quad\quad\quad | \\ C{=}O \quad\quad Y \\ | \\ O{-}R_1 \end{array}$ R_1 = C_1 ~ C_20 R_2 = H 或 CH_2；Y = 极性基团

续表

化合物类型	化合物名称	国内代号	化学结构式
乙丙共聚物	非分散型 （OCP）	T611 T612 T613 T614	$\left[CH_2-CH_2\right]_m\left[CH_2-CH\right]_n$ $\quad\quad\quad\quad\quad\quad CH_3$
	分散型 （DOCP）	T621 T622	CH_3 $\left[CH_2-CH_2\right]_m\left[CH_2-CH\right]_n$ $\quad\quad\quad\quad\quad\quad Y$ Y＝极性基团
苯乙烯双烯 共聚物	苯乙烯丁 二烯共聚物	国内 未生产	$\left[CH_2-CH\right]_m\left[CH_2-CH-CH_2-CH_2\right]_n$
	苯乙烯异戊 二烯共聚物	国内 未生产	$\left[CH_2-CH\right]_m\left[CH_2-CH-CH-CH_2\right]_n$ $\quad\quad\quad\quad\quad\quad\quad\quad CH_3$
聚正丁基乙炔烯基醚		T601	$\left[CH_2-CH\right]_n$ $\quad\quad\quad O$ $\quad\quad\quad C_4H_9$

（三）黏度指数改进剂的使用性能

润滑油的基础油是牛顿流体，黏度与剪切速率无关，但加入黏度指数改进剂后成为非牛顿流体。在不同的剪速下，黏度指数改进剂具有不同的形态，因而有不同的黏度，这种黏度通常叫做表观黏度，包括低温启动黏度、低温泵送黏度和高温高剪切黏度。剪速不同，表观黏度不一样，这对油品的使用性能产生较大的影响。黏度指数改进剂不仅要求提高黏度指数的效果明显，还要求剪切稳定性好，并具有较低的表观黏度和较好的热氧化安定性。

1. 剪切稳定性

在剪切应力作用下，加有黏度指数改进剂的油品黏度下降。在较低剪速下的黏度下降是由于黏度指数改进剂分子发生定向排列作用引起的，一旦剪切应力消除则黏度恢复到原来的值。当剪切速率超过一定的值($\sim 10^6 s^{-1}$)时，黏度指数改进剂分子断链，从而造成永久性黏度损失。这种黏度损失的幅度用剪切稳定指数(简称 SSI)来表示。SSI 的定义如下：

$$SSI = \frac{V_i - V_f}{V_i - V_0} \times 100\% \tag{3-4}$$

式中　V_i——油品剪切前100℃的黏度，mm^2/s；

　　　V_f——油品剪切后100℃的黏度，mm^2/s；

　　　V_0——基础油100℃的黏度，mm^2/s(国外是除黏度指数改进剂以外油品全配方的黏度)。

不同油品采用相应的测定方法来测定 SSI，如发动机油采用柴油喷嘴法、超声波法和

L-38法动机运转10h后剪切程度测定法；液压油和自动传动液采用Dexron ATF、Chrysler Power Steering Pump Test 等方法；齿轮油采用A. L. I. Variable Seveity Scoring Test—Shear Stability Determination法。我国的标准试验方法有SH/T 0505—92含聚合物油剪切安定性测定法(超声波剪切法)、SH/T 0200—92含聚合物润滑油剪切安定性测定法(齿轮机法)。

2. 低温启动性

油品的低温启动黏度大小是影响发动机低温启动的重要因素。不同黏度指数改进剂对油品的低温启动黏度的影响不同，PMA的低温启动黏度最低，而PIB的低温启动黏度最大。低温启动黏度一般用冷启动模拟机(简称CCS)来测定。测试温度范围为-5～-30℃，剪速大于$10^5 s^{-1}$，即为低温、高剪切速率下的表观黏度。我国标准试验方法为GB/T 6538发动机油表观黏度测定法(冷启动模拟机法)。方法概要是：在保持测试低温的仪器转子和定子间充满试油，由直流电机驱动，测定转子的转数，通过转数与黏度的函数关系，求得油品在该测试温度下的CCS表观黏度。

3. 低温泵送性

为了使发动机各个部位得到充分润滑，发动机油低温启动时，必须在短时间将发动机油送至各个润滑部位，这种泵送能力取决于泵送条件下的表观黏度。试验表明低温泵送黏度不大于3Pa·s时可保证正常供油，所以工业上用低温泵送黏度不大于3Pa·s时的温度表示油品的低温泵送性。PMA的低温泵送性最好，而OCP最差。我国采用的标准试验方法为GB/T 9171发动机油边界泵送温度测定法，仪器为小型旋转黏度计，测试温度范围为-10～-35℃，剪速小于$10s^{-1}$，即测定在低剪切速率下的表观黏度不大于3Pa·s时的温度。达本法规定将试油由80℃用10h冷却到试验温度，恒温冷却共16h，然后在旋转黏度计上，逐渐施加规定的扭矩，并测出转动速度，再计算该温度的屈服应力和表观黏度。从三个以上的温度点的结果算出临界泵送温度。

4. 高温高剪切黏度

在发动机的轴承部位，温度高，且剪切速率高，油品高温下的运动黏度不能很好地反映加有黏度指数改进剂的非牛顿流体在此条件下的工作黏度。试验表明在150℃、剪速为$10^6 s^{-1}$时的表观黏度与轴承的磨损有很好的相关性，因此高温高剪切黏度通常是测定此条件下的表观黏度。我国的标准方法为SH/T 0618，采用的是高温高剪切速率黏度计。

5. 热氧化安定性

热氧化安定性是黏度指数改进剂另一重要性能。如果黏度指数改进剂的热氧化安定性不好，在高温下氧化分解或热分解后失去增黏功能，且会导致酸值增加、积炭增多等问题。一般而言，PMA的热氧化安定性最好，而HSD和OCP较差，热氧化安定性的测试方法见以后章节。

常用黏度指数改进剂的性能比较见表3-4。

表3-4　常用黏度指数改进剂性能比较

项　目	好	中	差
增黏能力	OCP/DOCP	HSD	PMA
低温启动性	PMA	OCP/DOCP/HSD	PIB

项　目	好	中	差
低温泵送性	PMA	HSD	OCP/DOCP
高温高剪切黏度	PMA/OCP/DOCP（大）	—	HSD（小）
热氧化安定性	PMA	PIB	HSD/OCP

PMA 低温表观黏度最低，高温高剪切黏度高，是配制低黏度、大跨度内燃机油、齿轮油、低温液压油等不可缺少的黏度指数改进剂；OCP 综合性能较好，是目前最广泛使用的黏度指数改进剂。

第二节　润滑性能

润滑油降低摩擦、减缓磨损的能力统称之为润滑性能。润滑油的此种性能可以使摩擦表面的摩擦系数减少，从而降低设备的能耗，提高工作效率。并且能减缓摩擦表面的相互磨损，使机械的使用寿命延长。

一、润滑性能评定方法

流体或弹性流体润滑时的润滑性能可由黏度来判别，通常所说的润滑性能评定是评价边界润滑或混合润滑时的性能。对润滑油性能的评价，曾作过很多努力来建立试验方法。但是由于影响因素较多，所以一直得不到一个公认的试验方法，只能用一些摩擦磨损试验机作为评价润滑性能的参考。这些试验中使用得较多的有四球机、环块磨损试验机、法莱克斯（Falex）试验机、SAE 试验机等。

（一）四球机

四球机自 1933 年发明至今已有 80 多年的历史，是目前广泛使用的一种简单摩擦试验机。它的摩擦元件由四个直径为 12.7mm 的钢球所组成（图 3-3）。下面三个钢球（底球）被卡在油样杯里互相挤紧而彼此间不发生滚动，杯中油面淹过底球。上球（顶球）由弹簧卡头或螺帽固定在转轴上，试验时由机器主轴带动旋转。依靠在横杆上所加负荷使下面三球向上顶起压在上球下部，上球与下面三球之间受到挤压负荷作点接触，并进行滑动摩擦。试验时负荷（压力）、转速、时间和温度是可以选择的。在规定试验的延续时间内，视负荷的大小、底球上可产生磨损斑，如果试验负荷过大，上球与下球也可能被焊结在一起。

四球机由于其结构简单、每次试验所需试样数量较少、试件——钢球廉价易得、接触点单位面积上的压力较大，以及试验结果的重复性较好且区分能力强，故广泛用于评定各种润滑油的润滑性。

由于四球机使用的时间较长，采用的国家也较多，因而试验方法及评定指标也不一样。我国采用四球机测定油品承载能力的标准方法为 GB/T 3142—82（90），该方法主轴转速 1400~1500r/min、室温，在规定的每一级负荷［从 6~800kgf（1kgf＝9.8N，下同）共分为 22 个负荷级］下各运转 10s，直到负荷加到钢球发生烧结为止。每运转 10s 后测一次钢球磨痕直径。根据钢球磨痕迹直径和相应的负荷，在双对数坐标上绘出磨损-负荷曲线（图 3-4），并以最大无卡咬负荷 P_B、烧结负荷 P_D、综合磨损值 ZMZ 表示润滑油的承载能力。

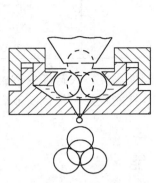

图 3-3 四球机摩擦副及油环

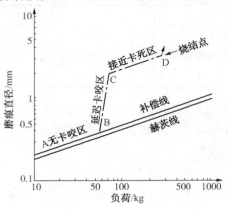

图 3-4 四球试验的磨损-负荷曲线

P_B 在双对数坐标图上相应于 B 点的负荷,它表示了油膜强度。不高于此负荷时摩擦表面间能保持较完整的油膜;超过此负荷后,油膜破裂,摩擦表面的磨损迅速增大。与 P_B 相近的指标在国外有"发生卡咬的最低负荷(LSL)",它表示油膜开始破裂时的负荷,ISL 的数值要比 P_B 稍大一点。P_D 是在试验条件下使钢球发生烧结的最低负荷(N),表示润滑油的极限工作能力。在磨损一负荷曲线上是相应于 D 点的负荷。它代表润滑油的极压性,超过此负荷后,润滑油完全失去作用,会使摩擦件毁坏。

图 3-4 所示的磨损-负荷曲线是比较典型的形状,关于曲线形状的解释,一般说法如下:曲线的 AB 段表示摩擦面间的油膜没有破裂,是吸附膜起着润滑作用,控制着摩擦面间的磨损,机械能正常工作;BC 段表示吸附膜破裂、磨损增大,但这时摩擦表面间的温度上升还不太高,还不足以使润滑油中的极压添加剂发挥作用;超过 C 点以后摩擦面间的局部温度已升高到足以使添加剂发生分解、聚合、缩合形成沉积膜、或是活性元素与金属表面生成反应膜,非活性元素形成渗透层,产生了新的保护膜,因而能在更高的负荷下工作,并控制住磨损的恶性发展,这时,相当于曲线的 CD 段;超过 D 点后,负荷超过了保护膜所能承受的范围,摩擦表面间缺乏边界膜起保护作用,金属直接接触,摩擦和磨损迅速增大,摩擦面间的温度急剧上升,一直达到金属的熔点,遂使两摩擦表面熔接(或称焊接)在一起,出现了摩擦副烧结的现象。因此,相应于 D 点的负荷为烧结负荷。当然,也有其他观点认为在 B 点以前是化学反应有机膜起作用,而 D 点以前是化学反应无机膜起作用。

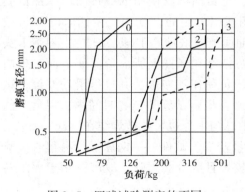

图 3-5 四球试验测定的不同
润滑油磨损-负荷曲线

0—基础油;1—基础油加 10% 所氯化石蜡;
2—基础油加 6% 硫化烯烃,1% 磷酸正丁酯,
0.1% 巯基苯并噻唑;3—基础油加 1 和
2 中的抗磨添加剂

磨损-负荷曲线的形状与润滑油的成分有很大关系。对纯矿物油来说,AB 段较短(图 3-5),BC 段很陡。含有抗磨添加剂的润滑油,AB 段较长,BC 段不是一条直线,而是由多阶梯部分所组成,

这是因为极压添加剂有较强的复原能力，在卡咬发生后能使钢球脱出卡咬而复原。

需要注意的是有关四球机磨损一些术语和一般磨损分类所用的术语概念不同，它是针对四球机的磨损状态而言，下面简要介绍，以免误解。四球机钢球的磨损状态分为磨损、卡咬、烧结三个等级。

（1）磨损　是在低负荷的条件下，从钢球表面上带走金属的现象。在三个静止的钢球上出现很小的光滑的圆形磨痕，其直径稍大于静负荷压痕的直径（赫兹直径）。在旋转的钢球上形成一光滑的圆圈。我国用四球机测定润滑油抗磨性能标准测定法为 SH/T 019—92，测试条件为负荷 147N 或 392N、温度 75℃±2℃、时间 60min±1min。有时可根据需要确定适宜的测试条件，如室温、30min、196N 等

（2）卡咬　随着负荷的增加，摩擦面间的摩擦和磨损加剧，钢球之间发生局部熔化，在三个静止的钢球上出现粗糙的磨痕，在转动的钢球上出现粗糙的圆圈。

（3）烧结　负荷增大到使摩擦产生的热足以使摩擦面的金属大量熔化，使四个钢球熔结成一个锥体。

我国用四球机测定润滑油的卡咬负荷 P_B、烧结负荷 P_D 的标准方法除了 GB/T 3142《润滑剂承载能力测定法》外，也可采用 GB/T 12583《润滑剂极压性能测定法》进行测定。这两个标准方法的区别仅在于主轴转速不同，前者为 1450r/min±50r/min，后者为 1760r/min±40r/min。GB/T 3142 测得的 P_B 和 P_D 值一般比 GB/T 12583 高。步骤、数值大小基本相同，最大不同之处在于 GB/T 3142 除了测定 P_B、P_D 外，还包括综合磨损值 ZMZ 计算法；GB/T 12583 除了测定 P_B、P_D 外，还包括负荷—磨损指数 LWI 计算法。

综合磨损值 ZMZ 表示润滑油从低负荷至烧结负荷整个过程中的平均抗磨性能。其值由下式算出。

$$ZMZ = \frac{A + \frac{B}{2}}{10} \qquad (3-5)$$

式中　A——当 P_D 大于 400kg 时，A 为 315kg 及小于 315kg 的 9 级校正负荷 P' 的总和；当 P_D 小于或等于 400kg 时，A 为 10 级校正负荷 P' 的总和；

　　　　B——当 P_D 大于 400kg，B 为从 400kg 开始直至烧结以前的各级校正负荷 P' 的算术平均值；当 P_D 小于或等 400kg 时，B 为零。

校正负荷 P' 是实际负荷 P 与钢球相对磨痕直径 d/d_h 的比值，即：

$$P' = \frac{P d_h}{d} \qquad (3-6)$$

式中的 d 为相应于负荷 P 的钢球磨痕直径。d_h 为静止状态下相应于 P 的钢球压痕直径或赫茨直径，由下式算出，图 3-5 中的赫茨曲线即根据此式绘出。

$$d_h = 8.73 \times 10^{-2} (P)^{\frac{1}{3}} \qquad (3-7)$$

ZMZ 的含义是各次试验的单位相对磨痕承受负荷的平均值，此值愈大说明单位相对磨痕承受的负荷愈大。也就是说，如在相同的相对磨痕直径下进行比较，ZMZ 值小的润滑油能承受的负荷较小，而 ZMZ 值大的润滑油，能承受的负荷较大。由此可见，ZMZ 值大的润滑油，油膜承载能力较强，有较高的抗磨损性能。

负荷–磨损指数 *LWI* 的计算公式如下：

$$LWI = \frac{A_1 + A_2}{10} = \frac{A}{10}$$ (3-8)

式中　A——烧结点前十次试验的校正负荷总和，N（kgf）；

　　　A_1——补偿线上的校正负荷之和，N（kgf）；

　　　A_2——最大无咬负荷之后的校正负荷之和，N（kgf）；

A、A_1 和 A_2 的具体求法参见 GB/T 12583。

对于纯矿物油来说，P_D 值在 980~1960N 范围内，它们与润滑油的黏度有关。黏度低的润滑油润滑性指标趋向低值，黏度大的润滑油趋向高值。图 3-6 示出润滑油黏度增大时综合磨损值变化的趋势。随着黏度的增大，综合磨损值变大，越到后面变化越缓和。这说明了黏度对边界润滑的影响是有限的。要改进润滑油在边界摩擦条件下的润滑能力，必须加入油性添加剂和抗磨添加剂。

（二）环块磨损试验机（梯姆肯试验机）

环块磨损试验机所用的摩擦元件是一钢质圆环及钢块（图 3-7）。我国环块试验机有：MHK-500 型、MHK-500A 型及 HQ-1 型，其中 HQ-1 型又称为高速环块磨损试验机。三种试验机的结构基本相同。钢块固定不动，圆环则以 800r/min 的转速在钢块上滑动。负荷加在钢块下面，从下向上紧紧压在圆环上。测试的润滑油装在上部油箱中，通过油管流在摩擦副上，再由泵抽送至油箱中。HQ-1 型试验机采用浸渍润滑方式。测定时，每增加一次负荷运转 10min。10min 后停车并观察钢块是否出现卡咬或擦伤，擦伤时因摩擦力增大出现主轴转速下降、电机发出异常噪音、加载杠出现异常振动、试环表面出现明显划痕、试块出现皱纹状深而宽的磨斑或出现局部损伤的磨斑。出现擦伤的前一级负荷，则为测定的梯姆肯 *OK* 值，也可测定试验后试件的磨损量，以反映油品的润滑性能。

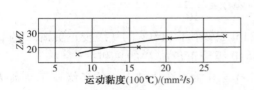
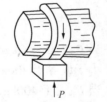

图 3-6　矿油的黏度与综合磨损值的关系　　　　图 3-7　环块试验机摩擦副

环块磨损试验 1966 年已列入 ASTM 标准，我国用此试验机测试油的润滑性标准方法为 GB/T 11144。该方法虽为工业极压齿轮油的规格指标之一，但测定的高负荷下之磨损不太准确，误差较大，如果油中含有金属磨屑、水份、杂质、污物等时，测试结果误差更大。

（三）法莱克斯（Falex）试验机

法莱克斯试验机是用直径为 6.35mm、长 31.75mm 的垂直旋转的钢轴和一对不动的带 V 形槽（长 2.7mm，夹角 96°±1°）的压块作试验元件（图 3-8）。旋转的钢轴是用销钉连接在轴套上，轴套由电动机带动，可分别在 290r/min、390r/min 及 750r/min 三个速度下旋转，负荷加在压块上，可从 0N 一直自动加载至 20000N。试验时将摩擦副浸入润滑油中，开动机器轴旋转，逐渐增大负荷使压块夹紧旋转轴，负荷一直加到润滑油失效，使压块和旋转轴发生焊接，并将销钉剪断为止。用此时的润滑失效负荷来评价润滑油的极压性能，我国的标准方法为 SH/T 0187—92。如果在一定负荷下运转一定时间后，由于磨损，轴与 V 形块之间的负荷会下降。为确保负荷不变则加载杠杆收紧的程度就越大，即棘轮转过的齿数就越多，所以为确保试验负荷所转过的齿数(称为总磨损齿数)多少就代表了润滑性抗磨性能的好坏，我国的标准方法为 SH/T 0188—92。如果试验销以 290r/min±10r/min 的速度转动，用棘轮机构施加一定的负荷，用扭矩表测定试验销回转的摩擦扭矩，并对其校正，从而可计算出摩擦系数，我国相应的标准方法为 SH/T 0201—92。测微计测出的摩擦面的磨损来观察润滑油的效能。

(四) 齿轮试验机

齿轮试验是测定线接触下的滚动和滑动共存，弹性流体润滑、混合润滑和边界润滑共存时油品承载能力的一种标准方法。它比其他润滑性能测定方法更接近实际使用情况，各国采用了不同的齿轮试验机，如美国的 Ryder 齿轮试验机、英国的 IAE 齿轮试验机、德国的 FZG 齿轮试验机，我国的 CL-100 型和 MRC-1A 型齿轮试验机等。试验装置(图 3-9)包括电动机、闭式动力传递系统及控制台。闭式动力传递系统包括一个驱动齿轮箱和一个试验齿轮箱，试验齿轮对有不同的型号。试验时在规定油温下恒温 10min 后加上第 1 级载荷，按规定转速运转 15min 后停止，如果齿轮未失效，继续加载试验，直至失效负荷出现为止。对于失效载荷级的判断法为观察法、失重法和测试油中金属含量法三种。观察法是观察每级载荷后齿面上是否出现了擦伤或胶合线、擦伤带、大面积或全齿面擦伤或胶合等高度磨损的情况；失重法是每加载一级后，称量大、小齿轮的总重量，当磨损量大于规定值时，即表示失效负荷级；测试油中金属含量法即用原子光谱法测定每级载荷试验后试油中的金属含量，从而推算出齿轮磨损量的方法。

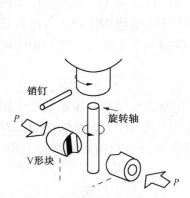

图 3-8　法莱克斯试验机摩擦副

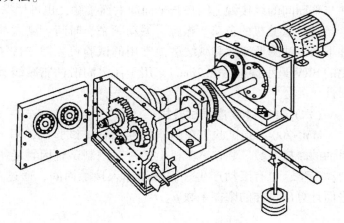

图 3-9　齿轮试验机装置简图

用齿轮试验机评定润滑油的承载能力已为国际上所公认，已有不少国家的润滑油品标准中齿轮试验的失效载荷级，我国用齿轮试验机评定润滑油的承载能力的标准方法为 SH/T 0306—92。

(五) SRV 振动摩擦试验机

SRV 振动摩擦试验机是 1975 年才发展起来的一种新型试验机，主要用于测定振动条件下润滑剂的摩擦系数，并可用读数显微镜测出试件的磨损值。图 3-10 示出 SRV 振动摩擦试验机的测示原理。

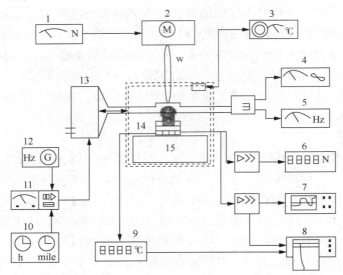

图3-10 SRV振动实验机测试原理图

1—负荷控制器；2—加载装置；3—加热控制器；4—振幅显示器；5—频率显示器；6—负荷显示器；7—示波器；
8—记录仪；9—温度显示器；10—定时器；11—放大器；12—频率发生器；13—电磁马达；14—试件；15—压电传感器

　　试验机由机械系统和电子系统两大部分组成，另外附带一个低温系统。其工作原理是上摩擦试件在外加负荷下对静止的下摩擦试件作来回摆动。试件有球与平面间的点接触、柱与平面间的线接触、园环与平面间的面接触，也可根据需要加工其他形式的试件。

　　SRV试验机的负荷、振幅、振动频率、时间、测试油温都可自行选定，是测定振动条件下润滑油降低摩擦和减缓磨损常用的试验机。因SRV振动试验机的振幅较大（目前商业化的SRV最小振幅为0.2mm），用于评定润滑油脂减缓微动摩擦和磨损能力则有一定的局限性。

（六）MM-200磨损试验机

　　MM-200磨损试验机在国外称为Amsler试验机，用于测定滚动滑动复合摩擦条件下润滑油的摩擦系数。装在试验机上的一对钢制试辊因直径不同、转速不同，则接触面间即有滑动产生，也有滚动产生。润滑油加入接触面间，通过对试辊施加负荷而得到摩擦力矩，进而计算出试样的摩擦系数μ。

$$\mu = \frac{M}{F_n \times R} \qquad (3-7)$$

式中　M——摩擦力矩，N·cm；

　　　F_n——负荷，N；

　　　R——下试辊半径，cm。

　　我国的标准测定方法为SH/T 0190—92。

（七）润滑剂动-静摩擦系数测定法

　　前面的所有方法都是测定运动状态下的摩擦系数，对导轨油而言，只有小的动摩擦系数还远远不够。为防止其"黏-滑"现象，要求动-静摩擦系数差值越小越好。图3-11是黏滑试验机的示意图。

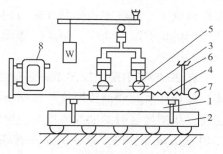

图3-11 黏滑试验机示意图

下摩擦块1与工作台2紧固在一起，上摩擦块3置于下摩擦块上，与弹簧4相连，试样置于上、下块摩擦面间。负荷通过加载头5施于上摩擦块上。当工作台向右运动时，由于静摩擦力作用，下摩擦块带动上摩擦块一起运动(即黏在一起)，并压缩弹簧，当弹簧产生的压力大于静摩擦力时，便推动上摩擦块向左运动(即滑动)，上摩擦块向左运动前瞬间产生的最大摩擦力即为静摩擦力。随着上摩擦块向左运动，弹簧的压力减小，当弹簧的压力低于摩擦力时，上试块向左运动便会停止，在停止运动的瞬间的最小摩擦力，即为最小动摩擦力。该方法适用于测定静摩擦系数大于动摩擦系数的情况。对于汽车、工程车等采用的湿式离合器，则要求动摩擦系数大于静摩擦系数，以确保离合器换挡时间短、不打滑脱挡且换挡平稳，不因静摩擦系数太大造成扭矩增大而使金属间发出尖叫声。对于这种情况，通常测定不同滑动速度的动摩擦系数，得到动摩擦系数与滑动速度的关系曲线，采取处延法，当滑动速度趋于0时的摩擦系数，可近似认为是静摩擦系数。

以上所述的一些摩擦试验机都是为了评价润滑油的润滑性能，即评价减缓机械表面摩擦和磨损的能力。由于这些试验机的设计是针对某种类型的摩擦零件，所以摩擦元件的形状、材质、运动方式是各不相同的，试验的条件也有很大差别，各种试验机都具有自己的特性。在这种情况下，它们之间的试验结果是很难进行比较的。对于相同的油品采用不同的试验机评定甚至会得出相互矛盾的结论。因此，选择何种摩擦试验机对油品的润滑性能进行评定，应根据评定油品的工作条件而定，应选择与评定油品工作条件具有相关性的摩擦试验机并确定负荷、温度、时间等评定条件。

这些试验机的主要用途是在研制新润滑油过程中用来初步筛选试制产品，能在较短时间内及花费较少的情况下，从数十个甚至数百个样品中筛选出少数几个好的样品进行进一步的试验。对于实际机械部件，其工作状态较为复杂。如正常工作状态下的滑动轴承为(弹性)流体润滑，但起动或停车时却可能为边界润滑或混合润滑。因此，这些简单试验机评定结果与润滑油实际承载能力的相关性有限，还需进一步进行相关性较好的原尺寸台架试验。如发动机油的台架试验、液压油的泵试验、齿轮油的齿轮泵试验等。这些台架试验在以下各相关章节中进行介绍。

二、润滑性能的主要影响因素

（一）弹性（流体）润滑的主要影响因素

如前所述，在流体或弹性流体润滑下，摩擦表面完全被润滑油膜分隔开，润滑性能直接相关于油膜的厚度，黏度较大的润滑油，在摩擦表面间形成的油膜比黏度小的润滑油所形成的要厚。油膜越厚，越容易将粗糙的摩擦面隔开，从而可以消除黏着磨损；但是黏度大时，液体的内摩擦力大，形成相对高的摩擦系数。因此，在流体或弹性流体润滑时，应根据机械的工作状态选择黏度适当的润滑油，以保证在设计时规定的工作状态下，摩擦面间能形成足够厚的油膜，防止摩擦面直接接触。同时，还应避免黏度过大，以免造成过大的能量损失。

在 20 世纪中期，提出了许多弹性流体润滑时线接触、点接触下油膜厚度与黏度的关系式，如点接触时的油膜厚度与常压下润滑油的黏度 η_0 成正比，与黏压系数 α 的 0.49 次方成正比；线型接触时的油膜厚度与润滑油常压下黏度 η_0 的 0.7 次方成正比，与黏压系数 α 的 0.49 次方成正比等。这些关系式有些是由简化的弹性流体方程计算出来的，有些是经验公式。实际的机械部件在进行机械设计时，已根据负荷、温度、表面粗糙度等工作条件指明了润滑油的黏度等级。

每种机械通常包含多种摩擦部件，常选用一种较为适当的润滑油来润滑整个机械，尽可能避免同一机械上使用几种不同黏度的油品。表 3-5 列出了一些机械在正常工作条件下所需润滑油的黏度以及启动时的最大黏度和承受载荷的最小黏度。需指明的是表中所列的是经验数据，仅供确定润滑油黏度时参考，实际黏度以机械设备指明的黏度等级为准。

表 3-5 一些机械所用润滑油工作黏度

机 械 设 备	黏度/(mm^2/s)		
	启动最大黏度	承载最小黏度	正常工作黏度
客车			
发动机	1079~7553	4.3	13
自动液力变速器	4316	2.6	10.4
标准变速器	21580	4.3	6~64.7
差速器	161850		
常规转向齿轮	21580~75530	43.1	259~540
动力转向	4316	2.6	10.4
大客车及货车			
发动机	2158~6474	6~13	13~16.9
标准变速器	21580~43160	86.3~215.8	
差速器	161850	86.3~215.8	
常规转向齿轮	21580~75530	43.1	259~540
动力转向	4316	2.6	10.4
航空活塞式发动机	4316~6474	15.6	43.1
涡轮喷气发动机	10790	4.3	6
涡轮螺旋桨发动机	10790	9	13~16.9
柴油机			
固定式柴油机	4316~10790	4.3	10.4~20.6
船用式柴油机	4316~10790	6	10.4~20.6
汽车柴油机	2158~6474	6~13	13~16.9

机 械 设 备	黏度/(mm²/s)		
	启动最大黏度	承载最小黏度	正常工作黏度
空气压缩机			
气缸	1151~4316	4.3	15.6~43.1
曲轴箱	8632	4.3	13
液压设备			
机工具	647.4~863	7.5	10.4~280.5
锻造机	647.4~863	7.5	10.4
高速涡轮轴承	75.5~215.8	4.3	15.6~31.9
低速滑动轴承			
轻负荷			43.1~64.7
中等负荷			43.1~64.7
重负荷			64.7~107.9
润滑轴承油环及链条			
小型及中型，高速			15.6~31.9
中型，中速			31.9~54
大型，低速			54~107.9
开式齿轮		2158~6474	
齿条及小齿轮	21580		215.8~1079
封闭式减速齿轮			
正齿轮	21580	15.6~215.8	24.1~172.6[1] ｜ 107.9~215.8[2]
圆锥及曲齿圆锥齿轮	21580	15.6~215.8	24.1~172.6[1] ｜ 107.9~237.4[2]
螺旋齿轮及人字齿轮	21580	15.6~215.8	24.1~215.8[1] ｜ 172.6~323.7[2]
蜗轮	21580	107.9~1079	215.8~1079
准双曲面齿轮	21580	43.1~431.6	215.8~1079

注：①表示齿轮转速在 1000r/min 以上的黏度；
　　②表示齿轮转速在 1000r/min 以下的黏度。

（二）边界润滑性能的主要影响因素

至于边界润滑的情况，摩擦表面油膜的强度不仅只与润滑油的黏度有关，更重要的是与润滑油的化学成分也有关，也即润滑添加剂在摩擦面间产生的润滑膜对油品的边界润滑性能产生至关重要的影响。如第二章第四节所述，在边界润滑条件下，摩擦表面间的边界膜是润滑油中的极性分子吸附在金属表面上形成的"吸附膜"；或是油中含有的少量氯、硫等活性元素在高温下与金属表面作用形成的"化学反应膜"；或是一些非活性元素形成的"沉积膜"和"渗透层"。边界润滑膜的形成很复杂，即使同一润滑油，在不同的工作负荷、温度下可能形成不同的边界润滑膜，因此需结合实际工作条件分析形成的是何种边界润滑膜。

三、提高润滑性能的添加剂

提高润滑油润滑性能的方法主要途径是加入添加剂。弹体润滑和弹性流体润滑时，加入黏度指数改进剂可提高润滑油的黏度和黏温性能，从而改进润滑油的润滑性能。黏度指数改进剂已在前面进行了介绍。这里主要介绍提高润滑油边界润滑性能的油性剂和极压抗磨剂。

（一）油性剂及摩擦改进剂

油性剂能在金属表面生成吸附膜，吸附膜降低摩擦的作用机理、吸附膜种类、影响吸附膜效能的因素等内容见第二章第四节。因为早期用来降低油品摩擦系数多用动植物油脂，故称为油性剂，后来发现一些有机磷、有机硼、有机钼等化合物也具有类似功能。目前，把这些烃链末端有极性基团，并能改进摩擦面摩擦系数的化合物统称为摩擦改进剂。应用较普遍的摩擦改进剂类型、名称、产品代号、分子结构见表3-6。

表3-6 常用的摩擦改进剂

化合物类型	化合物名称	国内代号	化学结构式
脂肪酸	硫化鲸鱼油	T 401	$CH_3(CH_2)_x$—CH=CH—$(CH_2)_x COOR$ S_2 $CH_3(CH_2)_x$—CH=CH—$(CH_2)_x COOR$
	油酸		$CH_3(CH_2)_7 CH$=$CH(CH_2)_7 COOH$
	硬脂酸		$CH_3(CH_2)_{16} COOH$
	二聚酸	T402	$(CH_2)_8 COOH$ / CH=CH—$(CH_2)_8 COOH$ / $(CH_2)_4 CH_3$ / $(CH_2)_4 CH_3$
脂肪醇	十二醇		$CH_3(CH_2)_{11} OH$
	十六醇		$CH_3(CH_2)_{15} OH$
	油醇		$CH_3(CH_2)_7 CH$=CH—$(CH_2)_7 CH_2 OH$
酯类	硬脂酸丁酯		$CH_3(CH_2)_{16} COOC_4 H_9$
	油酸丁酯		$CH_3(CH_2)_7 CH$=$CH(CH_2)_7 COOC_4 H_9$
	油酸乙二醇酯	T 403	$C_{17} H_{33} COOCH_2 CH_2 OH$
硫化动植物油	硫化棉籽油	T404	棉籽油直接硫化产物，是多个化学结构式的混合物
	硫化烯烃棉籽油	T405	直接硫化棉籽油和烯烃的混合物得到的产物，是多个化学结构式的混合物
脂肪胺及其衍生物	十八烷胺		$CH_3(CH_2)_{16} CH_2 NH_2$
	苯三唑十八胺盐	T406	$H \cdot NH_2$—$CH_2(CH_2)_{16} CH_3$

化合物类型	化合物名称	国内代号	化学结构式
有机膦化合物	有机膦酸酯	T451	$\begin{array}{c} R_1O \ \ \ O \\ \backslash \ \backslash\!\backslash \\ P\!-\!R_3 \\ / \\ R_2O \end{array}$
有机钼化合物	二烷基二硫代磷酸氧钼	T462	$\left(\begin{array}{c} RO \ \ S \\ \backslash \ \backslash\!\backslash \\ P\!-\!S \\ / \\ RO \end{array}\right)_2 Mo_xO_y$
	烷基硫代磷酸钼	T463 T464	$\left(\begin{array}{c} RO \ \ S \\ \backslash \ \backslash\!\backslash \\ P\!-\!S \\ / \\ RO \end{array}\right)_2 Mo$

1. 脂肪酸、脂肪醇及其酯类

常用的脂肪酸为油酸和硬脂酸，对降低静摩擦系数效果显著。因而将其加入到导轨油中，解决导轨的黏滑问题，存在油溶性差、具有一定腐蚀性、对油品的氧化性能有副作用的缺陷。脂肪醇，如月桂醇、油醇等在铝箔轧制油有较好的减摩性能，而长链脂肪酸酯，如油酸酯、硬脂酸酯对钢轧油中有较好的减摩性能。油酸乙二醇酯国内代号为 T403A、T403B 和 T403C。

2. 二聚酸及其衍生物

常用的是二聚油酸及其酯类，它们不仅具有油性，还具有一定的防锈性和抗乳化性。国外产品如 Emery 1014、1016、1018 等，国内产品代号为 T402。

3. 硫化鲸鱼油代用品

硫化鲸鱼油主成分是硫化的长链不饱和脂肪酸和长链脂肪醇的单酯，因在石蜡基油中具有较优的减摩、抗磨性能，而且具有好的热稳定性和溶解性而作为润滑添加剂得到广泛的应用，国内产品代号为 T401。由于对鲸鱼油及其副产品的限制，硫化鲸鱼油代用品应运而生，主要是硫化动植物油脂和动植物油与 α-烯烃混合后的硫化产物。国外这类产品很多，如 Ferro 公司的 Sul-Perm 系列、Lubrizol 公司的 Becrosan LSM 系列、Mayco 公司的 Mayco Baset 系列等。国内的产品有硫化棉籽油，代号 T404 和硫化烯烃棉籽油，代号 T405。T405 油溶性好、对铜片腐蚀性小，并具有油性和极压性，可用于切削油、导轨油、工业齿轮油中。

4. 脂肪胺及其衍生物

脂肪胺吸附热大、解吸温度高，常用于车辆齿轮油中作为摩擦改进剂作用，但其油溶性较差。十八胺、十八胺的衍生物，二硫代磷酸的有机胺衍生物常用来解决差速器的吱叫声，特别是苯三唑脂肪胺十二胺盐、苯三唑十八胺盐是具有油性、防锈性和抗氧多效功能的添加剂，国内开发的苯三唑十八胺盐的代号为 T406。

5. 有机膦酸酯

有机膦酸酯与有机磷酸酯是润滑性能侧重点不同的两类化合物。有机膦酸酯的 C—P 键比有机磷酸酯的 P—O—C 键稳定，所以有机磷酸酯相对容易在摩擦表面发生化学反应，生成含磷润滑膜，因而抗磨极压性好；而有机膦酸酯则在摩擦表面生成吸附膜，因而减摩性能较好。国内的膦酸酯产品代号为 T451 和 T451A，前者用于导轨油、合成油和轧制液等油品中，后者用于铁路机车的车轴油中。

6. 有机钼化合物

有机钼中二烷基二硫代磷酸钼、二烷基二硫代磷酸氧钼和二烷基二硫代磷酸氧硫化钼有很好的减摩性能，与其他的摩擦改进剂相比，其节能效果更明显，在内燃机油中添加 2% 时，可提高燃油经济性 5%~6%。这类化合物还具有一定的极压抗磨性和抗氧化性能。国外有机钼摩擦改进剂如 R. T. Vanderbilt 公司的 Molyvan L、807、855 等产品，国内二烷基二硫代磷酸氧钼的产品代号为 T462、T462A 和 T462B；烷基硫代磷酸钼的产品代号为 T463、T463A 和 T464。T462 和 T463 主要用于润滑脂；T462A 和 T464 用于内燃机油；T462B 和 T463A 用于齿轮油。

（二）极压抗磨剂

有的资料将极压抗磨剂细分为抗磨剂及极压剂，其主要区别是抗磨剂在中等负荷下形成润滑膜，而极压剂是在高负荷下于金属表面形成润滑膜或渗透层，防止金属表面擦伤甚至熔焊。实际上这两种添加剂很难区分，西方国家将它们合称为载荷添加剂，我国统称为极压抗磨剂。

极压抗磨剂是随着齿轮，尤其是随着双曲线齿轮的发展而发展起来的。从最早的动植物油脂到 20 世纪 30 年代的硫-氯型和硫-铅型、50 年代的硫-磷-氯-锌型和 60 年代以后的硫-磷型，目前，除了常规的含氯、硫和磷的极压抗磨剂外，还发展了钼盐、硼酸酯（盐）等新型极压抗磨添加剂。

1. 有机氯化合物

有机氯化物在极压条件下发生分解，C—Cl 键断裂，断裂后产生的 Cl 与金属表面形成金属氯化物（$FeCl_2$、$FeCl_3$）薄膜。金属氯化物薄膜理论早在 40 年代就得到公认，但对金属氯化物膜的生成机理有不同的看法，有的认为是有机氯化物分解放出原子氯与金属表面反应形成的，有的则认为可通过下述两种方式形成：

a. $$RCl_x + Fe \longrightarrow FeCl_{x-2} + FeCl_2$$

b. $$RCl_x \longrightarrow FeCl_{x-2} + 2HCl$$
$$2HCl + Fe \longrightarrow FeCl_2 + H_2 \uparrow$$

生成的氯化铁膜具有与石墨和二硫化钼相似的层状结构，容易剪切，因而摩擦系数小，在极压条件下起润滑作用。但氯化铁膜熔点较低，超过 300℃ 膜会破裂失效。在有水的情况下膜容易水解而使其极压润滑性下降，并引起化学磨损和锈蚀。因此，含氯极压添加剂在无水及 350℃ 以下使用较为有效。氯原子在脂肪烃链末端时载荷性最好，但稳定性差，易引起腐蚀；最不活泼的是氯原子在环上的化合物，但稳定性好，腐蚀性小，如五氯联苯。工业上最常用的是氯化石蜡，即 T301-42 和 T302-52 两种，它们的氯含量分别为 42% 和 52%。但因环保和毒性问题，含氯极压抗磨剂在车辆齿轮油中的应用显著减少，高分子量的含氯化合物在金属加工液中还有应用。

2. 有机硫化物

有机硫化物的作用机理见第二章第四节。从其作用机理可知有机硫化物在缓和条件下生成吸附膜起油性添加剂的作用，在极压条件下生成含硫的无机膜，起到极压抗磨添加剂的作用。无机膜不一定是纯硫化铁，而是较复杂的过渡层，靠近基体的部分铁的成分多，靠表面的部分硫的成分多。

硫化铁膜没有氯化铁膜那样的层状结构，抗剪切强度较大，因此，摩擦系数较高。但其水解安定性好，熔点又较氯化铁高，曾在试验室用测动摩擦系数的方法考察了氯、硫化合物在温度升高后对摩擦表面的影响。将氧气引入清洁的未被其他气体玷污的铁制件表面，在室温下通氯气的结果使表面的摩擦系数从严重的黏结磨损——撕脱(Seizure)下降到 0.05。加热到 300℃，摩擦系数稍有上升。加热到 400℃摩擦明显增大，到 600℃时，出现了撕脱现象。如果引入硫化氢，在室温下铁表面的摩擦系数从"撕脱"降到约 1.0。温度升高后摩擦系数还进一步下降，一直到 790℃为止。加热到 930℃出现"撕脱"。这些试验的结果说明，氯化铁膜在400℃以下就不能起润滑作用，硫化铁的润滑作用一直能持续到 800℃。硫化铁膜虽然熔点高，但因较脆而易发生小面积的破膜，所以含硫极压抗磨剂的抗磨性相对较差。

工业上使用的含硫极压抗磨剂主要是硫化异丁烯、二苄基二硫化合物和多烷基苄硫化合物，我国相应的产品代号是 T321、T322 和 T324。硫化异丁烯颜色浅、油溶性好，硫含量高，极压抗磨性好，又具有中等化学活性，因而对铜腐蚀性较小，是应用非常广泛的极压抗磨剂，用于各类齿轮油、液压油、润滑脂和切削油中。国外 Lubrizol 公司的 Anglamol 33、ExxonMobil 公司的 Mobillad C-100、C-170 等产品即为此类产品；二苄基二硫有好的抗磨性，而且还有一定的抗氧化作用，含硫量约为 26%，为白色结晶，在油中溶解度约最大2.5%左右，用于齿轮油和合成油中。多烷基苄硫化物具有良好的极压抗磨性，用于油膜轴承油、齿轮油和切削油中。

含硫化合物的极压抗磨效果取决于硫含量和硫化物的热稳定性，二硫或多硫化物的活性硫多，极压抗磨性优于单硫化物，而其热稳定性更低，易产生腐蚀磨损，需和抗腐蚀添加剂共同使用。

3. 有机磷化合物

关于有机磷化合物的作用机理，早期认为是有机磷化物与金属表面反应生成一种"金属磷化物-铁"低共熔合金，发生了"化学抛光"的过程。后来巴克罗夫(Barcroft)用示踪原子 ^{32}P 标记的二苯基磷酸酯加入油中，研究凸轮-挺杆的润滑。在挺杆表面生成的薄膜有三种：亚磷酸盐、无机磷酸盐、有机磷酸盐，其中前者极少，后两者较多。1974 年费比斯(Forbes)提出了二烷基亚磷酸酯生成无机亚磷酸铁膜的作用机理。二烷基亚磷酸酯，在缓和条件下它部分水解形成有机亚磷酸铁膜；在极压条件下，进一步水解，主要形成无机亚磷酸铁膜(图 3-12)。

作为极压抗磨剂用的有机磷化物有三类：磷型、磷氮型及硫磷氮型。

(1)磷型抗磨剂 亚磷酸酯、磷酸酯和酸性磷酸酯是常用的磷型极压抗磨剂。亚磷酸酯

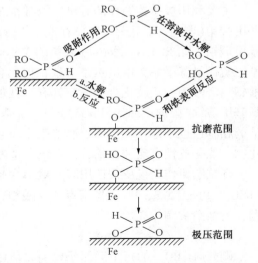

图 3-12 有机磷化合物作用机理示意图

是由三氯化磷和相应的脂肪醇或烷基酚在一定的温度条件下反应而制得。随着亚磷酸酯烃基的增长，吸附/反应和水解性降低，抗擦伤性下降。短烃基链的亚磷酸二正丁酯（国内产品代号 T304）极压抗磨性好，但它的活性高，需和防锈剂配合使用。磷酸酯中的三甲酚磷酸酯（简称 TCP，国内产品代号 T306）已经有 40 多年的使用历史，它有较好的抗磨性，腐蚀性较小，多用于航空发动机油和抗磨液压油中；酸性磷酸酯的极压抗磨性能远远优于TCP，但在苛刻的摩擦条件下可能引起腐蚀磨损。

（2）磷氮型极压抗磨剂　典型的磷氮型极压抗磨剂是酸性磷酸酯胺盐（国内产品的代号为 T308）。开发此类产品的目的就是为了确保酸性磷酸酯的极压抗磨性，同时又降低了酸性磷酸酯的腐蚀性。

（3）硫磷氮极压抗磨剂　分子中同时含有硫、磷和氮三种元素的添加剂，典型产品为二烷基二硫代磷酸酯胺盐（国内产品代号 T305）和二烷基二硫代磷酸复酯胺盐（国内产品代号 T307）。T305 具有极压、抗磨、抗氧和防锈等性能；T307 的磷硫比高于 T305，具有优良的极压抗磨性、热稳定性和防锈性能，这类化合物广泛用于齿轮油中。

一般而言，含磷极压抗磨剂的抗磨性能比含硫极压抗磨剂好，而含硫极压抗磨剂的极压性能比含磷极压抗磨剂优越，通常将含硫和磷的极压抗磨剂复合使用。

4. 有机金属盐

具有代表性的有机金属盐极压抗磨剂有二烷基二硫代磷酸锌（ZDDP）、二烷基二硫代氨基甲酸钼（MoDTC）、二烷基二硫代氨基甲酸锑、二烷基二硫代氨基甲酸铅和环烷酸铅。

ZDDP 含有多个元素，因此生成的防护膜也很复杂，分析结果表明摩擦表面可生成聚磷酸锌、硫化锌、硫化铁、氯化铁、氧化铁、硫代磷酸盐（酯）和摩擦聚合物的润滑膜。ZDDP 不仅具有极压抗磨性，最重要的性能是抗氧抗腐蚀性能。不同取代基的 ZDDP 的氧化、热稳定性存在较大差异，其热稳定性为芳基>伯烷基>仲烷基。热稳定性差的 ZDDP 有较大的载荷性，其摩擦系数随烷基链长的增加而降低。ZDDP 的商品牌号在"抗氧抗腐蚀性能"一节中介绍。

主要利用极压抗磨性的有机钼添加剂是二烷基二硫代氨基甲酸钼。短烷基的二硫代氨基甲酸钼（国内产品代号 T351）在油中不溶解，主要用于润滑脂，但适宜取代基的二硫代氨基甲酸钼，如 R. T. Vanderbilit 公司的 Molyvan 822 产品，可溶于矿油或合成基础油中。二烷基二硫代氨基甲酸钼中虽然不含磷，但仍含有硫。一些不含硫和磷的含钼化合物，如环烷酸钼、辛酸钼、钼胺化合物等，具有较佳的抗磨性能，但是极压性能较差。二丁基二硫代氨基甲酸锑（国内产品代号 T352）和二丁基二硫代氨基甲酸铅（国内产品代号 T353）与润滑油的相容性也不好，主要用于润滑脂中。它们的作用机理主要是在摩擦表面生成了金属硫化物、硫化亚铁、硫酸亚铁，甚至还有摩擦聚合物形成的润滑膜。

环烷酸铅作为极压剂使用时一般与含硫化合物复合使用，在极压条件下和硫反应生成 $PbSO_4$、PbS、FeS、Pb 等低熔点的共融物，从而起到润滑作用。环烷酸铅主要由于环保问题，已渐渐被淘汰掉。

5. 硼酸、硼酸盐和硼酸酯

硼酸（H_3BO_3）的每个硼原子以 sp2 杂化轨道与氧原子结合成平面三角形结构，每个氧原子在晶体内又通过氢键联成层状结构，层与层之间以微弱的分子间力联系在一起。因此硼酸晶体是片状的，有解理性，可作为润滑剂使用。

多数的硼酸盐是由二个以上的 BO_3 原子团组成环状或链状结构，如三核的 $B_3O_6^{2-}$ 是环状的，硼砂分子式为 $Na_2B_4O_7 \cdot 10H_2O$。如前所述，硼酸盐主要是在摩擦表面形成了沉积膜，这层膜生成过程中不与金属表面起化学反应，故又称为"非牺牲膜"。常用的硼酸盐为偏硼酸钠、偏硼酸钾和三硼酸钾的胶体溶液，它们能稳定分散在油中。国产的油状硼酸钾产品代号为 T361。

硼酸酯是硼酸或三氯化硼与醇或酚反应而制得，具有良好的减摩抗磨性能，其作用机理初步认为是在摩擦表面形成了吸附膜，在苛刻条件下硼酸酯和含硼、氮的其他衍生物分解出来的硼及氮能渗进摩擦表面，提高耐磨性。硼酸酯极压性能并不理想，在分子结构中引入硫、磷元素后，极压性能得以提高。

表 3-7 列出了常用的氯、硫和磷型极压抗磨剂的产品名称、分子结构和产品代号。

表 3-7 常用的极压抗磨剂

化合物类型	化合物名称	国内代号	化学结构式
有机氯化合物	氯化石蜡	T301-42	RCl_x
	氯化石蜡	T302-52	RCl_y
有机硫化合物	硫化异丁烯	T321	$CH_3-\overset{\displaystyle CH_3}{\underset{\displaystyle CH_3}{C}}-CH_2-S-S-CH_2-\overset{\displaystyle S}{\underset{\displaystyle CH_3}{C}}-CH_3$
	二苄基二硫	T322	$\text{苯}-CH_2-S-S-CH_2-\text{苯}$
	多烷基苄硫化合物	T324	$\left(R_{(x)}-\text{苯}-CH_2 \right)_z S_{(y)}$
有机磷化合物	亚磷酸二正丁酯	T304	$\overset{\displaystyle C_4H_9O}{\underset{\displaystyle C_4H_9O}{P}}-OH$
	硫代磷酸酯胺盐	T305	$\overset{\displaystyle RO}{\underset{\displaystyle RO}{P}}\overset{S}{\Vert}-S-\overset{\displaystyle CH_3}{CH}-CH_2-O-CH_2-NHR_2$
	三甲酚磷酸酯	T306	$\left(CH_3-\text{苯}-O \right)_3 P=O$
	硫代磷酸复酯胺盐	T307	$\left(\overset{\displaystyle RO}{\underset{\displaystyle RO}{P}}\overset{S}{\Vert}-S-\overset{\displaystyle CH_3}{CH}-CH_2-O-P\overset{O}{\Vert}-OHNH_2R_1 \right)_2$
	磷酸酯胺盐	T308	$\overset{\displaystyle RO}{\underset{\displaystyle RO}{P}}\overset{O}{\Vert}-OHNH_2R_1$

续表

化合物类型	化合物名称	国内代号	化学结构式
有机金属盐	二丁基二硫代氨基甲酸钼(锑或铅)	T351 T352 T353	$\left(\begin{array}{c} R \\ \\ R \end{array} N - C \begin{array}{c} S \\ \\ \end{array} S \right)_n - M$ M = Mo, Sb, Pb
硼盐	油状硼酸钾	T361	KO—B $\begin{array}{c} O-B-O \\ \vdots \\ O \\ \vdots \\ O-B-O \end{array}$ B—OK

（三）固体润滑添加剂

与油溶型载荷添加剂是以分子状态均匀地溶解在油中不同，固体润滑添加剂是以微米或纳米尺度颗粒状态分散在油中。颗粒在油中一方面在重力作用下沉降，另一方面因布朗运动而趋于均匀分布，当颗粒尺寸小于某临界值时，将形成较稳定的分散体系。但正因为油中颗粒的布朗运动，颗粒间碰撞时向低能量状态转化，易重新聚集为大颗粒而沉降，采用表面改性剂对固体颗粒的表面进行改性，以解决固体润滑添加剂在油中的分散稳定性尤为重要。改性剂与颗粒表面的活性基团反应，或吸附、包覆等方式在颗粒表面形成以颗粒为胶核，外端为亲油基的胶团结构。这种结构降低了颗粒表面和油介质之间的界面能、增大了颗粒间的空间位阻，从而提高其分散稳定性。

1. 微米固体润滑添加剂

处于滑动面间的微米粒子润滑机理主要表现在：①粒子本身容易剪切，减少了滑动面间的摩擦；②减少金属面间直接接触的频度，抑制磨损的产生；③附着或沉积在滑动表面较低部位，降低了相对表面的粗糙度，使油膜不易破裂。常用的微米固体润滑添加剂见表3-8。下面主要介绍在润滑油中已工业应用的石墨和二硫化钼两种固体润滑添加剂。

表3-8　微米固体润滑添加剂

类　别	物　质	类　别	物　质
层状结构	二硫化钼、二硫化钨、石墨、硅酸盐、氮化硼、滑石、云母	磷酸盐	磷酸锌、磷酸钙
有机聚合物	聚四氟乙烯、氰脲酸三聚氰胺络合物	硼酸盐	硼酸钾、硼酸钠
软金属	银、铝、铜、锡、铅	无机钙盐	碳酸钙、醋酸钙
氧化物	氧化锌、氧化钙	硬脂酸盐	硬脂酸锌、硬脂酸钙、硬脂酸锂、硬脂酸钠

（1）石墨　其结构如图3-13所示。它是薄层平面六方形晶体结构，呈六方形的碳原子间以共价键牢固地结合在一起，碳原子间的距离为0.142nm；而层与层间碳原子距离为0.340nm，分子结合力较弱，受剪切力作用后容易产生层间滑移。石墨的这种六方晶体结构使其垂直于基础面的承载能力大，摩擦系数小，其摩擦系数一般为0.05~0.20。但是，石墨的润滑特性受吸附气体的影响。石墨棱面(侧面)的表面能比基础面高100倍左右，如果存在气体，棱面首先吸附气体并达到饱和；在真空中，棱面则比基础面更容易黏着在基材表面，使得产生滑移的切向力增大，这就导致摩擦系数增大，磨损加快。在真空中的摩擦

系数为其在空气中的 2 倍，磨损甚至高达 1000 倍。

石墨具有良好的化学稳定性，在氧气氛围下加热，当温度达到 325℃ 以上时生成二氧化碳。因此，在高温下长期使用需要添加抗氧剂。石墨可以与水共存，在水中的润滑性不会变差。同时，石墨具有优良的抗辐射性能、良好的电导性(但无磁性)和导热性能。

作为润滑添加剂使用的是鳞片状的胶体石墨，粒径一般小于 $10\mu m$，在润滑脂、金属锻造为主的塑性加工液中得到较为广泛的应用。在润滑油中可用作开式重负荷齿轮油、节能添加剂等的润滑组分之一。

(2) 二硫化钼　它和石墨相似，也属于层状结晶(见图 3-14)。晶体由 S—Mo—S 组成的单元层叠加而成。在单元层内部，每个钼原子被三棱形分布的硫原子包围，以很强的共价键结合在一起，而相邻两个单元层之间的硫原子和硫原子以较弱的分子力相结合，当受到外部的剪切力作用时，二硫化钼晶体便容易从相邻的硫原子层间分裂开来，两相邻的硫原子层发生滑动，起到润滑作用。

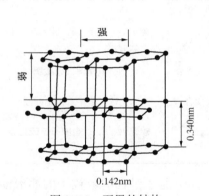

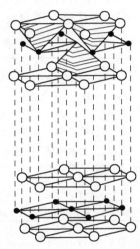

图 3-13　石墨的结构　　　图 3-14　二硫化钼晶体结构

二硫化钼摩擦系数较小，在空气中 -184~350℃ 的范围内具有良好的润滑性能，摩擦系数能低到 0.1 以下。超过 350℃ 后二硫化钼开始氧化，生成磨料三氧化钼(MoO_3)，加入三氧化二硼(B_2O_3)、氧化银(Ag_2O)和三氧化二锑(Sb_2O_3)等抗氧剂能提高其高温性能。在真空和惰性气氛中，二硫化钼在 1100℃ 时仍有稳定的结构，在氮气和氩气气氛中的高温润滑特性都很好。二硫化钼与石墨相反，在真空中有较低的摩擦系数，在 $133.3\times10^{-10}Pa$ 的压力下，摩擦系数降到 0.04；当遇到水蒸气时二硫化钼润滑性能下降。这是由于硫原子与水形成氢氧化物，对材料有腐蚀作用，并使摩擦阻力增大的缘故。二硫化钼在金属表面上的黏着强度比石墨高，所以它能承受很高的负荷，在高速、高压下的抗擦伤性优于石墨，但其价格高昂，可用作航空、航天机械部件表面的固体润滑涂层。润滑油脂中使用的二硫化钼纯度大于 95%，粒径一般小于 $4\mu m$。因其优异的载荷性能，成为润滑脂中最广泛使用的固体润滑添加剂；在发动机油中直接分散二硫化钼或加入含二硫化钼的节能剂，节能效果显著。

石墨和二硫化钼呈黑色，对环境污染较大，加之二硫化钼价格高昂。取代这两种固体润滑添加剂的其他固体润滑添加剂的研究已取得一定的进展，如层状硅酸盐，特别是羟基硅酸镁和层状硅酸钠与石墨具有类似的润滑性能，已在进行一些工业应用试验。

微米固体润滑添加剂在润滑油有两种应用方法：一是利用特有生产技术直接将固体微粒分散稳定在润滑油中，如美国 PetroMoly 公司生产的含二硫化钼 PetroMoly 发动机油、Acro 公司生产的石墨 Arco 发动机油等；二是将固体微粒和其他润滑添加剂分散在载体中，配制成减摩节能剂，使用时再加入到润滑油中，如美国 Justice Brothers 公司生产的 JB 系列减摩修复剂，Cromwell 公司生产的 System 48 Plus 摩擦改进剂等。

2. 纳米粒子润滑添加剂

在我国，纳米粒子作为润滑添加剂是润滑剂领域研究的热点之一，纳米粒子的表面效应、量子尺寸效应、体积效应、宏观量子隧道效应等奇异特性使其减摩抗磨机理与传统的载荷添加剂不同，主要有沉积膜观点、变滑动为滚动的滚珠观点、渗透和摩擦化学反应的观点。表 3-9 示出国内外研究的具有润滑性的纳米颗粒种类，一些学者也对不同种类纳米颗粒复合后的润滑效果进行了研究。

表 3-9　纳米固体润滑添加剂

种　类	物　　质	种　类	物　　质
层状无机物	石墨、二硫化钼、二硫化钨	硼酸盐	硼酸锌、硼酸钛、硼酸铜、硼酸镁、硼酸镍、硼酸铝
软金属	铜、镍、铋、铅、铝、锡	稀土化合物	氟化钠、氟化铈、硼酸镧
氧化物	氧化锌、二氧化钛、氧化锡、二氧化硅、氧化铝、氧化锆	有机聚合物	聚苯乙烯、聚甲基丙烯酸酯
氢氧化物	氢氧化钴、氢氧化锰	其他	碳酸钙、C_{60}、金刚石、碳化硅
硫化物	硫化铜、硫化铅、硫化锌		

上述纳米粒子不仅在润滑油具有承载能力，而且通过对含纳米粒子的润滑油润滑后的摩擦表面形貌、成分、微观硬度、磨痕宽度和深度、磨损件重量变化等的分析认为：润滑油中的纳米粒子能在磨损表面形成具有一定厚度、与金属机体具有一定结合强度和良好力学性能的修复层，这是常用的硫、磷等添加剂所不具有的性能。

纳米粒子因其小粒径在油中比微米粒子更易分散，但高表面能使其更易团聚而沉降。对纳米粒子表面进行改性使其在油中长期稳定分散是纳米粒子在油中商业化应用的前提条件之一。可用作润滑添加剂的纳米粒子工业化的较少，如纳米氧化锌、纳米铜粉等，但绝大部分纳米粒子仍处于试验室制备阶段，因此纳米粒子用于润滑添加剂的性价比是否优于普通的润滑添加剂也是予以关注的问题。

第三节　氧化安定性和腐蚀性

润滑油在常温下是很安定的，即使在我国南方，只要容器干净，不混入水分，储存 6~8 年，质量指标都没有明显变化。但是，在高温下则不然。润滑油在高温下的氧化速度比常温下要快得多。润滑油在高温使用条件下，由于氧化使颜色变黑，黏度改变，酸性物质增多，并产生沉淀。润滑油抵抗氧化变质的能力称为抗氧化安定性，它是润滑油的重要化学性质，决定了润滑油在使用期中是否容易变质，是决定润滑油使用期限的重要因素。润滑油中含有的有机酸等物质对金属的腐蚀程度称为润滑油的腐蚀性，通常要求润滑油在使用中不应腐蚀金属零件。润滑油中的烃类对金属是无腐蚀作用的，腐蚀性物质的来源主要是润滑油氧化后产生的酸性物质、原油中含有的有机酸、炼制过程中残留的酸或碱、储运过程中混入的水分等。润滑油的抗氧化安定性和腐蚀性是互相有影响的，抗氧化安定性差的润滑油，易氧化产生酸性物质，增大腐蚀性；引起油品具有腐蚀性的一些因素，如酸性物质、水分等又会加速润滑油的氧化，所以油品的抗氧化安定性和腐蚀性一起在本节中介绍。由于评价抗氧化安定性时要牵涉到评定腐蚀性的指标，故先介绍润滑油的腐蚀性。

一、润滑油的腐蚀性及其评定方法

（一）润滑油中的腐蚀性物质

润滑油中引起腐蚀的主要物质是各种酸性物质。无机酸对金属有强烈的腐蚀作用，但一般润滑油中不含无机酸，只是在精制时，如用酸碱精制工艺而未除尽的余酸，或储运不慎混入的无机酸。

润滑油中的有机酸，包括原来含有的环烷酸以及烃类氧化产生的脂肪酸，羟基酸等，其中氧化产生的低分子脂肪酸对金属有显著的腐蚀性，能直接腐蚀金属，使之受到破坏。高分子有机酸在一定条件下也能腐蚀金属。下面将分别讨论。

1. 低分子有机酸的腐蚀

低分子有机酸和无机酸类似，它们能直接和电化次序表中氢以上的金属作用，从而使其遭受腐蚀。对其他金属，它们能间接引起腐蚀（和金属表面的氧化物作用生成盐，从而腐蚀金属）。在有水分存在时，具有一定水溶性的低分子有机酸电离度增加，对金属的腐蚀更大。

2. 高分子有机酸的腐蚀

高分子有机酸能间接与金属作用并使其腐蚀。用三种含过氧化物及高分子有机酸的润滑油进行腐蚀试验时发现：同时含有大量过氧化物和高分子有机酸的油样对镉银合金腐蚀性最大，含有大量过氧化物和少量高分子有机酸的油样腐蚀性较小，不含过氧化物而含有较多量高分子有机酸的油样腐蚀性最小。由此可以说明，铅和镉受到含高分子有机酸润滑油的腐蚀，首先是过氧化物与金属作用生成相应的金属氧化物，然后氧化物再与酸作用生成盐，从而使合金中铅和镉含量降低而损坏。

高分子有机酸的腐蚀反应如下：

$$Me+R_2O_2 \longrightarrow MeO+R_2O$$
（金属）　（烃类过氧化物）

$$MeO+2RCOOH \longrightarrow Me(RCOO)_2+H_2O$$
（金属氧化物）　（酸）　　　（金属盐）

高分子有机酸在温度不超过100℃、无水分时仍不腐蚀金属。在100℃以上时过氧化物与金属反应能力加强，易使金属受到氧化生成氧化物，从而遭到高分子有机酸的腐蚀。

但应注意，在温度不高时，有水存在的条件下，高分子有机酸也能腐蚀金属，这是由于在氧气和水的作用下，使金属先生成金属的氢氧化物，然后与高分子有机酸中和生成盐和水。反应如下：

$$2Me+O_2+2H_2O \longrightarrow 2Me(OH)_2$$
（金属）

$$Me(OH)_2+2RCOOH \longrightarrow (RCOO)_2Me+2H_2O$$
（有机酸盐）

润滑油中含硫化合物不是引起腐蚀的主要因素。因为含硫化物与金属作用时，能在金属表面形成防止腐蚀的保护膜，只是当这种保护膜受高温作用分解并从金属表面脱落时才造成腐蚀。此外，由于含硫化合物在精制过程中容易被除去，实际上硫的腐蚀问题不大。

（二）测定润滑油腐蚀性的方法

下面列出与润滑油腐蚀性相关的一些指标的测定方法和润滑油腐蚀性的测定方法。

1. 水溶性酸或碱（GB/T 259）

水溶性酸碱的测定法是以 70~80℃ 的蒸馏水和油样摇荡混合，静置到油水分层后，用酚酞及甲基橙溶液试验水抽出液的反应来确定。试验目的是检查润滑油中有无溶水性的无机酸或碱，以及低分子有机酸和碱性化合物等物质。所有未加添加剂的润滑油，都不允许含水溶性酸或碱，它会严重腐蚀机械部件，因此其控制指标一般都为"无"。但对于加有清净分散剂的油品因清净分散剂多呈碱性（这种碱性对油料不但无害，反而有益）而允许其呈碱性反应。

2. 酸值

中和 1 克油品中的酸性物质所需要的氢氧化钾毫克数称为酸值，用 mgKOH/g 表示。酸值表示润滑油品中酸性物质的总量（包括高分子有机酸和水溶性酸）。以矿物油为基础油的油品中所含有的有机酸主要为环烷酸、环烷烃的羟基衍生物。这些酸性物质对机械都有一定程度的腐蚀性。特别是在有水分存在的条件下，其腐蚀性更大，尤其是对于有色金属，腐蚀生成的金属皂会加速润滑油的氧化，所以矿物油基础油的酸值一般小于 0.05mgKOH/g。另外，润滑油在使用和长期储存过程中因油品氧化变质，酸值也会逐渐变大，因此对于在用油品，当酸值增大到一定数值时则需换油。

由于润滑油对金属的腐蚀主要是酸的腐蚀，因此，酸值大小势必与油品的腐蚀相关。一般酸值小，腐蚀也小；酸值大，腐蚀也大。但对不同种类的润滑油来说，酸值大，则腐蚀大的结论不一定成立。这是因为：

（1）酸值只能反映酸性大小而不能反映酸的性质，而腐蚀的大小与酸的性质关系很大，如含有不同的有机酸时，酸值虽然相同，而腐蚀性却相差很大。由于润滑油化学组成不同，在使用时氧化生成腐蚀性产物的种类和性质不同，因而腐蚀性的大小也不相同。

（2）腐蚀过程是由多种因素决定的，合金的抗腐性有差别，温度、负荷和水分等均能影响腐蚀的大小。因此，不能仅凭酸值的大小去预计特定使用条件下润滑油的腐蚀情况。

测定酸值的方法分为颜色指示剂法和电位滴定法。颜色指示剂法是根据指示剂的颜色来确定滴定的终点，如我国的 GB/T 264 或 SH/T 0163、美国的 ASTM D974 和德国的 DIN 51558 等。电位滴定法是根据电位变化来确定滴定终点，主要用于深色油品的酸值测定，如我国的 GB/T 7304 和美国的 ASTM D664 等。

3. 润滑油腐蚀试验(SH/T 0195)

润滑油腐蚀试验是将规定牌号和尺寸的金属片用玻璃钩挂好浸入润滑油中，在100℃或其他规定温度下，保持一定时间(通常为3h)，然后取出金属片用溶剂(1:4乙醇-苯)冲洗，擦干后，观察金属片的颜色变化，以判断润滑油的腐蚀性。在金属片上如果没有铜绿、斑点、小点时，则认为油的腐蚀试验合格。在用铜或铜合金试验时，允许金属片的颜色有轻微变化。若有绿色、深褐色或钢灰色的斑点或薄膜，则判为不合格。

润滑油腐蚀试验主要用来预测传动装置用润滑油和工业润滑油在润滑金属机件时有无腐蚀性。因为各种润滑油的牌号和用途不同，所以在各种润滑油的规格中，都明确规定做腐蚀试验时所用的金属片的牌号，还规定了不同的试验温度和时间。故进行润滑油腐蚀试验时，应查阅石油产品标准，找出相应的条件，否则就失去试验的意义。

4. 铜片腐蚀(GB/T 5096)

GB/T 5096 石油产品铜片腐蚀试验是目前工业润滑油最主要的腐蚀性测定法，本方法与 ASTM D130—83 方法等效。试验方法与 SH/T 0195 类似，不同之处在于本方法规定是铜片；试验结束后的铜片与标准色板进行比较，从而确定出腐蚀级别的大小。工业润滑油常用的试验条件为100℃(或120℃)，3h。铜片腐蚀试验对硫化氢或元素硫的存在是一个非常灵敏的试验。通过铜片腐蚀试验，可以判断油品是否有活性硫化物，可以预知油品在使用和储运过程中对金属产生腐蚀的程度。

5. 发动机润滑油腐蚀度测定法(GB/T 391)

发动机润滑油中的抗氧抗腐蚀剂、极压抗磨剂有些是含硫化合物，它们用上述的腐蚀方法测定时铜片会显著变色，但油实际使用性能很好，并不一定腐蚀含铜的金属零件，所以发动机油一般采用与发动机轴承腐蚀具有较好相关性的发动机润滑油腐蚀度测定法。该方法测定装置见图3-15。测定原理是利用粘附在金属表面的润滑油薄膜，定期与空气接触发生氧化，从而引起对金属的腐蚀。测定时，试油温度保持在140℃±2℃，将已知质量的标准尺寸金属片，以每分钟浸入试油15~16次的速度，连续试验50h，最后测出金属片减轻的重量，以每平方米金属片表面所损失的克数(g/m^2)表示，称为腐蚀度。

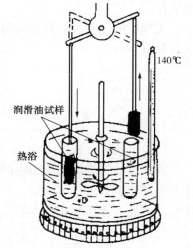

图 3-15 腐蚀度测定仪

发动机润滑油腐蚀度主要用以评定发动机润滑油中腐蚀物质及氧化产物对发动机零件引起腐蚀的程度。由于有些发动机采用铅青铜合金轴承，这种合金的抗磨性能较好，但抗腐蚀能力较差，易受润滑油中腐蚀性物质及氧化产物的腐蚀。腐蚀度测定法的试验条件，例如温度140℃、试油在薄层中进行氧化等，在一定程度上和发动机润滑油的使用条件相似。按照此法测定的结果与发动机台架试验评定腐蚀性的结果基本一致。因此，此法评定结果可概略地预测发动润滑油的腐蚀性。航空润滑油、柴油机油、坦克柴油机油，多级内燃机油等使用条件苛刻的润滑油，都要求作腐蚀度测定，分别规定试验后金属片减轻的重量不超过一定的数值。

但应指出，此法是用金属片在没有负荷情况下进行的。在试验过程中，金属表面也有可能生成一层保护膜，而不再和腐蚀性物质起反应，而在实际使用过程中，由于负荷大，温度变化也较剧烈，保护膜并不像在试验条件下那样牢固地附在金属表面上，而常受到破坏，以致露出新的表面并重新受腐蚀性物质的作用。在这种情况下，并不排除低腐蚀度的润滑油引起发动机摩擦零件严重腐蚀的可能性。

还须注意，测定某些含有抗腐蚀及清净分散添加剂的润滑油时，往往由于金属片与添加剂的某些元素相互作用，生成保护膜，使试验后金属片重量增加，从而得出负值。

二、抗氧化安定性及其评定方法

在与空气接触时润滑油抵抗其性质发生永久性改变的能力，称为抗氧化安定性或简称安定性，抗氧化安定性好，则油品不易氧化变质。润滑油在常温下是很安定的，即使在我国南方，只要容器干净，不混入水分，储存6~8年，质量指标都没有明显变化。但是，在高温下润滑油的氧化速度比常温下要快得多，由于氧化使油品颜色变深、黏度改变、酸性物质增多，并产生沉淀。这些无疑对润滑油的使用会带来一系列不良影响，如腐蚀金属、堵塞油路等。因此，润滑油的抗氧化安定性是润滑油的重要化学性质，是决定润滑油使用期限的重要因素。

（一）润滑油的化学组成和抗氧化安定性的关系

1. 各类烃的氧化

润滑油所含的各类烃中，在高温条件下，以芳香烃最不易氧化，环烷烃次之，烷烃最易氧化。

无侧链的芳香烃氧化倾向极小，氧化时首先生成酚，酚再缩合产生胶状物，氧化过程示意如下：

$$2ArH+O_2 \longrightarrow 2ArOH$$
$$ArOH+HOAr \longrightarrow Ar\!-\!O\!-\!Ar+H_2O$$
$$Ar\!-\!O\!-\!Ar+O \longrightarrow Ar\!-\!O\!-\!ArOH$$
$$Ar\!-\!O\!-\!ArOH+HOAr \longrightarrow Ar\!-\!O\!-\!Ar\!-\!O\!-\!Ar+H_2O$$

（其中：Ar 为苯环；ArOH 为酚；Ar—O—Ar 及 Ar—O—Ar—O—Ar 为酚的缩合物。）

有侧链的芳香烃比无侧链的芳香烃易于氧化。侧链的数目和长度增加，氧化倾向也增大。带长链的芳香烃氧化时，氧和侧链作用生成过氧化物，并进一步分解为醛类、酸类等。带短侧链的芳香烃氧化后主要生成胶质和沥青质等（表3-10）。

表3-10　侧链的长度对芳香烃氧化的影响

烃　类	分子式	环数	侧链中碳原子数	氧化产物（150℃，1.5MPa 的氧压，3h）			
				酸值/（mgKOH/g）	酸/%	酚/%	胶质/%
正丙基苯	$C_6H_5 \cdot C_3H_7$	1	3	0.7	0.9	1.6	3.0
壬烷基苯	$C_6H_5 \cdot C_9H_{19}$	1	9	1.6	4.0	0.2	1.3
癸烷基苯	$C_6H_5 \cdot C_{10}H_{21}$	1	10	2.2	4.4	极少	极少

环烷烃一般比芳香烃容易氧化得多，其氧化倾向也随着分子的增大而增加。有侧链的环烷烃氧化倾向较大，因氧化最容易从侧链连结处（有叔碳原子）开始（参考表3-11）。在进一步氧化时，还会开环而生成酸，如下所示：

表3-11　叔碳原子对烃类氧化的影响

烃　　类	分子式或结构式	氧化产物（80℃，1.5MPa的氧压，6h）		
		酸值/（mgKOH/g）	酸类/%	胶质/%
环己烷	⬡	1.4	1.36	0.8
甲基环己烷	⬡—CH$_3$	4.8	7.10	3.6

在高温的作用下，羧酸可进一步氧化生成羟基酸，如下所示：

羧基过氧化物

此外，由于缩合的结果，环烷烃氧化后也会生成少量的胶质、沥青质。

烷烃在低温时是较稳定的，但在温度升高时，其抗氧化安定性急剧降低。因烷烃热安定性较差，在高温下有可能断链产生自由基，而且润滑油中高分子异构烷烃的叔碳原子

$$\begin{pmatrix} R_1 \\ R_2\!-\!\!\overset{\,|}{\underset{\,|}{C}}\!-\!H \\ R_2 \end{pmatrix}$$ 易生成过氧化物。烷烃氧化的主要产物是羧酸及羟基羧酸等。

2. 混合烃的氧化

润滑油是各类烃的混合物，其氧化性互有影响，氧化结果和单体烃氧化时有显著区别。无侧链的芳香烃和环烷烃混合时，芳香烃本身氧化产生酚，所生成的酚起抗氧化剂作用，反过来保护环烷烃少受氧化。从表3-12所举之例可以看出，纯环烷烃在150℃，1.5MPa氧压下生成酸和胶质较多，而在环烷烃中加入萘以后，氧化产生的酸和胶质均较少，而且还产生酚。

表3-12　环烷烃和芳香烃混合时的氧化

被氧化的样品	芳香烃含量/%	氧　化　产　物			
		酚/%	胶质/%	酸值/（mgKOH/g）	未氧化程度/%
纯环烷烃	0	0	17.0	36.4	39.0

续表

被氧化的样品	芳香烃含量/%	氧化产物			
		酚/%	胶质/%	酸值/(mgKOH/g)	未氧化程度/%
环烷烃+萘	1	0.2	8.0	17.0	54.5
	3	0.3	8.5	12.8	70.1
	5	0.2	9.3	3.5	77.8
	10	0.4	7.9	0.9	78.0

　　芳香烃保护其他烃少受氧化的效能根据产生酚的数量而定。无侧链和短侧链芳香烃氧化产生酚较多，所以在润滑油中只含5%～10%时便可阻滞环烷烃氧化。而长侧链芳香烃与烷烃、环烷烃混合时，芳香烃的浓度要超过20%才起提高抗氧化安定性的作用。由此可见，润滑油中芳香烃的结构和数量对抗氧化安定性影响很大。

　　（二）润滑油的氧化方向和氧化产物

　　润滑油中各类烃的氧化方向可分两种。

　　第一种氧化方向是烷烃、环烷烃和带长侧链（C_5以上）的芳香烃所遵循的氧化方向。氧化的中间产物主要是酸性物质（如羟酸、羟基酸、沥青质酸等）和酯类、最终产物是炭青质。

　　第二种氧化方向是带短侧链的芳香烃和无侧链芳香烃所遵循的氧化方向。氧化过程的中间产物主要是酚类、胶质等，最终产物为半油焦质。

　　润滑油由于化学组成和氧化条件不同可以生成不同的氧化产物。为了弄清氧化后润滑油品质改变的原因，还须了解氧化产物的性质。现将润滑油氧化产物的性质列于表3-13。

表3-13　润滑油氧化产物的性质

滑油中的溶解度	第一种氧化方向的产物		第二种氧化方向的产物（中性）	在油中的状态
	中性	酸性		
全溶	过氧化物、醇、醛、酮、酯	酸	胶质、过氧化物	液体
微溶	内酯、交酯	半交酯、羟基酸、酮酸	—	液体和沉淀
不溶	炭青质	炭青质酸	沥青质、半油胶质	沉淀

　　表中微溶于润滑油的氧化产物，一部分存在于氧化后的润滑油液相中，另一部分存在于氧化后的润滑油沉淀中。在沉淀中的那部分的外观为一种颜色较浅而且极为稠的物质，沥青质酸也是其中成分之一，不过它的颜色较深。

　　表中不溶于润滑油的氧化产物沥青质、半油焦质和炭青质，本身为呈深褐色或黑色的无定形固体粉末状，这些近似黑色的细粒状微小炭粒悬浮在润滑油中或沉积在润滑油的底层。

　　内酯、交酯和半交酯都是由羟基酸受热时失水缩合生成的。内酯系由一分子γ（或δ）羟基酸自行缩水生成的，如下式所示：

$$CH_3-\overset{\gamma}{C}H(OH)-\overset{\beta}{C}H_2-\overset{\alpha}{C}H_2-COOH \longrightarrow CH_3-CH-CH_2-CH_2-CO+H_2$$

交酯系由二分子羟基酸缩合二分子水而生成，如下式所示：

$$RCH(OH) + (HO)CHR \longrightarrow R-CH-O-CO + 2H_2O$$

半交酯系由二分子羟基酸缩合一分子水而生成，其中尚有羟基与羧基。

$$RCH(OH) + (OH)CHR \longrightarrow R-CH-OH + H_2O$$

由于受热和氧的作用，羟基酸、内酯、半交酯还将进一步氧化、缩合而成沥青质酸和炭青质；胶质进一步氧化、缩合成沥青质、半油焦质，所以润滑油在使用过程中按其氧化深度可以产生不同颜色、不同形态的沉淀物。

（三）外界条件对润滑油氧化的影响

1. 温度

在常温和常压下，润滑油氧化过程非常缓慢，所以在储存中的润滑油不易氧化变质。温度升高时，润滑油的氧化速度增加，在 $50 \sim 60^{\circ}C$，氧化速度明显增加。一般未加抗氧剂和无催化剂作用时，温度每升高 $10^{\circ}C$，氧化速度约增大一倍。温度升高，氧化反应加速的结果会导致润滑油更快地形成沥青质、半油焦质及其他不溶于润滑油的氧化产物。

2. 氧的压力（浓度）

增加氧的压力能加速润滑油的氧化，在很大范围内，氧化反应的速度与氧压的增加成正比。当润滑油呈薄膜状氧化时，如有惰性稀释剂（如空气中的氮）存在，则会显著地阻碍其氧化反应。例如：高压（$20 \sim 22.5MPa$）的空气压缩机，虽然气缸内氧的分压达 $4.0 \sim 5.0MPa$，温度达 $150^{\circ}C$，还可采用矿物油来润滑。如果是纯氧达 $4.0 \sim 4.5MPa$，甚至在更低的温度时，矿物润滑油的氧化就会以爆炸的速度进行。

3. 润滑油与空气的接触表面

增大润滑油与空气的接触表面能加速氧化反应。例如：于 $150^{\circ}C$ 用空气氧化润滑油，共经 15h，当润滑油与空气接触的表面为 $9cm^2$ 时，产生 0.01% 的沉淀，而在相同条件下，润滑油与空气接触的表面为 $25cm^2$ 时生成 0.58% 的沉淀。因为增大接触表面后氧向润滑油内扩散的速度增加，从而增加润滑油的氧化速度。

4. 金属和金属盐的影响

许多金属对润滑油的氧化有催化作用，不过各种金属的效应大小不同。大致说来，铜的效应较强，铁（钢）、镍、锡、锌、铝较弱，铅有时显示很强的效应，有时却很弱。要弄清在特定条件（油样及氧化条件）下金属对润滑油氧化的催化作用如何，需要通过试验才能确定。从表3-14试验数据可以看出，金属对润滑油氧化的影响，以铅和铜的影响较大。

表 3-14 金属对润滑油氧化的影响

指标	新油	氧化以后（120℃，70h）					
		无金属	锌	铁	锡	铜	铅
酸值/（mgKOH/g）	0.06	0.06	0.06	0.07	0.07	0.17	11.84

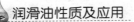

指　标	新油	氧化以后（120℃，70h）					
		无金属	锌	铁	锡	铜	铅
胶质（硫酸法）/%	0.0	0.0	0.8	0.6	1.3	2.5	29.3
沉淀物/%	—	—		痕迹	痕迹	0.03	2.64

必须注意的是有水分和酸性物质时，会大大加速金属的催化作用。

金属盐对润滑油氧化影响大小，与金属盐种类、浓度及试验油样都有关系。不同金属盐对氧化影响大小，因各试验油样和氧化条件不同，还缺乏一致的大小顺序。

金属和金属盐对润滑油氧化的催化作用，不利于润滑油的储存和使用，消除金属的催化作用的基本方法，是使金属表面上生成硫化物、磷化物等薄膜，使金属不直接和油接触。润滑油中金属盐大多是有机酸腐蚀金属的产物，为了减少润滑油中金属盐的影响，应提高润滑油的氧化安定性，并降低润滑油的腐蚀性。

（四）抗氧化安定性测定方法

润滑油氧化安定性测定方法有多种，其原理基本相同，一般都是向试样中直接通入氧气或净化干燥的空气。在金属等催化剂的作用下，在规定温度下经历规定的时间观察试样的沉淀或测定沉淀值、测定试样的酸值、黏度等指标的变化。试验条件因油品而异，尽量模拟油品使用的工况。

1. 加抑制剂矿物油的氧化特性测定法（GB/T 12581）

该方法是在95℃时，水、铁和铜催化剂存在下，试样同氧反应，以氧化后油的酸值达到2.0mgKOH/g时所需要的时间表示其"氧化寿命"。本标准适用于测定汽轮机油、比水密度小并含有防锈添加剂和抗氧添加剂的其他类似油品，例如循环油和液压油，特别适用于易与水接触的润滑油氧化安定性的评定。

2. 润滑油老化特性测定法（康氏残炭法，GB/T 12709）

该方法是在200℃温度下，将空气两次通入试样中使之老化，每次6h，按GB 268方法测定油品老化前、后试样残炭值，以残炭增值表示润滑油的老化特性。本标准包括两个方法：A法——通空气老化后康氏残炭增值法；B法——在三氧化二铁存在下通空气老化后的康氏残炭增值法。该方法适用于在测定过程中油品蒸发损失不超过5%（质量分数）、含或不含添加剂的石油基润滑油，也适用于有抗氧剂和有灰清净分散剂类型的润滑油。

3. 极压润滑油氧化性能测定法（SH/T 0123）

本方法是在95℃下，通入恒压干燥的空气，试验312h，通过测定试样100℃运动黏度的增长值和沉淀值的变化来表示油品的氧化安定性。如果用此条件不能区分油品优劣时，可在121℃下进行测定。本标准适用于极压润滑油，如齿轮油等的氧化性能的测定。由于该方法测定时间太长，试验后测得运动黏度和沉淀值的变化不一定都与润滑油的氧化有关，有些变化可能是由热降解引起的。

4. 润滑油氧化安定性测定法（旋转氧弹法，SH/T 0193）

本方法的概要是将试样、蒸馏水和铜催化剂线圈一起放到一个带盖的玻璃盛样器内，然后把它放进装有压力表的氧弹中。氧弹在室温下充入620kPa（6.2bar或90psi）压力的氧气，放入规定温度(绝缘油140℃；汽轮机油150℃)的油浴中。氧弹与水平面成30°角，以100r/min的速度轴向旋转。当达到规定的压力降时停止试验，记录试验时间(以分钟表示)，试验越长，油品的氧化安定性越好。本标准适用于评定具有相同组成新的和使用中的汽轮机油的氧化安定性，也可以用来评定含2，6-二叔丁基对甲酚的新矿物绝缘油，但不适用于40℃黏度大于 $12mm^2/s$ 的含抗氧剂的绝缘油。

5. 润滑油抗氧化安定性测定法(SH/T 0196)

这个方法是将30g润滑油放在玻璃氧化管中，在125℃和金属的催化作用下，进行厚油层的氧化。测定条件和结果的表示方法有两种：一是在缓和氧化条件下(氧化管内的油样中放入铜珠和钢珠，通空气量50mL/min，时间4h)以润滑油氧化所形成的水溶性酸(包括挥发的和不挥发的)含量表示；另一种是以润滑油在深度氧化条件下(氧化管内的油样中放入绕有钢丝的铜片，通氧气量200mL/min，时间8h)所形成的沉淀物含量和酸值表示。

6. 变压器油氧化安定性测定方法(SH/T 0206)

本标准概要是在有铜催化剂存在条件下，将装有25g试样的氧化管置于一定温度的油浴中，通入氧气，连续氧化164h后，测定其生成的沉淀物质量和酸值，并以沉淀物含量和酸值来表示油品的氧化安定性。该标准适用于测定变压器油的氧化安定性。

7. 内燃机油氧化安定性测定法(SH/T 0299)

本标准是在非强化试验条件(氧化温度160℃，时间6h，通氧量200mL/min±10mL/min)或强化试验条件(氧化温度165℃，时间12h，通氧量200mL/min±10mL/min)下将试样氧化，用氧化前后试样中金属片质量变化、50℃运动黏度变化、氧化后正戊烷不溶物及试样蒸气的酸碱性进行评分，以总评分来表示试样的氧化安定性。总评分越低，氧化安定性越好。本标准适用于内燃机油氧化安定性的评定。

三、抗氧及抗腐剂

润滑油因氧化致使其黏度增加、酸值变大、生成漆膜、积炭等沉积物。为减缓润滑油的氧化变质，除了使用抗氧化性好的基础油外，较有效的办法是加入抗氧抗腐剂。在20世纪20年代末期，抗氧剂已经在汽轮机油和变压器油中使用。此后，由于汽车工业的大发展，内燃机的压缩比大幅度提高，为解决润滑油氧化导致对硬质合金轴承的腐蚀，发展了二烷基二硫代磷酸锌(ZDDP)抗氧抗腐剂。70年代以后，为了解决高磷添加剂引起汽车废气催化转化器中毒的问题，低磷或无磷等新型抗氧剂逐步发展起来。

(一)抗氧及抗腐剂的作用机理

在热、光、机械应力和催化剂作用下，润滑油氧化反应历程如下：

链引发反应：

$$RH \longrightarrow R\cdot$$
$$ROOH \overset{\triangle}{\longrightarrow} RO\cdot + \cdot OH$$
$$ROOH + M^{n+} \longrightarrow RO\cdot + M^{(n+1)+} + \cdot OH$$

链增长反应：

$$R\cdot + O_2 \longrightarrow ROO\cdot$$
$$ROO\cdot + RH \longrightarrow ROOH + R\cdot$$
$$RO\cdot + RH \longrightarrow ROH + R\cdot$$

链分枝反应：

$$R \cdot \longrightarrow R_1H+R_2$$
$$RO \cdot \longrightarrow R_1COR_2+R_3$$

链终止反应：

$$R \cdot + R \cdot \longrightarrow RR$$
$$R \cdot + ROO \cdot \longrightarrow ROOH$$
$$ROO \cdot + ROO \cdot \longrightarrow ROOH+O_2$$

上述连锁反应生成了酮、醛、有机酸，最后进行缩合反应，生成了油泥和漆膜。为了终止或减缓上述链反应，一种方法是捕捉游离基，另一种方法是使过氧化物分解，得到稳定的化合物。酚、胺型抗氧剂属游离基终止剂，它们有一活泼的氢原子，当这些化合物加入润滑油中时，这个氢原子比烃类原子更容易与游离基作用，生成稳定的产物使链的发展受到破坏。用 AH 表示游离基终止剂抗氧剂分子，其反应如下：

$$RO \cdot + AH \longrightarrow ROH$$
$$ROO \cdot + AH \longrightarrow ROOH$$
不活泼物质

二烷基二硫代磷酸盐、二烷基二硫化氨基甲酸盐等抗氧剂属于过氧化物分解剂一类。对过氧化物分解剂的作用机理尚无统一看法。有的认为常用的二烷基二硫代磷酸锌在热解时生成碱性盐$[(RO)_2P(S)S_3]Zn_2OH$ 和双-（二烷基硫代磷酸酯）二硫化物$[(RO)2P(S)]_2S_2$ 及三硫化物$[(RO)_2P(S)]_2S_3$，这些硫磷酸酯使过氧化物分解。有的认为二烷基二硫代磷酸锌分解为硫醚（R_2S）和亚砜（R_2SO），这些硫化物使过氧化物分解后生成稳定的物质。

$$R_2S+ROOH \longrightarrow R_2SO+ROH$$
$$R_2SO+ROOH \longrightarrow R_2SO_2+ROH$$

添加剂的抗腐蚀作用一般认为添加剂在金属表面生成了保护膜，即消除了金属对润滑油的催化作用，又防止了金属表面遭受腐蚀。

（二）抗氧及抗腐剂的种类

一些添加剂在具有抗氧化性能的同时，也具有明显的抗腐蚀效果，这类添加剂称为抗氧抗腐剂；主要具有抗氧化性能的添加剂称为抗氧剂；抑制油中金属离子加速油品氧化的添加剂称为金属减活剂。表 3-15 列出应用较广的抗氧及抗腐剂类型、名称、产品代号和分子结构式。

表 3-15　主要的抗氧及抗腐剂

化合物分类	化合物名称	国内代号	化 学 结 构 式
抗氧抗腐剂 （过氧化物捕捉剂）	二芳基二硫代磷酸锌	T201	
	二烷基二硫代磷酸锌	T202 T203 T204 T205	RO S S OR $\quad$ P $\quad$ P RO S—Zn—S OR
	二烷基二硫 代氨基甲酸锌		R S S R N—C—S—Zn—S—C—N R R

化合物分类	化合物名称	国内代号	化 学 结 构 式
酚型抗氧剂 （游离基捕作剂）	2，6-二叔丁基对甲酚	T501	CH_3—〔苯环〕—OH（2,6-二叔丁基）
	4，4′-亚甲基双（2，6-二叔丁基酚）	T511	CH_3—〔苯环〕—CH_2—〔苯环〕—OH
胺型抗氧剂 （游离基捕作剂）	N-苯基-α-萘胺	T531	HN—苯基/萘结构
	烷基化二苯胺		R_1—〔苯环〕—$\overset{H}{N}$—〔苯环〕—R_2
胺酚型抗氧剂 （游离基捕作剂）	2，6-二叔丁基-4-二甲氨基甲酚	T521	HO—〔苯环〕—CH_2—$N$$\begin{smallmatrix}CH_3\\CH_3\end{smallmatrix}$
金属减活剂	N，N-二正丁基氨基亚甲基苯三唑	T551	苯三唑—CH_2—$N$$\begin{smallmatrix}C_4H_9\\C_4H_9\end{smallmatrix}$
	噻二唑多硫化物	T561	RSS—C〔噻二唑环，含N—N及S〕C—SSR

1. 抗氧抗腐剂

二烷基(芳基)硫代磷酸锌(简称 ZDDP)是最常使用的抗氧抗腐剂。它能分解油品在氧化过程中产生的过氧化物，使链反应中断，起到良好的减缓油品的氧化作用；同时，它能在热分解过程中产生无机络合物于金属表面形成保护膜，起到良好的抗腐作用；也能在较为苛刻的条件下与金属表面发生化学反应形成具有承载能力的硫化膜而具有抗磨极压性能。

国产的 ZDDP 根据烷基的结构和长短不同分为五种，其产品代号为 T201、T202、T203、T204 和 T205。T201 为二芳基二硫代磷酸锌，与其他的二烷基二硫代磷酸盐产品相比，它的热稳定性最好，但抗氧化、抗腐蚀、抗磨性及抗水解性能相对差些，用于调制普通内燃机油。

烷基为伯丁基和伯辛基的 T202 产品颜色浅、油溶性好、热稳定性一般、具有良好的抗氧抗腐性及极压抗磨性能，能有效地防止发动机轴承腐蚀和因高温氧化而使油品黏度的增长。用于普通内燃机油和工业润滑油中，但不适用于接触含银机件的润滑油中。T202 对水特别敏感，遇水易于水解。

T203 是二伯辛基二硫代磷酸锌，热分解温度高达 230℃，具有优良的抗氧抗腐和抗磨性能。它与清净剂、分散剂复合用于配制高档柴油机油，与其他添加剂复合可用于配制抗磨液压油。T203 遇水易乳化，必须密封保存，储存温度不得高于 50℃，以防分解而降低使用性能。.

T204 为伯/仲烷基二硫代磷酸锌，除具有优良的抗氧、抗腐抗磨等性能外，还具有很好的抗乳化性和水解安定性，适合调制高档低温液压油和工业润滑油。

T205 为仲烷基二硫代磷酸锌，因其硫、磷含量和热分解温度高，所以其抗磨性和抗氧化性能优于 T202、T203 和 T204。可显著降低发动机凸轮和挺杆的磨损和腐蚀，适合于调制高档汽油机油。

由于发动机油中的磷使尾气转化器中的三效催化剂中毒，加之环保的要求，对发动机油中的磷和硫含量要求越来越苛刻。国际润滑材料标准化及审查委员会(ILSAC)公布的 GF-3 规格磷含量要求不大于 0.1%，但 GF-4 规格则要求磷含量在 0.06~0.08 范围内，这意味着需减少 ZDDP 的用量。目前还没有完全能替代 ZDDP 的添加剂，加入高温性能好的助抗氧剂，如羧酸铜、硫代磷酸铜、硫代氨基甲酸铜等有机铜化合物，是解决减少 ZDDP 用量的低磷发动机油的抗氧化性能的主要措施。

除了二烷基二硫代磷酸盐外，二烷基二硫代氨基甲酸盐同样具有抗氧抗腐抗磨作用，还具有较好的极压性能(二烷基二硫化氨基甲酸盐的润滑性能介绍见前面部分)。它的耐热性能比 ZDDP 好，当 R 为丁基时，与正丁醇制的 ZDDP 相比，分解温度要高 50~60℃，这类化合物主要用于内燃机油中，在有镀银活塞销的内燃机车用的润滑油中，可用来代替 ZD-DP，也可用于汽轮机油、液压油和润滑脂等产品中。

2. 抗氧剂

(1) 酚型抗氧剂 因捕捉游离基而具有终止链反应的作用，这类抗氧剂较典型的是屏蔽酚。所谓屏蔽酚是指在酚羟基的邻位上有叔丁基等较大的空间位阻基团，它又细分为屏蔽单酚和屏蔽双酚两大类。最广泛应用的屏蔽单酚是 2，6-二叔丁基对甲酚，我国产品代号为 T501，国外同类产品有 LZ 817、OLOA 251、Vanlube PC、AO 29、Kerobit TBK 等。单酚还有 2，6-二叔丁基酚、对苯二酚、β-萘酚等。这类抗氧剂在 60℃ 以上时就会慢慢地从油中蒸发出来，其抗氧效果也仅在 100℃ 以下较好。当然并不是所有的单酚的使用温度都较低，如高分子量的酚酯型抗氧剂在 200℃ 以上的条件下也可具有很好的抗氧化性能，其分子结构如下：

$$\text{HO} - \underset{}{\overset{}{\bigcirc}} - CH_2CH_2\overset{\displaystyle O}{\overset{\|}{C}}O{-}R$$

屏蔽单酚的分解温度一般都较低，所以后来发展了屏蔽双酚型化合物。4，4'-亚甲基双(2，6-二叔丁基酚)即属此类型，国内产品代号为 T511，国外商品如 Vanlube DTB 等。使用温度可高达 150℃ 以上。其他屏蔽双酚型产品还有 2，2'-亚甲基双(4-甲基-6-叔丁基酚)、2，2'-硫-双(4-甲基-6-叔丁基酚)、4，4'-亚甲基双(2，6 二叔丁基酚)、甲叉 4，4'-硫代双(2，6-二叔丁基酚)等。

（2）胺型抗氧剂　与酚型抗氧剂一样，属于游离基终止型，其使用温度一般比酚型高，耐久性也比酚型好，可用于200℃以上的高温工况。常用的化合物为 N-苯基-α-萘胺(国内产品代号为T531)、N-烷基化苯基-α-萘胺、N，N'-二异辛基二苯胺和 N，N'-二叔丁基对苯二胺。前两个化合物对抑制沉积物的生成更有效，但油品使用中更易变色；后两个化合物对抑制酸值和黏度的增加更有效。胺型抗氧剂较酚型抗氧剂毒性大，且价格较高，多用于加氢油或合成油为基础油配制的高温润滑油中。

（3）胺酚型抗氧剂　酚、甲醛和胺缩合，可制得2，6-二叔丁基-4-二甲氨基甲酚。国内牌号为T521，国外相应的牌号为 Hitec 4703 等，适用于汽轮机油，液压油。用烷基酚、甲醛和尿素进行缩合反应得到的胺酚型抗氧剂具有如下的结构：

商品名称 A3HИИ-11，前苏联用于 MK-8 喷气发动机润滑油有较好的效果。除上述产品外，使用过的胺酚型抗氧剂还有对羟基二苯胺、N-正丁基对氨基酚等。胺酚型抗氧剂主要用于高温条件下。

3. 金属减活剂

油品在使用过程中会氧化变质，而其中的铜、铁等金属离子会加速油品的氧化。为了降低金属离子对油品氧化的催化加速作用，需加入金属减活剂。金属减活剂的作用机理是把金属离子包起来使其钝化或与金属离子生成不具有催化活性的螯合物。常用的金属减活剂是苯三唑及其衍生物和噻二唑衍生物两大类。

（1）苯三唑衍生物　苯三唑是有色金属铜的抑制剂，它能与铜形成螯合物而使其失去催化活性。但苯三唑油溶性较差，因此开发了苯三唑衍生物。我国开发的是 N，N-二正丁基氨基亚甲基苯三唑(产品代号为T551)。它与酚型抗氧剂复合使用时协和效应明显，能显著减少抗氧剂的用量。适用于汽轮机油、压缩机油、变压器油等油品。T551 是碱性化合物，不能与 ZDDP 或氨基甲酸盐复合使用，因为它们相互作用产生沉淀。

（2）噻二唑衍生物　噻二唑多硫化物、2-巯基苯并噻二唑、2，5-二巯基-1，3，4-噻二唑等多种噻二唑衍生物是金属铜有效的抑制剂。我国开发的是噻二唑多硫化物(产品代号T561)，具有优良的油溶性和良好的抑制金属及金属离子对油品的催化氧化作用，同时该产品还具有较好的润滑性能。

为提高油品的抗氧及抗腐性能，常将不同种类的抗氧及抗腐剂和氧化抑制剂复合使用。如将能有效抑制油泥生成的抗氧剂和有效抑制黏度和酸值增加的抗氧剂复合使用、高温下有效的胺型抗氧剂和较高温度下有效的酚型抗氧剂复合使用、作用机理为游离基捕作的抗氧剂和过氧化物分解的抗氧剂复合使用、抗氧剂和金属减活剂的复合使用等。

第四节　清净分散性

发动机润滑油在高温作用下发生氧化、聚合、缩合等一系列反应，在活塞顶部形成积炭，在活塞侧面生成漆膜，在曲轴箱中产生油泥。发动机润滑油的清净分散性是指润滑油抑制积炭、漆膜和油泥形成的能力，主要包括两方面的含义，一是将发动机油氧化后生成的积炭、漆膜和油泥等不溶物增溶或稳定分散在油中；二是将已沉积在发动机部件上的积炭、漆膜和油泥等洗涤下来。

一、沉积物的形成及危害

在发动机内部，各处温度不同。按照温度的高低可划分为高、中和低三个区域，在各个区域里生成的沉积物性质和危害是不同的。

（一）积炭

火焰在燃烧室燃烧的温度高达 1500～1800℃，活塞顶部、气缸盖以及气缸壁处因冷却效果较差，温度大约在 250～500℃。这样高的温度足以使燃烧不完全的燃料和窜入燃烧室，并落在这些部件表面上的润滑油发生深度变化，生成焦状固体或疏松的烟灰状物，这些主要沉积在活塞顶、排气门、导管、火花塞或喷油嘴上的高温沉积物即为积炭。

积炭的成分与发动机使用的燃料和润滑油有很大关系。如使用的燃料是无铅汽油，且润滑油不含添加剂，则生成积炭的成分以碳元素为主，占总积炭量的 72%～75%，其次为氧占 17%～20%，氢占 4%～5%，灰分占 2%～6%。如果燃料是含铅汽油，润滑油又是含有金属元素的添加剂，则积炭的成分将以灰分为主。铅在积炭中的含量高达 60%～85%。

发动机中的积炭对发动机的工作有很大的影响，其主要危害是：

（1）使发动机产生爆震的倾向增大。积炭沉积在活塞顶部及燃烧室中，会使燃烧室的容积变小，相对地提高了压缩比；同时由于积炭的导热性差，使气缸的热状态增强。这样就容易使发动机产生爆震。曾试验过，发动机如不清除积炭运转 100h 以上，要使其不产生爆震，则要求燃料的辛烷值要比运转初期高 5%～10%。

（2）积炭在燃烧室中形成高温颗粒，使混合气提前点火，造成发动机功率损失 2%～15%。

（3）积炭如沉积在火花塞电极之间，会使火花塞短路，引起功率下降和燃料耗量增大。

（4）排气阀上的积炭使阀门关闭不严，出现漏气，使功率下降。高温颗粒附着在排气阀上，会使阀座及气阀烧蚀。

（5）积炭掉到曲轴箱中能引起润滑油变质并会堵塞过滤器等。

（二）漆膜

在发动机内部，连杆活塞组为中温区，一般说来活塞部位由上到下的温度是 175～260℃。从活塞环槽（包括活塞环）、内腔到活塞裙部及连杆表面通常都覆盖着黄、褐甚至黑色的漆状物，通常叫做漆膜。漆膜是一种坚固的、有光泽的漆状薄膜。它主要是润滑油和燃料在高温、氧及金属的催化作用下经氧化、聚合生成的胶质、沥青质等高分子聚合物。示踪原子氚的柴油机试验证明，漆膜 90% 来自润滑油，10% 为燃料氧化及不完全燃烧产物。

漆膜的害处主要是在发动机工作的热状态下它是一种黏稠性物质，能把大量的烟炱黏在活塞环槽中，使环与槽之间的间隙减小，降低活塞环的灵活程度，甚至会发生黏环现象，使活塞环失去密封作用，大量机油上窜入燃烧室，燃烧气体沿活塞环和气缸套之间的间隙下窜，烧掉了气缸壁上的润滑油膜，活塞环和缸壁间因缺油而使其磨损急剧增大，甚至严重擦伤。同时漆膜的导热性很差，漆膜太多使活塞所受的热不能及时传出，导致活塞过热而膨胀，以致发生拉缸现象。

（三）油泥

在低温区的曲轴箱中的机油温度一般不超过 90℃，在冬季或停停开开状态下运行时，温度会更低，更容易在曲轴箱油池底部、侧面、滤清器、连杆盖等处产生一种油泥状的沉淀，通常称作油泥。据研究，燃烧室的气体在压缩及燃烧过程中，通过活塞环和气缸壁之间的间隙窜入曲轴箱是形成油泥的主要原因。窜气进入曲轴箱后，由于环境温度较低，高沸点组分和水分冷凝，并与曲轴箱内的润滑油混合，其中润滑油和燃料油中的液相氧化产物进一步氧化缩聚，形成一种黏性物质，此物质能将固体物质、燃料、水、残炭、磨屑等物质黏合在一起形成油泥。油泥主要成分如图 3-16 所示。

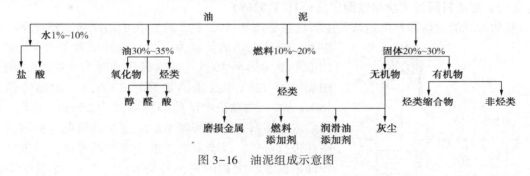

图 3-16　油泥组成示意图

油泥的危害主要是能促使润滑油老化、变质，使油的润滑性能下降，并能堵塞润滑系统的油路和滤清器，使循环系统供油量减少甚至中断，摩擦部件因得不到润滑而导致擦伤、烧瓦甚至抱轴等严重事故的发生。

二、发动机油清净分散性评定方法

燃料及润滑油的性能是影响发动机沉积物生成的重要因素，且润滑油的影响比燃料大。一般说来，润滑油的馏分愈重，在发动机中形成的漆膜、积炭也愈多（表 3-16）。石蜡基润滑油比环烷基润滑油生成的沉积物要少（表 3-17）。润滑油的精制程度也对积炭、漆膜的生成有影响。精制适当，除去润滑油中的非理想组分，积炭、漆膜的生成就少。但是并不是精制程度愈深愈好，过分的精制反而使润滑油的清净性变坏。

表 3-16　润滑油馏分对 1105 单缸机清净性的影响

润滑油代号	润滑油馏分来源	清净性评分	润滑油代号	润滑油馏分来源	清净性评分
1 号	减三线加减四线	12.1	3 号	减四线：渣油=7：3	15.0
2 号	减四线：渣油＝9：1	13.4			

表 3-17　不同种类基础油对发动机清净性的影响

项　目	烷 基 石 油		混 合 基 石 油		环 烷 基 石 油	
精制方法	硫酸	溶剂	硫酸	溶剂	硫酸	溶剂
黏度指数	101	110	77	93	16	62
漆膜评分[①]	40.5	47.0	27.0	43.0	14.0	26.0
油泥评分[①]	41.0	49.0	35.0	44.0	9.0	33.0

注：①此处评分标准与 1105 单缸机相反，0 分最差，50 分最好。

　　近年来，随着发动机单位容积功率的提高，发动机的工作条件日益苛刻，需要清净分散性好的润滑油以满足热强度大的发动机要求。发动机油清净分散性的评定已是评价发动机油的一个重要项目。评定的模拟方法有发动机油清净性测定法、曲轴箱模拟试验法（QZX法）和柴油机油清净性测定法。反映矿物油基础油精制程度和与油品积炭相关的残炭和灰分的测定方法也在本节介绍。

（一）发动机润滑油清净性测定法（SH/T 0269）

　　发动机润滑油清净性测定法的主要设备见图 3-17。其原理是在不用燃料的情况下，以

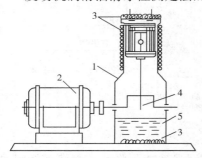

图 3-17　清净性测定装置原理图
1—发动机；2—电动机；3—加热电绕组；
4—甩油器；5—润滑油

电动机带动受热的单缸发动机，按照试验条件[气缸头用电热器加热至 300℃（试验高质油时为 350℃），润滑油加热至 125℃（高质油加热至 130℃），曲轴转速为 1500r/min，曲轴箱中试验润滑油量为 250mL]运转 2h，然后取出活塞，将活塞侧面形成漆膜的情况与标准活塞图样进行对比，以确定润滑油清净性的等级。标准活塞图样根据漆膜沉积的情况分为 0、1、2……6 共 7 个等级。级数越大表示生成的漆膜越多。目前汽油机润滑油的清净性规定不大于 2.5 级。

（二）曲轴箱模拟试验方法（SH/T 0300）

　　本方法是使加热的润滑油与高温（310~320℃）的铝板短暂接触，根据生成漆膜的情况对漆膜进行评级。试验开始时将 250mL 试油加入倾斜的润滑油箱中，装铝板，然后加热控制油温及板温到规定温度，开动电动机带动油飞溅到铝板上，试验运行 6h。由于热氧化的结果，在铝板上生成漆膜。漆膜评定分为 10 级，10 级最差，测铝板增加的焦重，增重越多，试油的热稳定性越差。该方法的评定结果与开特皮勒 1-H$_2$ 和 1-G$_2$ 发动机试验有一定的相关性。

（三）柴油机油清净性测定法（热管氧化法，SH/T 0645）

　　本测定在温控范围 200~500℃、氧化压力 0.005~0.15MPa、氧气流量 0.05~10.0mL/min、试油流量 0.05~200mL/min 的热管氧化试验仪上进行。其方法概要是：将柴油机油在受控的高温氧化环境中与氧气混合后，在受高温的玻璃管中循环回流，经过设定的温度与时间后，受热玻璃管的内管壁会产生沉积物。沉积物颜色的深浅及沉积量与样品的清净性有一定的相关性。据此，模拟评定柴油机油的清净性。

（四）残炭

在规定条件下，油品在进行蒸发和热解期间所形成的残留物叫残炭，以质量百分数表示。残炭测定法有电炉法和康氏法两种，通常多采用后者。我国 GB/T 268《石油产品残炭测定法》规定：将装有试油的坩埚置于康氏残炭测定器中，加热至高温，使最里层坩埚中的试样温度达到 600℃ 左右。在隔绝空气的条件下，严格控制预热期、燃烧期、强热期三个阶段的加热时间及加热强度，使试样蒸发及分解。将排出的气体点燃，待气体燃烧完后进行强热，使残余物形成残炭。最后按称出物的质量，计算出被测物的残炭值。

残炭是表明润滑油中胶状物质、沥青质和多环芳烃叠合物的间接指标，也是矿物基础油的精制深浅程度的标志。基础油中含硫、氧和氮化合物较多时残炭高，精制深的油品残炭小。对于一般的润滑油来说，残炭没有单独的使用意义，但对内燃机油和压缩机油而言，残炭值是影响积炭倾向的主要因素之一，油品的残炭值越高，其积炭倾向越大。对于添加剂含量高的油品主要控制其基础油的残炭，而不控制成品油的残炭。

（五）灰分

在规定条件下，油品完全燃烧后剩下的残留物（不燃物）叫做灰分，以质量分数表示。灰分主要是润滑油完全燃烧后生成的金属盐类和金属氧化物所组成。通常基础油的灰分含量都很小。在润滑油中加入某些高灰分添加剂后，油品的灰分含量就会增大。我国使用 GB/T 508《石油产品灰分测定法》和 GB/T 2433《添加剂和含添加剂润滑油硫酸盐灰分测定法》测定润滑油等石油产品的灰分。GB/T 508 规定：用无灰滤纸作引火芯，点燃放在一个适当容器中的试样，使其燃烧到只剩下灰分和残留的炭。炭质残留物再在 775℃ 高温炉中加热转化成灰分，然后冷却并称量；GB/T 2433 方法前面的操作步骤与 GB/T 508 相同，在 775℃ 高温炉中加热转化成灰分，待灰分冷却后再用硫酸处理，在 775℃ 下加热并恒重，即可算出硫酸盐灰分的质量分数。

润滑油灰分过大，容易在发动机高温区发生坚硬的积炭，造成机械零件的磨损。许多发动机油中加有抗氧、抗腐、清净分散等添加剂，其灰分都比较大，这种灰分不但不会生成坚硬的积炭而增加磨损，相反地它是衡量油品中添加剂含量多少的尺度，从而可判断油品的质量等级。

三、清净分散剂

提高内燃机润滑油的清净分散性，可以从两个途径入手。一是改进基础油的质量，包括选择适当的油源及馏分范围，适当地提高精制深度以及用合成油作为基础油等；二是使用清净分散剂，在油品中加入清净分散剂是提高润滑油清净分散性最直接、收效最显著的方法。清净分散剂已成为所有添加剂中用量最大的一类。在 20 世纪 70 年代以前，清净剂和分散剂统称为清净分散剂，但 70 年代后清净分散剂就根据其主要作用的不同分为清净剂和分散剂两类添加剂。

（一）清净剂

清净剂是由无机碱和皂组成，在油中其溶存状态如图 3-18 所示，以非载荷胶束、载荷胶束和单分子三者处于某种平衡状态。

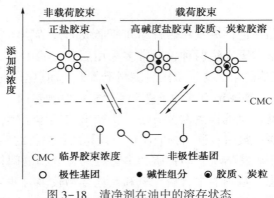

图 3-18　清净剂在油中的溶存状态

油溶性的非极性烃基向外侧把极性基聚集起来，形成非载荷的正盐胶束；无机碱借助皂形成的胶束溶存于油中则形成高碱度盐胶束；如果正盐胶束吸附、分散了烟灰、焦质等则形成载荷的烟灰胶溶。从清净剂在油中的溶存状态可知高碱度盐胶束赋予清净剂中和作用和碱保持性，而正盐胶束以及单分子的皂赋予其对积炭和油泥等的清净、分散作用。清净剂从脂肪酸和环烷酸皂开始，发展到今天的磺酸盐、烷基酚盐、水杨酸盐等多种类型。随着发动机功率增大和含硫燃料的增加，各种类型的清净剂从中性向高碱性盐方向发展。

1. 清净剂的作用

（1）酸中和作用　清净剂中的无机碱性组分碳酸盐或碱性氢氧化物能与燃料和润滑油氧化产生的无机和有机酸中和成盐，从而使这些酸性组分失去对烃类氧化的催化作用，减少了胶质和漆状物的生成。同时，酸中和作用也抑制了酸性产物对活塞环和缸套的腐蚀磨损，以及对阀组的低温锈蚀。这对于使用高硫燃料的柴油机油和船舶用油尤为重要。清净剂的酸中和能力取决于总碱值（简称 TBN，定义为中和 1 克清净剂中全部碱性组分所需的氢氧化钾毫克数），碱值越高，中和效果越显著。

（2）洗涤、分散作用　清净剂是典型的表面活性剂，对胶质和积炭有很强的吸附能力，它能将黏附在活塞上的胶质和积炭洗涤下来并被非载荷胶束捕获，形成与高碱度盐胶束类似的胶团结构，从而起到对胶质和积炭的分散作用。特别是磺酸盐型清净剂，它们使较大颗粒烟灰或炭粒子（500~1500nm）表面获得同类电荷，从而产生双电层和静电斥力，使其互相排斥而分散在油中，避免了烟灰或炭粒子的聚集和沉积；对较小烟灰、炭粒或油泥粒子（0~20nm），通过吸附形成延迟凝聚的吸附膜。

（3）增溶作用　清净剂能把油品变质产生的含羟基、羰基等含氧化合物、硝基化合物以及其他类型的油不溶性液体物质溶解到胶束中。这些产物是生成漆膜、积炭的中间体，在胶束中它们的反应活性降低，且阻止了它们的氧化与缩合反应，从而减少了漆膜与积炭的生成。清净剂的增溶作用比分散剂要小得多。

2. 清净剂的种类

清净剂基本上是由亲油基、极性基和亲水基三部分组成，常用的清净剂类型、名称、产品代号及结构见表 3-18。

表 3-18 主要的清净剂

化合物类型	化合物名称	国内代号	化学结构式
磺酸盐	低碱值石油磺酸钙	T101	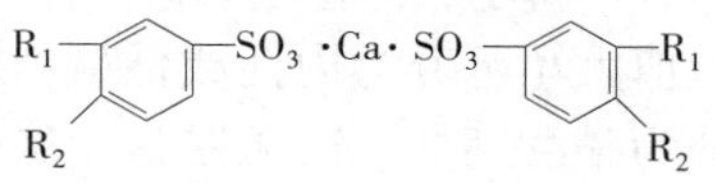
	低碱值合成磺酸钙	T104	
	中碱值石油磺酸钙	T102	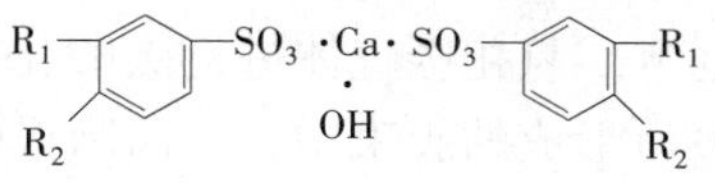
	中碱值合成磺酸钙	T105	
	高碱值石油磺酸钙	T103	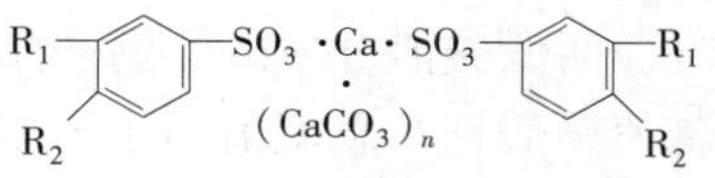
	高碱值合成磺酸钙	T106	
硫化烷基酚盐	中碱性硫化烷基酚钙	T115A	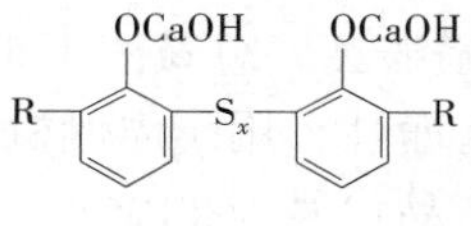
	高碱性硫化烷基酚钙	T115B	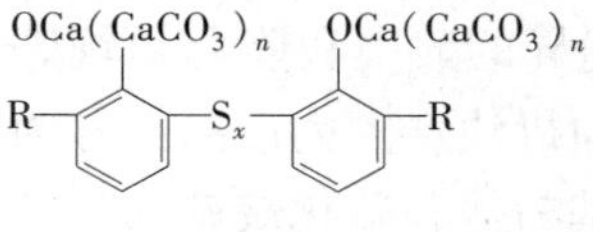
烷基水杨酸盐	低碱值烷基水杨酸钙	T109A	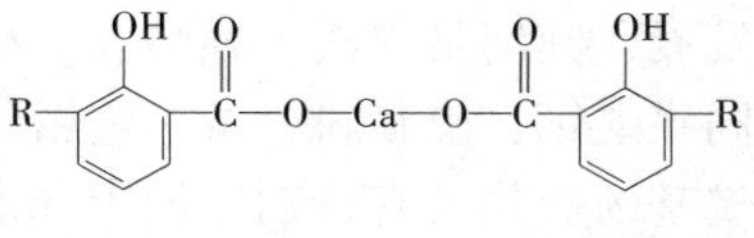
	中碱值烷基水杨酸钙	T109	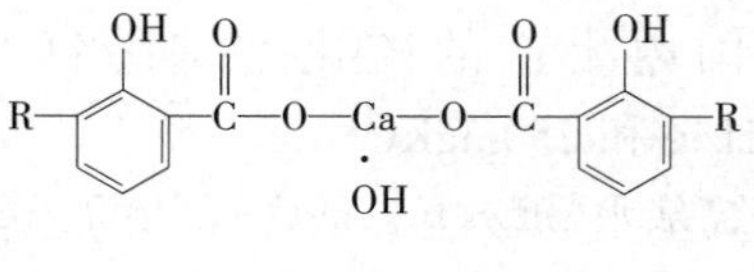
	高碱值烷基水杨酸钙	T109B	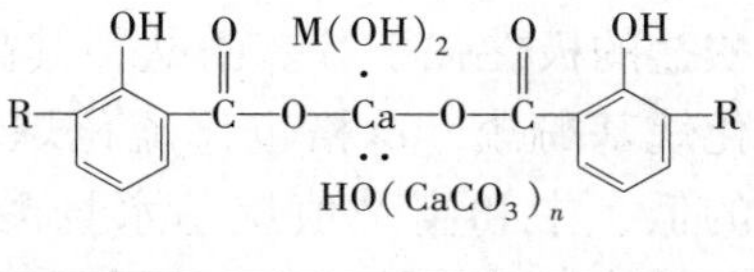
环烷酸盐	环烷酸钙	T112 T113 T114	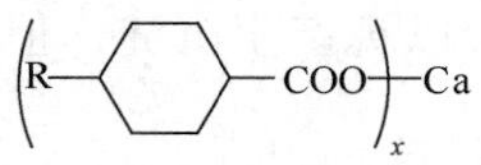 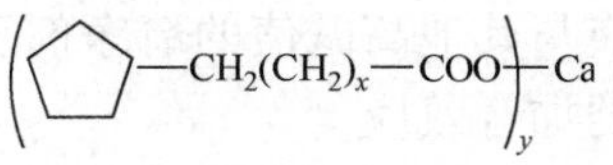

（1）磺酸盐　除抗氧化性差外，综合性能较好且价格低廉，它是一类使用较早，且到目前仍大量应用的润滑油清净剂。按所用的原料不同分为石油磺酸盐和合成磺酸盐，前者以润滑油馏分（平均分子量为 400 左右）为原料，后者是以合成烷基苯或烷基苯磺酸为原料。按磺酸盐碱值大小可分为中性或低碱值磺酸盐、中碱值磺酸盐和高碱值磺酸盐。按金属的种类又可分为磺酸钙盐、磺酸镁盐、磺酸钠和磺酸钡盐，但以磺酸钙盐用量较多。它是由润滑油馏分或合成烷基苯为原料，以发烟硫酸或 SO_3 气体磺化制得油溶性磺酸，再用氧化钙或氢氧化钙中和，从而得到中性磺酸钙。如果在促进剂作用下，再继续加入氧化钙或氢氧化钙，并通入二氧化碳气体进行碳酸化，使氧化钙或氢氧化钙变成碳酸钙微粒且被稳定分散在磺酸钙所形成的胶束中，从而制得中或高碱值的磺酸钙。

① 低碱值磺酸钙　总碱值为 20~30mgKOH/g，钙含量 2.0%~3.0%。具有很好的清净性、分散性和防锈性，用于内燃机油、船舶用油和防锈油中，国内低碱值石油磺酸钙产品代号为 T101，而低碱值合成磺酸钙产品代号为 T104。

② 中碱值磺酸钙　总碱值不小于 130mgKOH/g，钙含量不小于 5.0%。具有较好的清净性、酸中和能力和防锈性能，用于内燃机油和防锈油中。国内中碱值石油磺酸钙产品代号为 T102，而中碱值合成磺酸钙产品代号为 T105。

③ 高碱值磺酸钙　总碱值不小于 270mgKOH/g；钙含量不小于 10%。具有优异的酸中和能力和高温清净性，用于内燃机油中。国内高碱值石油磺酸钙产品代号为 T103，而高碱值合成磺酸钙产品代号为 T106。

近年来，开发的超高碱值石油磺酸钙，总碱值不低于 390mgKOH/g；钙含量不小于 14%。具有优异的酸中和能力和较好的高温清净性，用于调制高碱值的船用气缸油和中速筒状活塞柴油机油。国内产品代号为 T107B。

（2）烷基酚盐和硫化烷基酚盐　是 20 世纪 30 年代后期出现的清净剂种类，对于抑制活塞顶环积炭效果显著。烷基酚盐性能较差，难于制成高碱性产品，而硫化烷基酚盐却得到了较大发展，其用量仅次于磺酸盐。硫化烷基酚盐的一般制备方法是苯酚烷基化后，在稀释油中同磺酸钙、硫磺粉、碱土金属化合物在促进剂和一定温度条件下反应而制得。

硫化烷基酚盐除具有特别好的中和能力和高温清净性外，还具有很好的抗氧化和抗腐蚀性能。它与分散和增溶作用较强的磺酸盐复合使用时，广泛用于各种内燃机油、船用气缸油中。国内生产的硫化烷基酚钙产品代号为 T115A 和 T115B，其总碱值分别为 130mgKOH/g 和 250mgKOH/g。

（3）烷基水杨酸盐　是含羟基的芳香羧酸盐，首先由 α-烯烃与苯酚反应生成烷基酚，然后经碱液中和，并用二氧化碳羧基化，接着再酸化、金属化，最后分离和蒸馏而制成。烷基水杨酸盐的极性强于烷基酚盐，其高温清净性比硫化烷基酚盐更优，但其抗氧抗腐性则不及硫化烷基酚盐，价格也比硫化烷基酚盐高，因此其应用也不及硫化烷基酚盐普遍。我国生产的低、中和高碱值烷基水杨酸钙产品代号分别为 T109A、T109 和 T109B，其中 T109A 可和其他高碱值的清净剂复合，用于中、高档内燃机油中；而 T109 和 T109B 一般不应与其他高碱值的清净剂复合以免产生沉淀，但它与分散剂和 ZDDP 复合使用时具有很好的加合效应。

（4）环烷酸盐　是用环烷酸为原料，在甲醇作用下与氢氧化钙进行中和反应，然后分渣、脱溶剂等工艺而制得，高碱值的环烷酸盐还需通 CO_2 进行高碱化反应。环烷酸盐尽管出现很早，但由于它的清净性较差一直发展不快。不过由于它具有优异的扩散性能，与其他添加剂复合使用时能在大缸径表面形成连续性油膜而维持其良好的润滑状态，因此常作为船用气缸油的重要添加剂组分。我国生产的中、高碱值环烷酸钙产品代号分别为 T112、T113 和 T114。T112 的总碱值为 200mgKOH/g，钙含量为 7%；T113 和 T114 都为高碱值的环烷酸钙，T113 的总碱值和钙含量分别为 250mgKOH/g 和 9%，而 T114 相应的值为 300mgKOH/g 和 11%。T113 主要用于船用柴油机油和内燃机油中，而 T114 主要用于调配高碱值的柴油机油。

（5）硫磷化聚异丁烯盐 由分子量850~1000 的聚异丁烯与 P_2S_5 进行硫化反应，生成无水的聚异丁烯硫膦酸酐，再水解成聚异丁烯硫代膦酸，而后在烷基酚促进剂作用下，同钡或钙的氧化物或氢氧化钡反应而制得。与其他清净剂比较，硫磷化聚异丁烯盐的稳定性差，其优点是低温分散性能优于磺酸盐和烷基酚盐，但在无灰分散剂出现后，硫磷化聚异丁烯盐的这一优点也体现不出来了，现在国内外基本上已淘汰了此类产品。

清净剂很少在油中单独使用，为配制性能较好的油品，大多数是和分散剂、抗氧抗腐剂等几种添加剂复合使用，即使清净剂本身也因性能侧重点不一样（性能比较见表3-19），在实际使用中采用几个品种复合使用以充分发挥清净剂的性能。

表 3-19 各种清净剂综合性能比较

项　　目	中、碱性磺酸盐	高碱性磺酸盐	中、碱性硫化烷基酚盐	高碱性硫化烷基酚盐	烷基水杨酸盐
中和速度	一般	好	一般	好	好
增溶作用	较好	较好	较差	较差	较差
分散作用	较好	较好	较差	较差	较差
抗水性	稍差	稍差	好	好	好
高温稳定性	较好	较好	好	好	好
抗氧化性	较差	较差	好	好	较好
防锈性	好	好	较差	较差	较差

随着发动机操作条件日益苛刻，热负荷越来越大，要求清净剂具有更好的酸中和能力和烟灰分散能力，所以清净剂向高碱值发展。如前所述，清净剂在油中是一种亚稳定分散体系，特别是对于高碱值的清净剂，需增大油溶性烃基的分子量以提高高碱性胶束的稳定性和中性盐的清净性。同时清净剂本身的耐热性也很重要，在提高碱值、增大烃基的分子量的同时也须注重清净剂的耐热性能。

（二）分散剂

由于发动机功率的不断提高，发动机润滑油的工作条件更加苛刻。因此，要在润滑油中加入更多的清净剂以满足重荷条件下的使用要求。增加含金属元素的清净剂在润滑油中的用量，固然能增强润滑油的清净分散性，但也带来很多不良影响。因为含金属元素清净剂用量增加后，油中的总灰分含量随之增加，灰分过多会在燃烧室中形成"热点"，造成表面点火现象，破坏正常燃烧。过多的灰分沉积在排气阀上，会使阀门烧坏。由于这些原因，航空发动机润滑油宁可降低对清净分散性的要求，也不加有灰添加剂。此外，随着城市大量使用汽车作交通工具，汽车低速运转、时开时停的工况越来越普遍，润滑油产生低温油泥的倾向也越来越大，清净剂不但不能解决问题，甚至有时还起不良作用。于是便发展了无灰分散剂，它虽然在1956年才出现，但发展很快，不但在抑制低温油泥方面有显著作用，而且它的高温清净性也很好。使用无灰分散剂后大大减少了重荷条件下工作机油的灰分，从而避免了由于高灰分带来的缺点。

1. 分散剂在油中的溶存状态及作用

分散剂是由巨大的油溶性烃链（非极性端）和多乙烯多胺或多元醇酯（极性端）通过马来酸酐或苯酚桥联作用形成的一类油溶性表面活性剂。它在油中的溶存状态如图3-19所示。

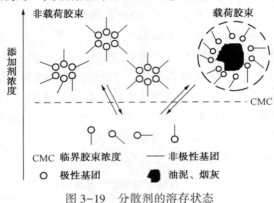

图3-19　分散剂的溶存状态

与清净剂类似，分散剂在油中以载荷胶束、非载荷胶束和单分子形态存在，不过没有高碱度盐胶束，因而没有清净剂的酸中和作用。分散剂的油溶性非极性基团比清净剂大，位阻效应更强，更能有效地屏障积炭和胶状物相互聚集，使0~50nm大小的粒子被胶溶。分散剂的离子化极性大，其弱碱性极性端与粒子表面的酸性氧化产物，借助酸-碱作用的质子转移使粒子带电，从而通过双电层效应能胶溶高达100nm的粒子。同时，分散剂与生成油泥的羰基、羧基、硝基、硫酸酯等液体极性物质直接作用，并溶解这些极性物质，其增溶作用比清净剂约高出10倍，有效地抑制了油泥和积炭的增加。

2. 分散剂的类型

（1）丁二酰亚胺　是在20世纪60年代就开始大量使用，目前用量最大的一种分散剂。是由分子量1000~2000的聚异丁烯（PIB）与马来酸酐反应制得聚异丁烯马来酸酐，然后再与不同比例的多烯多胺反应制得的单、双、多聚异丁烯丁二酰亚胺和高分子量的丁二酰亚胺。单丁二酰亚胺（国内产品代号为T151）的低温分散性能特别好，与T201有较好的协合效应，多用于汽油机油和API CC级以下的柴油机油，在汽油机油中用量大时须加入防锈剂；双丁二酰亚胺（国内产品代号为T152和T154）和多丁二酰亚胺（国内产品代号为T155）热稳定性能好，与清净剂有良好的配伍性，更多地用于增压柴油机油中；高分子量丁二酰亚胺（国内产品代号为T161）高温清净性和油泥分散性能都较好，用于调配高档内燃机油。

丁二酰亚胺与高碱值的清净剂复合使用，不仅可以弥补相互的不足，而且具有极佳的协合效应。二者可形成络合胶团，确保了高碱值金属清净剂的稳定性和较强的酸中和能力；

高碱值金属清净剂及时中和那些作为油泥母体的酸性氧化产物，避免了酸性氧化物过快消耗丁二酰亚胺而降低其增溶性能。

（2）丁二酸酯　是用分子量 1000 的聚异丁烯与马来酸酐反应得到聚异丁烯丁二酸酐，再与多元醇反应得到的聚异丁烯丁二酸酯，国内在 90 年代开发了聚异丁烯丁二酸季戊四醇酯。丁二酸酯有很好的抗氧和高温稳定性，在高强度发动机运转中，更能有效地控制沉淀物生成。与丁二酰亚胺复合使用时，可产生协合作用。

（3）无灰膦酸酯和苄胺　无灰膦酸酯由聚异丁烯与五硫化二磷反应后再与环氧乙烷反应而制得，具有优良的耐热性，主要用于柴油机油、涡轮汽油发动机专用油等。苄胺是酚醛胺型的缩合物，具有较好的分散性能和一定的抗氧性能。

我国常用的分散剂类型、名称、产品代号及分子结构见表 3-20，其性能比较见表 3-21。

表 3-20　常用的分散剂

化合物类型	化合物名称	国内代号	化学结构式
丁二酰亚胺	单丁二酰亚胺	T151	$R-CH-C(=O)-N(CH_2CH_2NH)_nH$，$CH_2-C(=O)$ 成环
	双丁二酰亚胺	T152 T154	$R-CH-C(=O)-N(CH_2CH_2NH)_mCH_2CH_2H$ ... $C(=O)-CH-R$，成环
	多丁二酰亚胺	T155	$R-CH-C(=O)-N(CH_2)_2NH(CH_2)H(CH_2)_2NH(CH_2)_2N-C(=O)-CH-R$，含 $C=O$，$R-CH-H$，$H-C-H$，$HO-C=O$ 支链，成环
	高分子 丁二酰亚胺	T161	具体分子结构很复杂，与其他丁二酰亚胺相比，聚异丁烯的分子量从 1000~1300 提高到 2000~2300；马来酸酐与聚异丁烯的分子比从 1 提高到 1.5~2；分子量从 2000 左右提高到 10000 以上
丁二酸酯		T156	$R-CH-C(=O)-OCH_2C(CH_2OH)_3$，$CH-C(=O)-OCH_2C(CH_2OH)_3$

表 3-21　常用分散剂性能比较

项　目	单丁二酰亚胺	双丁二酰亚胺	高分子量双丁二酰亚胺	丁二酸酯
柴油机				
沉积物生成				
顶环区域	好	较好	较好	差
较低环区域	差	较好	较好	好
烟灰分散性	较好	较差	好	好
汽油机				
活塞光泽	较好	较差	好	差
热油泥沉积物	差	较差	好	差
冷油泥沉积物	较好	较差	好	差
柴油/汽油机				
轴承腐蚀	差	较好	较好	好
密封配伍性	差	较差	较好	好

在上述的分散剂中，高分子量双丁二酰亚胺分散剂具有较全面的性能，但各种分散剂性能各有侧重，调配油品时最好复合使用。另外，分散剂中的 N 与 ZDDP 中的磷和锌易形成络合物，且与 ZDDP 竞争金属表面而限制了 ZDDP 的抗磨性能，因此进行配方研究时应平衡这两方面的性能。

第五节　低温性能

润滑油的低温性能是指润滑油在低温环境下的流动性，即低温下黏度增大的程度和趋势。在寒区、严寒区工作的机械设备必须考虑其所使用的润滑油低温性能是否良好，否则会因润滑油流动性差而难以到达摩擦面，导致机械设备启动困难或润滑失效，从而使机械设备受损。

一、低温性能的评定方法

润滑油的低温性能的评定是通过测定油品的凝点、倾点和低温下黏度及其稳定性来评价。

1. 凝点

油品在规定的试验条件下冷却至液面停止流动时的最高温度称为凝点，其测定按 GB/T 510 方法进行。测定样品的凝点时，将试样装入试管中，按规定的预处理步骤和冷却速度冷却到预期的凝点时，将试管倾斜 45°保持 1min 后，取出观察试管里面的液面是否移动。如果移动，将试管在比上次试验温度低 4℃或其他更低的温度下重新进行测定，直至某试验温度时液面位置停止移动为止。如没有移动，将试管在比上次试验温度高 4℃或其他更高的温度下重新进行测定，直至某试验温度时液面位置有了移动为止。找出凝点的温度范围(即液面位置从移动到不移动或从不移动到移动的温度范围)之后，采用比移动温度低 2℃或采用比不移动的温度高2℃，重新进行试验，直至某试验温度下试样的液面停留不动而提高2℃又能使液面移动，此时这个温度即为试样的凝点。

2. 倾点

油品在规定的试验条件下，被冷却的试样能够流动的最低温度称为倾点。润滑油倾点测定按 GB/T 3535 进行。测定样品的倾点时，将试样注入试管中，按方法所规定的步骤进行试验。对倾点高于33℃的试样，试验从高于预期的倾点9℃开始，对其他的倾点试样则从高于其倾点12℃开始。每当温度计读数为3℃的倍数时，小心地把试管从套管中取出，倾斜试管到刚好能观察到试管内试样是否流动，仔细观察试样的表面，如果在5s内还有流动，则立即将试管放回套管，待温度再降低3℃时，重复进行流动试验，直到试管保持水平位置5s而试样不流动，此时的温度再再加上3℃即为试样的倾点。

油品的凝点和倾点无原则差别，只是测定方法和判定依据略有不同。同一试样测得的凝点和倾点并不是完全相等，一般倾点都高于凝点1~3℃，但也有两者相等或倾点低于凝点的情况。国外常测定油品的倾点而不测凝点，如美国的 ASTM D97、德国的 DIN 51597 和日本的 JIS K2269 等方法都是测定油品的倾点。凝点和倾点都是油品低温流动性的重要指标，在低温下工作的机械设备，其润滑油的倾点或凝点应该比使用温度低10~20℃。

3. 低温黏度及其稳定性

凝点或倾点虽然在一定程度上反映了油品的低温性能，从其测定过程可知它反映的是瞬时的低温流动性能。一些油品尽管其倾点或凝点较低，但在高于其倾点或凝点的低温下长期储存时，则出现凝固的情况。因此一些特定的油品还对其低温黏度和低温黏度的稳定性作出规定。不同的油品对低温黏度及其稳定性的测定方法不同，如对于航空发动机油，通常测定低温下的运动黏度；车用发动机油通常测定低温动力黏度和低温泵送黏度；车用齿轮油通常测定动力黏度达1500000mPa·s时的最高温度，低温液压油通常测定运动黏度达到1500mm²/s时的最高温度。运动黏度、动力黏度、低温泵送黏度的意义及测定方法见前面章节。表3-22 和表3-23 分别示出美国航空发动机油和车用发动机油的低温性能指标。

表3-22　美军航空发动机油低温性能指标

性　　质		MIL-L-7808		MIL-L-23699
		3cSt 油	4cSt 油	5cSt 油
运动黏度/（mm²/s）				
100℃	不小于	3.0	4.0	4.90~5.40
−51℃，35min	不大于	17000	20000	13000 [*]
−51℃，3h	不大于	17000	20000	—
−51℃，72h	不大于	17000	20000	±6% [*]
倾点/℃	不大于	—	—	−54
储存稳定性（−18℃，6周）		无结晶物或胶凝物		

注：[*] 测定温度为−40℃，72h后的黏度变化为±6%。

表 3-23 美国对车用发动机油低温性能要求（SAE J300—1997 规格）

SAE 黏度 等级	低温动力黏度/(mPa·s) 最大值	低温泵送黏度/(mPa·s) 最大值	100℃运动黏度/(mm²/s) 最小值
0W	3250(-30℃)	60000(-40℃)	3.8
5W	3500(-25℃)	60000(-35℃)	3.8
10W	3500(-20℃)	60000(-30℃)	4.1
15W	3500(-15℃)	60000(-25℃)	5.6
20W	4500(-10℃)	60000(-20℃)	5.6
25W	6000(-5℃)	60000(-15℃)	9.3

对于汽油机油低温性能的评定除了倾点、低温动力黏度、低温泵送黏度外，SH 级别以上的汽油机油引入了凝胶指数指标，这是为解决野外行车试验中发现低温泵送黏度合格的油品仍存在低温泵送失败这个问题而提出来的，。我国凝胶指数的测定方法为 SH/T 0732，用 Brookfield 旋转黏度仪在不断降温的情况下连续测定油品的表观黏度，得到其黏度-温度曲线，取表观黏度(ν)的双对数 $\mathrm{loglog}\nu$ 和温度的单对数作 $\mathrm{loglog}v - \mathrm{log}(t+273.15)$ 曲线，求出曲线在每一点上的导数值，其绝对值的最大值称为凝胶指数。凝胶指数反映了润滑油中蜡结构形成的强度，凝胶指数越低，润滑油泵送异常的可能性越小，SH 级别以上汽油机油规定凝胶指数不大于 12。

上述不同的低温性能评定方法反映了发动机油在不同工况条件下的低温性能。倾点是在快速降温、未剪切条件下测定，这与发动机油实际应用工况差异较大。低温动力黏度检测过程中，因采用快速降温以及高剪切速率条件，反映了低温下油品在发动机活塞环和气缸套部位的流变行为，但它不能反映温度逐步降低时大量蜡结晶的影响。低温泵送黏度和凝胶指数与油品中的蜡结晶及凝胶密切相关，两种试验方法的降温速率虽然都很慢，可以形成充分的蜡结晶。但低温泵送黏度仅仅是在-20℃之前采用较慢的降温速率(0.33℃/h)，此后的降温速率为 2.5℃/h，因此，使用 MRV 来检测油品低温泵送黏度时，只有在-20℃之前才有可能观察到油品出现凝胶现象。而采用 Brookfield 旋转黏度仪测定表观黏度，从而得到凝胶指数是一直采用 1℃/h 的降温速率，能反映更低温度条件下油品的凝胶现象。MRV 主要模拟发动机在启动瞬间，油品从油泵入口处进入油泵时的工况，而凝胶指数主要反映发动机在冷启动过程中，油底壳中润滑油流动进入筛网的情形。

二、低温性能的主要影响因素

1. 基础油的种类对低温性能的影响

润滑油的低温性能主要取决于所用基础油的类型。在低温下石蜡基矿物油中的蜡结晶析出，形成三维网状结构而使油失去流动性，环烷基矿物油烷烃含量很低且不含正构烷烃，所以环烷基矿油的低温性能明显优于石蜡基矿油，对石蜡基矿油采取溶剂脱蜡、催化脱蜡等脱蜡精制工艺处理后，可显著提高石蜡基矿油的低温性能。合成油的组成相对单一、纯度也较高，一般比矿油具有更佳的低温性能。表 3-24 对不同种类的基础油的低温性能进行了比较。

表 3-24　不同种类基础油低温性能比较

基础油类型	低温性能	基础油类型	低温性能
普通石蜡基矿油	差	三芳基磷酸酯	中
精制石蜡基矿油	中	三烷基磷酸酯	很好
环烷基矿油	中	聚异丁烯	中等
聚 α-烯烃	很好	烷基苯	好
聚醚	好	硅油	极好
全氟烷基醚	好	硅酸酯	很好
聚苯醚	差	硅烃	好
二元羧酸酯	极好	氟碳油	中
新戊基多元醇酯	很好	动、植物油	差

2. 黏度对低温性能的影响

对同一类型的基础油，常温下黏度越大，低温下的流动性越差（表 3-25）。

表 3-25　黏度与倾点的关系

性　　能	ISO 黏度牌号						
	22 号	32 号	46 号	68 号	100 号	150 号	220 号
环烷基矿油	-38	-36	-30	-28	-23	-16	-9
聚 α-烯烃	-68	-64	-57	-53	-48	-46	-40
聚醚	-48	-48	-45	-43	-38	-37	-34

因此，为确保低温性能，在低温下使用的油品黏度牌号不会太高，如果既要求黏度大、低温下流动性又好，一般需要使用合成基础油。

三、降凝剂

润滑油产品在低温时失去流动性的原因有二，一是由于黏度增大，二是由于石蜡形成晶体网络（骨架）。对于含蜡很少或不含蜡的油品来说，当温度降低时，其黏度很快上升，当黏度增加到一定程度时，油品即变成无定形玻璃状物质，而失去流动性。含蜡润滑油产品冷却时，由于其中的蜡结晶形成晶体网络（骨架），将尚处于液态的油品包在其中从而失去流动性。对于含蜡润滑油产品，要想改善其低温性能有两条途径，一是对基础油进行深度脱蜡或蜡异构化，但是在深度脱蜡时也会脱掉大量有用的正构烷烃，蜡异构化的同时伴随着加氢裂化，使油品的其他性能变差并使得产率降低；二是适度脱蜡或蜡异构化后，再加降凝剂便可得到低温性能好的油品。

早在 1931 年第一个降凝剂专利产品问世，其组成为氯化石蜡和萘制成烷基萘。1936 年，出现了氯化石蜡和酚的缩合物，商品名称叫山驼普尔（Santopour），结构式为：

$$\left[\begin{array}{c} OH \\ R \diagdown \diagup R \end{array} \right]_n$$

1937 年公布了具有增黏和降凝作用的聚甲基丙烯酸酯，可同时作为黏度数改进剂及降凝剂至今仍被广泛使用。自 1938 年开发了聚丁烯和 1948 年开发了聚烷基苯乙烯以后，各种新的降凝剂陆续出现，对原有的降凝剂也加以改进，质量不断提高。20 世纪 60 年代发表了烯烃聚合物、醋酸乙酯–富马来酸酯共聚物专利。70 年代又发表了 α–烯烃共聚物、马来酸酐–醋酸乙酯共聚物等降凝剂专利。目前降凝剂专利达数百种，合成的降凝剂产品也有数十种。

（一）降凝剂作用机理

低温下含蜡油中的高熔点固体烃(石蜡)分子定向排列，形成针状或片状结晶并相互结合在一起，形成立体的网状构造，把低凝点的油吸咐并包在里面，好像海绵吸水一样，使油失去流动性。

降凝剂的作用，是通过影响蜡的网状构造的生长过程，实现油品的凝点降低。关于添加剂改变蜡的结晶形态的情况，有很多人进行过显微观察，发现不含添加剂的基础油中的蜡，是呈 $20 \sim 150\mu m$ 的针状结晶，如果加入添加剂，蜡的结晶变小，蜡的形态也发生变化。在加有烷基芳香族型(巴拉弗洛)降凝剂的油品中，可观察到直径 $10 \sim 15\mu m$ 的分支少的星状结晶；而在加了聚甲基丙烯酸酯的油品中，则可观察到直径 $10 \sim 20\mu m$ 的许多分支的针状结晶。无论在哪一种情况下，蜡的表面都证明有降凝剂存在。烷基芳香族降凝剂是以芳香族基团吸附在蜡结晶表面上，梳形结构的聚合物型降凝则是以侧链的烷基和蜡生成共结晶。降凝剂吸在蜡结晶上会改变结晶生长的方向，蜡结晶形成薄片的菱形片逐渐变厚，由片状变成不规则的块状，再从不规则的块状向四角锥和四角柱的形状演变。

这种蜡结晶形状的变化，使结晶表面积对体积之比缩小，以致难于形成立体网状结构，不易包住润滑油，从而使凝点降低。

（二）降凝剂的类型

尽管合成的降凝剂产品达数十种，但工业上最常用的是烷基萘、聚酯和聚烯烃三类化合物。它们的类型、名称、产品代号及分子结构见表 3-26。

表 3-26 主要的降凝剂

化合物类型	化合物名称	国内代号	化学结构式
烷基萘	烷基萘	T801	$\left[\begin{array}{c}\text{萘}\end{array}\right]_n - R$
聚酯	聚甲基丙烯酸酯	T633 T634	$\begin{array}{c}CH_3\\ \vert\\ \left[CH_2-C\right]_{\overline{m}}\\ \vert\\ C=O\\ \vert\\ O-R\end{array}$ $R = C_{12} \sim C_{18}$
	聚丙烯酸酯	T814	$\begin{array}{c}\left[CH_2-CH\right]_{\overline{m}}\\ \vert\\ O=C\\ \vert\\ OR\end{array}$

续表

化合物类型	化合物名称	国内代号	化学结构式
聚酯	醋酸乙烯/反丁烯二酸酯共聚物		$\begin{array}{c} RO\!-\!C\!\!=\!\!O \quad O \\ \backslash \parallel \\ \overset{\displaystyle \mid}{\underset{\displaystyle \mid}{C}} \\ +CH\!-\!CH_2\!-\!CH\!-\!CH+_m \\ \mid \mid \\ C\!\!=\!\!O C\!\!=\!\!O \\ \mid \mid \\ CH_3 OR \end{array}$
	苯乙烯富马酸酯	T808	
聚烯烃	聚 α-烯烃	T803	$\begin{array}{c} +CH_2\!-\!CH+_n \\ \mid \\ R \end{array}$
	烷基聚苯乙烯		$\begin{array}{c} H \\ \mid \\ +C\!-\!CH_2+_n \\ \mid \\ \bigcirc \\ \mid \\ R \end{array}$

（1）烷基萘　俗称巴拉弗洛（Paraflow），是用萘与氯化铝预缩后加氯化石蜡进行缩合，经精制、过滤、蒸馏处理后得到的产品。它是最早的合成降凝剂，也是目前主要降凝剂品种之一，国内产品代号为 T801。

T801 用于石蜡基润滑油中，可以降低油品凝点，从而改善润滑油的低温流动性。与兼有降凝作用的 T633、T634 黏度指数改进剂不能合用，否则影响 T633、T634 的降凝效果。烷基萘一般添加量：内燃机油 0.5%～1%，车轴油 0.8%～1%，机械油 0.5%～1.5%。在一定条件下烷基萘还可做润滑油溶剂脱蜡的助滤剂。但其色泽深，不宜用于浅色油品，同时对低凝点的油降凝效果也不理想。

（2）聚（甲基）丙烯酸酯　由丙烯酸和高碳醇在一定条件下进行酯化反应，反应产物处理后再经聚合反应而得到的梳状结构的高分子化合物。它与油品中的石蜡共结晶从而破坏了石蜡网状结构的形成，使油品能在低温下流动。作为降凝剂的聚甲基丙烯酸酯烷基侧链的平均碳数一般大于 12，碳数为 14 时降凝效果最佳，它同时具有增黏功效。国内 20 世纪60 年代开始工业生产增黏剂聚甲基丙烯酸酯，产品代号为 T602，而兼有降凝作用的聚甲基丙烯酸酯产品代号为 T633 和 T634，它们对各种润滑油均有很好的降凝效果，常用于内燃机油、液压油和齿轮油中。

聚丙烯酸酯也是一种有效的降凝剂，国外 LZ3152、Glissovisca VAS、SWIX-5X 等产品即为此类降凝剂，国内产品代号为 T814。在石蜡基、中间基和环烷基基础油中均有一定的降凝效果，当与聚 α-烯烃降凝剂复合使用时，降凝效果更佳。

（3）聚 α-烯烃　以皂蜡裂解所得的烯烃为原料，在三氯化钛、三异丁基铝等催化剂作用下，进行聚合、酯化、水洗、减压蒸馏而制得的浅琥珀色透明黏稠液体。它是我国自主研发的高效浅色降凝剂，根据烷基侧链碳数和碳数分布，以及聚合度的不同，制得了 T803、

T803A 和 T803B 三个牌号的产品。T803 主要用于浅度脱蜡油；T803A 和 T803B 用于深度脱蜡油。T803B 的分子量比 T803A 小，其剪切稳定性更好，用于内燃机油和液压油等油品中，加入 1% 到凝点为 -15℃ 的 HVI 150 基础油中，凝点可降低 16~18℃。T803 与甲基丙烯酸酯复合使用时有增效作用，广泛用于工业用油、内燃机油，具有降凝、增黏双效作用。一般添加量为 0.2%~1%。

（4）其他降凝剂　苯乙烯富马酸酯共聚物降凝剂产品国内有 T808A 和 T808B 两个牌号，T808A 用于含蜡量少的精制石蜡基油和环烷基油中，T808B 适用于含蜡量高、黏度较大的基础油中。蜡裂解烯烃、马来酸酐和脂肪胺的共聚物降凝剂（国内产品代号为 T811）与聚 $\alpha-$ 烯烃复合使用时具有协合效应。

对于发动机油，除了降凝剂改善低温性能外，黏度指数改进剂对低温性能也有较大的影响。如 OCP 型黏度指数改进剂可使发动机油边界泵送温度升高，凝胶指数降低。

第六节　高温蒸发性能

润滑油的高温蒸发性能是指润滑油在高温环境下油品蒸发损失的特性。在高温下工作的机械设备的蒸发损失要小，否则可导致油品耗量增大、高温蒸气影响工作环境和工作人员的身体健康。对于航空、航天的一些精密机械，高温蒸发性能尤为重要，油品蒸发损失大不仅造成油量减少而影响润滑效果，而且油品高温蒸气冷凝后附着在光学镜面上，影响精密仪器功能的正常发挥。在液压系统中，液压油的蒸发气体会产生气穴现象，使液压泵效率下降并造成对泵的气蚀磨损。

一、高温蒸发性能的评定方法

油品蒸发损失评定的结果直接反映了油品的蒸发性能，油品的闪点在一定程度上也反映了油品的蒸发性能，这里一并介绍。

1. 润滑油和润滑脂蒸发损失测定法（GB/T 7325）

该方法一般适用于测定在 99~150℃ 范畴内的任一温度下润滑油或润滑脂的蒸发损失。测定时把放在蒸发器中的润滑油试样，置于规定温度的恒温浴中，干净的热空气通过试样表面 22h，然后根据试样的质量损失计算蒸发损失。美国的 ASTM D972、德国的 DIN 5181 等方法与此类似。

2. 润滑油蒸发损失测定法（诺亚克法，SH/T 0059）

该方法的测定是将装有 65g 油的蒸发坩埚置于诺亚克蒸发损失测定仪中，在 250℃ 和恒定压力下加热 1h，蒸发出的油蒸气由空气携带出去，根据加热前后试样之差测定试样的蒸发损失。

3. 润滑脂蒸发度测定法（SH/T 0337）

虽然该方法规定是用于对润滑脂蒸发度的测定，在实际工作中也常用于润滑油蒸发损失的测定，特别适用于微量润滑的工况，如航空、航天一些含油轴承是依赖于多孔轴承保持架中储存的微量油润滑，高温工作下的链条和滑轨间的微量润滑等。该方法的测定是将 0.1g 油置于蒸发皿中，在规定的温度下保持一定的时间，测定其质量损失。

4. 闪点

在规定条件下，加热油品所逸出的蒸汽和空气组成的混合物与火焰接触发生瞬间闪火时的最低温度称为闪点，以℃表示。测定方法分为开口杯法和闭口杯法。开口杯法用以测定重质润滑油和深色润滑油的闪点，测定方法是 GB/T 267 和 GB/T 3536。测定时，把试样装入内坩埚中，开始迅速升高试样的温度，然后缓慢升温，当接近闪点时恒速升温。在规定的温度间隔，用一个小的点火器火焰按规定速度通过试样表面，以点火器的火焰使试样表面上的蒸气发生闪火的最低温度，称作为开口闪点。闭口杯法用以测定闪点在150℃以下的轻质润滑油的闪点，测定方法为 GB/T 261。同一种润滑油，闭口闪点总比开口闪点低，因为闭口闪点测定器所产生的油蒸气不能自由地扩散到空气中，相对容易达到可闪火的温度。通常闭口闪点要比开口闪点低 20～30℃。国外测定润滑油闪点(开口)的标准有美国的ASTM D92，德国的 DIN 51376；闭口闪点有 ASTM D93、ISO2719 等。

润滑油闪点的高低，取决于润滑油的馏分组成。轻质润滑油或含轻质组分多的润滑油，其闪点就较低。相反，重质润滑油的闪点或含轻质组分少的润滑油，其闪点就较高。

润滑油的闪点是润滑油储存、运输和使用过程中的一个安全指标，同时也是润滑油的挥发性指标。闪点低的润滑油，在工作过程中容易蒸发损失，引起着火，安全性差，严重时因轻馏分挥发而仅留下重质组分会引起润滑油黏度增大，影响润滑油的使用。当然，润滑油的着火与其燃点也密切相关，燃点的测定过程与闪点一样，只是结果判定的依据不同，闪点是点火器的火焰使试样表面上的蒸气发生闪火的最低温度，而燃点是点火器火焰点燃试样并至少持续燃烧 5s 时的最低温度。选用润滑油时，应根据使用温度考虑润滑油的闪点高低，一般要求润滑油的闪点至少比使用温度高 20～30℃，以保证使用安全和减少挥发损失。

从安全角度考虑，石油产品的安全性是根据其闪点的高低而分类的：闪点在 45℃ 以下的为易燃品，闪点在 45℃ 以上的产品为可燃品。

二、改进油品蒸发性能的主要措施

基于安全角度考虑或在高温下使用的润滑油，要求油品的蒸发损失要低。一般而言，同一类型基础油的油品的黏度越高，则蒸发损失越低。对于确定黏度级别的油品，主要从以下方面降低油品的蒸发损失。

1. 选择低蒸发性和高热稳定性的基础油

造成油品高蒸发损失主要有两个因素：一是油品中轻组分的蒸发，二是油品热降解产生低分子量的易蒸发的物质。矿物油是各种烃的混合物，因此在高温下矿物油中的轻组分会挥发；合成油的组成相对单一，因此其挥发性比矿油低。同时合成油比矿油好的热稳定性也是其挥发性比矿油低的主要原因之一。表 3-27 列出了不种同种类基础油的蒸发损失和热稳定性的定性比较。图 3-21 则定量比较了几种基础油的蒸发性能。

表 3-27　不同种类基础油蒸发损失和热稳定性比较

基础油类型	蒸 发 损 失	热 稳 定 性	基础油类型	蒸 发 损 失	热 稳 定 性
普通石蜡基矿油	大	差	三芳基磷酸酯	低	好
精制石蜡基矿油	较大	差	三烷基磷酸酯	低	中

续表

基础油类型	蒸发损失	热稳定性	基础油类型	蒸发损失	热稳定性
环烷基矿油	较大	差	聚异丁烯	中	差
聚 α-烯烃	低	中	烷基苯	中	中
聚醚	低	中	硅油	极低	好
全氟烷基醚	极低	极好	硅酸酯	低	好
聚苯醚	低	极好	硅烃	低	好
二元羧酸酯	低	中	氟碳油	低	极好
新戊基多元醇酯	低	好	动、植物油	中	极差

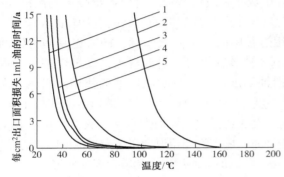

图 3-20　几种基础油的挥发性比较

1—矿油；2—直链全氟聚醚；3—支链全氟聚醚；
4—聚 α-烯烃；5—合成酯

由表 3-27 和图 3-21 可知，不同种类基础油的蒸发损失差异较大（图 3-20 中的矿油黏度比聚 α-烯烃和合成酯大，因而其损失相对较小），所以应选用相应的基础油以满足油品的挥发性要求。

2. 配制油品时尽量选用黏度相近的基础油

配制油品时常将不同黏度的基础油进行调合以达到规定的黏度牌号，如果将黏度相差很大的不同组分进行调合，使用时低黏度组分则易蒸发损失掉，留下高黏度组分。这不仅造成油品的蒸发损失大，而且残留下的高黏度组分影响油品的使用性能。

3. 注重添加剂对油品蒸发性的影响

一些添加剂，如载荷添加剂、增黏剂等常采用挥发性较大的物质作溶剂，将这些添加剂加入油中后会影响油品的蒸发性能；添加剂中的一些活性组分也会降低油品的热分解温度，造成较大的蒸发损失；抗氧剂因捕捉油品热分解过程中产生的自由基，对抑制油品的热分解也有显著的功效。

第七节　防锈性能

所谓防锈性，是指润滑油品阻止与其接触的金属部件生锈的能力。据统计，世界上约有三分之一的金属是由于生锈在工业中报废，许多设备也因生锈或腐蚀使其不能正常运转，因此各国都非常重视设备在储存、运输和使用过程中的防锈、腐蚀问题，提高与金属部件相接触的润滑油的防锈性或采用防锈油脂是其重要措施之一。

一、防锈性能的评定方法

对于液压油、齿轮油、汽轮机油等油品的防锈性能通常采用 GB/T 1143 方法进行评定；对于防锈油脂，在湿热、盐雾、包装，以有不同气侯条件下储存时的防锈性能有专门的方法进行评定；而对于金属加工液的防锈性能则采用 GB/T 6144 5.9 方法进行评定。润滑油的防锈性与油中的水分密切相关，因此水分的测定方法在此一起介绍。

（一）加抑制剂矿物油在水存在下防锈性能试验法（GB/T 11143）

GB/T 1143 方法概要是：将一支一端呈圆锥形的标准钢棒浸入 300mL 试油与 30mL（A）蒸馏水或（B）合成海水混合液中，在 60℃和以 100r/min 搅拌的条件下，经过 24h 后将钢棒取出，用石油醚冲洗后晾干，并立即在正常光线下用目测评定试棒的锈蚀程度。

锈蚀程度分如下几级：

无锈：钢棒上没有锈斑；

轻微锈蚀：钢棒上锈点不多于 6 个点，每个点的直径等于或小于 1mm；

中等锈蚀：锈蚀点超过 6 个点，但小于试验钢棒表面积的 5%；

严重锈蚀：生锈面积大于 5%。

（二）防锈油脂湿热试验法（GB/T 2361）

本标准规定了湿热试验箱评定防锈油脂对金属防锈性能的方法。其方法概要是：涂覆试样的试片，置于温度 49℃±1℃，相对湿度 95% 以上的湿热试验箱内，经按产品规格要求的试验时间后，评定试片的锈蚀级别，其评定级别标准见表 3-28。

表 3-28　防锈级别的判定

级　别	A	B	C	D	E
锈蚀度	0	1%~10%	11%~25%	26%~50%	50%~100%

（三）防锈油脂盐雾试验法（SH/T 0081）

本标准是将涂覆试样的试片，置于规定试验条件的盐雾试验箱内，经按产品规格要求的试验时间后，评定试片的锈蚀度，锈蚀度的评定标准同 GB/T 2361。

（四）防锈油脂耐候试验法（SH/T 0083）

本标准是模拟光照、温度、湿度、降雨等条件，试验防锈油的耐老化和防锈性能。其方法概要是：将涂有试样的试片置于耐候试验机中，经规定的试验时间后，取出试片检查油膜的耐老化和防锈性能。

（五）防锈油脂包装储存试验法（百叶箱法，SH/T 0584）

本方法是用包装好的涂有试样的试片，将其放置在百叶箱中，并始终保持百叶箱内水槽的水面距试片下端 100mm 处，经规定的试验时间后，检查油膜的防锈性能。

（六）合成切削液稀释液对金属的防锈性能（GB/T 6144 5.9）

1. 单片防锈性试验

用滴管滴取切削液 5% 水溶液 5 滴于一级灰铸铁试片磨光面上，把试片置于干燥器的隔板上，并加盖玻璃罩。干燥器底部加上蒸馏水并将干燥器置于 35℃±2℃的恒温箱中，视油的防锈要求恒温 24h 或 48h，取出试片按表 3-29 的标准进行评定。A 级判定为合格。

表 3-29　防锈级别的判定

级　别	A	B	C	D
生锈情况	五滴全无锈	四滴无锈	三滴无锈	四、五滴全锈

2. 叠片防锈性试验

与单片测定方法类似，不同之处在于将一铸铁片磨光面相对地重叠在涂布试样的另一铸铁片磨光面上。试验结束后取出试片，用脱脂棉蘸取无水乙醇擦去试液，立即观察，距试片边缘 1mm 以内两叠面无锈或无明显叠印为合格。

（七）石油产品水分测定法（GB/T 260）

润滑油中含水量的质量分数称为水分。水分的定量测定按 GB/T 260 标准进行。测定时将样品放入蒸馏瓶内，加入无水溶剂（工业溶剂油或直馏汽油在 80℃ 以上的馏分）共同蒸馏。溶剂和水分一起蒸馏出来，凝结后一同收集在特制的水分收集管中，水分沉积在管的底部。至全部水分蒸出后，读取收集管中水分的数量，含水量通常用质量百分数表示。试油的水分少于 0.03%，认为是痕迹。如接受器中没有水分，则认为试油无水。

对于润滑油中含水的定性测定有几个简单方法：

（1）用试管取一定量的润滑油，观察其外观，如果油品浑浊、不透明，初步认为油品有水，再将试管加热，如出现气雾或在管壁上出现气泡、水珠或有"劈啪"的响声，可认为油中有水分。

（2）取一条细铜线，绕成线圈，在火上烧红，然后放入装有试油的试管中，如有"劈啪"响声，认为油中有水分。

（3）用试管取一定量的润滑油，将少量硫酸铜（无水，白色粉沫）放入油中，如硫酸铜变为蓝色，也表示润滑油中有水分。

一般情况下，新出厂的润滑油中是不含水分的，如储运措施不当，则会混入水分。在潮湿的地区或季节，润滑油在使用过程中会从潮湿的空气中吸收水分，特别是一些与水接触的机械部件如汽轮机、油膜轴承等，它们使用的润滑油难免进入水分。润滑油中含有水分后，不论是它们呈游离状，还是溶解于润滑油中，对机械设备都有影响，它能使铁质零件锈蚀，缩短机械设备的使用寿命。因此，用户必须在使用、储存中精心保管油品，注意使用前及使用中一旦发现油品有水，应立即脱水。

二、防锈剂

为了防止进入润滑油中的水分锈蚀设备，常在一些可能与水接触的润滑油（如汽轮机油、气缸油、油膜轴承油等）中加入防锈剂；对于防锈油脂，防锈剂则是油品的关键组分。

（一）防锈剂的作用机理

防锈剂多是一些极性物质，其分子结构的特点与油性剂类似，一端是极性很强的基团，具有亲水性；另一端是非极性的烷基，具有疏水性。当含有防锈剂的油品与金属接触时，防锈剂的极性基通过物理吸附或化学吸附在金属表面形成紧密的单分子层或多分子层；或者一些防锈剂与金属的亲和性很强，能将金属表面的水置换出来，或者一些防锈剂与成膜材料一起形成硬膜或软膜防锈层，阻止了水与金属的接触，从而起到防锈效果。一些防锈剂还对水及一些腐蚀性物质有增溶作用，将其溶于胶束中，从而起到分散或减活作用。当然一些防锈剂还具有碱性，对油中的酸性物质具有中和作用，降低了酸性物质对金属的侵蚀。

（二）防锈剂的种类

人类最早使用牛油、羊毛脂、石油脂类进行金属的防锈；1927 年出现了磺酸盐作为防锈剂的专利；20 世纪 30 年代烯基丁二酸、亚油酸二聚物等防锈剂产品问世；40~50 年代为了解决武器防锈问题，各国都很重视防锈剂及其产品的研究，至目前研究报道的防锈剂品种达数百种。我国常用的防锈剂类型、名称、产品代号及其分子结构见表 3-30。

表 3-30　主要的防锈剂

化合物类型	化合物名称	国内代号	化学结构式
磺酸盐	石油磺酸钡	T701	$R \longrightarrow SO_2 \cdot Ba \cdot SO_3 \longrightarrow R$
	合成磺酸钡	T701B	
	石油磺酸钠	T702	$R \longrightarrow SO_3Na$
	合成磺酸钠	T702A	
	二壬基萘磺酸钡	T705	C_9H_{19} … $SO_3 \cdot Ba \cdot SO_3$ … C_9H_{10} C_9H_{10} … C_9H_{19}
十七烯基咪唑啉的烯基丁二酸盐		T703	$C_{17}H_{33}C$ … $N-CH_2$ … $N-CH_2$ … $C_2H_4NH_2 \cdot C_{12}H_{23}$ … CH_2-COOH … $CH-COOH$
环烷酸锌		T704	$\langle \rangle-(CH_2)_n-C-O-Zn-O-C-(CH_2)_n-\langle \rangle$
苯并三氮唑		T706	苯并三氮唑结构式
十二烯基丁二酸		T746	$C_{12}H_{23}-CH-COOH$ CH_2-COOH
十二烯基丁二酸半酯		T746A	$C_{12}H_{23}-CH-COOH$ CH_2-COOH

续表

化合物类型	化合物名称	国内代号	化学结构式
	山梨糖醇单油酸酯（司本-80）		$$\begin{array}{c} O \\ H_2C \quad CHCH_2OH \\ HO—HC \quad CHOH \\ C \\ H \quad OOC_{18}H_{33} \end{array}$$

1. 磺酸盐

磺酸盐是防锈剂中具有代表性的品种，几乎可使用于所有的防锈油里，用作防锈剂的磺酸盐主要是钡盐和钠盐。

（1）磺酸钡　由润滑油馏分或合成烷基苯为原料，以发烟硫酸或 SO_3 气体磺化制得分子量大于 400 的油溶性磺酸，用氢氧化钠中和后用乙醇水溶液抽提，再经浓缩、脱色等工艺处理后，用氯化钡水溶液进行复分解反应或用氢氧化钡中和皂化而制得的石油磺酸钡或合成磺酸钡。磺酸钡具有优异的抗潮湿、抗盐雾、抗盐水性能，以及优良的水置换性、酸中和性和对多种金属的防锈性能，用于各种防锈油脂中。国内石油磺酸钡和合成磺酸钡的产品代号分别为 T701 和 T701B。

（2）磺酸钠　由润滑油馏分或合成烷基苯为原料，以发烟硫酸或 SO_3 气体磺化制得分子量大于 400 的油溶性磺酸，用氢氧化钠中和后用乙醇水溶液抽提，再经浓缩、脱色等后处理工艺而制得的石油磺酸钠或合成磺酸钠。磺酸钠不仅具有防锈性能，还有乳化功能，主要用于金属切削油和切削液中，起润滑、冷却、防锈和清洗作用。磺酸钠的分子量越大，防锈性越好；碱值越高，防锈性越差。国内石油磺酸钠和合成磺酸钠的产品代号分别为 T702 和 T702A。

（3）二壬基萘磺酸钡　由丙烯三聚体或壬烯馏分与萘进行烃化，制取二壬基萘，再磺化、金属化、精制而制得。碱性二壬基萘磺酸钡具有良好的防锈和酸中和性能，特别对黑色金属防锈性能更好；中性二壬基萘磺酸钡具有优良的防锈和破乳性能，可用作液压油、汽轮机油的防锈剂或破乳剂。碱性和中性二壬基萘磺酸钡国内产品代号分别为 T705 和 T705A。

2. 十七烯基咪唑啉的烯基丁二酸盐

该防锈剂是由油酸与二乙烯三胺缩合反应，得到氨乙基十七烯基咪唑啉，然后与十二烯基丁二酸进行中和反应，再经后处理而制得。它克服了十二烯基丁二酸酸值大的缺陷，是一种油溶性无灰防锈剂，可作为各种燃料油、润滑油的防锈剂。将该防锈剂与其他防锈剂、清净分散剂等复合作用，可调制仪器封存防锈油、航空发动机防锈润滑两用油、防锈润滑脂等。国内产品代号为 T703。

3. 环烷酸锌

环烷酸锌具有良好的油溶性，对钢、铜、铝等金属均有良好的防锈性，单独使用时，对铸铁的防护性较差，如与石油磺酸钡复合使用，则对铸铁的防护性也很好。环烷酸锌在101 防锈油中加 1%，在 201 防锈油中加 2%。国内产品代号为 T704。

4. 苯并三氮唑

苯并三氮唑是有色金属铜的出色缓蚀剂，它与铜能形成螯合物，对铜及铜合金有优异的防锈能力。对银及银合金亦有较好的防护效果。但苯三唑在矿油中的溶解性差，一般将其溶入助溶剂中后再加入矿油中。为改善其油溶性，发展了苯并三氮唑十二胺盐，十八胺盐等衍生物，这些衍生物除具有防锈性能外，还具有一定的抗磨性能。苯并三氮唑国内产品代号为 T706。

5. 烷基磷酸咪唑啉盐

烷基磷酸咪唑啉盐是以十二碳醇、五氧化二磷、油酸、四亚乙基五胺为原料，在一定的料比和温度下，经酯化及中和反应而制成。烷基磷酸咪唑啉盐对钢、铜、铸铁和镁均有防锈效果，耐湿热性优良，且有一定的极压性能。可配制对多种金属均有效的防锈油，也可用于发动机、外封存防锈油和仪表防锈润滑两用油中。可作为 T706 的助溶剂，与 T706 在常温下充分搅拌均匀后，再加入油品中。烷基磷酸咪唑啉盐国内产品代号为 T708。

6. N-油酰肌氨十八胺盐

N-油酰肌氨十八胺盐以油酸、三氯化磷、甲胺、氯乙酸等为原料，由肌氨酸与油酰氯在碱的存在下缩合而成 N-油酰肌氨酸，再与十八胺反应制得产品。N-油酰肌氨十八胺盐具有多种极性基团。能在金属表面吸附形成保护膜，防止锈蚀。抗湿热、抗盐雾性及酚中和性好。用于工序和封存防锈油及润滑防锈两用油。是目前较理想的抗湿热防锈添加剂。使用时，先将油品加热到 70℃ 以上，再将本品加入均匀溶解。冷却后，油品外观略呈雾状，属正常现象，不影响防锈效果，一般添加量为 0.5%~2%。N-油酰肌氨十八胺盐国内产品代号为 T711。

7. 氧化石油脂钡皂

氧化石油脂钡皂的成分是 75.7% 的氧化石油脂钡盐、18.8% 的二壬基萘磺酸（T705）和 5.5% 的 N32 机械油。呈中性或微碱性，钡含量为 6%，水分及机械杂质均限制在 0.1% 以下，它用来配制防锈油脂，适用于黑色金属、有色金属、合金材料等，并可作稀释型防锈油的成膜剂。

8. 十二烯基丁二酸及其半酯

十二烯基丁二酸是由十二烯与马来酸酐进行加成反应，再沉降、水洗、蒸馏和干燥而制得。它广泛用作汽轮机油、液压油、导轨油的防锈添加剂。与磺酸钡按（1:3）~（1:5）的质量比复配时，防锈性能更佳。其不足之处是酸值太高，大于 200mgKOH/g，加入油品中影响油品的酸值，且对铸铁和铅的防腐性较差。国内产品代号为 T746。十二烯基丁二酸半酯（国内产品代号 T747A）的酸值只有十二烯酸丁二酸的一半，其防锈效果与十二烯基丁二酸相当，已逐步取代十二烯基丁二酸防锈剂用于各类油中。

除上述防锈剂品种外，国内还常用羊毛脂和山梨糖醇单油酸酯（又名司本-80）作防锈添加剂。羊毛脂是古老的防锈剂，但至今仍在使用，它同时还是溶剂稀释型软膜防锈油的成膜材料。将羊毛脂制成金属皂，可以提高水和手汗置换性，用来生产置换型防锈油。司本-80 是即有防锈性，又有乳化性的表面活性剂，具有防潮、水置换性能，用于各种封存油和切削油。羊毛脂和山梨糖醇单油酸酯的缺点是脱脂性差，一般与磺酸盐复合使用时，具有优异的防锈性和脱脂性能。

第八节　抗泡性能

如果润滑油含有一些具有表面活性的添加剂，或者油品氧化变质产生一些易发泡的物质，在高速搅拌的情况下就会产生泡沫。泡沫如果不能及时消除，会对油品及设备产生很大的危害，如增大润滑油的压缩性而使油压降低、增大润滑油与空气接触面积而加速油品的老化、泡沫的瞬时破裂而造成气蚀磨损，同时还会产生润滑油的冷却效果下降、管路产生气阻、润滑油供应不足、油箱溢油，甚至使油泵抽空等故障。因此，要求润滑油要有良好的抗泡性，在出现泡沫后应能及时消除，以保证润滑油在润滑系统中能正常工作。

一、润滑油抗泡性的评定方法

常用的润滑油抗泡性的评定方法是 GB/T 12579 方法，后来又发展了 SH/T 0722 润滑油高温泡沫特性测定法和 GJB 498—88 航空涡轮发动机油泡沫特性测定法（静态泡沫试验）。与润滑油抗泡性相关的润滑油空气释放值测定法也在本节进行介绍。

（一）润滑油泡沫特性测定法（GB/T 12579）

该方法是在 1000mL 的量筒中注入试油约 200mL，以 94mL/min±5mL/min 的流量将空气通入油中，经 5min 后记下量筒中泡沫的体积，即为起泡倾向；量筒静置 10min 后再次记下泡沫体积，即泡沫稳定性。试验一般先在油温为 24℃ 下测定，然后升至 93℃，并测定该温度下的起泡倾向和泡沫稳定性，最后冷却到 24℃ 再进行测定。抗泡性好的润滑油起泡倾向要小，泡沫稳定值要低。GB/T 12579 方法是最常用的润滑油抗泡性评定方法，用于内燃机油、液压油、压缩机油、齿轮油、轴承油、金属加工液等各种循环系统用油的抗泡性的评定。

（二）润滑油高温泡沫特性测定法（SH/T 0722）

该方法是将试样加热到 49℃，恒温 30min 后冷却至室温，然后将试样转移至带刻度的 1000mL 量筒内，并加热到 150℃，以 200mL/min 的流速向金属扩散头内通干燥空气 5min，测定停止通气前瞬间的静态泡沫量、运动泡沫量以及停止通气后规定时间的静态泡沫量、泡沫消失的时间和总体积增加百分数。本方法适用于高速传动装置使用的传动液、大容积泵送及飞溅润滑系统使用的发动机油的抗泡性能的测定。

（三）航空涡轮发动机油泡沫特性测定法（静态泡沫试验，GJB 498）

本方法概要是：量取 200mL 试样于装有扩散头的 500mL 量筒中，升温至 80℃，以 1000mL/min±20mL/min 的空气流量，连续通气 30min，记录试验期间的最大泡沫体积和切断气源后的消泡时间或停气 5min 后的泡沫体积。该方法是专为航空涡轮发动机油的抗泡性能评定而制定，其评定结果与航空发动机油实际使用过程中的抗泡性能有很好的相关性。

（四）润滑油空气释放值测定法（SH/T 0308）

本方法是测定液压油、汽轮机油等油品分离雾沫空气的能力。将 180mL 试样置于耐热夹套玻璃试管中，加热到 25℃、50℃ 或 75℃，通过对试样吹入过量的压缩空气，使试样剧烈搅动，空气在试样中形成小气泡，即雾沫空气，停气后记录雾沫空气体积减少到 0.2% 的时间。

二、影响润滑油抗泡性的因素

泡沫是气体分解在液体中介质中的分散体系。液体的起泡倾向和泡沫稳定性与液体中的成分有密切的关系，也与液体所处的温度有关。纯液体产生的泡沫很不稳定，泡沫产生后瞬时就会消失掉；如果液体中含有少量表面活性剂等极性物质（起泡剂），就会使液体产生的泡沫长时间不消失。这是由于带有长链烷基的极性物质，能形成定向排列的分子层，这些定向排列的长链分子互相间的吸力很大，从而增大了气泡膜的强度，使气泡膜不易破裂，因而产生了稳定的泡膜。润滑油中的一些添加剂，如清净剂、分散剂、腐蚀抑制剂、防锈剂等都是一些表面活性剂，它们对油品抗泡性能的影响应该引起足够的重视。当润滑油温度升高后，气泡膜中的分子运动增强，互相之间吸力下降，泡沫则容易破裂。

在一定的黏度范围内，润滑油的起泡倾向和泡沫稳定性最大。黏度过大或过小都会使成泡倾向和泡沫稳定性降低。因为黏度小时，形成气泡膜的液体容易流失，气泡壁易于变薄，导致气泡破裂。黏度太大时，不易形成气泡，即使形成了气泡也难于浮到表面上来。

温度和黏度这两个因素是互相关联的，对黏度不太大的润滑油来说，温度升高时黏度变小，成泡性和泡沫稳定性均下降，对较黏稠的润滑油来说，温度升高时，黏度下降到适于生成气泡的范围，反而会增大成泡倾向。

三、抗泡剂

（一）抗泡剂作用机理

在润滑油中加入抗泡剂是消泡方法最简单、消泡效果也很好的措施，其作用机理通常认为抗泡剂的表面张力比润滑油小，当抗泡剂与泡沫接触后，使接触部分的表面张力局部降低，而其余部分表面张力不变，结果则使接触部分的膜变薄，最后导致破裂，也有观点认为抗泡剂增大了气泡壁对空气的渗透性，从而加速了小泡沫合并成大泡沫，降低了泡膜壁的强度和弹性，达到消泡的目的。

从泡沫的作用机理可知，一个好的抗泡剂应具有下述三个条件：

（1）抗泡剂的表面张力要比润滑油的小，这是抗泡剂最基本的条件；

（2）抗泡剂不能溶解于润滑油中，因为一旦溶解后只能助长起泡，而不能破除泡沫的气—液吸附平衡。

（3）抗泡剂要能均匀地分解在润滑油中，如果抗泡剂不能以微粒状分散于油中，它就不能发挥它的抗泡作用。通常采用将抗泡剂预先溶解在溶剂中，然后搅拌加入油中；或采用特殊设备（如胶体磨）将抗泡剂稳定分散在母液中后再加入到油中。

（二）抗泡剂的类型

1. 甲基硅油

甲基硅油作为润滑油抗泡剂使用已有近60年的历史，是硅和氯代甲烷以铜作催化剂在高温下反应生成甲基氯硅烷，再经水解、脱水、聚合制得直链状硅油。我国甲基硅油的产品代号为T901，是无色无嗅的液体。甲基硅油用作润滑油的抗泡剂时，其25℃黏度一般为 $100 \sim 1000 mm^2/s$，加入量在 $1 \sim 100 \mu g/g$。对低黏度润滑油通常宜选用高黏度硅油，对高黏度润滑油，宜选用低黏度硅油，必要时将高、低黏度的两种甲基硅油混合使用。

2. 非硅抗泡剂

甲基硅油在酸性介质中不稳定、抗泡性差，且它对空气释放值的影响比较大，从而发展了非硅抗泡剂。非硅抗泡剂多是丙烯酸酯或甲基丙烯酸酯的均聚物或与其他物质的共聚物。我国开发的 T911 和 T912 两个牌号的抗泡剂，是由丙烯酸乙酯、乙烯基正丁醚、乙烯酸-2-乙基己酯等单体及引发剂在甲苯溶液中经过无规共聚而制得，外观均为淡黄色黏性液体。T911 分子量为 2000~5000，在中质及重质润滑油中显示出较高的初期抗泡性和良好的消泡持久性；T912 分子量为 7000~15000，在轻、中、重质润滑油中均有良好的抗泡性能。T911 和 T912 能弥补硅油抗泡剂在使用中难以分散、与酸性添加剂复合作用会消弱或失去抗泡性的不足。与绝大多数其他添加剂的配伍性良好，在单独使用硅油抗泡剂效果较差时，若将硅油与本品合用，将会产生良好的效果。但本品应避免与 T601、T705、T109 等添加剂复合使用，以免消泡力减弱。产品使用时，一般可直接加入油品中，但若用于黏度大的油品时，可将该剂用溶剂油稀释 1~2 倍，再加入油品中，也可提高调油的温度至 100~110℃ 时直接加入，一般添加量为 10~150μg/g。

3. 复合抗泡剂

复合抗泡剂是由硅型和非硅型抗泡剂复合而成，发挥了硅型和非硅型抗泡剂各自的长处，达到提高油品抗泡性和改善其空气释放性能的目的。我国研制的 1 号复合抗泡剂（T921）主要用于对空气释放值要求高的抗磨液压油；2 号复合抗泡剂（T922）主要用于使用了合成磺酸盐的内燃机油和发泡严重的齿轮油中；3 号复合抗泡剂（T923）主要用于含有大量清净剂、分散剂而发泡严重的船用油品中。

我国硅型、非硅型和复合抗泡剂的性能比较见表 3-31。

表 3-31　不同类型抗泡剂性能比较

类型	产品代号	性能特点	适用范围及用量
甲基硅油	T901	对各种润滑添加剂均有良好的配伍性；在酸性介质中消泡持久性差；在油中的分散稳定性对抗泡性能产生很大影响；易增大油品的空气释放值	适用于内燃机油、齿轮油、液压油和其他工业油中，加入量 1~100μg/g。一般采用特殊设备制成稳定分散的硅油母液或用溶剂稀释后加入油中
非硅型	T911	分子量较小，在重质油中易分散；抗泡效果显著，在酸性介质中持久性较好，对空气释放值的影响很小；不能与 T109、T601、T705 等添加剂复合使用	适用黏度较大的齿轮油、压缩机油等的消泡，可直接加入或用溶剂油稀释后加入，加入量 10~150μg/g
非硅型	T912	分子量较大，在轻、中质油中抗泡效果显著；在酸性介质中持久性较好，对空气释放值的影响也很小；不能与 T109、T601、T705 等添加剂复合使用	适用于黏度不太高的液压油、汽轮机油、机床油等的消泡，最好用溶剂油稀释后加入，加入量 10~150μg/g
复合抗泡剂	T921	与各种添加剂配伍性好；对空气释放值影响小；对加入方法不敏感，使用方便	适用于对空气释放性要求较高的抗磨液压油，可直接加入，加入量 100~1000μg/g
复合抗泡剂	T922	对配方中含有合成磺酸盐或其他发泡性大的物质的油品具有很好的抗泡性；对空气释放值有影响	适用于对抗泡性要求高，而对空气释放性无要求的柴油机油等油品。可直接加入，加入量 100~1000μg/g
复合抗泡剂	T923	对配方中含有大量清净剂或其他发泡性大的物质的油品具有很好的抗泡性	适用于含大量清净剂而发泡严重的船用柴油机油。可直接加入，加入量 100~1000μg/g

第九节 抗乳化性能

润滑油和水一般是两种不相溶的液体，受到剧列搅动后形成乳化液，乳化液中油和水能迅速分开的性能称为油品的抗乳化性能。油品的抗乳化性能是易受水污染的润滑油重要性能之一。若油品抗乳化性差，油品乳化降低了润滑性和流动性，可能导致添加剂的水解、机械的磨损和腐蚀等问题。

一、抗乳化性能的评定方法

（一）石油和合成液抗水分离性能测定法（GB/T 7305）

该方法是取试样和水各 40mL 装入量筒中，在 54℃ 或 82℃ 下，以 1500r/min 的转速搅拌 5min，记录乳化液分离所需的时间。静止 30min 或 60min 后，如果乳化液没有完全分离，或乳化层没有减少为 3mL 或更少，则记录此时油层（或合成液）、水层和乳化层的体积。

本标准适用于测定 40℃ 动运黏度为 28.8~90mm^2/s 的工业齿轮油、液压油、汽轮机油、发动机油、油膜轴承油等油品的破乳性能，试验温度为 54℃，也可用于测定 40℃ 动运黏度超过 90mm^2/s 的油品，但试验温度为 54℃。对于更高黏度的油品，采用本方法无法使油和水充分混合，建议用 GB/T 8022 试验方法。

（二）润滑油抗乳化性能测定法（GB/T 8022）

本方法是在专用分液漏斗中，加入 405mL 试样和 45mL 蒸馏水。在 82℃ 下，以 4500r/min 转速搅拌 5min，静置 5h 后测量油中分离出来的水的体积、乳化液的体积及油中水的百分数。对于极压润滑油，加试样体积 360mL 和 90mL 蒸馏水，在 82℃ 下，以 2500r/min 转速搅拌 5min，静置 5h 后测量。油中分离出来的水的体积越大，则油品的破乳性能越好。

本方法适用于测定中、高黏度润滑油的油和水互相分离的能力。对易受水污染或可能遇到泵送及循环湍流而产生油包水型乳化液的润滑油抗乳化性能的测定具有指导意义。

（三）润滑油破乳时间测定法（SH/T 0256）

本方法是将 100mL 试油盛入 250mL 的量筒中，试样温度达到 80~85℃ 时将通蒸汽的玻璃管插入量筒底部中心，通入蒸汽 10min，从停止通入蒸汽起到油水完全分离为止时的时间为破乳化时间。破乳化时间越短，则试油的抗乳化性越好。SH/T 0256 方法是测试汽轮机油抗乳化性的专用方法，完全模拟了汽轮机油的工作条件，规定各种牌号的汽轮机油的破乳化时间按此方法测定的结果不超过 8min，以满足汽轮机油抗乳化性能的要求。

（四）润滑油氢氧化钠抽出物酸化试验（SH/T 0267）

本方法虽然不是直接用来测定油品的抗乳化性能，但它的测定结果与油品的抗乳化性能直接相关。它主要是用来检查润滑油中油溶性杂质（主要是环烷酸及其盐类）的洗净程度，而环烷酸及其盐类是乳化剂，易使油品乳化而严重地影响油品的性能。

该方法是将等体积的 0.6% 氢氧化钠水溶液和试油注入试管中，经煮沸并剧烈摇动，用氢氧化钠溶液抽出润滑油中的油溶性杂质（环烷酸与氢氧化钠反应生成溶解于水的环烷酸钠），再加入盐酸，使之酸化析出（环烷酸钠与盐酸反应生成环烷酸，并以细小的液体颗粒分散于抽出液中），因而使抽出液呈现混浊，从混浊程度（用级数区分）判断油品的精制程

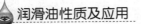

度。抽出液完全透明时为 1 级，如透过液层能读出紧贴在试管后的 6 号汉语拼音字母为 2 级，能读出 5 号字母为 3 级，不能读出的为 4 级。按此方法测定的油品一般不大于 2 级。

二、提高油品抗乳化性的主要措施

（一）采用抗乳化性好的基础油

基础油的精制程度是影响油品抗乳化性的主要因素之一。炼制中未除净的天然胶质、环烷酸以及酸碱精制过程中生成而未除净的磺酸盐、磺基环烷酸盐等都是具有亲水性的杂质，它们严重影响基础油的破乳性，因此要选择深度精制、破乳性好的基础油。但并不是基础油精制程度越深越好。如果精制程度过深，有些理想的芳香烃也被除去，这就降低了油品的安定性，使油品在使用中较易变质，容易产生胶质及有机酸，这样油品在使用过程中的抗乳化性能将会变差。

（二）注重添加剂对油品抗乳化性能的影响

润滑油中的添加剂，特别是一些油性剂、极压抗磨剂、抗腐蚀剂、抗锈蚀等添加剂是带极性的表面活性剂。它们定向地排列在水滴表面上，当量足够时能形成坚韧的界面膜，水滴就不易聚结成大颗粒而沉降下来，分水性变差。另外，这些表面活性物质吸附在界面上，能降低水相和油相界面自由焓，这就减少了聚结倾向而使系统稳定。例如石蜡油与水的界面自由焓为 $0.041J/m^2$，加入油酸后则降至 $0.00001J/m^2$ 以下。

（三）加入破乳剂提高油品的抗乳化性能

油品中混入少量水分形成了油包水的乳化液，所以破乳剂大都是水包油型表面活性剂。破乳剂吸附在油-水界面上，改变界面的张力或吸附在乳化剂上破坏乳化剂亲水-亲油平衡，使乳化液从油包水转变为水包油型，在转变过程中实现油水的分离。胺与环氧乙烷缩合物、乙二醇酯、环氧乙烷与环氧丙烷的共聚物等是常用的破乳剂。

（四）过滤或白土处理提高油品的抗乳化性能

油品在使用过程中，由于氧化、腐蚀等会产生羧酸及其盐类、胶质、沥青质、半油焦质、炭青质等，另外使用过程中也会混入灰尘，以及机械磨损产生的金属屑等杂质，这些杂质被吸附在液滴表面形成界面膜，液滴碰撞时能起保护作用，使液滴因不易破裂而导致抗乳化性能变差。因些油品使用一段时期后进行精过滤或活性白土处理可除去这些物质，从而提高油品的抗乳化性能。

第十节　清　洁　性

润滑油在生产、储存和使用中一些砂石、纤维、粉尘等进入油中，以及磨损产生的磨屑、设备生锈产生的铁锈，添加剂带入的一些难溶于基础油的有机金属盐等都会污染油品，油品的清洁性反映了这些杂质含量的大小。油品中大量杂质的存在，将加大机械设备的磨损，严重时堵塞油路、油嘴和滤油器，破坏正常润滑或使液压功能失效。另外金属碎屑在一定的温度下，对油起催化作用，加速了油品的变质。因此要求油品的机械杂质含量低、清洁度高。

一、机械杂质

不溶于润滑油及特定溶剂，而在过滤时能被滤纸所截留的物质，统称为机械杂质。石油产品的机械杂质按 GB/T 511 方法进行测定，其试验概要是：根据测试油品黏度的大小，称取一定数量的试油，加入 2~10 倍的溶剂，然后用已恒重的滤纸过滤，并用溶剂冲洗滤纸，待滤出的溶剂完全透明无色后，将带有沉淀的滤纸烘干，经恒重后计算出滤纸上留下的沉淀物质量，并用百分数表示，该百分数即为润滑油中机械杂质的含量。

本方法规定对不同的油品采用不同的溶剂。对精制过及含胶状物质较少的石油产品用汽油作溶剂。因为汽油能溶解煤油、润滑油、石蜡和中性胶质，但不能溶解炭青质、沥青质酸及其酸酐。对未精制过的润滑油、含添加剂的润滑油以及添加剂等的机械杂质的测定，允许用苯作溶剂，因为苯不仅能溶解油品及中性胶质，还能溶解沥青质、沥青质酸及含硅、磷的添加剂，所以上述油品用苯作溶剂。但苯不能溶解炭青质，油中如含炭青质，则会混在机械杂质里。

由上可见，测出的机械杂质是不溶于石油产品及测定所用溶剂的固体杂质。对于未精制的黑色重质油，如用沥青和润滑油馏分调成的齿轮油，由于沥青中含有不溶解于溶剂的炭青质，虽然它们属于有机物，但测定时仍会留在滤纸上面被称出质量，也算作机械杂质。

一般要求润滑油不含机械杂质。但是，对于一些加有大量添加剂的油品，机械杂质的指标表面上看是大了一些（如一些高档的内燃机油），但其杂质主要是加入了多种添加剂后所引入的溶剂不溶物，这些胶状的金属有机物，并不影响使用效果，不应简单地用"机械杂质"的大小去判断油品的好坏，而是应分析"机械杂质"的来源。对于不是添加剂引入的机械杂质，应采取过滤措施尽量将其除去。

二、清洁度等级

一些设备，特别是带有伺服阀的液压系统，其伺服阀的间隙仅 2~4μm，对油品的清洁性提高了更高的要求。除了控制机械杂质的测定结果为"无"外，还提出控制杂质颗粒直径的要求。按照油品中不同粒径的颗粒杂质数量的多少对油品的清洁性进行分级，即为油品的清洁度等级。

（一）清洁度等级的测定方法

1. NAS 1638 标准

NAS 1638 是美国的国家航空标准，该标准被世界多数国家所采用。该标准根据杂质颗粒的大小及数量将油品分为 14 级（表 3-32），并根据油中杂质的重量将油分为 9 级（表 3-33），其中根据杂质颗粒大小及数量对油品清净度的分级方法得以普遍应用。

表 3-32　NAS 1638 标准粒子计数法（杂质颗粒个数/100mL 油）

粒子直径/μm	级 别												
	00	0	1	2	3	4	5	6	7	8	9	10	11	12
5~15	124	250	500	1000	2000	4000	8000	16000	32000	64000	120000	256000	512000	1024000
15~25	22	44	89	178	356	712	1425	2050	5700	11400	22000	45600	91200	102400
25~50	4	8	16	32	63	126	253	506	1012	2025	4050	8100	16200	32400
50~100	1	2	3	6	11	22	45	90	180	360	720	1440	2880	5760
100 以上	0	0	1	1	2	4	8	16	32	64	120	256	512	1024

表 3-33　NAS 1638 标准重量法（杂质重量 mg/100mL 油）

级　　别	100	101	102	103	104	105	106	107	108
粒子重量/mg	0.02	0.05	0.10	0.30	0.50	0.70	1.0	2.0	4.0
相当的百分量[①]	0.000022	0.000056	0.00011	0.00034	0.00056	0.00079	0.00113	0.00226	0.00452

注：①百分量是按液压油的相对密度为 0.884 计算得出。

2. ISO 4406 标准

该标准是国际标准组织制定的油品清洁度的标准，根据 1mL 油中颗粒数分为 26 个级别，如表 3-34 所示。

表 3-34　ISO 4406 标准规定的清洁度等级

级别代号	1mL 油品所含颗粒数/个	级别代号	1mL 油品所含颗粒数/个
30	5000000	14	80~160
29	2500000~5000000	13	40~80
28	1300000~2500000	12	20~40
27	640000~1300000	11	10~20
26	320000~640000	10	5~10
25	160000~320000	9	2.5~5
24	80000~160000	8	1.3~2.5
23	40000~80000	7	0.64~1.3
22	20000~40000	6	0.32~0.64
21	10000~20000	5	0.16~0.32
20	5000~10000	4	0.08~0.16
19	2500~5000	3	0.04~0.08
18	1300~2500	2	0.02~0.04
17	640~1300	1	0.01~0.02
16	320~640	0	0.005~0.01
15	160~320	0.9	0.0025~0.005

表示方法为 A/B，A 表示 5μm 粒子数范围，B 表示 15μm 粒子数范围。以 20/15 为例，1mL 油中 5μm 粒子数范围为 5000~10000，15μm 粒子数范围为 160~1320。NAS 1638 标准与 ISO 4406 标准的近似对应关系如表 3-35 所示。

表 3-35　NAS 1638 标准与 ISO 4406 标准的近似对应关系

ISO　4406	NAS　1638	ISO　4406	NAS　1638
8/5	00	15/12	6
9/6	0	16/13	7
10/7	1	17/14	8
11/8	2	18/15	9
12/9	3	19/16	10
13/11	4	20/17	11
14/11	5	21/18	12

（二）不同液压系统对油品的清洁度要求

不同液压系统对油品的清洁度要求列入表3-36。美军对液压油的要求有自己的规定，例如，美国军用航空液压油 MIL-H-5606C（1971）规定用称重和计算滤出粒子数量两种方法评定液体污染程度，称重法是按 NAS 1638 标准称重法进行测量，规定100mL试样滤出杂质的重量不得超过0.3mg（在25℃±5℃下过滤时间最多为15min）；计算粒子数量的方法是将100mL试样过滤50min，在滤片上留下的固体杂质颗粒数目，不应超过表3-37中的规定。

表 3-36　不同液压系统对油品的清洁度要求

系统类型	最低清洁度等级要求（NAS 1638）	系统类型	最低清洁度等级要求（NAS 1638）
一般液压系统	i1 或 12	数控机床液压系统	6
工程机械液压系统	8 或 9	电力汽轮机液压装置	5
伺服液压系统	6 或 7		

表 3-37　美军用规格 MIL-H-5606C（航空液压油）对固体杂质的规定

粒子范围（最大尺寸）/μm	每次测定可允许的数目	粒子范围（最大尺寸）/μm	每次测定可允许的数目
5~15	25000	51~100	25
16~25	1000	大于100	10
26~50	250		

（三）确保液压系统油品高清洁度的措施

1. 新油应是高清洁度的油品

为确保液压系统中油品的高清洁度，首先新油应是高清洁度油品。对生产车间进行无尘处理、采取超精密过滤、硅藻土滤饼过滤、包装桶无尘化处理等措施，可生产出高清洁度的油品。目前 Shell 公司、BP 公司等均可生产 NAS 1638 4级的高清洁度液压油。

2. 尽量避免生成污染

生成污染与油品的质量和液压系统的设计系相关。在液压系统中，特别是高压系统应在压力管、回油管或循环回路安装过滤器，对于伺服阀或比例阀系统，应始终使用高压过滤器；应对泵进、出口的尺寸进行仔细考虑，以免泵进口流动受阻，引起油液空泡，空泡爆裂产生的冲击会剥离关键表面的材料，从而造成磨粒；设备商在推荐油品黏度时，应确保该黏度下油液能提供良好的油膜厚度以便靠流体动力来支撑载荷，并且黏度足够低以便泵被充分灌满而不气蚀。另外，油品的抗泡性、抗腐蚀性、润滑性、与金属及非金属的适应性要好，以免产生其他生成污染。

3. 杜绝外来污染

外来污染是由于外部因素对油品的污染。如油箱通气口应安装隔离或通气过滤器，以防止空气中的粉尘污染；维修作业时要仔细行事，如对配件等要冲洗干净，且不能使用脱絮、脱屑的材料擦洗。

第四章　润滑油组成及类型

人类早在公元前就已经使用润滑剂来降低摩擦表面的摩擦和磨损，但从石油制取润滑油也仅有一百多年的历史。1876年俄国建立了世界第一个润滑油生产厂，并于1878年在巴黎世界博览会上推出了第一批矿物润滑油样品。从此，润滑剂作为一门科学、一种技术和一类产品得到了迅速的发展，在工业、农业、国防、交通运输，国民经济各个部门、各个行业得到了广泛的应用。2005年世界润滑油需求量已达到36.2Mt，2007年，我国润滑油产量超过5.3Mt。润滑油在整个润滑剂中所占的比例大于90%，且品种繁多，但就其组成而言，是由基础油和添加剂组成。

第一节　润滑油基础油

基础油是生产润滑油最基本的物质，不仅是添加剂的载体，更是润滑油的主体。基础油在成品润滑油中所占比例随润滑油品种和质量的不同而不同，基本在70%~99%。一些油品，如航天仪表油、阻尼油等，基础油所占比例可达100%；而另一些润滑油，如金属加工用油，基础油所占比例可能低于70%。随着设备对润滑油性能的要求日益苛刻和润滑油与环境相容性问题日益得到重视，不同类型的高质量基础油在近几十年来得到了迅速发展。

一、基础油的分类

（一）根据基础油来源和性质分类

通常人们根据基础油的来源和性质，将基础油分为矿物基础油和合成基础油。矿物基础油是从石油中提炼出来的，主要是含有各种烃的混合物，另外还含有少量硫、氮、氧等元素的非烃类化合物。这些化合物的不同构成、不同含量以及不同的分子量大小，便构成了不同性能的矿物基础油。如直链烷烃含量高的石蜡基基础油黏度指数一般不低于90，挥发性低，对添加剂的感受性好；环烷烃含量高、直链烷烃含量低的中间基基础油黏度指数一般不低于60，某些中间基基础油硫含量较高，氮化合物含量低，氧化安定性较好；芳烃和环烷烃含量高、直链烷烃含量很低的环烷基油具有黏度指数低、挥发性高、凝点低等特点。表4-1和表4-2列出基础油组成与理化性能的关系。

表4-1　基础油的组成与理化性能的关系

项目	饱和烃			芳烃			非烃		
	正构烷烃	异构烷烃	环烷烃	单环芳烃	双环芳烃	多环芳烃	硫化物	氮化物	氧化物
黏温性质	优	优	良	良	稍差	差	差	差	差
蒸发损失	低	低	较高	较高	高	高	差	差	差
低温流动性	差	优	良	良	良	差	差	差	差
溶解能力	差	差	良	优	优	优	—	—	—
抗乳化性	优	优	优	良	稍差	差	差	差	差

表 4-2　基础油各组分的氧化性能

组　　分	氧 化 性 能	对抗氧剂的感受性
烷烃	容易氧化成酸	对抗氧剂有最好的感受性
烷基苯、烷基萘	相当稳定，氧化生成酸	中等抗氧剂感受性
多环芳烃	氧化生成油泥，与硫化物配合有抗氧作用	对抗氧剂感受性不好
含硫化合物	是天然抗氧剂，但本身易氧化，最佳含量为 0.1% ~ 0.5%	与抗氧剂有协同作用
氮氧化合物	氧化促进剂	能加速抗氧剂的消耗

由含硫原油生产的矿物基础油硫含量较高，其中的含硫化合物主要是具有抗氧化性能的硫醚类物质，因而其氧化安定性往往优于相应的低硫石蜡基润滑基础油。

合成基础油是用化工原料通过化学合成方法制备的。它包含合成烃、醚、酯、硅油等多种类型的油品，不同类型的合成基础油性能差异很大。与矿物基础油是烃类混合物不同，合成基础油中每个具体产品组成相对单一，有的产品纯度可达到 99%。合成基础油主要用作高档润滑油和特种润滑油的基础油，应用于高温、高压、高转速、高真空、辐射等特殊工况。

（二）API 分类

20 世纪 90 年代初，美国石油学会（API）把基础油分为五大类，其分类标准和精制方式见表 4-3。

表 4-3　API 基础油分类和生产方式

分　类	饱和烃含量	硫含量	黏度指数	精制方式
I		>0.03%		溶剂精制
II	<90%	≤0.03%	80 ~ 120	加氢处理
III	≥90%	≤0.03%	80 ~ 120	深度加氢
IV	≥90%	PAO（聚 α-烯烃）	≥120	
V		除 I ~ IV 类以外的所有其他基础油		

I 类油是溶剂精制矿物基础油，但对于以石油为基础油，通过深度加氢裂化得到的 II 和 III 类基础油是归于矿物基础油，还是合成基础油却存在争议。从来源上讲，它应归于矿物基础油；从制备过程涉及到化学反应和性能与一些合成油相似的角度，它又应归于合成基础油，但目前还是倾向于归于矿物基础油；IV 和 V 类中除去动、植物油以外都是合成基础油。当前世界基础油仍以矿物基础油为主（本书中将 II 和 III 类基础油纳入矿物基础油范畴），合成油所占比例为 10% ~ 15%。

（三）我国对基础油的分类

我国在 20 世纪 80 年代，根据矿物基础油的主要化学组成，将其分为三大系列：一是黏度指数大于 95 的以大庆石蜡基原油为代表的低硫石蜡基油系列（SN）；二是黏度指数大于 60 的以新疆中间基原油为代表的中间基油系列（ZN）和从环烷基原油中提炼的环烷基油系列（DN）。每个系列产品按黏度划分为从低到高的若干个黏度牌号。1995 年我国又制定了新的基础油行业标准 Q/SHR 001—95（表 4-4）。该标准按黏度指数将基础油划分为低、中、高、很高和超高黏度指数五类。每一类又分为"通用基础油"和"专用基础油"两类；在专用基础油中又分为"低凝（W）"和"深度精制（S）"两种，每一类基础油的具体技术指标参阅 Q/SHR 001—95 标准。

表 4-4　基础油 Q/SHR 001—95 分类

品 种 代 号		超高黏度指数	很高黏度指数	高黏度指数	中黏度指数	低黏度指数
		≥140	120~140	90~120	40~90	<40
通用基础油		UHVI	VHVI	HVI	MVI	LVI
专用基础油	低凝	UHVI W	VHVI W	HVI W	MVI W	—
	深度精制	UHVI S	VHVI S	HVI S	MVI S	—

该标准 HVI、MVI 和 LVI 基础油是在国内原石蜡基、中间基和环烷基基础油的基础上制定的，而其他类别的基础油是根据高档润滑油研制和生产的需要制定的。但与 API 分类相比较，我国 Q/SHR 001—95 行业标准中对矿物基础油的饱和烃和硫含量无明确规定，而且低黏度指数（LVI）和黏度指数在 40~80 之间的中黏度指数基础油（MVI）还达不到 API 规格对 I 类矿物基础油黏度指数的最低要求。只有黏度指数不小于 80 的 MVI 基础油和 HVI 基础油的黏度指数与 API 规格的第 I 类矿物基础油一致，目前我国绝大部分矿油基础油为 API 规格 I 类基础油。

在上述分类中，API 分类得到较为广泛的认可。为了与国际接轨，2009 年中国石油集团公司将国际基础油分类标准和我国的 Q/SHR 001—95 分类标准相接合，制定了 Q/SY 44—2009 企业标准，对基础油的分类见表 4-5，具体指标要求见标准 Q/SY 44—2009。中国石化集团公司内部制定的基础油分类标准也与 API 分类几乎类似。下面对 API 分类中的各类基础油进行详细介绍。

表 4-5　基础油 Q/SHR 001—95 分类

项　目	I		II		III
	MVI HVIS HVIW	HVI HVIS HVIW	HVIH	HVIP	VHVI
饱和烃/%	<90	<90	≥90	≥90	≥90
黏度指数 VI	80≤VI<95	95≤VI<120	80≤VI<110	110≤VI<120	VI≥120

二、I 类普通矿物基础油

（一）I 类普通矿物基础油生产工艺

润滑基础油应具有适当的黏度和好的黏温性能、低蒸发损失和优良的低温流动性、良好的氧化和热稳定性、对氧化产物和添加剂较好的溶解性、好的抗乳化性和抗泡性能。因此，必须采取适当的生产工艺除去矿物基础油中的有害组分，如高分子量的固态烷烃蜡、组成为高度缩合的多环芳烃或杂环芳烃的沥青和胶质、不安定组分氮氧化合物等。

矿物基础油的生产一般包括常（减）压蒸馏、精制和脱蜡过程，当加工减压渣油时在精制前还需经过脱沥青处理。

1. 常(减)压蒸馏

常(减)压蒸馏是矿油基础油生产的第一道工序，其流程如图 4-1 所示。有的炼油厂采用了二级减压，以得到减五线、减六线基础油原料油。常(减)压蒸馏的目的是切割适当馏分以满足对基础油黏度和蒸发损失等方面的要求。原油中的胶质、沥青质的绝大部分都存在于渣油中，在对渣油精制前，通常采用具有对胶质溶解能力弱、对沥青质基本不溶解特性的丙烷、丁烷等轻烃溶剂对渣油进行脱胶质和脱沥青处理，以确保渣油后续精制、脱蜡工序正常进行。

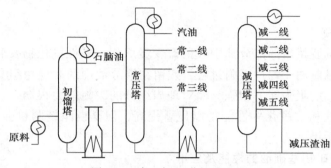

图 4-1　常(减)压蒸馏流程图

2. 精制

精制是除去馏分油中的多环短侧链芳烃、胶质、某些极性芳烃，以及一些非烃化合物以改善基础油的黏温特性和抗氧化性能，Ⅰ类普通矿物基础油的精制工艺已从过去的酸碱精制工艺发展到溶剂精制工艺。

(1) 酸碱精制　用浓硫酸与油中的有害物质作用，然后除去所生成的酸渣，再用碱洗涤除去油中残留的环烷酸、硫酸等。这种方法设备简单、产品的抗氧化性较好，但消耗大量硫酸、破坏馏分油中一些理想组分、腐蚀设备，并产生"三废"。在现代炼油厂中该工艺已被溶剂精制所取代。

(2) 溶剂精制　溶剂精制是物理分离过程，所选用的溶剂(糠醛、酚、N-甲基吡咯烷酮)对馏分油中的大部分多环短侧链芳香烃、胶质以及含氧、氮、硫的非烃化合物等非理想组分能选择性溶解，而对油中的理想组分溶解度很小，从而通过萃取把非理想组分抽出，然后再蒸出溶剂，即可得到精制基础油和副产物抽出油，蒸出的溶剂在系统中又可循环使用。

3. 脱蜡

脱蜡是从原料馏分中除去所含高熔点烃类以满足对基础油低温流动性和凝固点方面的要求，其工艺主要有冷榨、溶剂脱蜡、尿素脱蜡等。

冷榨法是脱蜡最简单的方法，但该方法需要将润滑油冷却到所要求的凝固点，将从油中析出的固态蜡用滤布过滤掉，所以这种方法只适用于轻馏分和油品凝固点较高的情况。

溶剂脱蜡是利用在低温下对油溶解能力很大，而对蜡溶解能力很小且本身低温黏度又很小的溶剂稀释馏分油，这样可使馏分油黏度降低且使蜡能成长为粗大晶体，以便于低温下油蜡的分离。溶剂脱蜡是目前主要的脱蜡工艺。溶剂脱蜡同样需要昂贵的冷冻设备，同时也难得到凝固点很低的基础油。

尿素脱蜡是利用尿素可与高熔点的直链烃形成固体络合物的原理，从馏分油中分出高熔点的直链烷烃而得到低凝固点的润滑油。络合反应可在常温、常压下进行，不足之处是只适合于轻质润滑油的脱蜡，目前生产低凝点航空润滑油、变压器油和仪表油已广泛采用尿素脱蜡工艺。

细菌脱蜡又称生物脱蜡，是在空气和水存在条件下，利用解脂假丝酵母菌使蜡转变为蛋白质，然后利用离心机将油分离出来。此方法发酵时间长、效率不高而且只适用于轻质润滑油的脱蜡。

4. 白土补充精制

溶剂精制和溶剂脱蜡后的馏分油中残留有少量溶剂、碱性氮化物及胶质等，因此还需要白土精制。白土精制属于物理吸附过程，残留在馏分油中的非理想组分大部分为极性物质，活性白土对它们的吸附能力很强，而对理想组分的吸附能力很弱。白土精制后的基础油抗乳化性、抗泡性和抗氧化等性能得以显著提高，但是白土精制也会产生大量的废渣，对环境造成一定的污染。

（二）Ⅰ类普通矿物基础油的性能及应用

Ⅰ类矿油基础油主要是溶剂精制工艺而制得，其理化性能一般，表4-6列出我国HVI基础油的技术指标，它也属于Ⅰ类普通矿物基础油。

表4-6 HVI基础油技术指标

黏度等级（赛氏黏度）	HVI									
	75	100	150	200	350	400	500	650	120BS	150BS
运动黏度/（mm²/s）										
40℃	13~15	20~22	28~32	38~42	65~72	74~82	95~107	120~135	报告	
100℃	报告								25~28	30~33
外观①	透明									
色度/号 不大于	0.5	1.0	1.5	2.0	3.0	3.5	4.0	5.0	5.5	6.0
黏度指数 不小于	100			98	95					
闪点（开口）/℃ 不小于	175	185	200	210	220	225	235	255	265	290
倾点②/℃ 不大于	-9			-5						
中和值/（mgKOH/g） 不大于	0.02			0.03						
残炭/% 不大于	—			0.10	0.10	0.15	0.25	0.60	0.70	
密度（20℃）/（kg/cm³）	报告									
苯胺点/℃	报告									
硫/%	报告									
氮/%	报告									
碱性氮/%	报告									

黏度等级(赛氏黏度)	HVI									
	75	100	150	200	350	400	500	650	120BS	150BS
蒸发损失(Noack 法, 250℃ 1h)/%	—	报告								
氧化安定性③(旋转氧弹, 150℃)/min 不小于	180						130		110	

注：① 将油品注入 100L 洁净量筒中，油品应均匀透明，如有争议时，将油品控制在 25℃±2℃下，应均匀透明。

② 出口产品 200 号以后倾点均执行 -9℃。

③ 加入 0.8% T 501，采用精度为千分之一的天平，称取 0.880g T501 于 250mL 烧杯中，继续加入待测油样，至总重为 110g(供平行试验用)。将油样均匀加热至 50~60℃，搅拌 15min，冷却后装入玻璃瓶备用。建议抗氧剂采用锦州石化公司生产的 T 501 一级品，试验用铜丝最好使用一次即更换。

Ⅰ类油黏度指数在 80~120，芳烃含量较高，视原油种类和加工深度，基础油中芳烃含量在 4%~30%，具有黏度等级范围宽、溶解性好、天然抗氧化等优点。Ⅰ类基础油目前仍是主要的基础油类型，大量用于调制各种成品油，特别是齿轮油、船用油、发动机油、液压油等产品对Ⅰ类基础油需求量仍然很大。由于环保立法和燃油经济性日益苛刻，润滑油产品的升级换代的步伐明显加快，用Ⅰ类基础油调配的成品油已不能满足高档发动机油、传动液、工业润滑油的规范要求，如 SH 级以上的汽油发动机油、CF-4 级以上的柴油发动机油、10W-30 以上跨度的多级油、低温液压油等已不能全采用Ⅰ类矿物油基础油进行调配。

三、Ⅱ和Ⅲ类加氢矿物基础油

Ⅱ类加氢矿物基础油与Ⅰ类矿物基础油制备工艺上的显著差异是前者采用了加氢技术与"老三套"技术相结合的混合型生产工艺或全氢炼制技术，而Ⅲ类加氢矿物基础油基本采用全氢炼制技术，与Ⅱ类加氢矿物油相比，其加氢条件更为苛刻。

加氢技术具有原料适应性强、基础油质量好、收率高等优点，迅速在工业上得以应用和发展。20 世纪 50 年代末 60 年代初，加氢精制技术取代白土精制技术得以工业应用。1967 年，第一套加氢裂化工业装置在西班牙建成，它采用了法国研究院加氢处理工艺，使用硫化态催化剂，以减压馏分油及轻脱沥青油为原料，在 20MPa 高压下生产高黏度指数(115~130)润滑油基础油。70 年代出现润滑油催化脱蜡技术；1981 年 Mobil 公司采用分子筛(ZSM-5)的催化脱蜡工艺在澳大利亚 Adelaide 炼厂实现工业化。90 年代初加氢异构脱蜡技术工业化，形成的全氢技术路线流程示意见图 4-2。

图 4-2　全氢工艺流程示意图

（一）加氢裂化或加氢处理

加氢裂化是在苛刻的反应条件下进行，使反应物发生芳烃饱和、开环及断链，脱硫，脱氮，脱金属等，以达到提高基础油的粘度指数和抗氧化性能，并适应后续的脱蜡贵重金属型催化剂对原料的低硫、低氮、低金属和低稠环芳烃含量的要求。加氢裂化过程中典型的化学反应如下：

1. 芳烃饱和、开环及裂化

2. 加氢脱硫

$$R_1-S-R_2+H_2 \longrightarrow R_1H+R_2H+H_2S\uparrow$$

3. 加氢脱氮

4. 加氢脱氧

润滑油型的加氢裂化没有燃油型加氢裂化程度深，是为了确保加氢裂化后的产物粘度损失小，高黏度基础油收率高。如果原料芳烃含量低，且具有较高的粘度指数，工业上则不采用加氢裂化，而采用加氢处理以达到脱硫、脱氮、脱金属的目的。当然有时也会针对酸值高、溴值高进行加氢处理。

5. 加氢脱酸

$$\text{R}\!-\!\text{COOH} + \text{H}_2 \longrightarrow \text{R}\!-\!\text{CH}_3 + \text{H}_2\text{O}$$

6. 烯烃氢化

$$\text{R}_1\!-\!\text{CH}=\text{CH}\!-\!\text{R}_2 + \text{H}_2 \longrightarrow \text{R}_1\!-\!\text{CH}_2\!-\!\text{CH}_2\!-\!\text{R}_2$$

(二) 催化脱蜡或异构脱蜡

催化脱蜡或异构脱蜡为了代替溶剂脱蜡而发展起来的。催化脱蜡是利用分子筛独特的孔道结构和适当的酸性中心，使高凝点的正构烷烃(蜡)在分子筛孔道内发生选择性加氢裂化，生成低分子烃，从而使油品的凝点降低。异构脱蜡是采用特殊孔道结构的分子筛负载贵金属(铂、钯等)作为加氢-脱氢组分的双功能催化剂，将高凝点的正构烷烃(蜡)异构化为倾点更低的支链烷烃。催化脱蜡或异构脱蜡典型的化学反应如下，催化脱蜡主要是得到小分子的裂解产物，而异构脱蜡主要得到异构烷烃。

$$n\text{-C}_n\text{H}_{2n+2} \underset{+\text{H}_2}{\overset{-\text{H}_2}{\rightleftharpoons}} n\text{-C}_n\text{H}_{2n} \rightleftharpoons n\text{-C}_n\text{H}_{2n+1}^+ \longrightarrow \text{裂解产物}$$

（正构烷烃）　　　　　（正构烯烃）　　　（正C离子）

$$\updownarrow \text{裂构化}$$

$$i\text{-C}_n\text{H}_{2n+2} \underset{+\text{H}_2}{\overset{-\text{H}_2}{\rightleftharpoons}} i\text{-C}_n\text{H}_{2n} \rightleftharpoons i\text{-C}_n\text{H}_{2n+1}^+ \longrightarrow \text{裂解产物}$$

（异构烷烃）　　　　　（异构烯烃）　　　（异C离子）

传统的催化脱蜡技术使正构烷烃的石蜡裂解成气体或石脑油组分，而异构脱蜡是将正构烷烃异构成支链烷烃。与催化脱蜡相比，异构脱蜡产生的支链烷烃不仅提高了高黏度基础油的收率，而且在确保基础油低倾点的同时可提高基础油黏度指数5~10个单位。所以目前工业装置以异构脱蜡为主。

(三) 加氢精制

加氢精制与白土精制一样，一般是基础油生产的最后步骤，主要是将基础油中微量的稠环芳烃进行充分饱合，以进一步提高基础油的抗氧化性能、热和光稳定性能，同时改变油品的色泽。加氢精制反应器内较低温度、较高压力下能提高稠环芳烃饱合的转化率，然而温度过低时影响反应速率，加氢精制反应温度一般在200~300℃范围内。

与Ⅰ类油相比，Ⅱ和Ⅲ类油组成上低硫、低氮、低芳烃，性能上具有良好的黏温性、热/氧化安定性、低挥发性和低温性能。全球润滑油基础油已处于Ⅰ类向Ⅱ、Ⅲ类基础油转变时期，Ⅱ和Ⅲ类基础油所占份额日益增大，特别是Ⅲ类油，性能与PAO(Ⅳ类)接近，且经济性优于PAO，Ⅲ类基础油替代PAO调配高档成品油的趋势会一直持续。截止2011年5月，全球的Ⅰ类油已降至57%，Ⅱ和Ⅲ类基础油所占比例分别为27%和6%，环烷基油为9.3%。据KLINE公司预测，2021年，Ⅰ、Ⅱ和Ⅲ类基础油所占比例分别为41%、32%和

15%，环烷基油为 11%，其他 1%。

采用全氢技术生产Ⅱ类油虽然具有诸多优点，但生产 500N 以上的高黏度基础油产品难度较大，且难以副产石蜡产品。加氢技术与"老三套"技术相结合的混合型工艺可生产 120BS、150BS 等重质基础油，并可副产石蜡，同时也可尽量降低关、停"老三套"装置的经济损失。如 ExxonMobil 和 Shell 公司部分基础油装置采用了溶剂脱蜡和加氢技术相结合的混合工艺路线。

环烷烃基础油虽然因粘度指数低而未纳入 API 规范，但由于它优异的溶解性能、低温性能和析气性能等，现仍是高压变压器油、采用弗里昂作制冷剂的冷冻机油、金属加工液和润滑脂优先考虑的基础油，目前约占矿物基础油总量的 10%。我国采用全氢技术生产环烷基油典型装置是中石油克拉玛依分公司 300kt/a 润滑油高压加氢装置，其工艺流程见示意图 4-3。该工艺装置适用于高酸、环烷基原油馏分，主要生产高档的环烷基橡胶油、冷冻机油和光亮油等产品。

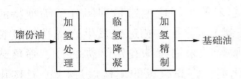

图 4-3　全加氢工艺生产环烷基油流程示意图

四、Ⅲ类天然气(煤)变基础油

天然气或煤生产润滑油基础油一般包括由天然气或煤生产合成气(CO 和 H_2 的混合物)、合成气合成液态烃、液态烃加工成润滑油基础油和其他石化产品三个主要的步骤，其工艺流程示意图见图 4-2。

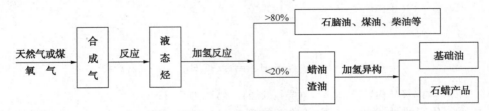

图 4-4　天然气(煤)合成润滑油基础油工艺流程示意图

天然气按上述费—托合成工艺生产的润滑油基础油(简称 GTL 油)通常纳入 API 规范的Ⅲ类油，且认为其性能是Ⅲ类油中质量最高的一档。GTL 油与Ⅱ、Ⅲ类和 PAO 油(Ⅳ类)的典型数据比较见表 4-7。

表 4-7　几种基础油典型数据比较

项　　目	GTL 油	进口Ⅱ4	国产Ⅱ4	进口Ⅲ4	国产Ⅲ4	进品 PAO 4
倾点/℃	-36	-15	-15	-16	-18	<-62
运动黏度/(mm²/s)						
40℃	18.5	20.3	20.82	19.55	21.08	17.39
100℃	4.3	4.306	4.204	4.255	4.436	3.926
黏度指数	145	120	105	125	122	122
蒸发损失(诺亚克法，250℃，1h)/%	6	14.77	19.48	15.34	12.03	12.4

GTL 油黏度指数高、倾点和蒸发损失低，它的理化性能与相应的 PAO 很接近，即使 GTL 油不与酯类油调和，它也能与 PAO 和酯类油调和物的性能相当。另外，利用天然气生

产 GTL 油的天然气资源丰富，且还生产其他价值的副产物，生产成本比炼油厂用软蜡为原料生产的Ⅲ类油低 60%，比 PAO 低 87%。GTL 油在 2012 年已经得到广泛应用，那时其产量将会占全球基础油总量的 10%。将煤转化成润滑油基础油的主力是南非 Sasol 公司。Sasol 公司是一家以煤作为化工原料的企业，他们以煤作为原料，生产出了润滑油基础油（简称 CTL 油），该油性能与 GTL 油类似，倾点比 GTL 油更低，开发由煤生产润滑油基础油技术对于产煤大国具有重要意义。

五、Ⅳ类聚 α-烯烃

聚 α-烯烃（PAO）为 API 规范的Ⅳ类油，是最主要的合成油类型，其用量约占整个合成润滑基础油耗量的 45%。是由单体 α-烯烃（主要是碳数为 8～10 的 α-烯烃）在催化剂作用下聚合而获得的一类具有比较规则的长链烷烃。其结构式为：

$$n\text{RCH}=\text{CH}_2 \longrightarrow \text{CH}_3-\underset{R}{\text{CH}}-(\text{CH}_2-\underset{R}{\text{CH}})_{n-2}\text{CH}_2-\underset{R}{\text{CH}}_2$$

式中 n 为 3～5；R 为碳数 6～10 的烷基，单体 α-烯烃采用乙烯齐聚或蜡裂解工艺制得。相比于乙烯齐聚法，蜡裂解工艺简单，但得到的单体 α-烯烃纯度不高，生产的 PAO 蒸发损失较大、抗氧化性能也较差，而且原料蜡的质量要求较为苛刻，在欧美蜡裂解工艺已全部停产。我国原油中的含蜡量高，蜡资源丰富，加上乙烯短缺，因此 PAO 的单体 α-烯烃主要还是通过蜡裂解工艺而制得。

（一）PAO 的性能

目前，由乙烯齐聚法生产的商业 PAO 产品通常按其 100℃ 的运动黏度分为 7 个黏度级别，其主要理化性能如表 4-8 所示。

表 4-8 PAO 的黏度等级与主要理化性能

性　能	黏度等级						
	2	4	6	8	10	40	100
外观	无色清亮透明						
黏度/(mm²/s)							
100℃	1.8	3.84	5.98	7.74	9.87	40～42	103～100
40℃	5.54	16.68	30.89	46.3	64.5	399～423	1260～1390
-40℃	306	2390	7830	18200	34600	39000～41000	176000～203000
黏度指数	88	124	143	136	137	141	172
倾点/℃	<-80	-72	-64	-57	-53	-36～-45	-21～-27
闪点/℃	165	213	235	258	270	275～280	280～290
相对密度/(g/cm³)	0.797	0.818	0.827	0.832	0.836	0.836	0.856
溴值/(gBr₂/100g)	0.5	0.2	0.2	0.3	0.4	—	—
水含量/(μg/g)	50	11	13	13	19	—	—
NOACK 蒸发损失 (250℃，1h)/%	99.5	11.8	6.1	3.1	1.8	0.8～1.4	0.6～1.1
总酸值/(mgKOH/g)	<0.01	<0.01	<0.01	<0.01	<0.01	<0.01	<0.01

由表4-8可知PAO黏度范围宽、黏度指数高、倾点低、低温黏度小、高温蒸发损失也较低。同时，PAO具有优良的热稳定性(表4-9)。PAO优良的热稳定性是由其组成上不含芳烃和胶质，主要由异构烷烃组成所决定的。

表4-9 PAO热稳定性结果对比

油品名称	清洁度评分	说明
矿物基础油(100℃黏度4.0mm²/s)	0	板式结焦试验条件：
PAO(100℃黏度4.0mm²/s)	8.0	铝板310℃，油箱121℃
烷基苯(100℃黏度5.0mm²/s)	2.0	6min喷油，1.5min烘烤
双酯(100℃黏度5.4mm²/s)	8.0	评分标准：
PAO/多元醇酯(100℃黏度4.0mm²/s)	9.5	10—清洁，0—严重积炭

在氧化性能方面，纯PAO不如普通矿物油好的原因是因为普通矿物油含有少量天然含硫抗氧剂，但是PAO对抗氧化剂的感受性特别好。相同黏度的PAO和矿物油加入同样的抗氧剂后，150℃的旋转氧弹试验结果表明在压力降至127kPa时，PAO的时间是矿油的3~4倍。另外，PAO还具有优良的水解安定性，对皮肤和黏膜无刺激作用，口服无毒，低黏度的PAO具有一定的生物降解性。

PAO的缺点主要是：①低黏度的PAO会使丁腈胶、氯丁胶等橡胶轻微收缩和变硬，需加入酯类油作膨胀剂；②PAO的减摩、抗磨性能不如普通矿物油、合成酯和聚醚好，需加入抗磨极压添加剂提高减摩、抗磨性能；③对极性较强的添加剂溶解性差，可将这些添加剂先溶解在合成酯中后，再加入到PAO中。

（二）PAO的应用

PAO较优的性能使其具有广泛的用途，特别适用于高温、寒区和严寒区对油品高温或低温性能要求苛刻的油品。另外，PAO在极高质量级别和宽黏度跨度的油品，如SJ 15W-30以上的发动机油中也得到一定应用。表4-10列出了PAO的性能特点及相应的主要用途。

表4-10 PAO的性能特点与主要用途

性能特点	主要用途
高、低温性好	航空发动机油、燃气轮机油、仪表油、高温润滑脂基础油、5W-30黏度级别，API SJ/CF质量级别以上车用发动机油部分基础油
倾点低、低温黏度小	寒区和严寒区用低温液压油、齿轮油和冷冻机油
黏度范围宽、黏度指数高	高黏度指数液压油、高黏度齿轮油、数控机床用油
高温热稳定性好、结焦少	压缩机油、长寿命润滑油
闪点高，抗燃性好	航空液压油
电气性能好	变压器油、绝缘油、高压开关油
无刺激味、无毒	食品及纺织机械用白油、塑料聚合溶剂

尽管API规范的Ⅱ和Ⅲ类基础油与PAO在高档油品领域进行着竞争，但在高温和低温性能方面Ⅱ和Ⅲ类基础油仍不及PAO。特别是Ⅱ和Ⅲ类矿油基础油商业化产品40℃的黏度低于100mm²/s，还不能对高黏度级别的PAO产品构成威胁。ExxonMobil Chemical公司开发

的新型超高黏度和黏度指数的 PAO SuperSyn™ 产品更是巩固了 PAO 在高黏度油品领域的地位，该类产品 100℃ 黏度为 $150 \sim 1000mm^2/s$，黏度指数为 $200 \sim 300$，倾点为 $-20 \sim -30℃$。在调制油品时，可作为黏度指数改进剂使用，而且因其结构的完整性，剪切安定性均优于常用的各种黏度指数改进剂；同时超高黏度指数的 PAO 成膜性强，且油膜强度高，在高温下仍能形成足够厚的油膜，而其好的低温性能确保了低温下具有较好的流动性，有利于降低启动时的磨损和工作温度，与不加超高黏度指数的 PAO 的油相比，节能效果更为显著。

六、Ⅴ类基础油

按照 API 规范的分类，其他合成基础油和动、植物油为 API 规范的 Ⅴ类油。其他合成油包括了很多种不同分子结构和性能的油品，如合成酯、聚醚、聚异丁烯、硅油、磷酸酯、烷基苯、聚苯醚、氟醚、烷基环戊烷、碳酸酯、硅烃、氟碳等，但就应用而言，合成酯是继 PAO 之后的第二大类合成油，约占整个合成油用量的 25%；其次是聚醚，所占份额为 10%，余下的所有类型合成油共占整个合成油用量的 20%。下面对常用的其他合成基础油进行介绍。

（一）合成酯

1. 合成酯的类型

合成酯是由酸和醇在一定条件下反应而制得的一类合成油。按照所用的酸和醇的不同，通常把酯类油分成如下几类：

（1）单酯 由一元酸和一元醇反应生成的含有一个羧基的合成酯。其通式为：

$$R_1 + C\!-\!OH + HOR \longleftrightarrow R_1\!-\!C\!-\!O\!-\!R + H_2O$$
$$\underset{O}{\|} \qquad\qquad\qquad \underset{O}{\|}$$

式中，R 和 R_1 为烷基，商业化的单酯主要是油酸甲酯、油酸异丁酯、油酸异辛酯等。

（2）二元酸酯 简称双酯，它是由二元酸与碳数为 8~13 的单元醇酯化而制成，其通式为：

$$R_1\!-\!O\!-\!C\!-\!R\!-\!C\!-\!O\!-\!R_1$$
$$\qquad\quad \underset{O}{\|} \qquad \underset{O}{\|}$$

式中，R 和 R_1 为烷基，常用的二元酸为己二酸、壬二酸和癸二酸，醇为异辛醇、异壬醇、异癸醇和异十三醇。此外，还有用二聚油酸与各种醇反应制得的高分子量双酯。

（3）新戊基多元醇酯 是用新戊基多元醇与一种或多种一元羧酸进行酯化而制成的。新戊基多元醇是指羟基的 β 碳原子上的氢原子完全被碳原子所取代的多元醇，工业上主要使用的新戊基多元醇是新戊二醇（NPG）、三羟甲基丙烷（TMP）、季戊四醇（PE）和双季戊四醇（DIPE），化学结构式分别如下：

$$
\underset{\text{（NPG）}}{CH_3\!-\!\underset{\overset{\displaystyle CH_2OH}{|}}{\underset{\underset{\displaystyle CH_2OH}{|}}{C}}\!-\!CH_3}
\qquad
\underset{\text{（TMP）}}{CH_3\!-\!CH_2\!-\!\underset{\overset{\displaystyle CH_2OH}{|}}{\underset{\underset{\displaystyle CH_2OH}{|}}{C}}\!-\!CH_2OH}
\qquad
\underset{\text{（PE）}}{HOCH_2\!-\!\underset{\overset{\displaystyle CH_2OH}{|}}{\underset{\underset{\displaystyle CH_2OH}{|}}{C}}\!-\!CH_2OH}
$$

$$
\underset{\text{（DIPE）}}{HOCH_2\!-\!\underset{\underset{\displaystyle CH_2OH}{|}}{C}\!-\!CH_2\!-\!O\!-\!CH_2\!-\!\underset{\underset{\displaystyle CH_2OH}{|}}{C}\!-\!CH_2OH}
$$

制备新戊基多元醇酯所用的酸通常为碳数为 5~9 的一元酸。近二十年来，新戊基多元醇长链脂肪酸(如棕榈酸、油酸、硬脂酸等)酯也在工业上得到了广泛应用。

（4）芳香羧酸酯　由芳香族羧酸(酐)与直(支)链醇反应而制成的酯，其通式为：

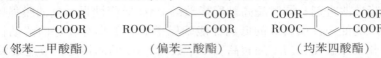

（邻苯二甲酸酯）　　　　（偏苯三酸酯）　　　　（均苯四酸酯）

用于制备芳香羧酸酯的醇，常用的有异辛醇、异癸醇、异十三醇等。

（5）复酯和聚酯　复酯是由二元酸、多元醇、一元酸(或一元醇)反应而制得，即先使多元醇与二元酸酯化，然后再根据多元醇与二元酸的摩尔比的不同(即中间产物的端基是—OH，还是—COOH)，再与一元酸或一元醇酯化而制得。两类重要的复酯通式为：

以多元醇为中心：一元醇—二元酸—…—多元醇— … —二元酸——一元醇；

以二元酸为中心：一元酸—多元醇— … —二元酸— … —多元醇——一元酸。

当二元酸和二元醇按一定比例反应形成很高黏度的复酯时，通常称为聚酯。

2. 合成酯的性能

合成酯的性能与其具体的分子结构相关，但不同类型的合成酯具有下述一些共同的性能。

（1）好的热、氧化安定性　合成酯可长期在 200℃ 的高温下使用，特别是新戊基多元醇酯的醇基 β 碳原子上没有氢原子，其热、氧化安定性比双酯更优。在合成酯中，常使用高温抗氧化能力强的胺型抗氧剂。

（2）良好的润滑性能　极性的合成酯易于吸附在摩擦表面形成牢固的润滑膜，因而具有良好的减摩性能。图 4-5 示出同为 32 号黏度级别的不同基础油在万能摩擦实验机上测得的摩擦系数值。

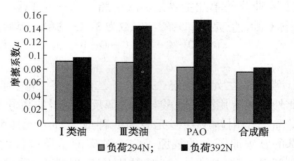

图 4-5　不同基础油在不同负荷下的摩擦系数

从图中的摩擦系数可知合成酯在不同负荷下的摩擦系数都较其他基础油低，特别是在较高负荷下时，合成酯的减摩性能更为显著。合成酯多用在高温下对润滑性能要求较高的设备上，因此，常常还需要加入在合成酯中感受性较好的含磷添加剂以提高润滑性能。

（3）生物降解率高　表 4-11 比较了不同基础油的生物降解率。合成酯和动、植物油均具有较高的生物降解率，但动、植物油的高、低温性能远不及合成酯，因此合成酯是生物可降解产品的首选基础油。

（4）较好的低温性能　合成酯倾点低、低温黏度小，且低温下黏度值稳定。合成酯的类型、分子量和结构特征极大地影响合成酯的低温性能。一般而言，二元酸酯的低温性优于多元醇酯；结构不对称酯的低温性好于结构对称酯；分子量小的酯低温性优于分子量大的酯。

表4-11 不同基础油的生物降解率比较

基础油	生物降解率/% （CEC-33-A-93测试法，21天）	基础油	生物降解率/% （CEC-33-A-93测试法，21天）
加氢油	25~80	烷基苯	5~25
白油	25~45	双酯	50~100
矿物油	10~45	多元醇酯	50~100
光亮溶剂油	5~15	芳香酯	0~95
植物油	75~100	聚丙二醇	10~30
聚α-烯烃	20~80	聚乙二醇	10~70

合成酯的主要缺点是：①吸温性大，在酸、碱、酶等作用下可发生水解反应，水解安定性比Ⅰ、Ⅱ和Ⅲ类油差；②合成酯中的极性酯基团使其与密封材料的相容性不良，只能与氟橡胶、聚四氟乙烯和甲基硅橡胶相容。

3. 合成酯的应用

合成酯最初是为了满足军用飞机涡轮发动机的润滑要求而发展起来的，目前仍是航空发动机油的主要基础油。由于其优良的综合性能，特别是较优的高、低温性能，在民用工业也得到了较为广泛的应用。表4-12列出了合成酯性能特点及相应的主要用途。

表4-12 合成酯性能特点和主要用途

性能特点	主要用途
高、低温性好	航空发动机油、燃气轮机发电机组、精密仪表油、高温润滑脂基础油、5W-30黏度级别，API SJ/CF质量级别以上车用发动机油部分基础油
高温热稳定性好、结焦少	长寿命空气压缩机油、高温链条油
闪点高，抗燃性好	工业难燃液压油
减摩性好、牵引系数低	航空齿轮、仪器仪表齿轮、高速齿轮。
高生物降解率	环境友好的液压油、链锯油、二冲程发动机油等
与新型环保型致冷剂相容	无氟冰箱的冷冻机油
良好的润滑性能	金属加工液、纺织油剂中的油性剂、塑料的内/外润滑剂、橡胶和皮革加工助剂

（二）聚醚

聚醚，又称为聚烷撑二醇(简称PAG)，是由环烷化合物单体在起始剂、催化剂作用下发生聚合反应而得到的一类合成基础油。

1. 聚醚的类型

通常用于制备聚醚的环氧化合物单体为环氧乙烷（EO）、环氧丙烷（PO）、环氧丁烷（BO）长链1，2-环氧烷（LAO）和四氢呋喃（THF），其化学式如下：

常用的起始剂为水、烷基胺、羧酸酰胺、烷基醇和硫醇类，不同的环烷化合物单体在不同的起始剂和催化剂作用下发生均聚或共聚反应，得到不同分子结构和分子量的聚醚，通式为：

$$R_1-O \begin{bmatrix} \overset{\overset{H}{|}\ \overset{H}{|}}{\underset{\underset{R_2}{|}\ \underset{H}{|}}{C-C}} -O \begin{pmatrix} \overset{\overset{H}{|}\ \overset{H}{|}}{\underset{\underset{H}{|}\ \underset{R_3}{|}}{C-C}} \end{pmatrix}_x O \end{bmatrix}_n R_4$$

上式中，链节 n 为 2~500。

（1）当 $x=1$ 时：

$R_2=R_3=H$，称为环氧乙烷均聚醚；

$R_2=R_3=CH_3$，称为环氧丙烷均聚醚；

$R_2=CH_3$，$R_3=H$，称为环氧丙烷–环氧乙烷共聚醚。

（2）当 $x=2$ 时：

$R_2=CH_3$，$R_3=H$，称为环氧丙烷–四氢呋喃共聚醚；

$R_1=R_4=H$，称为聚烷氧基二醇（以水作起始剂）；

$R_1=H$，$R_4=$烷基，称为聚烷氧基单醚（以醇作起始剂）；

$R_1=R_4=$烷基，称为双醚；

$R_1=$烷基，$R_4=$醚基，称为聚烷氧基醚酯（以酸作起始剂）；

$R_1=R_4=$酰基，称为聚酯（以酸作起始剂）。

（3）以一元醇或酸作起始剂，得到一羟基醚；以丙二醇为起始剂，得到二羟基醚；以三乙醇胺或丙三醇为起始剂，得到三羟基醚。

2. 聚醚的性能

（1）黏度范围宽、黏度指数高　聚醚的黏度和黏度指数随着分子量的增大而增大。40℃的黏度在 8~200000mm²/s 内变化，黏度指数可高达 300。可以根据需要调配不同黏度等级和黏温性能的油品。

（2）良好的润滑性能　由于醚基团"—O—"的强极性，聚醚几乎在所有润滑状态下都能形成黏附性强、承载能力大的润滑膜，摩擦系数很低，润滑性优于同黏度的矿油和 PAO，与合成酯类似。但在低速下聚醚具有粘滑的倾向。

（3）溶解性差异大　聚醚分为水溶性、水不溶性和油溶性三类。环氧乙烷链节的比率越大，水溶性越强，当环氧乙烷链节含量（重量）大于 40% 时，与水完全相溶。与水完全相溶的聚醚，随着温度的升高，氢键作用减弱，聚醚与水发生相分离，该温度称为聚醚的浊点，浊点一般在 45~100℃。当聚醚分子中含有足够量的长链（一般碳数大于 8）环氧烷链节，才能成为油溶性聚醚。水不溶性聚醚是指在水中不溶解，而在油中（一般指矿油）也不溶解或具有有限溶解性的聚醚，商业化的聚醚以水不溶性聚醚为主。

（4）中等的热、氧化稳定性　聚醚的热、氧化稳定性并不比矿物油、PAO 和合成酯等优越，但聚醚分子在高温、氧作用下容易断链，生成低分子量的化合物而挥发掉，生成较少量的残余物。这明显不同于矿物油、PAO 和合成酯等在高温、氧作用下生成漆膜、残炭或油泥等。酚型和胺型抗氧剂都可以提高聚醚的热、氧化稳定性。

（5）在烃类气体中的溶解度低　聚醚的极性使其在烃类气体中的溶解度低，图4-4比较了矿油和聚醚在液态烃中的溶解性。

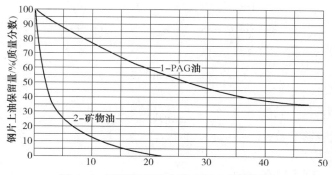

图 4-6 聚醚和矿油在液态烃中的溶解性

从图中可知在液态烃中，在 20min 时钢片上残留的矿物油量低于 5%，而聚醚约为 60%。聚醚的这种特性特别适用于用作烃类气体压缩机油。如果用矿油基础油时，矿油很快被烃类气体稀释，黏度大幅度降低而起不了润滑和密封作用。

聚醚的主要缺点是：①与矿油、PAO 和合成酯等基础油相溶性差（油溶性聚醚可溶，但价格较贵）；②仅与氟橡胶和聚四氟乙烯密封材料相容，与丁腈橡胶和甲基乙烯基橡胶有有限的溶解性。

3. 聚醚的应用

聚醚具有上述的优良性能，加之其制备原料环氧化合物为普通的石油化工产品，价廉易得，制备的聚醚价格低于 PAO 和合成酯，其应用范围不断扩大。表 4-13 列出了聚醚性能特点及相应的主要用途。

表 4-13　聚醚的性能特点和主要用途

性能特点	主要用途
润滑性好、摩擦系数低	高速齿轮油，特别适用于蜗轮蜗杆的润滑
高温积炭、漆膜、油泥少	热定型机油、高温轴承的润滑油
抗燃性好、与水相容	水-乙二醇抗燃液压油的润滑组分
与新型环保型致冷剂相容	无氟空调的冷冻机油
与水相容或有限的溶解性	水基金属加工液润滑组分、淬火液组分
对烃类气体的溶解度小	丙烷致冷冷冻机油、高压乙烯压缩机油、烃类气体回收压缩机油、二氧化碳气体压缩机油、天然气压缩机油
沸点高、综合性能较好	汽车制动液

（三）硅油

1. 硅油的类型

硅油是分子主链具有—$\left(\!\!\begin{array}{c} \mid \\ \text{Si—O} \\ \mid \end{array}\!\!\right)_n$ 骨架的一类化合物，它们的通式如下：

$$
\begin{array}{ccc}
\text{R} & \text{R} & \text{S} \\
\mid & \mid & \mid \\
\text{R—Si—O} \!\!\left(\!\text{Si—O}\!\right)_n\!\! \text{Si—R} \\
\mid & \mid & \mid \\
\text{R} & \text{R} & \text{R}
\end{array}
\qquad
\begin{array}{cccc}
\text{R}_2 & \text{R} & \text{R}_2 \\
\mid & \mid & \mid \\
\text{R—Si—O} \!\!\left(\!\text{Si—O}\!\right)_m\!\!\left(\!\text{Si—O}\!\right)_n\!\! \text{Si—R} \\
\mid & \mid & \mid \\
\text{R}_3 & \text{R} & \text{R}_3
\end{array}
$$

（a）　　　　　　　　　　　（b）

$$R—Si—O\underset{R}{\overset{R}{(}}Si—O\underset{R}{\overset{R}{)}}_m\underset{\underset{\underset{R}{Si}}{O}}{\overset{R_1}{(}}Si—O\underset{R}{\overset{R}{)}}_n Si—R$$

（c）

式中 m 和 n 代表链节数。

（1）在（a）型结构中：

若 R 全是甲基，则为甲基硅油；

若 R 全是乙基，则为乙基硅油；

若 R 为部分含氟烷基，则为氟硅油；

若 R 为部分氢，则为含氢硅油；

若 R 为部分羟基，则为羟基硅油；

若 R 为部分长链烷基，则为烷基硅油。

（2）在（b）型结构中：

若 R 为甲基，R_2 和 R_3 可以为甲基或苯基；

若 R_1 为苯基，则为甲基苯基硅油；

若 R_1 和与 R_1 对应的 R 都为苯基，则为二苯基硅油。

（3）在（c）型结构中：

R 为甲基，若 R_1 为氯苯基，则为甲基氯苯基硅油。

2. 硅油的性能

（1）黏温性好、凝点低　硅油是各种润滑基础油中黏温性能最好的基础油，甲基硅油的黏度指数可高达 500，这是由于硅氧烷链具有挠曲性所致。当甲基被其他基团取代后，黏温性能有所变差。硅油的低温性能很好，低黏度的甲基硅油凝固点低至 -100℃，即使高黏度的 100000 号甲基硅油，其凝固点也在 -30℃ 以下。

（2）优异的热、氧化稳定性和化学惰性　硅油中的主链—Si—O—Si—具有与无机高分子类似的结构，其键能很高，所以具有优良的耐热性能。甲基硅油 200℃ 时才开始被氧化，苯基引入到硅油分子结构中得到的甲苯基硅油热、氧化稳定性更高，长期使用温度高达 250~280℃。硅油通常是惰性物质，但在强酸和强碱作用下，也会断链分解。

（3）黏压系数小，可压缩性大　由于硅油的硅氧烷链具有绕曲性，使得硅油有较高的可压缩性（图 4-7）。与其他润滑基础油相比较，硅油的黏压系数也较小，在很高的压力下仍为液态。硅油的这种特性可被用来制备液体弹簧。

（4）蒸发损失小　表 4-14 比较了各种硅油与矿油和双酯的蒸发损失，硅油的蒸发损失明显低于矿油和双酯。

此外，硅油具有良好的电绝缘性，但硅油中的微量水会对硅油的绝缘性能产生很大影响。硅油表面张力低，起泡性小，甲基硅油一般认为是起泡性很低的油品。硅油的最大缺点是润滑性能差。这是由于硅油的表面张力低，易在摩擦表面铺展开来，形成的油膜很薄。另外，硅油的黏压系数小、可压缩性大，在高压下形成的油膜更薄。改善硅油润滑性的有效途径是在其分子结构中引入润滑性好的元素，如 Cl、Sn 等，或加入与其相容的润滑添加

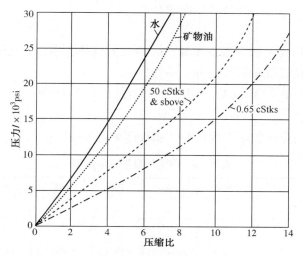

图 4-7　硅油的与水和矿物油的压缩性比较 (1psi = 6.895kPa)

剂和其他润滑性较好的基础油。

表 4-14　硅油与矿油、双酯蒸发损失比较[1]

项　　目	蒸发损失/% (质量分数)	项　　目	蒸发损失/% (质量分数)
甲基硅油	0.3	低氯苯基硅油	1.7
中苯基硅油	0.5	高黏度矿油	15.7
高苯基硅油	0.1	癸二酸异辛酯	15.8

注：[1]试验条件：40g 油，149℃，加热 30 天。

3. 硅油的应用

硅油上述独特的性能，使其在军事、机械、石化、轻工业等领域得到较为广泛的应用，在润滑剂领域的用量相对较小，表 4-15 列出硅油性能特点及在润滑领域相应的主要用途。

表 4-15　硅油的性能特点及在润滑领域的主要用途

性能特点	主要用途
高、低温性能好	精密仪表油
黏温性能好、绝缘、稳定	陀螺浮液、阻尼液、阻尼脂基础油
热氧化稳定性好、化学惰性	微量润滑压缩机油、氧气压缩机油、导热油
绝缘	变压器油、绝缘脂基础油
黏压系数小、压缩性大	高档减震液
表面张力小	润滑油用抗泡剂、脱模剂
蒸发损失小	太空仪表油、扩散泵油
疏水、化学惰性	制动液

（四）合成烃油

合成烃油包括聚 α-烯烃、聚（异）丁烯、烷基苯、聚内烯烃和合成环烷烃油。聚 α-烯烃已在前面介绍过，下面简要介绍其他合成烃油。

1. 聚丁烯合成油

聚丁烯是以异丁烯为主和少量正丁烯共聚而成的液体，所以也常称为聚异丁烯。其主体结构是含一个双键的长链单烯烃，分子结构为：

$$(CH_3)_3 C - [CH_2 - C(CH_3)_2]_n CH_2 - \underset{\underset{CH_3}{|}}{C} = CH_2$$

式中 $n = 3 \sim 70$，商业化的聚丁烯典型性能数据见表 4-16。

表 4-16　聚丁烯典型性能数据

项　　目	280[①]	390	540	750	970	1350	2700	3650
赛氏色度	<+10							
运动黏度/(mm²/s)								
40℃	7.5	52.5	645	2200	9600	28000	171000	320000
100℃	2.1	6.4	28	85	220	590	3800	5700
黏度指数	65	55	49	—	—	—	—	—
密度(15℃)/(g/mL)	0.822	0.844	0.867	0.878	0.890	0.898	0.909	0.910
闪点/℃	120	150	170	180	200	220	230	230
倾点/℃	<-60	-40	-17.5	-12.5	-7.5	25	20.0	22.5
酸值/(mgKOH/g)	0.01	0.01	0.01	0.01	0.01	0.01	0.01	0.01
介电常数(80℃)	2.09	2.11	2.15	2.17	2.18	2.19	2.19	2.20
击穿电压/kV	-	50	50	50	50	50	50	50

注①：聚丁烯的平均分子量。

聚丁烯油的典型特性是在不太高的温度下全部热分解而不留残余物，所以加有聚丁烯的二冲程摩托车油可明显降低废气中的固体组分，减少可见烟。聚丁烯油用作高温油组分、轧制油和淬火液组分，也正是利用了这一特性；聚丁烯具有优良的电绝缘性能，可用作电潜泵油、电缆的填充油、绝缘脂基础油；聚丁烯用作润滑油增稠组分时，具有较好的抗剪切性能，但其增稠能力和提高油品的黏温性能不及其他增黏剂。

2. 烷基苯

烷基苯的与其他烃的主要不同之处在于含有芳环。用作润滑基础油的烷基苯结构通式为：

$$\underset{}{\bigcirc}-(C_nH_{2n+1})_m \quad (n = 10 \sim 13, \ m = 2 \ 或 \ 3。$$

烷基苯具有优良的低温性能，带 C_{13} 烷链的二烷基苯的黏度和凝点最适宜调配高寒地区车用发动机油、低温液压油和低温润滑脂基础油；烷基苯与氟里昂、氨类致冷剂具有很好的相容性，可用作氟里昂、氨类致冷剂的冷冻机油；烷基苯的电绝缘性也较好，因此也可作为电器绝缘油。烷基苯最大的缺点是黏度低，黏度范围窄，这限制了它在润滑油领域的应用。

3. 聚内烯烃

聚内烯烃(PIO)与聚 α-烯烃(PAO)有些类似,它们都是直链烯烃齐聚而成,但区别在于聚 α-烯烃单体是 α-烯烃,而聚内烯烃的聚合单体是内烯烃,所以聚内烯烃的分子结构是线性碳链为主骨架,而支链位置具有任意性。表 4-17 比较了 PIO 与 PAO 的一般理化性能。

表 4-17　PIO 与 PAO 的一般理化性能比较

项　　目	4cSt 油		6cSt 油		8cSt 油	
	PIO	PAO	PIO	PAO	PIO	PAO
运动黏度/(mm²/s)						
40℃	20.35	16.7	30.4	30.5	48.2	45.8
100℃	4.33	3.84	5.66	5.83	7.72	7.71
黏度指数	122	124	128	137	127	137
动力黏度(-25℃)/mPa·s	750	—	1550	1500	3300	2800
倾点/℃	-51	-64	-48	<-51	-45	<-51
闪点/℃	230	229	234	235	254	260
诺亚克蒸发/%(质量分数)	15.3	15.2	9.0	7.8	5.6	4.1

表中数据表明 PIO 性能略逊于 PAO,目前一般将其归为 API 规范的Ⅲ类油。现已有商业化产品,价格低于 PAO。在用作车用发动机油基础油时,无论是台架测试,还是实际使用性能测试,PIO 与 PAO 的结果类似,在工业用油方面,PIO 还处于应用研究阶段。

4. 合成环烷烃

目前商业化的合成环烷烃主要是烷基环戊烷和环烷基戊烷。烷基环戊烷具有优异的低温稳定性、窄分子量分布使其具有低挥发性、高表面张力、低红外吸收和优良的热稳定性,且对添加剂的感受性好。在碱性条件下,环戊二烯与辛醇和月桂醇反应,再氢化可制得辛基十二烷基环戊烷,以此为基础油的液体润滑剂已在宇航器谐波传动机构轴承和齿轮上得以应用,是近十多年来开发的新型航空、航天液体润滑剂类型之一。环烷基戊烷具有高的牵引系数(牵引力与法向负荷的比值),它与其他基础油的牵引系数的比较见表 4-18。

表 4-18　几种油品的牵引系数

油 品 名 称	牵 引 系 数	油 品 名 称	牵 引 系 数
环烷基矿油	0.058~0.065	季戊四醇(C₅~C₉酸)酯	0.035~0.049
硅油	0.072~0.075	2,4-二环己基-2-甲基戊烷	0.111~0.113
癸二醇异辛醇酯	0.029~0.046	1,3-二环己基-1-甲基环戊烷	0.075~0.067

上述几种油品中,2,4-二环己基-2-甲基戊烷具有最高的牵引系数,它是由 α-甲基苯乙烯双聚并加氢而制得。油品的高牵引系数对于牵引传动装置(如无级变速)至关重要,油品的牵引系数越大,牵引传动装置的输出功率就越大。美国 Monsanto 公司利用该类液体高牵引系数的特性研制了 Santotrac 系列高牵引系数专用油。目前研究认为该类液体在牵引的滚子间形成弹性流体润滑膜,但对于实现高牵引系数的机理目前有两种认识,一是认为该类液体的分子构型是楔形结构,没有外界作用力时,呈无规则分布,在高接触应力作用下,

楔形分子相互交织形成行列式的规整结构，油分子的相互交织产生很大的剪切力，从而实现高牵引系数；另一种机理认为在高负荷下两滚子间的该类液体固化，从而产生大的剪切力，而该固化物随滚子转动离开高压区时，又恢复成液态。

（五）含氟润滑剂

含氟润滑剂是分子中含有氟元素的一类化合物，在润滑领域主要是全氟碳、和氟氯碳和全氟聚醚。

1. 全氟碳和氟氯碳油

最初发展全氟碳和氟氯碳油是为了解决 20 世纪 30 年代末铀同位素分离中气体扩散机轴承的润滑难题，因为普通的润滑油要与强化学介质六氟化铀起剧烈的化学反应。全氟碳油是以石油烃为原料，在一定条件下，用氟化剂（二氟化银或三氟化钴）氟化，在氟化过程中，烃分子中的 H 被 F 取代，最后获得几乎不含 H 的全氟碳油。氟化反应式如下：

$$C_nH_{2n+2}+2(n+1)F_2 \longrightarrow C_nF_{2n+2}+2(n+1)HF$$

氟氯碳油即烃中的 H 原子被氟和氯取代而形成的化合物，氟氯碳油有多种制备方法，在工业生产中主要有聚合法、裂解法和液相氟化法三种。

全氟碳和氟氯碳油的热稳定性较好，分解温度高于 300℃，可在 200℃ 以上的条件下长时间工作。它具有特殊的化学惰性，在 100℃ 下氟油不与氟气、氯气、68% 的硝酸、98% 的硫酸、王水、高锰酸钾、30% 的过氧化氢溶液等化学活性强的物质起作用，但它能和金属钠发生剧烈的作用；在空气中不燃烧；不腐蚀金属；在 150℃ 下经历 256.5h，均未发现对碳素钢、铜、铝等金属有明显的作用；而且它们的润滑性比矿物油好，在四球机上测得的卡咬负荷 70℃ 时为 1029N、100℃ 时为 833N，而石油产品在室温下卡咬负荷为 392~784N。氟氯碳油的润滑性和黏温性略优于全氟碳。全氟碳和氟氯碳油主要用作导弹、火箭、飞机、核潜艇等的陀螺装置的悬浮液；氧气管线上的电动阀门齿轮的润滑剂；高压氧气膜片式压缩机的润滑，以及氟脂的基础油。全氟碳和氟氯碳油的主要缺点主要是成本高、黏温性较差、凝点较高、高温分解的产物对人体有影响。因此，其使用范围受到限制。

2. 全氟聚醚（PFPE）

PFPE 的研究始于 20 世纪 50 年代末，在 60 年代取得了较大的进展。目前商业化的 PFPE 主要是：①阴离子聚合反应六氟环氧丙烷得到的支链 PFPE（K 润滑剂），如美国 DU-PONT 公司 Krytox143 系列油品；②光氧化全氟烯烃，聚合得到的直链 PFPE（Z 润滑剂），如意大利 Montefluos 公司的 Fomblin Z 25 油品；③直接氟化四氟乙醚的聚合物得到的 PFPE（D 润滑剂），如日本大金株式会社的 DFMNNUM、S-200 油品。三类润滑剂的分子结构如下，性能比较见表 4-19。

表 4-19　K、Z 和 D 润滑剂的性能比较

项　　目	平均分子量	黏度（20℃）/（mm²/s）	黏度指数	倾点/℃	蒸气压（100℃）/Pa	表面张力/（×10⁻⁵N/cm）
K（143AB）	3700	230	113	-40	$4×10^{-2}$	18
K（143AC）	6250	800	134	-35	$1.1×10^{-3}$	19
Z（Z-25）	9500	255	355	-66	$1.3×10^{-6}$	25
D（S-200）	8400	500	210	-53	$1.3×10^{-5}$	19.1

$$C_3F_7O\text{---}\underset{\underset{\displaystyle\mathrm{CF_3}}{|}}{CF}CF_2O\text{---}_{x}C_2F_5 \qquad C_3F_7O\text{---}(CF_2CF_2O)_x\text{---}(CF_2O)_y\text{---}CF_3 \qquad C_3F_7O\text{---}(CF_2CF_2CF_2O)_x\text{---}C_2F_5$$

（K润滑剂） （Z润滑剂） （D润滑剂）

PFPE在超高真空下的挥发损失低、在红外区域内具有光学透明性、比硅油不易受原子氧的影响、黏温性好且具有优良的热和化学稳定性，对气态和液态氧也具有很好的氧化稳定性。适用于弹性流体动压润滑或低载荷、短期边界润滑的太空机械部件的润滑；液体燃料火箭发动机液体燃料和氧化剂系统部件、宇宙飞船和宇航员供氧系统部件、化学工业等特殊条件下的机械部件的润滑和密封，同时它还可以作为磁性介质表面润滑剂，以及氟脂的基础油。长期适用温度范围−50～+250℃。

PFPE与普通的载荷添加剂不相容，商业化的PFPE产品都不含有载荷添加剂，抗磨极压性能较差。在边界润滑条件下，PFPE润滑剂与轴承表面起作用，产生的腐蚀性气体与轴承表面的氧化膜反应生成的金属氟化物起到了减摩、抗磨作用，但这些氟化物是很强的路易斯酸，容易降解PFPE，使PFPE最终失效，这促使了与PFPE相容性好的载荷添加剂的研究。对材料进行表面处理、采用陶瓷涂层或陶瓷构件也是提高使用PFPE润滑剂的机械部件寿命的有效措施。

（六）磷酸酯

磷酸酯的结构式为：

$$R_1\text{---}O\text{---}\underset{\underset{\displaystyle R_3}{\overset{\displaystyle\|}{|}}}{\overset{\displaystyle O}{P}}\text{---}O\text{---}R_2$$

式中，R_1、R_2、R_3可全部是烷基或芳基，也可部分是烷基或部分是芳基。它是由相应的醇或酚与三氯氧磷反应制得，其反应可用下式表示：

$$3ROH + POCl_3 \longrightarrow (RO)_3PO + 3HCl\uparrow$$

三烷基磷酸酯黏度指数为120～148，倾点可低于−30℃，但40℃黏度一般低于$46mm^2/s$；三芳基磷酸酯40℃黏度可达$80～90mm^2/s$），热稳定性更好，长期使用温度可达150～175℃，但黏度指数低，一般为30～60，低温性能也较差。烷基芳基磷酸酯的性能介于两者之间。

磷酸酯具有较优的抗燃性，在高温700～800℃下都不会燃烧，当温度更高时，磷酸酯即使燃烧，也不会传热火焰，所以它广泛用于民用飞机和发电站汽轮机的抗燃液压液基础油。磷酸酯的润滑性能较好，许多磷酸酯，如三甲酚磷酸酯、亚磷酸二异辛酯、磷酸亚苯酯等通常用作润滑添加剂。磷酸酯的水解安定性差，水解产物为酸，酸促使磷酸酯进一步水解，因此使用磷酸酯时，需对其酸值、水份等指标定期进行检测。磷酸酯的毒性与其结构密切相关，邻位三甲苯磷酸酯的毒性很大，一般要求磷酸酯中邻位磷酸酯的含量要小于1%。

（七）硅酸酯和硅烃

硅酸酯是由四氯化硅与醇或酚反应制备的一类化合物，工业上用来作基础油的硅酸酯主要包括下列两种结构的硅有机物：

OR   OR   OR

RO—Si—OR   RO—Si—O—Si—OR

OR   OR   OR

（原硅酸酯）   （六烷氧基二硅醚）

硅酸酯除具有和硅油相似的良好黏温性能外，还具有比硅油好的高温性能。硅酸酯主要用作宽温范围的液压油基础油，如采用六（2-乙基丁氧基）二硅醚为基础油的 Oronite 8200、8515、FH-4、FH-8 和国产 4601、4602 等液压油，在 B-58、XB-70、"协和"式等飞机的液压系统中使用。使用温度范围为-54~230℃。硅酸酯的主要缺点是水解安定性较差，完全水解时生成凝胶，且其价格较贵，限制了其应用。

硅烃是烃中的部分碳原子被硅原子取代的化合物，目前作润滑剂研究较多的是四硅烃，分子结构如下：

$$CH_3-Si \begin{matrix} CH_2CH_2Si-C_{10}H_{21} \\ CH_2CH_2Si-C_{10}H_{21} \\ CH_2CH_2Si-C_{10}H_{21} \end{matrix}$$

硅烃分子结构单一（纯度可达 96%~99%）、具有很低的蒸发损失、压黏系数高，相同条件下形成的弹性流体膜更厚，且具有优良的边界润滑性能、光学透明性好、热稳定性优于 PAO 和烷基环戊烷。目前，硅烃作为飞行器机械部件液体润滑剂的研究正在进行之中。

七、各类基础油性能比较

表 4-20 比较了常用基础油的主要性能，由于各类基础油的性能与其具体分子结构相关，因此要进行准确而全面的比较是比较困难的，表中所列的比较项目只能作为一个大致的参考。

表 4-20　各类基础油性能综合比较

项　　目	黏温特性	倾点	液体范围	氧化稳定性	热稳定性	蒸发损失	抗燃性	水解稳定性	抗腐蚀性	密封件相容	油漆相容性	与矿油相容	与添加剂相容性	润滑性	毒性	与普通矿油相比价格
PAO	2	1	2	2	4	2	5	1	1	2	1	1	2	3	1	3~5
双酯	2	1	2	2/3	3	1	4	4	4	4	2	2	2	3	2/1	4~10
多元醇酯	2	2	2	2	2	1	4	4	4	4	2	2	2	3	2/1	4~10
聚醚	2	3	3	2	3	2	5	3	3	3	4	4	2	3	3	6~10
硅油	1	1	1	2	2	2	3	3	3	3	4	5	5	5	1	30~100
烷基苯	4	3	3	2	4	3	5	1	1	3	1	1	1	3	5	3~5
聚异丁烯	5	4	5	4	4	4	5	1	1	3	1	1	1	3	3	3~5
全氟醚	4	3	1	1	1	1	1	1	5	1	5	5	5	1	1	500
三芳基磷酸酯	5	4	2	2	2	2	1/2	4	1	1	3	4	2	1	4/5	5~10
三烷基磷酸酯	1	4	3	2	3	3	1/2	5	1	1	3	4	2	1	4/5	5~10
菜籽油	2	4	3	2	2	1	5	5	4	1	3	1	1	3	1	2~3
加氢矿油	3	4	3	3	3	3	5	1	1	3	1	—	1	3	3	1~2
普通矿油	4	5	3	3	4	4	5	1	1	3	1	—	1	3	3	—

注：1—最好；2—较好；3—中等；4—较差；5—最差。

合成油具有优良的高、低温性能、高黏度指数、优良的热、氧化稳定性。在军用和民用工业的应用日益扩大，解决了高温、低温、高速、重负荷、长寿命等苛刻工况下的润滑难题。但是，到目前为止还没有一种合成油在各个方面的性能都优于矿油，特别是合成油的价格明显高于矿油，因此矿物油仍是现在工业应用的主要基础油。加氢矿物基础油性能、价格适中，在今后，市场需求量将日益扩大，应用领域也将得到迅速的拓展。

第二节　润滑油添加剂

20 世纪 30 年代以前，发动机马力小、体积大、机油温度低、直接使用精制过的矿油即可满足要求。随着发动机功率增大、体积变小、机油温度升高，使得发动机凸轮、挺杆的擦伤和磨损、轴承的腐蚀、机油氧化和高温沉积物造成粘环问题日益暴露出来，人们开始尝试在基础油中添加具有某种特殊功能的物质对油品的性能进行改进。这种尝试首先在柴油机油中获得成功，这便是添加剂的诞生。从此以后，发动机油进入了加添加剂的时代。现在，内燃机油、气轮机油、齿轮油、液压油、压缩机油等绝大部分润滑油，均要靠加入各种类型的添加剂来满足不同机械在不同工作条件下的使用要求。添加剂的大量使用促使其成为化学工业中的一个独立分支。

一、添加剂的类型

添加剂从物理形态上可分为液态添加剂和固体添加剂，从功能上可分为清净剂、分散剂、抗氧抗腐剂、极压抗磨剂、油性剂、抗氧剂、金属减活剂、黏度指数改进剂、防锈剂、降凝剂、抗泡剂、乳化剂和抗乳化剂等十几大类。为满足相应的油品质量规格要求，成品油中可能需加入上述添加剂中的一种或多种，不同的成品油加入的添加剂种类如表 4-21 所示。

表 4-21　不同油品加入的添加剂类型

油品	清净剂	分散剂	抗氧抗腐剂	黏度指数改进剂	降凝剂	抗氧剂	极压抗磨剂	防锈剂	抗泡剂	乳化剂
汽油机油	√	√	√	○	√	√		√	√	
柴油机油	√	√	√	○	√	√	√	√	√	
船用汽缸油	√	√	○		○	√			√	
二冲程油	√	√								
齿轮油			○			√	√	√	√	
普通汽轮机油				○		√		√	√	
抗磨汽轮机油						√	√	√	√	
普通液压油						√		√	√	
抗磨液压油			○	○		√	√	√	√	
自动传动液	○	○	√	√	√	√	√	√	√	
航空液压油				√	√	√	√	√	√	
锭子油					√		√	√		
冷冻机油					√			○	○	

续表

油　品	清净剂	分散剂	抗氧抗腐剂	黏度指数改进剂	降凝剂	抗氧剂	极压抗磨剂	防锈剂	抗泡剂	乳化剂
压缩机油					√	○	√	√		
电器用油			○		√					
油基金属加工液		○						○	√	
含水金属加工液		○						○	√		○

注：√为需要使用；○为时使用。

当然采用不同性能的基础油调配成品油加入的添加剂种类不同，表4-21是以普通溶剂精制矿油为基础油时一般需加入的添加剂类型。为了对各种添加剂进行区分，我国采用了不同的代号（表4-22）。

表4-22　润滑油添加剂的分类及代号

组　别	组号	代号	组　别	组号	代号
润滑油单剂			润滑油复合添加剂		
清净剂和分散剂	1	T1××	汽油机油复剂	30	T30××
抗氧抗腐剂	2	T2××	柴油机油复剂	31	T31××
极压抗磨剂	3	T3××	通用汽、柴油机油复剂	32	T32××
油性剂和摩擦改进剂	4	T4××	二冲程摩托车汽油机油复剂	33	T33××
抗氧剂和金属减活剂	5	T5××	铁路机车发动机油复剂	34	T34××
黏度指数改进剂	6	T6××	船用发动机油复剂	35	T35××
防锈剂	7	T7××	工业齿轮油复剂	40	T40××
降凝剂	8	T8××	车辆齿轮油复剂	41	T41××
抗泡剂	9	T9××	通用齿轮油复剂	42	T42××
			液压油复剂	50	T50××
			工业润滑油复剂	60	T60××
			防锈油复剂	70	T70××

表中统一符号的"T"代表"添加剂"，品种是用三个或四个阿拉伯数字组成的符号来表示，单剂的第一个阿拉伯数字和复合添加剂的前两个阿拉伯数字表示该品种所属的组别，后面两个数字表示具体的添加剂品种。如：T106，其中阿拉伯数字"1"表示润滑油添加剂中的第一组清净剂和分散剂，06表示具体的添加剂品种，即高碱值合成磺酸钙。关于各种单剂的作用机理、具体名称、产品代号和分子结构已在第三章进行了详细的介绍，以下主要对复合添加剂进行介绍。

二、复合添加剂

由于多个添加剂之间存在协合或对抗效应，为此添加剂公司开展了将清净剂、分散剂、抗氧抗腐剂、极压抗磨等功能添加剂进行复合的研究，并针对不同基础油、不同性能要求的成品油推出相应的复合添加剂(简称复剂)以充分发挥单剂间的协合效应,降低添加剂的总用量,并减化成品油的调配工艺,目前国外添加剂公司销售的添加剂90%以上是复剂。

(一)内燃机油复剂

1. 汽油机油复剂

从50年代开始,汽油机油的发展从API SA、SB、SC、SD、SE、SF、SG、SH、SJ、SL、SM到SN级油12代,几乎每5年提高一个等级。目前我国SA、SB级油已淘汰,SC级油用量也较少。各级油的显著性能差异如下:

SD级油比SC级油提高了低温分散性能;

SE级油比SD级油提高了高温性能;

SF级油比SE级油进一步提高了高温性能;

SG级油重点解决油品的"黑油泥"问题,比SF级油进一步提高了高温性能;

SH级油确保了油品的质量稳定,使油品的质量得到进一步提高;

SJ级油的质量与SH级油相当,但油中的磷含量比SH油低;

SL级油的抗氧化和低温分散性比SJ级油更好;

SM级油的燃油经济性,特别是保持长期的燃油经济性能比SL级油更优;

SN级油比SM级油进一步提高了燃油经济性。

汽油的质量等级每升级一次,相应的复剂须在满足上一质量等级复剂的基础上进行改进,或是多加入复剂的量,或者改变基础油的组成以通过相应的台架试验,如SJ级汽油机油的高温氧化和低温油泥用程序ⅢE和ⅤE,而SL级汽油机油则要用程序ⅢF和ⅤG来评定,后者的条件更加苛刻,在复剂中需要更好的抗氧剂和分散剂来满足。

2. 柴油机油复剂

柴油机油质量级别的发展没有汽油机油快,1970年正式命名CD级柴油机油,后来陆续公布了CE、CF、CG、CH、CI规格,2006年公布了最新柴油机油规格CJ-4。柴油机规格的升级,要求通过更多的台架试验,从API CF级油的两个台架试验发展到API CJ-4级油已增加到了10个台架试验,因而对柴油机油复剂的性能要求越来越苛刻。柴油机与汽油机不同,柴油机是压燃式,而汽油机是点燃式。柴油机压缩比高于汽油机,汽缸内的温度也高,促使润滑油在高温下易氧化变质,形成的烟灰容易在顶环槽内和活塞环区内沉积;柴油中的硫含量高,燃烧后生成更多的酸性物质腐蚀活塞环和缸套。因此柴油机油应具有良好的高温清净性、酸中和性能、热氧化安定性。汽油机油和柴油机油的复剂虽然都是由清净剂、分散剂、抗氧抗腐剂、极压抗磨剂等功能添加剂组成,但各种功能添加剂的类型、用量有所差异。汽油机油低温油泥比较突出,因此复剂中的分散剂用量较多;而柴油机的高温清净性及抗氧问题比较突出,因此复剂中的清净剂用量比较多,特别是CD级以上的柴油机油的复剂需采用高温性好的清净剂和热稳定性好的分散剂和抗氧抗腐剂。

3. 通用汽柴油机油复剂

通用汽柴油机油复剂需兼顾汽油机油和柴油机油的性能要求,复合配方组分之间需进行精心的选择和平衡。一般在 CC/SD 级以下的的通用油中的复合剂多采用丁二酰亚胺分散剂、磺酸盐清净剂和二烷基二硫代磷酸锌（ZDDP）抗氧抗腐剂即可，而在配制 CD/SE 级以上的复剂时就复杂得多了，各种功能添加剂可能是两种以上的复合，如清净剂是磺酸盐和硫化烷基酚盐的复合、不同取代烷基的 ZDDP 的复合等。

4. 二冲程和四冲程摩托车汽油机油复剂

二冲程发动机的构造上与四冲程发动机不同，它没有单独的润滑系统，而是与汽油预混后通过汽化器进入发动机燃烧室，润滑油在摩擦部件上沉积一层薄膜而起到润滑作用。二冲程机油的灰分要低，以免灰分污染火花塞而引起预点火烧毁活塞；同时，相同功率的二冲程发动机燃料消耗要比四冲程大，且润滑油是一次使用，因此在燃烧室易产生更多的沉积物，因此要求二冲程油的复剂中尽量少含或不含金属盐清净剂、ZDDP 抗氧抗腐剂、氧化稳定性好的高分子分散剂和增黏剂等，以防止燃烧不完全产生大量的沉积物和灰分等。

目前，全球 30% 以上的摩托车均采用四冲程发动机，而且其市场份额不断上升，这主要是由于它在排放及噪音方面比二冲程更有优势。四冲程摩托车发动机与四冲程汽车发动机相比，其工况温度更高，这主要是由于四冲程摩托车发动机转速高，功率比大和润滑油量、有些还采用风冷所引起的。另外，许多四冲程摩托车油还需润滑传动装置和起步离合器、功率传送离合器和反转矩限制器离合器。这要求需仔细平衡四冲程摩托车油中的润滑添加剂的组成，以避免离合器的打滑而造成离合器片的严重磨损。

5. 铁路机车发动机油复剂

铁路机车基本上是柴油机车，与汽车、船用柴油机相比，铁路机车柴油机具有实际功率低于额定功率、长时期在怠速下运转、使用的柴油硫含量高等特点，要求复剂具有更好的分散性、高温清净性和碱保持性。高分散性主要是分散不完全燃烧产物和燃烧后生成的烟灰，以避免形成大量油泥堵塞油路和滤清器；高温清净性主要是确保顶活塞环区干净和避免环卡死；碱保持性好主要是中和高硫燃料燃烧后生成的酸性物质和油品氧化变质生成的酸性物质。

铁路机车柴油机油的复剂组成随着柴油机功率的增大、效率的提高和燃料硫含量的增多而不断变化。第一代柴油机油的添加剂主要是钙盐和抗氧剂；第二代油中增加了分散剂；第三代油中的分散剂用量更多；第四代油注重高碱性和高分散性；第五代油增加了酚盐的含量以提高清净性和总碱值。

应当指出，铁路机车柴油机分为银轴承和非银轴承两种，对用于含银轴承的内燃机油复剂中不应含有对银轴承有腐蚀性的 ZDDP。另外，铁路机车柴油机油与其他柴油发动机油不同，它没有统一的评价标准。每个发动机制造商都制定了相应的柴油机油规范，因此其复剂一般要指明符合的发动机制造商及其相应的规范要求。

6. 船用发动机油复剂

船用发动机主要有低速十字头二冲程发动机和中速筒状活塞发动机两种类型。低速十字头二冲程发动机的汽缸和曲轴箱润滑是分开的，其用油分别称为汽缸油和船用系统油。汽缸油的复剂中常含有高碱值的清净剂，使得汽缸油的总碱值高达 40~100，以中和高硫燃料燃烧后生成的酸性物质，同时汽缸油复剂中还应含有润滑添加剂，如分散剂、抗氧剂等，以使汽缸油还具有良好的润滑性、分散性和抗氧化性等性能。船用系统油是用于曲轴箱和传动部件的润滑，是循环使用的润滑剂。船舶系统油的基础油黏度要适当，正常工作时能形成足够厚的油膜，同时复剂中要有极压抗磨剂以防护起动和停机时轴承的磨损。另外，复剂中包含了抗氧剂、防锈剂等添加剂以确保船舶系统油具有有良好的抗氧化和热稳定性、抗腐防锈性和抗乳化等性能。

中速筒状活塞发动机主要是四冲程发动机，汽缸和曲轴箱共用一个油，称为曲轴箱润滑油或中速机油。该油长期循环使用，其复剂中一般不含对水比较敏感的 ZDDP；其碱值大小与燃烧相匹配，燃料的硫含量高，则碱值大，且一般使用钙盐清净剂，这是由于钙盐与燃料燃烧产物硫酸中和生成的硫酸钙的硬度相对较低。

我国内燃机油复剂配方发展很快，汽油机油已经研制出 SJ 级复剂；柴油机油已研制出 CF-4 级复剂；通用汽柴油机油复剂有 SC/CC、SD/CC、SE/CC、SF/CC、SF/CD 等；铁路机车发动机油已有用于第三代和第四代发动机油的复剂；二冲程汽油机油 II 档、III 档质量水平的复剂和通用发动机油的复剂都能生产。我国这些典型复剂的组成、性能及应用见表 4-23。

与欧洲和美国内燃机油复剂相比，我国还存在较大的差距。一是由于我国对节能和减排的要求没有欧洲和美国严格，用油档次偏低，对高级别内燃机油的复剂需求不大；二是我国添加剂单剂的研制、生产水平不高，因此不能复合出高级别的复剂；三是资金投入不够，例如一次完成 API CJ-4 柴油机油所需费用为 400 万～520 万元左右，高昂的费用使许多研究部门望而止步。到目前为止，我国只俱备评价 API SJ 级别和 CF-4 级别及以下的台架试验，因此，我国开发高级别的内燃机油复剂还需大量的资金和人力投入。

（二）齿轮油复剂

齿轮油分为车用齿轮油和工业齿轮油两大类，因此也出现了车用齿轮油和工业齿轮油复剂。API 按照使用分类，将车用齿轮油分为 GL-1、GL-2、GL-3、GL-4 和 GL-5 这 5 个类别。20 世纪 90 年代初，API 为手动变速箱及驱动桥油制订了两个新的推荐使用分类，把手动变速箱油定为 PG-1，主要改善了 GL-5 油的热稳定性、沉积控制及密封性；把重负荷双曲线齿轮用油定为 PG-2，进一步改进了 GL-5 的抗氧性、防锈性等性能。车用齿轮油复剂的发展也经历了硫化脂肪和氯化合物或铅化合物相配合、ZDDP 和氯化石蜡为主、硫化烯烃和磷酸酯相配合的过程。目前，车辆齿轮油的复剂以 S-P 型为主，主要是用于调配 GL-5 车辆齿轮油。工业齿轮油复剂的发展也经历了类似于车辆齿轮油复剂的过程，目前也主要以 S-P 型添加剂为主。当前世界上以美国钢铁公司 224 规格的极压工业齿轮油质量水平最高，因此优质工业齿轮油复剂一般要满足该规格标准。

现在车用齿轮油和工业齿轮油复剂都主要是含硫和磷的极压抗磨剂的复合，所以为方便用户，推出了通用齿轮油复剂。由于车辆齿轮油低速高扭矩和高速冲击载荷条件下都要有优良的承载能力，同一个通用齿轮油复剂用于车用齿轮油时其加剂量明显高于工业齿轮油。我国研制的典型齿轮油复剂如表 4-24 所示。

表 4-23　我国典型的内燃机油复剂组成、性能及应用

复剂名称	产品代号	密度/(kg/cm³)	黏度(100℃)/(mm²/s)	闪点/℃	Ca/Mg/%	P/%	Zn/%	N/%	TBN/(mgKOH/g)	性能和应用
汽油机油复剂	T3023	实测	报告	>180	≥2.3/		≥3.0	≥0.5	75	加4%和5%时分别满足 SC 和 SD 质量级别
	T3052	实测	报告	>150	2.0/0.6	1.4	1.8	0.9	报告	加7.7%、7.0%、5.0%和3.8%时分别满足 SF、SE、SD 和 SC 级的10W-30、15W-40多级油；加7.2%、6.5%、4.5%和3%可分别满足 SF、SE、SD 和 SC 级单级油性能要求
	T3054	实测	报告	>170	≥2.8/		1.5	0.5	75	加9.2%时满足 SF 级的5W-30、10W-40、15W-40、20W-40 和20W-50 多级油性能要求
柴油机油复剂	T3110	实测	150		≥3.1		≥1.5	≥0.45	≥92	加4%时满足 CC 级单级油性能要求
	T3112	实测	报告	>180	≥4.0/		≥1.7	≥0.45	≥110	加5.5%时满足 CC 级15W-30、15W-40 和 20W-40 多级油的性能要求
	T3136	实测	报告	≥180	≥4.5/		0.97	0.40	120	加8.5%时满足 CD 级15W-30、15W-40 和 20W-40 多级油的性能要求；加7.7%满足 CD 级单级油性能要求
	T3211	实测	报告	≥170	≥3.5/		≥1.5	≥0.35	≥90	加6%时满足 SD/CC 级20W-40 多级油性能要求；加5.5%可满足 SD/CC 单级油性能要求
通汽柴油机油复剂	T3253	实测	报告	>170	≥3.8/		≥1.5	≥0.5	≥100	加8.5%时满足 SF/CD 级10W-30；加7.8%时满足 SF/CD 级单级油的性能要求
	T3254	实测	报告	>170	≥3.8/		≥1.4	≥0.5	≥90	加8.5%时满足 SF/CD 级20W-40 粘度级别以上的油品性能要求；加7.5%满足 SF/CD 级单级油的性能要求
二冲程摩托车汽油机油复剂	T3301	实测	报告					0.6		加4.4%时满足各种中等排量风冷 II 档油性能要求
	T3302	实测	报告					0.65		加5.5%时满足各种大排量大功率风冷 III 档油性能要求
铁路车发动机油复剂	T3411	1050		≥180	3.35		0.85	0.48	98	加11%时满足第三代油车性能要求
	T3421	实测	报告	≥180	3.50			≥0.50	97	加13.63%和12.73%时分别满足铁路机车第三代油20W-40多级油和单级油性能要求，也可满足 ND₄ 机车和国产高功率铁路机车的性能要求
船舶发动机油复剂	T3501	1050		≥220	≥7.0	≥0.18①	≥0.01	≥0.1	≥220	加18.2%和32%可分别配制总碱值为40和70的气缸油
	T3521	1050		≥180	≥4.5/	≥1.1①	≥1.1	≥0.1	≥100	加4.7%时满足船用系统油性能要求
	T3545	1050		≥180	≥4.0/	≥0.4①	≥0.9	≥0.35	≥120	加10%时满足中速筒状活塞发动机油的性能要求

注：①为硫含量。

表 4-24　我国典型的齿轮油复剂组成、性能及应用

复剂名称	产品代号	密度/(kg/cm³)	黏度(100℃)/(mm²/s)	闪点/℃	S/%	P/%	N/%	性能和应用
工业齿轮油复剂	T4023	1025	10~15	≥180	≥15	≥1.0	≥0.5	加2.8%和1.9%时分别满足各种黏度级别的重负荷和中负荷工业齿轮油性能要求
车用齿轮油复剂	T4142	1050	60~80	≥180	≥28	≥2	≥1	加6%时可调制GL-5级的85W-90、85W-140等多级油和SAE90单级车辆齿轮油;加3%时满足GL-4质量级别的性能要求
	T4142A		≥5	>110	≥14	≥2.7		加1.6%时满足GL-3级的80W-90、85W-90多级油的性能要求
	T4142B		≥8.5	≥110	≥16	≥2.8		加2.65%时满足GL-4级的80W-90多级油的性能要求
	T4143		45~65	≥110	≥25	≥1.8	≥0.7	加4.8%时可调制GL-5级的80W-90、85W-90、85W-140多级油;加2.4%时满足GL-4质量级别的车辆齿轮油
通用齿轮油复剂	T4201	1050	40~70	≥110	≥25	≥1.5	≥0.5	加4.8%和2.4%时可分别调制GL-5和GL-4级SAE90、80W-90、85W-90、85W-140车辆齿轮油;加1.2%和1.6%可调制中负荷和重负荷工业齿轮油

（三）其他油品复剂

液压油的复剂主要针对的是抗磨液压油,对其他类型的液压油,国外一些公司也推出了一些复剂,如 Lubrizol 公司的 LZ 5160 是抗氧防锈油的复剂,这里需指出的是抗氧防锈油的复剂也可作为汽轮机油的复剂使用;Mobil 公司的 Mobilad H-410 是乳化液型抗燃液压油的复剂。抗磨液压油的复剂以抗磨极压剂、防锈剂、抗氧剂为主,并含有金属减活剂、抗乳化剂等,按照复剂中是否含有 ZDDP 分为锌型(有灰型)和无锌型(无灰型)两大类。含锌型使用的是具有良好的抗磨、抗氧化、抗乳化及水解安定性的仲烷基 ZDDP,不足之处是热稳定性较差;无灰型是烃类硫化物、磷酸酯、硫代磷酸酯等复合使用以代替 ZDDP。

自动传动液既是液力耦合器和液力变矩器的动力传递介质,又是控制系统的液压介质,同时还是传动系统齿轮和轴承的润滑剂和湿式离合器的冷却液,因此要求自动传动液(以下简称 ATF)具有良好的高低温性、润滑性、氧化稳定性、摩擦特性等性能。ATF 的复剂包含了黏度指数改进剂、降凝剂、抗氧剂、金属减活剂、极压抗磨剂、摩擦改进剂、防锈剂、抗泡剂、密封材料溶胀剂等多种功能添加剂,ATF 复剂的研究难度是非常大的。目前我国研制满足美国汽车通用(GM)公司 Dexron-Ⅲ 及其以上规格的 ATF 油品都必须使用进口的 ATF 复剂,因此我国在 ATF 复剂方面还需开展大量的研究工作。

三、添加剂的发展趋势

随着润滑油产品升级换代步伐的加快,以及越来越苛刻的环保法规的出台,添加剂的

发展呈现以下的发展趋势。

（一）加强低灰分、低硫、低磷和无氯润滑添加剂的研究和应用

传统的 Cl、S 和 P 型抗磨极压添加剂因排放法规的日益苛刻，其应用逐步受到限制。Mo、B、N 型润滑添加剂的研究和应用成为润滑添加剂的研究热点。一些亚微米和纳米粒子通过在摩擦表面的吸附、渗透、摩擦化学反应、填充和沉积，表现出较好的抗磨极压性能，且能实现磨损表面的原位摩擦自修复，在润滑油中的应用研究备受关注。

（二）发展多功能添加剂，简化添加剂品种

在一个润滑油配方中有时需加入几种甚至十几种添加剂，以达到相应的性能要求，发展多功能添加剂可简化添加剂品种。如烷基水杨酸钙和烷基酚钙的复合硫化物，具有清净、分散、抗氧、抗磨功能；聚甲基丙烯酸酯基体上接入各种含氮的极性化合物，具有增黏、分散功能；在丁二酰亚胺分散剂中引入磷元素，生成的丁二酰亚胺磷酸酯具有抗氧、分散作用。

（三）复剂的研究进一步深化，以降低复剂用量

复剂的研究过去侧重于车用油和普通矿物油基础油，近十年来添加剂公司相继推出工业润滑油复剂，如工业齿轮油、汽轮机油、压缩机油、防锈油等的复剂，并研制出针对加氢矿油、合成基础油的复剂。采用复剂调配成品油可简化调配工艺，降低总加剂量，是提高油品质量和降低成本的重要措施。目前，抗磨液压油的复剂加量已由过去的 1.5% ~ 2.0% 降到 1% 左右，工业齿轮油的有些复剂加量以降至 152% 以下。汽轮机油在相同的加剂量下，抗氧化寿命已由原来的 3000 ~ 4000h 提高到 10000h 以上。

（四）注重添加剂的生物降解性、毒性研究

德国"蓝色天使"法规对用于可生物降解润滑油中的添加剂提出了如下要求：①无致癌、致残和诱变因素；②不含氯、亚硝酸盐；③不含金属（除最大可含 0.1% 的钙外）；④生物降解率大于 20%（OECD302B 法）；⑤低毒性且难降解的添加剂占添加剂总量应不超过质量分数 2%。评价表明：二烷基二硫代磷酸锌和长碳链的烷芳基磺酸钙盐对皮肤有刺激作用；酚型和胺型抗氧剂有一定的生态毒性，酚型抗氧剂的生物降解性优于胺型抗氧剂；含硫极压剂和琥珀酸衍生物防锈剂的生物降解性较好，而磺酸钙的生物降解性能较差。将各种功能团与可生物降解的基团或物质相结合，研制既有抗磨极压或抗氧抗腐等性能，又具有良好可生物降解性能的添加剂是生物降解添加剂研究的重要方向。

第三节　润滑油的类型

润滑油的主要作用是降低摩擦表面的摩擦及磨损，但由于机械使用的范围很广，各种机械对润滑油的性能要求也千差万别。因此，润滑油也就随着使用要求的不同分为很多种。按大的应用场合来分，可将润滑剂及其有关产品分为车辆、工业及工艺用润滑剂三大类，其中车辆用润滑剂所占比例为 45% ~ 55%；工业润滑剂为 25% ~ 35%；而工艺用润滑剂为 10% ~ 20%。

我国 GB/T 7631.1—2008 参照国际标准组织 ISO6743-99：2002 标准，根据应用场合将 L 类产品（即润滑剂和有关产品）细分为 18 组，每个组又单独制定一个分类标准（表 4-25），每个分类标准中又包括了具体的产品类型。以下各章节对工业上应用较为广泛的 C、D、E、

H、M 和 T 组别的分类标准和分类标准中包括的产品类型进行介绍。

表 4-25　润滑剂和有关产品（L 类）的分类

组别	应 用 场 合	已制定的国家标准编号	组别	应 用 场 合	已制定的国家标准编号
A	全损耗系统	GB/T 7631.13	N	电器绝缘	GB/T 7631.15
B	脱模	—	P	气动工具	GB/T 7631.16
C	齿轮	GB/T 7631.7	Q	热传导液	GB/T 7631.12
D	压缩机（包括冷冻机和真空泵）	GB/T 7631.9	R	暂时保护防腐蚀	GB/T 7631.6
E	内燃机油	GB/T 7631.17	T	汽轮机	GB/T 7631.10
F	主轴、轴承和离合器	GB/T 7631.4	U	热处理	GB/T 7631.14
G	导轨	GB/T 7631.11	X	用润滑脂的场合	GB/T 7631.8
H	液压系统	GB/T 7631.2	Y	其他应用场合	—
M	金属加工	GB/T 7631.5	Z	蒸汽气缸	—

第五章 发动机油

发动机润滑油又称为内燃机润滑油、曲轴箱润滑油，通常简称为发动机油或内燃机油。发动机油是所有润滑油类型中用量最大的一类，而其质量往往可以反映一个国家研究和生产润滑油的技术水平。随着车辆、坦克、舰艇、工程机械等向高速、重负荷、大升功率密度方向发展，对发动机润滑油的要求也越来越高，促进了发动机润滑油的研究和应用工作不断深入。

第一节 发动机润滑系统

发动机在工作时很多机械部件都是在很小的间隙下作高速相对运动。它们之间将因摩擦增加发动机的功率消耗，加速机械部件的磨损，而且摩擦产生的热可能烧损工作表面，致使发动机无法运转。因此，四冲程发动机有一套完整的润滑系统，将洁净的润滑油输送到运动部件的摩擦表面，从而减小摩擦阻力、降低功率消耗，减轻磨损，以达到提高发动机工作可靠性和耐久性的目的。

一、发动机润滑油路

二冲程发动机一般不设专门的润滑油路，润滑油同汽油和空气的混合物进入曲轴箱内部起润滑作用后进入燃烧室，对气缸和活塞等润滑的同时与燃料一起在燃烧室内燃烧，未燃烧部分被排出发动机外部。本节主要介绍目前应用最广、数量最多的四冲程往复活塞式发动机的润滑油路。

四冲程往复活塞式发动机主要由气缸、活塞、连杆、曲轴等主要机件和其他辅助设备组成(图5-1)。

活塞通过活塞销与连杆的一端铰接，连杆的另一端则与曲轴相连。燃料燃烧产生的高温、高压燃气，在气缸内膨胀，推动活塞作功，活塞的往复运动由连杆传给曲轴，使曲轴旋转而产生动力。

四冲程发动机的润滑系统通常是由油底壳、机油泵、机油滤清器等组成，图5-2示出桑塔纳轿车的润滑油路。

发动机在工作时，发动机油从油底壳4经集滤器3被机油泵2送入机油滤清器7。如果油压太高，则发动机油经机油泵上的安全阀6返回机油泵入口。全部发动机油经滤清器过滤后进入发动机主油道8。滤清器上设有旁通阀，当滤清器堵塞时，发动机油不经过滤器由旁通阀直接进入主油道。发动机油经主油道进入五条分油道9，分别润滑5个主轴承。然后，发动机油经轴上的斜油道，从主轴承流向连杆轴承润滑连杆轴颈，从连杆轴颈两端流出的润滑油，靠曲柄的旋转运动甩到汽缸、活塞或活塞销等摩擦表面进行润滑。主油道中的部分发动机油经第6条分油道供入中间轴11的后轴承。中间轴的前轴承由机油滤清器出油口的一条油道供油润滑。主油道的另一分油道直通配气机构凸轮轴轴承的润滑油道，此油道也有 5 个分油道，分别向 5 个凸轮轴轴承供油。在凸轮轴轴承润滑油道的后端，也即为整个压力润滑油路的终端装有最低机油压力报警器，同时在机油滤清器上也装有压力开关。

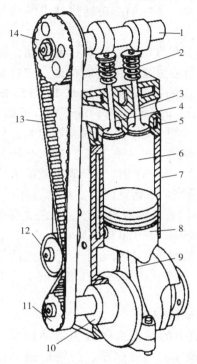

图 5-1　往复活塞式发动机的基本结构
1—凸轮轴；2—气门弹簧；3—进气门；4—
排报导门；5—汽缸盖；6—汽缸；7—机体；
8—活塞；9—连杆；10—曲轴；11—曲轴齿
形带轮；12—张紧轮；13—齿形带；14—凸
轮轴齿形带轮

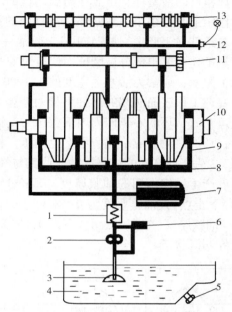

图 5-2　桑塔纳轿车润滑系统示意图
1—旁通阀；2—机油泵；3—集滤器；4—油底壳；
5—放油塞；6—安全阀；7—机油滤清器；8—主油
道；9—分油道；10—曲轴；11—中间轴；12—限压
阀；13—凸轮轴

上述润滑系统的润滑油储存在油底壳内，当发动机工作时，机油泵把发动机底壳中的机油输送到各个润滑部位，润滑后的油都回到油底壳内，这种润滑系统称为湿式油底壳润滑系统，它是小型及车用发动机普遍采用的润滑系统。对于一些大型固定、船用柴油机或者一些高速、高负荷的飞机、坦克、赛车的发动机则通常采用干式油底壳润滑系统。它的特点是发动机与机油箱是分开的，油箱位置可自由配置，储油量可为湿式油底壳润滑系统的数倍，另外，发动机与机油箱分开使机油与窜入曲轴箱的废燃气接触机会少，可防止机油变质。

二、发动机润滑部位及润滑方式

从发动机润滑油路可知发动机主要的润滑部位是活塞与气缸、轴承和配气机构。

（一）活塞和气缸的润滑

现代发动机的活塞用铝合金，汽缸多用铸铁，两者的热膨胀系数不同，活塞和汽缸间应有 0.5mm 左右的间隙，但在常温下（即启动时）燃气严重泄漏而不能运转，因此为使发动机正常工作，采用活塞环以防止了高压燃气泄漏同时使活塞在气缸内的运动阻力较小。活塞和气缸这对摩擦副变成了活塞环和汽缸间的摩擦和润滑问题。由于压力送油难以到达活塞和气缸环的摩擦表面，从连杆轴颈两端流出的润滑油，靠曲柄的旋转运动飞溅到汽缸和活塞环的摩擦表面，即采用了飞溅润滑方式。

设计精良的活塞环，虽然在高温高压的燃气作用下在汽缸内剧烈地往复滑动，但在润滑油的作用下摩擦很小，活塞环在汽缸中的绝大部分行程处于流体润滑状态。实现流体润滑的必要条件在于产生"油楔作用"。通常一个矩形截面的新活塞环，经过 10~15h 的磨合运转，新工作面突出部分被磨掉而使表面变的较为光滑。同时活塞环两端下榻，下榻量 e 值只有几个微米，通常为活塞环宽度的 1/1000，所以在实物上难以用肉眼分辨出来，但是磨合后活塞环工作表面两端的这种下榻对于生成流体润滑膜是极为有利的。当活塞环在气缸中向左运动时，环的左侧四周因下榻，与气缸壁间产生"油楔作用"而形成有效的流体动力润滑膜，环的右侧形成旋涡，不产生油压。相反，当活塞向右运动时，在环的右侧产生"油楔作用"。活塞环这样的往复运动，使其与气缸壁之间形成流体润滑状态。图 5-3 虚线是只考虑速度产生油楔作用的油膜厚度。理论上，在曲轴转角为 -180°（活塞环上止点）、180°（活塞环下止点）处油膜厚度为 0；实际上，由于油膜的收缩，尽管在上、下止点活塞环速度为 0，油膜厚度（如实线所示）不为 0，但为最小值。通常认为活塞环在汽缸的上、下止点处于边界润滑状态。

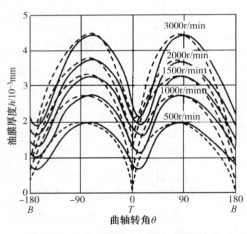

图 5-3　油膜厚度与曲轴转角关系

（二）轴承的润滑

在发动机中的轴承大多数为滑动轴承，主要包括曲轴主轴承、连杆轴承、凸轮轴轴承和活塞销轴承等。

发动机的曲轴主轴承和连杆轴承都承受很大的负荷，为了避免轴承的损坏，提供良好的润滑是很重要的。通常是将润滑油通过压力供油方式先供给曲轴主轴承，然后曲轴主轴承再向连杆轴承和凸轮轴轴承供油，因此曲轴主轴承上一般开有油槽。从润滑角度考虑，则只需在曲轴主轴承上的轴瓦开个半圆周油槽即可；从冷却效果考虑，上下轴瓦均开槽有利，然而开油槽会使轴承的承载能力大大降低，根据发动机轴承的负荷分析，对于负荷较大的连杆轴承的上瓦和曲轴主轴承的下瓦，最好不要开油槽。轴瓦上的油孔和油槽的设计要考虑到整个油道布置，其原则是足够的油量连续进入曲轴主轴承油槽，再经曲轴内油道连续供给连杆大端轴承和凸轮轴轴承。润滑油量要根据轴颈的大小、负荷、滑动速度产生摩擦热、轴承材料的耐热性等因素来决定。理论上，曲轴主轴承、连杆轴承和凸轮轴轴承应实现完全的流体润滑，但事实上这种理想状态在内燃机工作时不能完全做到。尤其是汽车、拖拉机的转速、负荷等工作条件经常变动，且启动和停车频繁发生，因而常常会有边界摩擦，甚至是干摩擦发生。

相比于主轴承和连杆大端轴承，活塞销轴承的润滑工况条件更为恶劣。首先是它的单位面积上承受的压力更高，油膜更易破坏；其次，它的滑动速度较低，不易形成流体润滑膜；润滑油供应量和供油压力受往复运动惯性力的影响比较大；活塞销在轴承中往复摆动摩擦，油槽设计困难。从四冲程发动机来看，从压缩行程开始到排气行程，活塞销轴承的下方承受压力；从排气行程终了到进气行程，活塞销轴承上方承受压力，下方存在间隙。对于活塞销轴承的润滑方式，通常利用连杆中心油道中润滑油的惯性力，将润滑油输送到轴承的间隙中去；或利用活塞刮下来的润滑油，以及飞溅的润滑油通过油孔进入到轴承中进行润滑。

（三）配气机构的润滑

发动机的配气机构是按发动机循环工作的要求来控制进气和排气过程，实现气缸中气体更换的装置，主要零部件为凸轮和随动件、凸轮轴和轴承、摇臂和摇臂轴、气门杆及气门导管等。这些摩擦表面常处于混合润滑或边界润滑状态。

凸轮是控制发动机进、排气开闭时的主要部件，随动件包括挺柱、推杆等。凸轮和挺柱这对摩擦副滑动速度和温度都不太高，但负荷甚大，接触应力超过700MPa，一般采用飞溅或自流润滑方式。摇臂在其轴上摆动，承受负荷的部位限制在一个方向上，有时瞬时停止相对运动，这与曲轴轴承相比，流体润滑膜的形成和保持都比较困难，因此一般采用强制供油来改善其润滑。气门杆和气门导管这对摩擦副作往复运动，其接触状态和摇臂，燃烧压力和惯性力有关，气门杆末端接触应力很高，油膜形成很困难，一般用润滑摇臂轴之后的润滑油自流到气门杆和气门导管这对摩擦副表面上，且供给的润滑油量很少。因为若供油量太多，润滑油会从间隙中漏入燃烧室，这样不仅增加润滑油的消耗量，而且润滑油在燃烧室中燃烧不完全，导致燃烧室中积炭增多，增大废气对环境的污染。

第二节　发动机油的性能及分类

一、发动机油的性能要求

发动机油起着润滑、冷却、洗涤、密封和防锈作用，其性能要求如下：

（一）适宜的黏度和良好的黏温性能

发动机油的黏度和黏温性，对油品的润滑性能、流动性能和冷却性能等都有很大影响。机油黏度过大，因流动性差而进入摩擦面所需时间长，导致磨损加大和燃料的消耗增大；高黏度时油品的黏性阻力大，产生更大的摩擦热；且高黏度也会使发动机油的冷却和清洗功能变差，但高黏度能形成更厚的流体润滑膜，并具有较好的密封作用；机油黏度过小时不能形成有效的流体润滑膜、密封性能又差，这也会导致磨损增大、功率下降，因此发动机油应具有适宜的黏度。一般而言，高负荷、低转速的发动机应选用黏度较大的润滑油；反之，低负荷、高转速的发动机应选用低黏度的润滑油。对于四季通用、南北通用的多级油，黏温性能也很重要，它在300℃左右能形成足够厚的流体润滑膜；而在低温，甚至−40℃都应有足够的流动性，以保证顺利启动。单级油的黏度指数一般为75~100；而多级油的黏度指数在120~180之间。

（二）良好的流变性和泵送性能

发动机油一般需加入黏度指数改进剂聚合物，因此它是非牛顿流体，即在相同温度下表观黏度 η 随剪切速率的增大而减小，这对油品的使用性能产生较大的影响。机油泵入口的剪速为 $10^3 \sim 10^4 \mathrm{s}^{-1}$；轴颈/轴承、活塞环/汽缸壁的剪速为 $10^5 \sim 10^6 \mathrm{s}^{-1}$，而凸轮/挺杆的剪速为 $10^6 \sim 10^8 \mathrm{s}^{-1}$。轴颈/轴承、活塞环/汽缸壁的剪速不但较高，而且正常工作温度也较高，轴承的温度可达 150℃，而气缸的温度更高，因此发动机油在高温、高剪下应具有较高的表观黏度以形成足够厚的流体润滑膜。多级油的高温高剪切黏度一般不小于 $3.0 \sim 3.5 \mathrm{mPa \cdot s}$。

发动机低温启动不是受曲轴箱内大量油的黏度影响，而主要受上次停车时残留在气缸壁上的油的黏度影响，因此油品在低温、高剪切速率(因为活塞环/汽缸壁的剪速较高)下表观黏度要小，以便于发动机的启动。低温下发动机启动后，发动机油还要求在低温、低剪速下具有低的表观黏度，以使发动机油能及时泵送到气缸及其他摩擦部位。

（三）清净分散性好

发动机在工作中不断地生成积炭，漆膜和油泥，而且燃料燃烧以及油品变质都会产生酸性物。发动机油应具有较好的清净分散性能，抑制氧化胶状物和积炭的生成；将沉积在机件上的沉积物洗涤下来，并分散在油中；中和酸性物质以防止酸性物质对发动机的腐蚀和加速油品的氧化变质。

（四）优良的热、氧化安定性

发动机油在使用条件下，由于高温、空气以及金属催化作用，油品往往容易氧化变质，油品氧化后生成酸性化合物，易腐蚀发动机部件。氧化产物又将进一步氧化缩合生成大分子胶质和沥青质，使油品黏度增加，影响正常使用。发动机油应选择精制适当的基础油，并加入抗氧剂使其具有良好的热、氧化稳定性。

（五）良好的极压抗磨性能和减摩性能

发动机活塞往复运动的上、下止点处、配气机构，以及发动机启动和停止时的轴承通常处于边界润滑状态，油品中应加入极压抗磨剂以提高油品的极压抗磨性。一些高质量级别的发动机油，还需加入摩擦改进剂，以降低机件摩擦阻力，减少机械功率损失，达到节约燃料的目的。

除了上述的主要性能要求外，发动机油还应具有良好的抗泡、抗腐和防锈性能。由于发动机油在油路中循环使用，以及飞溅润滑，很容易形成气泡。抗腐和防锈性能是为了防止窜气中的腐蚀气体和水分进入曲轴箱而对发动机产生锈蚀及腐蚀。

二、发动机油分类

（一）黏度分类

为确保发动机油具有上述性能，发动机油的黏度、闪点、倾点、残炭等一般理化性能需满足相应的指标要求，其中黏度是最基体的指标之一，它与发动机油的润滑性、低温泵送性、低温启动等性能密切相关。不同构造、不同工作条件的发动机对发动机油的黏度大小要求不同，为此对发动机油黏度进行了分类。目前较为通用的是美国汽车工程学会(简称SAE)的黏度分类法。1926 年 SAE 提出了只按黏度对发动机油进行分类，1933 年公布了10W 和 20W 两个低温的黏度分类，其黏度用-17.8℃赛氏秒数表示，但其值由高温区的值用外推法测定。后又经 1950 年，1955 年两度修改，直到 1962 年开始采用 SAE J300 的名称，但内容到 1967 年都未变化。1967 年后开始用冷模启动法测定-17.8℃（0℉）黏度（CCS黏度）以代替不准确的外推法，同时增加测定 98.9℃（210℉）的运动黏度。此后随着温度表示方法由华氏度（℉）转变为摄氏度（℃），SAE 黏度分类依据也变为测定-18℃的 CCS 黏度和 100℃的运动黏度值。不同黏度级别的具体值见表 5-1。该黏度分级规定了两个系列的黏度牌号，即含字母 W 和不含字母 W 的。带字母 W 的牌号是根据 CCS 黏度范围和 100℃的最小运动黏度值来划分的；不带字母 W 的牌号仅根据 100℃时的运动黏度值的范围来划分。仅符合这两个系列中的一种黏度分级的油为单级油，如果一种内燃机油的黏度既符合 W 系列的一种黏度级别，又符合非 W 系列的一种黏度级别则称为多级油。例如一个油品-18℃的动力黏度值为 2800mPa·s，100℃的运动黏度值为 15.2mm²/s，则这个油品为多级油，黏度级别为 15W-40。

表 5-1　SAE 发动机油黏度分级（SAE J300—1974）

黏度级号	黏度范围			
	动力黏度（-18℃）/mPa·s		运动黏度（100℃）/（mm²/s）	
	最小	最大	最小	最大
5W	—	1250	3.8	—
10W	1250	2500	3.8	—
15W	2500	5000	4.1	—
20W	2500	10000	5.6	—
20	—	—	5.6	9.3
30	—	—	9.3	12.5
40	—	—	12.5	16.3
50	—	—	163	21.9

此后发现仅测定-18℃的表观黏度不能预测更低温度下的冷启动性能，冷启动模拟法测定的表观黏度实际上是低温高剪切速度下的黏度值，不能反映油品低温下一定剪切速度下的黏度，而该黏度值与油品是否能及时泵送到气缸及其他摩擦部位相关，应增加油品的低温泵送性能。1991 年规定的 SAE J300 黏度分级指标列入表 5-2。规定了不同黏度级别相应低温下的 CCS 黏度值，并增加了边界泵送温度（MRV 法测定值，该温度是表观黏度最高3000mPa·s 时的最大值）。在 SAE J300-91 中规定，对于 SAE 0W、20W 和 25W 的油，边界泵送温度的测定按照 ASTM D3829 方法，用 MRV 黏度计；或者按照 CEC L-32-T-82 方法，使用布洛克弗尔法黏度计预测内燃机油边界泵送温度，测定结果用℃报告。对于 5W、10W和 15W 油，边界泵送温度是用 ASTM D4684 方法测定在低温下发动机油的屈服应力和表观黏度。

1997 年为了更能反映发动机实际使用的工况要求，SAE 对发动机油的黏度分级具体指标进行了再次修改，如表 5-3 所示。

表 5-2　SAE 发动机油黏度分级(SAE J300—1991)

黏度级号	相应温度下的最大动力黏度/mPa·s	最大边界泵送温度/℃ 不高于	运动黏度(100℃)/(mm²/s)	
			最小	最大
0W	3250(-30℃)	-35	3.8	—
5W	3500(-25℃)	-30	3.8	—
10W	3500(-20℃)	-25	4.1	—
15W	3500(-15℃)	-20	5.6	—
20W	4500(-10℃)	-15	5.6	—
25W	6000(-5℃)	-10	9.3	—
20	—	—	5.6	小于9.3
30	—	—	9.3	小于12.5
40	—	—	12.5	小于16.3
50	—	—	16.3	小于21.9
60	—	—	21.9	小于26.1

表 5-3　SAE 发动机油黏度分级(SAE J300—1997)

SAE 黏度等级	低温动力黏度/mPa·s 最大值	低温泵送黏度/mPa·s 最大值	运动黏度(100℃)/(mm²/s)		高温高剪切动力黏度/mPa·s (150℃, $10^6 s^{-1}$) 最小
			最小	最大	
0W	3250(在-30℃)	60000(在-40℃)	3.8	—	—
5W	3500(在-25℃)	60000(在-35℃)	3.8	—	—
10W	3500(在-20℃)	60000(在-30℃)	4.1	—	—
15W	3500(在-15℃)	60000(在-25℃)	5.6	—	—
20W	4500(在-10℃)	60000(在-20℃)	5.6	—	—
25W	6000(在-5℃)	60000(在-15℃)	9.3	—	—
20	—	—	5.6	9.3	2.6
30	—	—	9.3	12.5	2.9
40	—	—	12.5	16.3	2.9 (0W-40, 5W-40, 10W-40)
40	—	—	12.5	16.3	3.7 (15W-40, 20W-40, 25W-40, 40)
50	—	—	16.3	21.9	3.7
60	—	—	21.9	26.1	3.7

　　与1991年发布的规格比较,低温泵送黏度的测定温度比原来低5℃,黏度指标由30000mPa·s增至60000mPa·s,使用 MRV 仪器测定(ASTM D4684 方法);增加了高温高剪切黏度,使用 ASTM D4683 方法测定。

　　20世纪80年代以前,我国发动机油黏度分类沿用了原苏联的方法,以100℃运动黏度的大小来划分,从牌号可知油品100℃的大致运动黏度。如15号汽油机油,100℃运动黏度为 12.5~16.3mm²/s。为保证发动机在寒冷地区易于启动，对于在寒冷地区使用的发动机油增加了低温性能要求(表5-4)。后来我国发动机油黏度分类基本参照 SAE J300 标准进行，目前仍采用等同于 SAE J300 APR-1991 的黏度分类方法，其标准号为 GB/T 14906—94。

表5-4　我国寒区使用的稠化机油黏度分类　　　　　　　　　mm²/s

牌　　号	8号寒区稠化汽油机油	合成8号稠化汽油机油(严寒地区)	合成14号稠化汽油机油(严寒地区)	11号稠化柴油机油	14号稠化柴油机油
100℃	7.5~8.5	不小于7.0	不小于13.0	10.5~11.5	不小于13.5
−20℃	不大于2300	—	—	不大于3000	不大于35000
−30℃	—	不大于4000	不大于18000	—	—

(二) 使用性能分类

发动机油不仅要满足黏度、闪点、残炭等一般理化性能指标要求，最重要的是要通过发动机台架试验，以确保其符合使用性能要求。为此世界各国又按照使用性能的不同对发动机油进行分类，这种分类随着汽车设计、工作条件和润滑油本身的发展而不断变化和改进。目前最常用的是 API 使用分类，如将汽油机油分为 S 系列，S 系列目前已细分 SA、SB、SC、SD、SE、SF、SG、SH、SJ、SL、SM 和 SN 共十二个质量级别；将柴油机油分为 C 系列，C 系列目前已细分为 CA、CB、CC、CD、CE、CF、CF−4、CG−4、CH−4、CI−4 和 CJ−4共计十一个质量级别；将二冲程摩托车油分为 T 系列，T 系列目前已细分为 TA、TB、TC、TC⁺、TD 共计五个质量级别等分类，欧洲、日本和我国也有相应的使用分类。不同类别、不同质量级别的发动机油包含不同的台架试验，这些具体的分类、质量级别和相应的台架试验在以下各节中具体介绍。

(三) 用途分类

发动机油按照发动机所用燃料的种类和应用场合可进行图5-4所示的大致分类。

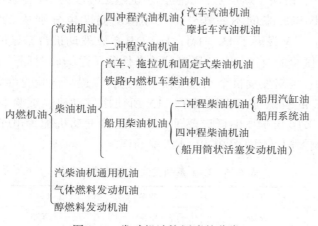

图 5-4　发动机油按用途的分类

上述各种类型的发动机油，又是严格按照黏度等级和使用性能进行详细分类。以下各节按照用途分类对发动机油进行详细介绍，黏度等级和使用性能也一并进行说明。

· 157 ·

第三节 发动机台架试验

发动机工作状况极其复杂，发动机油必须经过发动机台架试验进行评定，以确保符合使用性能要求。不同使用性能的发动机油要求的发动机台架试验不同，为此在详述不同类型的发动机油前对发动机台架试验进行简单介绍。

一、美国发动机台架试验

1970 年，美国汽车工程学会（SAE）、石油学会（API）和美国材料试验学会（ASTM）联合召开会议，明确了油的使用性能必须通过规定的发动机程序试验来确定。这些发动机程序随新型车辆和新油品规格的发展而不断诞生和发展。美国目前使用较多的是两个系列，一个是美国研究协调委员会（CRC）采用的 L 系列，一个是以美国材料试验学会（ASTM）和石油学会（API）为中心制定的 MS 试验方法（或称 MS 程序）。

（一）L 系列发动机台架试验

L 系列是研究协调委员会（CRC）在开特彼勒（Caterpilar）拖拉机公司、雪弗莱汽车公司及通用汽车公司等厂商的发动机试验的基础上建立起来的。最初建立了 L-1、L-2、L-3、L-4、L-5 等五个试验方法，后来在试中发现，只需通过 L-1 及 L-4 两个方法即可鉴定一个油品，因而将 L-2、L-3、L-5 三个方法淘汰。由于内燃机的发展对润滑油的要求在逐步提高，因而评定方法 L-1、L-4 也不断改进。1948 年出现清净分散性能较好的系列 2 柴油机润滑油，为了评定这种油，试验方法由 L-1 发展到 1-D。1955 年出现了高温清净性更好的系列 3 柴油机润滑油，于 1958 年正式定型，评定方法又由 1-D 发展到了 1-G。1-G 的热负荷和机械负荷都比较高，与发动机正常工作时常处于缓合条件不相符，故又发展了 1-H 法，以评定相应的性能。主要操作参数见表 5-5。1977 年 1 月以后，由于 1-G 法及 1-H 法所用的活塞停止生产，改用了新活塞，试验方法也随之修改为 1G2 法及 1H2 法，新方法除活塞的材质和内腔形状与原来的不一样外，一环槽的温度也分别从 220℃ 和 243℃ 提高到 250℃ 和 268℃。此后，又发展了 1K、1M、1N、1P 单缸发动机台架试验。主要操作参数见表 5-6。1M 是 1G2 试验的改进方法，所以试验条件除了总运转时间外基本相同，但 1M 虽然仍采用 1Y73 机型，但对发动机个别系统作了改进，以提高试验的苛刻性。同时主要试件活塞、活塞环和缸套的质量也相应提高了。1N 所使用发动机、试验参数以及试验件均与 1K 相同，只是试验采用 0.04% 的低硫燃油。C13 试验发动机配置电子控制、双涡轮增压器、直喷、六缸和四气门，用于 API CJ-4 级油的评定。

表 5-5 L-1 系列发动机台架试验条件

试验方法	L-1	1-D	1-G	1-H
发动机	1Y7500	1Y7500	1Y73	1Y73
缸数×缸径×冲程/mm	1×146.1×203.2	1×146.1×203.2	1×130.2×165.1	1×130.2×165.1
功率/kW	14.8	31.3	31.3	25.4
试验时间/h	480	480	480	480

续表

试验方法	L-1	1-D	1-G	1-H
换油期/h	120	120	120	120
发动机转速/(r/min)	1000	1200	1000	1000
燃料消耗率/kW	51.9	98.6	102.9	87.1
平均有效制动压力/kPa	520	925	972	745
活塞平均速度/(m/s)	6.8	8.1	9.9	9.9
进气温度/℃	环境	93	124	77
进气压力/kPa	大气压	148.6	179	135
缸套出口水温/℃	82.2	93.3	87.8	71.1
进轴承油压/kPa	206.8	206.8	206.8	206.8
进轴承油温/℃	64.2	79.4	96.1	82.2
一环槽温度/℃		243	243	220
燃料硫含量/%	0.4 或 1.0	1.0	0.4	0.4
装油量/L		5.68	5.68	5.68

表5-6　L-1系列发动机台架试验条件

试验方法	1G2	1K	1M	1N	1P	1R	C13
发动机型号	1Y73	1Y540	1Y73	1Y540	1Y3700	1Y3700	C13
排量/L	2.2	2.4	2.2	2.4	2.4	2.4	
压缩比	16.4	14.5	16.4	14.5	16.25	16.25	
缸径/冲程/(mm/mm)	φ130/165	φ137/165	φ130/165	φ137/165	φ137/165	φ137/165	
气门	一进一出	二进二出	一进一出	二进二出	二进二出	二进二出	
气环	矩形	梯—矩形	矩形	梯—矩形	梯—梯形	梯—梯形	
活塞材质	铸铝	铸铝	铸铝	铸铝	铸钢—铝	铸钢—铝	
试验条件							
转速/(r/min)	1800	2100	1800	2100	2100	1800	1800
平均有效压力/(1bf/in²)	141	180	141	180	—	68[①]	320[①]
燃料速率/(kcal/min)	5850	7990	5850	7990	7990	7990	
空燃比	23.5	29	23.5	29	—	—	
油温/℃	96.1	107	96.1	107	107	120	98
冷却液温度/℃	87.8	93	87.8	93	90	105	88
进气温度/℃	124	127	124	127	60		
进气压力/kPa	179	240	179	240	272		
进气湿度/(g/kg)	17.8	17.8	17.8	17.8	17.8		
总运转时间/h	480	252	120	252	360	504	500
换油期/h	120	252	120	252	252		
柴油硫含量/%	<0.4	<0.4	<0.4	<0.05	<0.4	0.03~0.05	0.0015

注：①为功率，单位 kW。

Caterpilar L-1 系列发动机随着油品规格的不断升级而不断更新，是活塞沉积物、活塞环粘结和活塞环、气缸套擦伤以及油耗影响的重要评定方法，对重负荷柴油机油的发展起到重要推动作用。

与此同时，L-4 方法也不断发展，L-4 法原采用雪弗莱六缸汽油机进行试验，后因厂商不再提供此种发动机，研究协调委员会(CRC)遂自行设计了拉别科(Labeco)单缸试验机(也称 CLR 试验机)，于 1956 年正式用于评定油品，此方法称为 L-38。由于小汽车使用时常处于时开时停的情况，对润滑油的低温分散性提出了新的要求。为了评价低温沉积物，又发展了用拉别科单缸机进行试验的 L-43 方法和评定航空润滑油低温沉积物的 LTDT 法(表 5-7)。

表 5-7　L-4 系列发动机台架试验条件

试验方法	L-4	L-38	L-43	LTD
发动机	雪弗莱六缸	拉别科单缸	拉别科单缸	拉别科单缸
压缩比		8.1	8.1	8.1
排量/cm³	3540	696	700	700
试验总时间/h	36	40	120	180
功率/kW	22.4	3.73		
燃料流量/(kg/g)		2.04~2.27	1.97	2.13
滑油量/kg		1.43		0.91
转速/(r/min)	3150	3150	1800	1800
冷却液温度/℃	93.3	93.3	52	93
试验目的	高温氧化、腐蚀	高温氧化、腐蚀	低温沉积物	低温沉积物

(二)Mack 系列发动机台架试验

Mack 系列发动机台架已经发展了 40 多年，自 20 世纪 80 年代的 T-6 被 API 用作 CE 级柴油机油的台架后，Mack 系列一直作为美国柴油机油评定的重要台架方法，先后发展了 T-6、T-7、T-8 系列、T-9、T-1、T-11、T-12 等台架试验方法，试验条件见表 5-8。

表 5-8　Mack 系列发动机台架试验条件

试验方法	T-6	T-7	T-8A	T-8	T-8E
发动机型号	ETA1673	EM6-285	E7-350	E7-350	E7-350
运行时间/h	600	150	150	250	300
转速/(r/min)	1400/1800/2100	1200	1800	1800	1800
燃料速率/(kg/h)		40.8	63.3	63.3	63.3
油温/℃	113	113	109	109	109
扭矩/N·m		1464	1375	1375	1375
烟炱质量比/%			2.9	3.8	4.8
EGR 利用率	–	–	–	–	–
作用	沉积物/油耗/磨损	烟炱分散	替代 T-7	烟炱控制	烟炱控制

Mack 系列台架是围绕重负荷柴油机油烟炱分散性能、抗氧化性能、气缸环和线磨损保护、酸值控制和延长换油期的评定而不断改进，对柴油机油的发展起到重要的推动作用。

在柴油机油台架方面，M-11(HST)是模拟 1998 年以后重型载货车的运行工况，采用功率为 250kW 的 Cummins M-11 330-E 发动机，试验时间为 200h，发动机在富油、1600r/min 下运转 100h，接着在富油、延迟喷射和 1800r/min 下运转 100h。主要评定活塞环和顶置摇臂的磨损、滤网堵塞和油泥情况。M-11(EGR)是模拟 2002 年以后高速公路上行驶的载货车工况，采用功率为 317kW 的 Cummins 1SM 425 发动机改装而成，具有废气再循环装置(EGR)，试验时间为 300h，发动机在富油、1600r/min 下运转 150h，接着以 800r/min 的速度，在富油、延迟喷射各 50h 下交替运转 150h。主要评定活塞环和气门搭桥的磨损、滤网堵塞和油泥情况。

RFWT 主要评定发动机油对滚动随动轴承磨损的影响，采用了 General Motor 6.5L 非直喷柴油机，在 3400r/min 下的额定功率为 120kW。试验时发动机在 1000r/min 和近似最大负荷下运转 50h 不换油(在 25h 时补加油)，冷却液出口温度 118℃。燃油硫含量 0.03% ~ 0.05%。每次试验前安装 1 副新的滚动随动件，试验后取出滚动随动轴，其磨损通过表面形貌仪测定。

EOAT 发动机台架试验通过模拟大型皮卡车和中型载货车高速、重载运行工况，评定油品的空气混入性能。该发动机台架采用了 Navistar 7.3L V-8、四冲程、涡轮增压、液压电子控制燃油喷射系统(HEUI)发动机，在 3000r/min 下的额定功率为 163kW。试验时控制冷却水出口温度、燃油和进气温度及进气压力，在额定速度、最大/最小负荷下运转 20h，在 0.5h 和 20h 时，评定油品中混入的空气，同时采样分析 20h 后油品中磨损金属的含量。

（二）MS 发动机台架试验

MS 程序试验是美国材料试验学会(ASTM)于 1958 年制定的发动机试验方法，其目的是企图通过相当于发动机的各种工况的试验，全面检查润滑油的性能，以评定润滑油能否满足发动机的要求。

1. 程序Ⅱ台架

锈蚀和防腐蚀性能是发动机油使用性能之一。1960 年程序Ⅱ发动机台架试验成为 MS 用于评定发动机油在低温、短途行驶时的锈蚀和腐蚀保护能力的标准试验。1964 年，因发动机已经过时，配件不能充分供应，用为了提高试验方法的重复性和再现性，1964 年程序ⅡA 代替了程序Ⅱ。1968 年对程序ⅡA 进行了修订，发展了程序ⅡB，但操作条件变化不大。程序ⅡB 对锈蚀评分 9.5 以上的油区分能力较差，1971 年对程序ⅡB 进行了修订，公布了ⅡC。1978 年建立了ⅡD 台架，评定方法所用的零部件于 1999 年 1 月已停止生产，ⅡD 试验改由乙基公司和通用汽车公司联合开发的 BRT 球锈蚀试验代替。BRT 球锈蚀试验是采用ⅡD 台架试验中液压挺杆的试验球作为试验件，评价汽油机油的抗锈蚀性能。该方法概要是将 20mL 的试验油等量注入到 20mL 装有试验球的两个试验管内，并固定在试验台上，将酸液及空气分别以 0.193mL/h±0.002mL/h 和 40mL/h±0.5mL/h 的流速注入到试验管内，在振荡温度 48℃±0.1℃、振荡速度 300r/min 下，试验 18h。试验结束后，按照要求的程序对试验球清洗并吹干，用分析系统评价试验结果。每个球采集 20 个数据点，最后取平均值，试验结果用平均灰度值（AGV）表示。通过指标是 AGV 值不低于 100。

2. 程序Ⅲ台架

MS 程序Ⅲ台架试验是 1962 年美国通用汽车公司发展而建立的，主要评价汽油机油的抗高温氧化性能。1965 年Ⅲ A 代替了程序Ⅲ台架，该方法采用 1964 年美国通用汽车公司生产的奥斯莫比尔 V8 汽油机代替原来的奥斯莫比尔 V8 汽油机，同时缩短了试验时间。1967 年由于美国限制环境污染，在汽车上安装了曲轴箱通风阀（PCV 阀），此阀虽然能够减少碳氢化合物的排放，但是会使原来正常的燃烧性能变坏，促使机油加速变质。1968 年公布了 MS 程序Ⅲ B 试验。到 1970 年，由于美国高速公路发展和限制环境污染更加严格，进一步促进了汽车结构的变化，Ⅲ B 试验修改成了Ⅲ C 程序。

Ⅲ C 试验是为了评定由于高温和氧化导致的发动机油变稠问题。1977 年，因Ⅲ C 所用发动机配件供应困难，Ⅲ C 升级为Ⅲ D 试验，Ⅲ D 中涉及到阀系的磨损，并与行车试验的阀系磨损具有关联性。此后，为模拟美国南部夏季汽车在高速公路上高速行驶时的工况条件，该条件下要求油品具有更好的高温抗氧化性能和抗磨性能，同时油品还应用更优的油泥分散性能，推出了Ⅲ E 台架。

由于发动机的发展，加之Ⅲ E 台架无配件，Ⅲ F 台架发展起来，试验发动机改装成"平挺杆"，燃料使用无铅汽油。2002 年美国通用公司和美国西南研究院等组成的专家组为解决氧化性问题，修改了Ⅲ F 换油条件和操作条件来改进对油品氧化性能的评定，出现了Ⅲ G 台架，其实验条件的苛刻度是目前程序Ⅲ F 的两倍。

3. 程序Ⅳ台架

20 世纪 50 年代初，为了改善发动机的加速性能，需要提高进排气效率。凸轮挺杆擦伤成了当时突出而普遍的问题，为解决磨损问题，克莱斯勒公司经过 10 年多的研究，于 1962 年提出标准程序Ⅳ台架试验。后来发展的低温油泥台架试验 V C 和 V E 的同时可用于阀系磨损的评价，直到 2001 年左右，由于低温油泥台架试验 VG 采用的发动机进排气系统改用滚动随动传动机构，不再能评定凸轮挺杆磨损，于是又增加了Ⅳ A 发动机试验，用于阀系磨损的测定。该试验采用的发动机为 2.4L 燃油直喷的四缸汽油机，每个缸有两个进气阀和排气阀，试验时间为 100h，包括 100 个循环，每次循环 1h，分两个阶段运转。

4. 程序 V 台架

60 年代后期，汽车普遍安装正压进排气（PCV）系统以减少排气污染，使曲轴箱内废气及水蒸气不能及时排出而加重了低温油泥的生成。于 1967 年公布了程 V B，以代替 1957 年公布的发动机油泥评定程序 V，程序 V B 的试验条件与程序 V 类似，但发动机不同。1971 年发布的程序 V C 进一步完善了试验条件，发动机的排量比 V B 大，还建立了空燃比控制，新增加了发动机吸入空气温度和湿度的规定。

程序 V D 是 1980 年通过的，与 V C 相比，主要的变动是试验发动机和燃料。此外，在 V D 中抗磨性能评定作为重要项目之一而被补充进去。20 世纪 80 年代中期，汽油机半固体物质（即黑色油泥）出现在曲轴箱内冷表面、发动机顶盖和气缸阀座上，最严重的情况是堵塞油泵入口滤网，须改进发动机设计和提高发动机油的分散性，于是发布了ＶＥ评定方法。ＶＥ改用新的 2.3L 燃油喷射、电子点火发动机，不用 EGR(废气再循环系统)。在试验中增加窜气量，使氧化氮的量增加，以利于油泥的生成，同时ＶＥ的凸轮材料易磨损，对油起催化作用。在汽油机油低温油泥生成倾向方面，ＶＥ试验对好油和差油评定结果的差距拉得较开，对漆膜生成的评价也更苛刻一些。与ＶＥ相比，ＶＧ增加了低温下气门导管磨损试验，且ＶＧ试验使用 Ford4.6L V8 汽油机。程序Ⅱ～Ⅴ台架试验条件见表 5-9。

表 5-9　MS 程序Ⅱ～Ⅴ台架试验条件

试验方法代号	发动机类型	排量/cm³	试验时间		负荷/kW	转速/(r/min)	冷却液温度/℃	油温/℃	试验目的
			总时间/h	阶段					
MS 程序Ⅰ	GMC，Oldsmobile V-8	6460	5	10min	1.5	2500	35	48.9	
MS 程序Ⅱ	GMC，Oldsmobile V-8	6460	30	3h	18.6	1500	35	48.9	
MS 程序ⅡA	GMC，Oldsmobile V-8	6460	22	20h	18.6	1500	35	48.9	
				2h	18.6	1500	48.9	48.9	
MS 程序ⅡB	GMC，Oldsmobile V-8	6960	24	20h	18.6	1500	40.6	48.9	
				2h	18.6	1500	48.9	48.9	
				2h	74.6	3600	93.3	135	防锈蚀和腐蚀性能
MS 程序ⅡC	GMC，Oldsmobile V-8	6096	32	28h	18.6	1500	43.3	48.9	
				2h	18.6	1500	48.9	48.9	
				2h	74.6	3600	93.3	126.7	
MS 程序ⅡD	GMC，Oldsmobile V-8	5735	32	28h	18.65	1500	43.3	48.9	
				2h	18.65	1500	48.9	48.9	
				2h	74.6	3600	93.3	126.7	
MS 程序ⅢA	GMC，Oldsmobile V-8	6460	40		63.4	3400	93.3	129.4	
MS 程序ⅢB	GMC，Oldsmobile V-8	6960	56	7h	74.6	3600	65.6	93.3	
				7h	74.6	3600	93.3	135	
MS 程序ⅢC	GMC，Oldsmobile V-8	6960	64		74.6	3000	118.3	148.9	高温氧化安定性
MS 程序ⅢD	Oldsmobile V-8	5735	64	64h	74.6	3000	118.3	148.9	
MS 程序ⅢE	Buick V-6	3800	64		50.6	3000	115	149	
MS 程序ⅢF	Buick V-6	3800	80		73	3600		155	
MS 程序ⅢG	Buick V-6	3800	100		91.7	3600		150	
MS 程序Ⅳ	Chrysler V-8	5920	24	2h	无	3600	82.2	104.4	
				2h	无	0	12.8	不控制	
MS 程序ⅣA	Nissan，KA24E	2400	60	50min	25[1]	800	50	50	
				10min	25[1]	1500	55	60	

试验方法代号	发动机类型	排量/cm³	试验时间		负荷/kW	转速/(r/min)	冷却液温度/℃	油温/℃	试验目的
			总时间/h	阶段					
MS 程序 V	Ford lincorn Mercury V-8	6030	192	45min	无	500	46.1	48.9	
				2h	64.6	2500	51.7	79.4	
				75min	64.6	2500	76.7	96.1	
MS 程序 VB	Ford V-8 带 PCV 装置	4740	192	45min	无	500	46.1	48.9	
				2h	64.6	2500	51.7	79.4	
				75min	64.6	2500	77.2	93.9	
MS 程序 VC	Ford，V-8	4950	192	2h	64.6	2500	57.2	79.4	低温油泥 VC、VD 和 VE 兼测磨损性能
				75min	64.6	2500	76.7	93.3	
				45min	1.5	500	46.1	48.9	
MS 程序 VD	Ford，V-4	2300	192	120min	24.983	2500	57.2	79.4	
				75min	24.983	2500	68.3	86.1	
				45min	0.7457	750	48.9	48.9	
MS 程序 VE	Ford，V-4	2300	288	2h	25	2500	51.7	68	
				1.25h	25	2500	85.0	99	
				0.75	0.75	750	46.1	46	
MS 程序 VG	Ford，V-8	4600	216	2h	66	1200		68	
				1.25h	66	2900		100	
				0.75h	1.5	700		45	

注：①为扭矩，N·m。

5. 程序Ⅵ台架

评价内燃机油的燃油经济性不是普通发动机试验台架所能完成。美国在 20 世纪 70 年代用 ASTM 5 车法来评价，它是用轿车或轻型卡车在底盘测功机试验台上完成的。1986 年美国开发了程序Ⅵ来代替 5 车法。程序Ⅵ采用了 3.8L Buick V-6 双腔化油器发动机，参比油是 SF 20W/30 发动机油。该程序由两个独立的阶段组成，阶段 1 和 2 的转速和扭矩都为 1500r/min 和 38N·m，阶段 1 的油温为 65℃，而阶段 2 的油温为 135℃。由两个阶段的加权节能率计算出试油的综合节能率。程序Ⅵ和 5 车法相比，具有试验费用低、试验周期短、试验精密度高、区分能力强等优点。此后由于低摩擦性能的新发动机的生产，程序Ⅵ发动机已不能代表这种新的发动机，于是发展了程序ⅥA、ⅥB 和ⅥD 台架试验。

ⅥA 试验使用 4.6L 的福特型 V-8 汽油发动机，装备一个外部的油加热和冷却系统，同时装备一个动态冲洗系统用于在缺乏发动机开关情况下换油。试验参数见表 5-10，先以 SG 5W-30 为基准油测量在 6 种不同的试验条件下的燃油消耗，然后采用被测油样，按基准油相同的 6 种条件测量燃油消耗经济性，试验时间 50h。试验结果用被测油样燃油消耗占基准油平均消耗量的质量分数(%)来表示。

表 5-10　MS 程序 VIA 程序试验参数

参数	第 1 阶段	第 2 阶段	第 3 阶段	第 4 阶段	第 5 阶段	第 6 阶段
转速/(r/min)	800	800	1500	1500	1500	800
功率/kW	2.18	2.18	5.81	15.39	15.39	2.18
机油温度/℃	105	70	70	70	45	45
冷却液温度/℃	95	60	60	60	445	45
功率/N·m	26	26	37	98	98	26

相比较于 VIA 程序，VIB 台架试验程序更加科学，它采用的设备同 VIA，试验参数与 VIA 不同（表 5-11）。先以 SG 5W/30 为基准油测量在 5 种不同条件下的燃油消耗，然后采用被测油样，在第一级试验中，按与基准油相同的 5 种条件运行 16h 测量其燃油消耗。将油样保留在发动机内继续第二级试验，运行 80h，按与基准油完全相同的 5 种条件测量各种条件下的燃油消耗。试验结果用被测油样燃油消耗占基准油平均消耗量的质量分数（%）来表示。第一级阶段 16h 的节油率代表油品在新鲜状态下的节油效果，而第二阶段 96h 之后的节油率代表油品长期具有的节油性能。

与 VIB 台架相比，VID 台架又恢复到 VIA 台架的 6 个阶段（试验参数见表 5-11），且 VID 台架中以边界润滑和混合润滑为主的第 3、4 和 6 阶段分别占总加权燃料消耗的 31%，17.4% 和 17.2%。因此在一定程序上解决了 VIB 台架对减摩剂效果不敏感问题。

表 5-11　MS 程序 VIB 和 VID 台架试验参数

参数	VIB 台架					VID 台架					
	1 阶段	2 阶段	3 阶段	4 阶段	5 阶段	1 阶段	2 阶段	3 阶段	4 阶段	5 阶段	6 阶段
转速/(r/min)	1500	800	800	1500	1500	2000	2000	1500	695	695	695
功率/kW	15.39	2.18	2.18	15.39	15.39	22.0	22.0	16.5	1.5	1.5	2.9
机油温度/℃	125	105	70	70	45	115	65	115	115	35	115
冷却液温度/℃	105	95	60	60	45	109	65	109	109	35	109

6. 程序 VIII 台架

程序 VIII 台架试验与 L-38 台架不同在于使用的燃料上，L-38 台架的燃料为工业异辛烷，每升工业异辛烷中加入 0.79mL 的四乙基铅，而后者改为无铅汽油。VIII 台架的试验参数见表 5-12。

表 5-12　MS 程序 VIII 台架试验参数

参数	数值	参数	数值
转速/(r/min)	3150±25	机油温度/℃	
燃油流量/(kg/h)	2.16±0.11	100℃黏度小于 5.6mm²/s	135±1.1
空燃比	14.0±0.51	100℃黏度不小于 5.6mm²/s	143±1.1
冷却液出口温度/℃	93.3±1.1	点火提前角/(°)	35±1
冷却液进出口温差/℃	5.6±1.1	机油压力/MPa	0.28±0.014

上述的 L 系列及 MS 程序试验在国际上已得到较广泛的应用，主要用来进行发动机润滑油的评价和分级，或用来研制新产品等。

二、欧洲发动机油台架试验

由于欧洲不盛产石油，绝大多数原油都从国外进口，因此欧洲汽车工业十分注意节能，把汽车的燃料经济性放在首位，同时兼顾动力性和排放性能。为了节能，欧洲汽车压缩比一般都提高到 9.5~10 以上，而美国汽车压缩比一般为 9.1~9.5；欧洲柴油小轿车比例很大，而美国很少发展柴油小轿车；欧洲车小，气缸排量小，但输出功率比美国大 30% 左右，同时汽车油底壳加入的润滑油量也少；欧洲车在高速公路上行驶速度的允许极限值比美国高，设计的车转速高达 5000~6000r/min，而美国为 3000~4000r/min；欧洲车润滑油换油期长，一般要求小轿车达 15000km，因此欧洲车辆使用的发动机油质量要求更高。其使用性能评定采用了一部分美国的台架试验，同时也自行开发了与欧洲车况、路况相吻合的台架试验。由于欧洲的内燃机油规格 ACEA（欧洲汽车制造商协会）每两年更新一次，发动机台架的发展也较快；加之 ACEA 规格不是强制性规格，又不能完全满足欧洲主要 OEM（设备制造商）的要求，OEM 在自定的发动机油规格中又有专门的台架试验，本节仅对欧洲典型的台架试验进行简单介绍。

（一）Fiat 132 台架

欧洲早期的汽油车普遍存在早燃问题，早燃是指空气和燃料混合后在发动机压缩过程中，火花塞未点火之前，燃烧室中的沉积物或火花塞上的沉积物自燃而点燃空气/燃料混合气，早燃会影响发动机功率输出和正常行驶。为此，CCMC（欧洲共同市场协作委员会）发展了 Fiat 132 台架试验，评定发动机油的早燃性能，试验条件如表 5-13 所示。

表 5-13　Fiat 132 台架试验条件

发动机	缸数 4	缸径 84mm	冲程 71.4mm	压缩比 9：1	排量 1.583L	功率 72.1kW	最大扭矩 131.3N·m
试验条件		第一阶段		第二阶段		第三阶段	
转速/（r/min）		2500±50		4000±50		4000±50	
功率/kW		9.7		30.1		58.8	
试验时间/min		115		25		5	
燃油耗量/（L/h）		6±0.1		—		—	
冷却液出口温度/℃		80		85±2		90±2	
点火提前角/（°）		23±2		28		32±2	
空燃比		14±0.5		13.5±0.5		—	
机油温度/℃		93±2		105±2		125±2	

评定要求 80h 以内不发生早燃现象，近年来，由于改进了发动机的设计、使用无铅汽油和低硫酸盐灰分的发动机油，不存在早燃问题。因而，Fiat 132 台架试验在 ACEA 的新规格中已经取消掉了。

（二）Ford Cortina 和 TU3M 台架

欧洲轿车的热负荷和机械负荷比美国高，汽油小轿车的活塞第一环槽温度可达 260℃，下一步还会提高到 290℃，这就容易造成活塞粘环和高温沉积问题。因此，活塞环的清净性问题被单独列为评定项目，使用 Ford Cortina 和 TU3M 进行评价。Ford Cortina 与 MS 程序ⅢD 相对应，采用了四缸直列式汽油机，试验期 100h、压缩比 8.3、冷却液温度 82℃、润滑油温度 90℃。TU3M 和 MS 程序ⅢE 对应，ⅢE 主要评定窜气量大情况下，高温油变稠问题；TU3M 发动机的窜气量小，运动黏度的增长较小，两者的运行参数及结果评定见表5-14。

表5-14　TU3M 和ⅢE 试验条件及结果评定

项　目	TU3M	MS 程序ⅢE	项　目	TU3M	MS 程序ⅢE
发动机	TU3M 四缸	Buick 六缸	机油温度/℃	149	150
排量/L	1.36	3.8	燃料	含铅汽油	含铅汽油
转速/(r/min)	5500	3000	结果评定		
功率/kW	50	50.6	活塞环评分	≥9	—
试验时间/h	96	64	活塞漆膜评分	≥60	>8.9
冷却液温度/℃	110	115	40℃黏度增长/%	<40	<375
供燃料方式	汽化器	单点直喷			

（三）M102E 台架

在欧洲，汽车时而在高速公路上高速行驶，时而在城市里停停开开，这种反复交叉行驶容易生成油泥。这种油泥与汽车纯粹在城市内停停开开行驶生成的油泥不同，是由高温沉积物和低温行驶生成的油泥结合在一起而形成，具有黑而脆的特征，为此发展了 M102E 台架对发动机油生成这种油泥的性能进行评定，评定条件见表5-15。

表5-15　M102E 运转条件[①]

阶　段	转速/(r/min)	负荷/N·m	温度/℃	水温/℃	摇臂温度/℃	时间/min
初始阶段	5500	200	135	90~105	不用风扇	3h
恒速阶段	3800	200	125	98		75h
变速阶段	100 周期，每周期 1h，每周期包含 8 种工况					
（1）	2200	61	40~41	34~49	20~31	3
（2）	780	0	41~42	49~50	31~28	1
（3）	3800	200	42~113	50~97	28~63	18
（4）	780	0	113~105	97~87	63~49	1
（5）	5500	162	105~133	87~100	49~84	7
（6）	2200	61	133~108	100~94	84~55	3
（7）	680	27	108~82	94~38	55~30	55
（8）	680	27	82~40	38~34	30~20	22

注：①发动机为电喷、四缸、2.3L 汽油机。

（四）M111 台架

M111 台架采用的发动机为 2.0L Mercedes Benz M111E20 发动机，该发动机为四缸、滑动从动件、向上凸轮轴和燃料喷射气门结构。它与欧洲目前生产的发动机相近，ACEA 已决定用该发动机发展三个评定方法，即评定汽油机油的节能性能、黑色油泥、汽油机喷嘴和进气阀结焦性能。用于评定汽油机油的节能性能试验时间为 24h，过程包括用基准参考油进行试验和用试验油进行动态冲洗再进行三次循环试验。用试验油混合部分稳定状态下的老化油进行试验周期内的部分试验。整个试验周期分为 2 个部分 8 个步骤，每个步骤为 2h 24min10s，以不同的速度、负荷和冷却剂进行试验。在循环条件下两部分循环期间测量燃料的消耗，试验结果用试验油相对于参考油总的燃料消耗的变化，以百分比表示。通过台架的基准为燃料经济性提高必须等于或大于参考油 RL-191 的 2.5%。

用该发动机评定黑色油泥的试验程序包括四个阶段，每个阶段各有不同的工作循环，机油量不大于 4350g，试验时间共计 257h，试验结束后评价气缸盖、气缸盖罩盖、油底壳、正时链条罩盖的油泥沉积。

（五）OM 616 台架

欧洲车速高、比功率大、油温高、换油期长，油品应具有良好的耐磨性能。加之欧洲发动机的活塞环薄，但摩擦副载荷大，且凸轮挺杆的材质的抗磨性能也不及美国所使用的材料。因此，欧洲采用 OM616 台架专门对发动机油的抗磨性能进行评价，其试验参数如表 5-16 所示。

表 5-16　OM616 台架试验参数

试验参数	第一阶段（冷/热循环）		第二阶段	第三阶段
	热态（2.5min）	停机（1.5min）	中速	热态
转速/(r/min)	4500	0	3250	4500
功率/kW	46	0	43	46
油温度/℃	110	不控制	98	128
冷却液温度/℃	90	36	90	90
时间/h	120		50	36
总运转时间/h	206			

OM616 为 2.4L 四缸直列式柴油机，目前 ACEA 已选用五缸蜗轮增压中冷 2.5L OM602A 柴油机代替 OM616 柴油机，操作条件也是在停停开开、中速和高速下循环运转 200h。

（六）OM364A 台架

欧洲柴油机的顶环槽至活塞顶的距离长，顶环岸和气缸之间的间隙比美国小，因此第一环槽的温度比较低，窜气量也小，活塞容易保持干净。但是如果在缸套和顶环岸之间落入一些沉积物或积炭，活塞的承压面很容易把它压实，经过反复上下运转，容易把缸表面网纹磨掉从而出现抛光。欧洲评定缸套抛光的台架试验最初使用奔驰公司的 OM352A，以后使用 OM364A，OM364A 的试验条件列于表 5-17 中。

表 5-17　OM 364A 台架试验条件

试验参数	增压、4L、4 缸发动机，输出功率 34~85kW，试验时间 300h，燃料含硫 0.25%~0.3%			
运转方式	A	B	C	稳态
转速/(r/min)	2600	1500	1000	3600
负荷/kW	85	57	34	85
油温/℃	122	114	105	122
运转时间/h	1.5	0.5	0.5	50

（七）XUD Ⅱ ATE 台架

为提高直喷式柴油机的比功率，通常要增大喷油量。但是如果喷雾不好把柴油喷到缸壁上或与空气混合不良，就会因燃烧不全而产生烟炱，烟炱窜到曲轴箱中，将出现发动机油变稠、变黑、堵塞滤网，凸轮磨损等问题。欧洲深腔式柴油机产生烟炱虽没有美国浅盆式柴油机容易，但对于大功率重负荷柴油机仍是一个问题。对于烟炱造成油黏度的增长，欧洲也用美国的 T-8 台架进行评定，而对于欧洲的小轿车柴油发动机，则使用 XUD Ⅱ ATE 台架对烟炱进行评定，评定条件见表 5-18。

表 5-18 XUD Ⅱ ATE 台架试验条件

发动机	增压、2.1L、4 缸、中冷发动机，12 个进排气阀	运行时间	2min，100r/min，功率 0kW
		75h	27min，4300r/min，功率 80kW
烟度/Bosch	2	冷却液温度/℃	100
燃料	符合 CECRF90-A-92 要求	油温/℃	110
进气温度/℃	60	排气温度/℃	800

注：按上述试验条件评定的试验油黏度增长应≤200%。

另外，在欧洲轻负荷柴油发动机车较多，发展了轻负荷柴油发动机台架评定方法。如用于评价发动机油抑制因烟炱而导致机油粘度增长的能力及发动机活塞的清净性的标致 DV4TD 中温分散性台架试验、大众涡轮增压直喷式柴油机活塞清净性和活塞环粘结台架试验、OM 602 磨损、黏度稳定性和机油消耗台架试验等。

三、中国发动机台架试验

我国从 1958 年起开始建立适合我国发动机油使用性能的评定设备和试验方法。20 世纪 60 年代，我国发展了 1105 单缸柴油机评定发动机油的高温清净性，1982 年将其定为部颁标准 SY 2624-82，1992 年修订为行业标准 SH/T 0260。而用国产 1135 增压单缸柴油机建立的部颁标准 SY 2625—82 也在 1992 年修订为行业标准 SH/T 0261。在 60 年代也从欧洲引进了评定 CB 级柴油机油高温清净性的皮特 AV-1 单缸柴油机和评定内燃机油抗氧抗腐性能的皮特 W-1 汽油机，后来分别建立了行业标准 SH/T 0262 和 SH/T 0264。

1976 年，我国从美国引进了评定 CC 级柴油机油高温清净性的开特皮勒（Caterpillar）1H$_2$ 单缸柴油机，现已成为国家标准，标准号为 GB/T 9932。1981 年，从美国引进了评定 CD 级柴油机油高温清净性的开特皮勒（Caterpillar）1G$_2$ 单缸柴油机，现已成为国家标准，标准号为 GB/T 9933。同年，从美国也引进了评定发动机油抗氧抗腐蚀性能的拉别科（Labeco）汽油机，建立了行业标准 SH/T 0265。

1985 年我国再从美国引进了评定汽油机油使用性能的 MS 程序 Ⅱ D、Ⅲ D 和 Ⅴ D 试验方法，建立了行业标准 SH/T 0512、SH/T 0513 和 SH/T 0514。1986 年建立了用国产 1135 增压单缸柴油机评定普通发动机油高温清净性的 135A 法，方法代号为 ZBE 34002—86，现调整为行业标准 SH/T 0186。

我国建立的发动机油台架与国外发动机台架的对应关系如表 5-19 所示。

表 5-19　发动机台架的对应关系

标准号	试验名称	与国外相应台架试验的关系
GB/T 9932	内燃机油性能评定法（开特皮勒 $1H_2$ 法）	与开特皮勒 $1H_2$ 法试验相同
GB/T 9933	内燃机油性能评定法（开特皮勒 $1G_2$ 法）	与开特皮勒 $1G_2$ 法试验相同
SH/T 0075	CC 柴油机油高温清净性评定法（$1135C_2$ 法）	接近开特皮勒 $1H_2$ 试验
SH/T 0186-92	普通内燃机油高温清净性评定法（1135 单缸评定法-135A 法）	
SH/T 0260-92	普通柴油机油高温清净性评定法（1105 单缸评定法）	接近美国 L-1 单缸试验
SH/T 0261-94	CD 级柴油机油高温清净性评定法（$1135D_2$ 法）	接近开特皮勒 $1G_2$ 试验
SH/T 0262-92	普通柴油机油清净性评定法（皮特 AV-1 法）	参照欧共体 CECL-01-A-79 普通柴油机油清净性评定法
SH/T 0263-92	增压柴油机油高温清净性评定法（皮特 AV-B 法）	参照欧共体 CECL-24A-78 增压柴油机油清净性评定法
SH/T 0264-92	内燃机油高温氧化和轴瓦腐蚀测定法（皮特 W-1 法）	与皮特 W-1 试验基本一致
SH/T 0265-92	内燃机油高温氧化和轴瓦腐蚀测定法	与皮特 L-38 试验基本一致
SH/T 0512	汽油机油低温锈蚀评定法（MS 程序 I D 法）II V	与 MS 程序 I D 基本一致
SH/T 0513	汽油机油高温氧化和磨损评定法	与 MS 程序 I D 基本一致
SH/T 0514	汽油机油低温沉积物评定法	与 MS 程序 V D 基本一致
SH/T 0515	SC 汽油机油性能评定法（程序 I 、II 、V 法）	与 MS 程序 I A、II A、V A 基本一致
SH/T 0516	SD 汽油机油性能评定法（程序 I 、II 、V 法）	与 MS 程序 I B、II B、V B 基本一致
SH/T 0757-2005	内燃机油节能性能评定法（程序 VI 法）	与 MS 程序 VI 基本一致
SH/T 0758-2005	内燃机油高温氧化和抗磨损性能评定法（程序 III E 法）	与 MS 程序 III E 基本一致
SH/T 0759-2005	内燃机油低温油泥和抗磨损性能评定法（程序 V E 法）	与 MS 程序 V E 基本一致
SH/T 0760-2005	柴油机油性能评定法（Mack T-8 法）	与 Mack T-8 法基本一致
SH/T 0761-2005	柴油机油性能评定法（Mack T-9 法）	与 Mack T-9 法基本一致
SH/T 0763-2005	汽油机油防锈性评定法（BRT 法）	与 BRT 法基本一致
SH/T 0786-2006	柴油机油清净性评定法（开特皮勒 1M-PC 法）	与开特皮勒 1M-PC 法基本一致

　　我国发动机油台架试验绝大部队从美国引进，仅用国产 1135 单缸发动机建立的 SH/T 0075、SH/T 0186 和 SH/T 0261 和用国产 1105 单缸发动机建立的 SH/T 0260 方法与美国发动机台架有些差异。另外，SH/T 0262 和 SH/T 0263 方法是参照欧洲柴油机油台架而建立，这几个台架试验方法采用的发动机及其试验参数和结果列入表 5-20。

表 5-20　发动机台架试验条件及结果评定

项　目	SH/T 0075	SH/T 0186	SH/T 0260	SH/T 0261	SH/T 0262[①]	SH/T 0263
发动机	YS1135-1 单缸立式	YS1135-1 单缸立式	1105 型 单缸	YS1135-1 单缸立式	皮特 AV-1 单缸	皮特 AV-B 单缸
排量/mL	2000	2000	1125	2000	553	—
转速/(r/min)	1500±10	1500±10	1500±10	1500±10	1500±10	2250±20

项　目	SH/T 0075	SH/T 0186	SH/T 0260	SH/T 0261	SH/T 0262①	SH/T 0263
功率/kW	22	10.3	7.4±0.2	26	3.8(额定)②	—
试验时间/h	100	50	45	100	120	50 的倍数
冷却介质	水	乙二醇	乙二醇	水	煤油	灯用煤油
冷却液出口温度/℃	70±2	100±1	135±2	90±2	85±2	100±2
排气温度/℃	480±50	420±50	320~400	480±50	<450	560~600
排气背压/kPa	4±1.3	<2.7	99.8±2	4±1.3	1.016~3.386	6.7~9.3
曲轴箱真空度/Pa	100~500	98~490	—	100~500	—	—
机油温度/℃	85±2	90±1	110±1	95±2	55±2	90±2
机油压力/kPa	245~294	245.3~249.3	245±39.2	250~300	240±30	250±20
曲轴箱机油加入量/kg	7.5	7.5	4.5	7.5	3.4	2.6
燃料耗率/[g/(kW·h)]	238±6	285.6±13.6	258.4±2.7	238±6	1088.5±22.7	3.7±0.02③
结果评定 清洁性评分	按本标准附录 D 评定	按 SH/T 0031 中 A 法评定	按本标准附录 E 评定	按照 SH/T 0031B 法评定	按照 SH/T 0031A 法评定	按照 SH/T 0031A 法评定
机油消耗率 单级油/[g/(kW·h)]	小于 2	小于 4.1	—	小于 2	—	—
多级油/[g/(kW·h)]	小于 4	小于 8.2	—	小于 4	—	—

注：① 结果评定除了对清洁性外，还对活塞环的灵活度进行评分，具体见本标准。

② SAE 5W 和 10W 的功率不小于 3.751kW；SAE 20 和 30 的功率不小于 3.6775kW；SAE 40 和 50 的功率不小于 3.5304kW。

③ 单位为 kg/h。

第四节　汽油机油

以汽油作为燃料的发动机使用的润滑油统称为汽油机油，汽油机油的质量等级和使用性能主要伴随着汽油机设计、汽油机工况条件和环保、节能的要求而不断发展的。根据汽油发动机的冲程数和用途可将汽油机油细分为汽车用汽油机油、二冲程汽油机油和四冲程摩托车汽油机油。

一、汽车用汽油机油

由于二冲程发动机的燃油经济性不及四冲程发动机，并存在排气问题。目前在汽车上应用最广、数量最多的是水冷、四冲程发动机，通常所说的汽车发动机油实际上是汽车四冲程发动机所用的润滑油。四冲程汽油机主要用于轿车和轻型客、货车上，而大客车和中、重型货车发动机多用四冲程柴油机，在欧洲，也有采用四冲程柴油机的轿车和轻型客、货车。因此汽车发动机油包括了汽油机油和柴油机油两大类，本节介绍汽油机油。

（一）美国汽车用汽油机油的质量等级的发展历程

20 世纪 30~40 年代，汽车速度低、发动机功率小、负荷低，对润滑油的要求不高，使用几乎不加添加剂的 SA 和仅加有抗氧剂和抗磨剂的 SB 质量级别的汽油机油即能满足使用要求。1964 年美国石油学会(API)发展了 SC 质量级别的油，用于 1964~1967 年生产的汽油车。1968 年，美国公布了排气法，首先在汽车上安装了 PCV 阀，把发动机串气漏入曲轴箱的尾气引出返回到气缸进行二次燃烧，这容易使发动机油生成油泥，由此 1968 年发展了 SD 级油，提高了油品的低温分散性能，用于 1968~1971 年生产的汽油机。

70 年代，美国高速公路发达了，车速提高，同时汽车使用空调，使油温升高，要求改善油品的耐高温性能，从而在 1972 年发布了 SE 级油。在 70 年代后期，由于汽车上安装了催化转化器，为了保护催化剂金属不中毒，1980 年开始使用无铅汽油，同时要求发动机油的磷含量小于 0.14%，灰分小于 1.0%，进一步要求提高油品的高温性能，1980 年推出了抗氧化能力更高的 SF 级汽油机油。

随着汽车工业的发展，汽车保有量增加，汽车在城市道路的拥堵现象时有发生，且城际高速公路的发展，造成汽车高低速交叉行驶，使发动机油底壳产生大量"黑油泥"。1989 年 API 发展了 SG 级油。SG 及其以前各质量级别的油规格要求多次评定(一般不超过 5 次)中只要有一次通过就预以批准，所以质量很不稳定。美国为了改进现有油品的质量体系，在 1992 年推出 SH 级油规范。SH 级油与 SG 级油主要差别在于质量控制方面，SH 级油规定评定一次必须达到规定值，评定两次其平均值要达到规定值，评定三次以上时，可以去掉一个最低值，但余下的平均值要达到规定值，这样确保了油品的质量。同时期，美国和日本共同组织了国际润滑油标准和批准委员会(ILSAC)，提出了与 SG 级汽油相当的 GF-1，但质量控制严格的得多，并且还有节能指标要求。

由于环保和节能要求日益苛刻，1996 年 SJ/GF-2 级油应运而生，磷含量从 SH 级油的不大于 0.12%降到不大于 0.1%，同时为了进一步适应新车型的节能要求，采用程序 VIA 试验评价其燃油经济性。2001 年推出了 SL/GF-3 汽油机油规范，节能采用更加科学的 VIB 评定程序，并增加了节能保持性要求，其氧化稳定性也比 SJ 油更优。2004 年推出的 SM/GF-4 汽油机油规范进一步改进了燃油的经济性能，特别是要求能够长期保持这种经济性能。磷含量降至 0.06%~0.08%，硫含量不大于 0.5%~0.7%。为适应更苛刻的燃油经济性、与排气系统的相容性和延长发动机使用寿命等要求，2010 年推出了 GF-5/SN 规格，该规格对油品的燃油经济及其保持性、抑制氧化、抗磨以及对油泥分散等多个方面提出了更高的要求，同时新增了对乳液稳定性及橡胶兼容方面的要求。

从上述汽车用汽油机油质量级别的发展历程可知，1964 年到 1992 年约 30 年的时间内从 SC 发展到 SG 级，主要表现在汽油机油使用性能的改进上；从 1992 年到 2010 年汽油机油质量级别从 GF-1 发展到 GF-5，汽油机油的节能和排放方面的性能要求更加苛刻。

上述不同质量级别的油品理化性能差异不大，主要差异在于使用性能的不同，体现在不同质量级别的油采用了相应的台架试验(表 5-21)，台架测试参数见本章第三节。不同质量级别的发动机油有时虽然采用了相同的台架试验，但其评定结果的指标要求有时不同。

表 5-21　美国汽车用不同质量级别汽油机油台架试验

公布年份	质量级别	轴瓦腐蚀	锈蚀	高温氧化	磨损	低温油泥	节能
		L-38/Ⅷ	程序Ⅱ	程序Ⅲ	程序Ⅳ	程序Ⅴ	程序Ⅵ[①]
—	SA						
—	SB	L-38 或 L-4			Ⅳ		
1964	SC	L-38 和 L-1	ⅡA	ⅢA	Ⅳ	Ⅴ	

公布年份	质量级别	轴瓦腐蚀	锈蚀	高温氧化	磨损	低温油泥	节能
		L-38/Ⅷ	程序Ⅱ	程序Ⅲ	程序Ⅳ	程序Ⅴ	程序Ⅵ[①]
1968	SD	L-38 和 L-1 或 1-H$_2$	ⅡB	ⅢB	Ⅳ	ⅤB	
1972	SE	L-38	ⅡC	ⅢC		ⅤC 或 VD	
1980	SF	L-38	ⅡD	ⅢD		ⅤD	
1989	SG[②]	L-38	ⅡD	ⅢE		ⅤE	
1992	SH/GF-1	L-38	ⅡD	ⅢE		ⅤE	Ⅵ
1996	SJ/GF-2	L-38	ⅡD	ⅢE		ⅤE	ⅥA
2000	SL/GF-3	Ⅷ	BRT	ⅢF	ⅣA	ⅤG	ⅥB
2004	SM/GF-4	Ⅷ	BRT	ⅢG	ⅣA	ⅤG	ⅥB
2010	SN/GF-5	Ⅷ	BRT	ⅢG	ⅣA	ⅤG	ⅥD

注：①该程序仅 GF-1、GF-2、GF-3 和 GF-4 规范要求；②采用了 1-H$_2$ 台架评价高温清净性。

（二）欧洲汽车用汽油机油的质量等级的发展历程

欧洲发动机油实行统一规格的时间比美国晚，欧洲汽车制造商协会 CCMC 于 1983 年第一次公布了 G1、G2 和 G3 汽油机油规格，1989 年发展了 G4、G5 汽油机油规格，1991 年对 G4、G5 规格进行了修订，增加了 M102E 黑色油泥规格指标，并停止了 Ford Cortina 汽油机油高温清净性评定项目。CCMC 发布的汽油机油的台架试验列入表 5-22。

表 5-22　CCMC 不同质量级别汽油机油台架试验

CCMC 级别(与 API 级别的相关性)	G1(SE)	G2(SF)	G3(SF)	G4(SG)	G5(SG)
低温油泥	ⅤD	ⅤD	ⅤD	ⅤE	ⅤE
轴承腐蚀	L-38 或 Petter W-1	L-38 或 Petter W-1	L-38 或 Petter W-1	L-38 或 Petter W-1	L-38 或 Petter W-1
高温氧化	ⅢD	ⅢD	ⅢD	ⅢE	ⅢE
高温沉积	Ken 或 Cortina	Ken 或 Cortina	Ken 或 Cortina		
磨损	OM 616	OM 616	OM 616	TU3	TU3
锈蚀	ⅡD	ⅡD	ⅡD	ⅡD	ⅡD
顶点火	Fiat 132	Fiat 132	Fiat 132	Fiat 132	Fiat 132
黑油泥				M102E	M102E

CCMC 不同质量级别的油绝大部分采用了美国的台架程序，但也有一些台架是自行开发的，如高温沉积和顶点火台架试验。G1、G2 和 G3 虽然采用了相同的台架试验，但性能标准存在差异，表 5-23 列出都采用ⅢD 程序评定 G1、G2 和 G3 时的性能标准。

表 5-23　G1、G2 和 G3 规格采用ⅢD 程序评定的性能标准

评定项目	发动机试验	主要性能指标		G1	G2	G3
高温氧化	程序ⅢD	黏度增长(40℃)/%(最大)		375(40h)	375(64h)	200(64h)
		活塞裙部漆膜评分(最小)		9.1	9.2	9.2
		油环台漆膜评分(最小)		4	4.8	4.8
		油泥评分(最小)		9.2	9.2	9.2
		环粘结		无	无	无
		挺杆粘结		无	无	无
		凸轮或挺杆磨损/μm	平均	102	102	102
			最大	254	203	203

　　1992 年 CCMC 组织被新的汽车制造商协会 ACEA 所取代，1995 年公布了 ACEA 规格标准，把汽油机油分为 TG0、TG1、TG2 系列。1996 年，ACEA 发布了和 A3-96 汽油机油规格，分别相当于 CCMC 的 G4 和 G5 规格，但是 ACEA 分类不是简单的替代 CCMC 分类，在一些台架试验中提出了更苛刻的要求，如 A3-96 在阀系磨损、高温油泥、高温高剪黏度等方面的要求还高于 API SG 质量级别的油品。1998 年 ACEA 推出了 A1—98、A2—96(第二版)和 A3—98 汽油机油规格，分别采用的台架试验如见表 5-24。

表 5-24　ACEA 不同质量级别汽油机油台架试验

ACEA 级别	A1-96	A2-96	A3-96	A1-98	A2-96(第二版)	A3-98
低温油泥	ⅤE	ⅤE	ⅤE	ⅤE	ⅤE	ⅤE
阀组擦伤	TU3M	TU3M	TU3M	TU3M	TU3M	TU3M
高温氧化	ⅢE	ⅢE	ⅢE	ⅢE	ⅢE	ⅢE
高温性能	TU3M	TU3M	TU3M	TU3M	TU3M	TU3M
黑油泥	M111	M111	M111	M111	M111	M111
燃油经济性	M111	M111	M111	M111	M111	M111

　　与 CCMC 级别类似，尽管 ACEA 不同质量级别的油采用了相同的台架试验，但性能标准存在差异。如燃油经济性都采用了 M111 台架试验方法，但是 A1—96，A2—96 和 A3—96 仅要求和参考油 RL 191 进行比较，而 A1—98、A2—96(第二版)和 A3-98 要求其燃油经济性比参考油 RL 191 高 2.5%。

　　2002 年 ACEA 又公布了新的 ACEA 规格，新增了 A4、A5 规格。A4 规格主要是用在泊车直喷汽油发动机上，而 A5 规格则是在 A3—98 的规格基础上增加了燃油经济性要求，并

取消了ⅢE／ⅢF台架试验，用 TU5JP 代替了 TU3M 台架。

2004 年 ACEA 将汽油轿车发动机油规格（A 系列）和柴油轿车发动机油规格（B 系列）合并为一类，形成 A1/B1-04、A3/B3-04、A3/B4-04、A5/B5-04 四个规格，而且针对装备尾气处理装置的小轿车发动机，颁布了新的 C 系列小轿车发动机油规格。

欧洲汽油机油规格与美国 API 汽油机油规格相比，ACEA 的规格中既有欧洲规定的评定项目，也采用了 API 的一些评定项目，如 MS 程序 VE 和 ⅢE 台架试验；在 API 标准的基础上，欧洲汽油机油规格增加了高温沉积、阀系磨损、黑色油泥、节能等单独的台架试验；ACEA 规格十分重视高温高剪黏度、剪切安定性、橡胶相容性等模拟评定项目，而美国只是从 SH 规格开始加以重视。

（三）中国汽车用汽油机油质量等级的发展历程

20 世纪 80 年代末，我国参照 SAE J183-1984 分类标准，结合我国情况制定了"润滑剂和有关产品（L 类）的分类　第 3 部分：E 组（内燃机）"的分类标准（GB 7631.3—89），该标准根据发动机油的性能和使用场合把汽油机油分为 EQB、EQC、EQE 和 EQF 等级别（表 5-25）。

表 5-25　我国汽车用汽油发动机油性能和使用分类（GB 7631.3—89）

质量级别	特性和适用场合	发动机台架试验方法	产品标准
EQB	用于缓和条件下工作的货车或客车或其他汽油机，具有一定的清净性、分散性和抗氧化腐蚀性		
EQC	用于中等条件下工作的货车或客车和其他的汽油机，也可用于国外要求使用 SAE J183 SC 级油的汽油机。具有较好的清净性、分散性、抗氧化抗腐蚀性和防锈性	SH/T 0265 SH/T 0515	GB 11121-89
EQD	用于较苛刻条件下工作的货车或客车和某些轿车的汽油机，并能满足装有曲轴箱强制换气装置的汽油机油要求。以及国外要求使用 SAE J183 SD 和 SC 级油的汽油机，比 EQC 级油具有更好的性能	SH/T 0265 SH/T 0516	SH 0531-92
EQE	用于苛刻条件下工作的轿车和某些货车的汽油机，并能满足装有尾气转化装置的汽油机以及类似国外要求 SAE J183 SE、SD 和 SC 级油的汽油机，比 EQD 级油具有更好的性能	SH/T 0265 SH/T 0513 SH/T 0512 SH/T 0514	SH 0524-92
EQF	用于更苛刻条件下工作的轿车和某些货车的汽油机，也可用于国外要求使用 SAE J183 SF、SE、SD 和 SC 级的汽油机油，比 EQE 级油具有更好的性能	SH/T 0265 SH/T 0513 SH/T 0514	SH 0525-92

在表 5-25 的各质量级别中，L-EQB 仅有理化指标，无发动机台架试验。

1990 年后，我国采用美国石油协会（API）、美国汽车工程师协会（SAE）和美国材料试验学会 ASTM 三家共同协商的发动机油使用（质量分类）—SAE J183 标准，制定出我国的内燃机油质量分类新标准 GB/T 7631.3—1995，该标准根据性能和使用场合把汽油机油分为 SC、SD、SE、SG 和 SH 五个质量级别（表 5-26）。

表 5-26　我国汽车用汽油发动机油性能和使用分类（GB 7631.3—95）

品种代码	特性和使用场合
SA（废除）	用于运行条件非常温和的老式发动机，该油品不含添加剂，对使用性能无特殊要求
SB（废除）	用于缓合条件下工作的货车、客车或其他汽油机，也可用于要求使用 API SB 级油的汽油机。仅具有抗擦伤、抗氧化、抗轴承腐蚀性能
SC	用于货车、客车或某他汽油机以及要求使用 API SC 级油的汽油机。可控制汽油机高低温沉积物及磨损、锈蚀和腐蚀
SD	用于货车和客车或某些轿车的汽油机以及要求使用 API SD、SC 级油的汽油机。此种油品控制汽油机高、低温沉积物、磨损、锈蚀和腐蚀的性能优于 SC，并可替代 SC
SE	用于轿车或某些货车的汽油机以及要求使用 API SE、SD 级油的汽油机。此油品的抗氧化性能及控制汽油机高温沉积物、锈蚀和腐蚀性能优于 SD 或 SC，并可替代 SD 或 SC
SF	用于轿车或某些货车的汽油机以及要求使用 API SF、SE、及 SC 级油的汽油机。此种油抗氧化性能和抗磨损性能优于 SE，还具有控制汽油机沉积、锈蚀和腐蚀的性能。可替代 SE、SD 或 SC
SG	用于轿车、货车和轻型卡车的汽油机以及要求使用 API SG 级油的汽油机。SG 质量还包括 CC（或 CD）的使用性能。此种油品改进了 SF 级油控制发动机沉积物、磨损和油的氧化性能，并具有抗锈蚀和腐蚀的性能，并可代替 SF、SF/CD、SE 或 SE/CC
SH	用于轿车、货车和轻型卡车的汽油机以及要求使用 API SH 级油的汽油机。SH 质量在汽油机磨损、锈蚀、腐蚀及沉积物的控制和油的氧化方面优于 SG，并可代替 SG

　　我国在相当长的时间内，曾把汽油机油分成 EQ 系列（即 GB 7631.3-89），它和 GB 7631.3—95 的分类标准对应关系见表 5-27。对照我国和美国 API 不同质量级别汽车用汽油机油的一般理化性能和发动机台架试验，可知它们也具有相关性，这种相关性列入表 5-27中。

表 5-27　不同质量级别的汽油机油对应关系

GB 7631.3-89 分类	GB 7631.3—95 分类	API 分类
EQB		
EQC	⌒SC	≠SC
EQD	⌒SD	≠SD
EQE	=SE	=SE
EQF	=SF	=SF
	SG	=SG
	SH	=SH

我国 SC、SD、SE 和 SF 级油的理化性能指标和发动机台架试验要求见 GB 11121—1995。为了适应我国汽车工业快速发展的要求，2003 年以来开展了 GB 11121—1995《汽油机油》标准的修订工作，增加了 SG 及其以上的高质量级别油品，同时废除了 SE 以下质量级别的油品和专门针对 SD/CC、SE/CC、SF/CD 等汽、柴油机通用发动机机油的台架试验要求。修订后的 GB 11121—2006《汽油机油》标准于 2007 年实施（表 5-28～表 5-32）。目前我国已俱备 API SJ 级汽油机油的台架试验手段。

表 5-28　汽油机油黏温性能要求（1）（GB 11121—2006）

项　　目		低温动力黏度/ mPa·s 不大于	边界泵送 温度/℃ 不大于	运动黏度（100℃）/ （mm²/s）	黏度指数 不小于	倾点/℃ 不高于
试验方法		GB/T 6538	GB/T 9171	GB/T 265	GB/T 1995、 GB/T 2541	GB/T 3535
质量等级	黏度等级	—	—	—	—	—
SE、SF	0W-20	3250（-30℃）	-35	5.6～<9.3	—	-40
	0W-30	3250（-30℃）	-35	9.3～<12.5	—	
	5W-20	3500（-25℃）	-30	5.6～<9.3	—	-35
	5W-30	3500（-25℃）	-30	9.3～<12.5	—	
	5W-40	3500（-25℃）	-30	12.5～<16.3	—	
	5W-50	3500（-25℃）	-30	16.3～<21.9	—	
	10W-30	3500（-20℃）	-25	9.3～<12.5	—	-30
	10W-40	3500（-20℃）	-25	12.5～<16.3	—	
	10W-50	3500（-20℃）	-25	16.3～<21.9	—	
	15W-30	3500（-15℃）	-20	9.3～<12.5	—	-23
	15W-40	3500（-15℃）	-20	12.5～<16.3	—	
	15W-50	3500（-15℃）	-20	16.3～<21.9	—	
	20W-40	4500（-10℃）	-15	12.5～<16.3	—	-18
	20W-50	4500（-10℃）	-15	16.3～<21.9	—	
	30	—	—	9.3～<12.5	75	-15
	40	—	—	12.5～<16.3	80	-10
	50	—	—	16.3～<21.9	80	-5

表 5-29 汽油机油黏温性能要求(2)

项　目		低温动力黏度/ mPa·s 不大于	低温泵送黏度 (在无屈服应力时)/ mPa·s 不大于	运动黏度 (100℃)/ (mm²/s)	高温高剪切黏度 (150℃, 10⁶s⁻¹)/ mPa·s 不小于	黏度指数 不小于	倾点/℃ 不高于
试验方法		GB/T 6538 ASTM D5293③	SH/T 0562	GB/T 265	SH/T 0618 SH/T 0703 SH/T 0751	GB/T 1995 GB/T 2541	GB/T 3535
质量等级	黏度等级	—	—	—	—	—	—
SG、SH GF-1① SJ GF-2② SL GF-3	0W-20	6200(-35℃)	60000(-40℃)	5.6~<9.3	2.6	—	-40
	0W-30	6200(-35℃)	60000(-40℃)	9.3~<12.5	2.9	—	
	5W-20	6600(-30℃)	60000(-35℃)	5.6~<9.3	2.6	—	-35
	5W-30	6600(-30℃)	60000(-35℃)	9.3~<12.5	2.9	—	
	5W-40	6600(-30℃)	60000(-35℃)	12.5~<16.3	2.9	—	
	5W-50	6600(-30℃)	60000(-35℃)	16.3~<21.9	3.7	—	
	10W-30	7000(-25℃)	60000(-30℃)	9.3~<12.5	2.9	—	-30
	10W-40	7000(-25℃)	60000(-30℃)	12.5~<16.3	2.9	—	
	10W-50	7000(-25℃)	60000(-30℃)	16.3~<21.9	3.7	—	
	15W-30	7000(-20℃)	60000(-25℃)	9.3~<12.5	2.9	—	-25
	15W-40	7000(-20℃)	60000(-25℃)	12.5~<16.3	3.7	—	
	15W-50	7000(-20℃)	60000(-25℃)	16.3~<21.9	3.7	—	
	20W-40	9500(-15℃)	60000(-20℃)	12.5~<16.3	3.7	—	-20
	20W-50	9500(-15℃)	60000(-20℃)	16.3~<21.9	3.7	—	
	30	—	—	9.3~<12.5	—	75	-15
	40	—	—	12.5~<16.3	—	80	-10
	50	—	—	16.3~<21.9	—	80	-5

注:① 10W 黏度等级低温动力黏度和低温泵送黏度的试验温度均升高 5℃, 指标分别为: 不大于 3500mPa·s 和 30000mPa·s。

② 10W 黏度等级低温动力黏度试验温度升高 5℃, 指标为: 不大于 3500mPa·s。

③ GB/T 6538—2000 正在修订中, 在新标准正式发布前 0W 油使用 ASTM D5293:2004 方法测定。

表 5-30 汽油机油模拟性能和理化性能要求(1)(GB 11121—2006)

项　目	质量指标								试验方法
	SE	SF	SG	SH	GF-1	SJ	GF-2	SL、 GF-3	
水分(体积分数)/% 不大于	痕迹								GB/T 260
泡沫性(泡沫倾向/泡沫稳定性)/(mL/mL)									GB/T 12579①
24℃ 不大于	25/0		10/0			10/0		10/0	

续表

项目	质量指标										试验方法
	SE	SF	SG	SH	GF-1	GF-1	SJ	SJ	GF-2	SL、GF-3	
93.5℃　不大于	150/0	150/0	50/0	50/0	50/0	50/0	50/0	50/0	50/0	50/0	SH/T 0722②
后24℃　不大于	25/0	25/0	10/0	10/0	10/0	10/0	10/0	10/0	10/0	10/0	
150℃　不大于	—	—	报告	报告	报告	报告	200/50	200/50	200/50	100/0	
蒸发损失③(质量分数)/%　不大于	—	5W-30	10W-30	15W-40	0W和5W	所有其他多级油	0W-20、5W-20、5W-30、10W-30	所有其他多级油			
诺亚克法(250℃，1h)	—	25	20	18	25	20	22	20	22	15	SH/T 0059
或气相色谱法(371℃馏出量)											
方法1	—	20	17	15	20	17	—	—	—	—	SH/T 0058
方法2	—	—	—	—	—	—	17	15	17	—	SH/T 0695
方法3	—	—	—	—	—	—	17	15	17	10	ASTM D6417
过滤性/%　不大于			5W-30 10W-30	15W-40							
EOFT 流量减少	—		50	无要求	50	50	50	50	50	50	ASTM D6795
EOWTT 流量减少											
用 0.6%H_2O			—	—			报告	报告		50	ASTM D6794
用 1.0%H_2O			—				报告	报告	—	50	
用 2.0%H_2O			—				报告	报告		50	
用 3.0%H_2O			—				报告	报告		50	
均匀性和混合性	—	与 SAE 参比油混合均匀									ASTM D6922
高温沉积物/mg　不大于											
TEOST			—	—			60	60		—	SH/T 0750
TEOST MHT	—		—	—			—	—		45	ASTM D7097
凝胶指数　不大于	—	—	—	—			12 无要求		12④	12④	SH/T 0732

项目	质量指标								试验方法
	SE	SF	SG	SH	GF-1	SJ	GF-2	SL、GF-3	
机械杂质(质量分数)/% 不大于	0.01								GB/T 511
闪点(开口)/℃(黏度指数) 不低于	200(0W、5W 多级油);205(10W 多级油);215(15W、20W 多级油); 220(30);225(40);230(50)								GB/T 3536
磷(质量分数)/% 不大于	见表5-29(2)		0.12⑤		0.12	0.10⑥	0.10	0.10⑦	GB/T 17476⑧ SH/T 0296 SH/T 0631 SH/T 0749

注：① 对于 SG、SH、GF-1、SJ、GF-2、SL 和 GF-3 需首先进行步骤 A 试验。

② 为 1min 后测定稳定体积。对于 SL 和 GF-3 可根据需要确定是否首先进行步骤 A 试验。

③ 对于 SF、SG 和 SH，除规定了指标的 5W-30、10W-30 和 15W-30 之外的所有其他多级油均为"报告"。

④ 对于 GF-2 和 GF-3，凝胶指数试验是从-5℃开始降温直到黏度达到 40000 mPa·s(40000cP) 时的温度或

⑤ 温度达到-40℃时试验结束，任何一个结果先出现即视为试验结束。

⑥ 仅适用于 5W-30 和 10W-30 黏度等级。

⑦ 仅适用于 0W-20、5W-20、5W-30 和 10W-30 黏度等级。

⑧ 仅适用于 0W-20、5W-20、0W-30、5W-30 和 10W-30 黏度等级。

⑨ 仲裁方法。

表5-31 汽油机油理化性能要求(2)(GB 11121—2006)

项目	质量指标		试验方法
	SE、SF	SG、SH、GF-1、GF-2、SL、GF-3	
碱值①(以 KOH 计)/(mg/g)	报告		SH/T 0251
硫酸盐灰分①(质量分数)/%	报告		GB/T 2433
硫①(质量分数)/%	报告		GB/T 387、GB/T 388 GB/T 11140、GB/T 17040 GB/T 17476、SH/T 0172 SH/T 0631、SH/T 0749
磷①(质量分数)/%	报告	见表5-29(1)	GB/T 17476、SH/T 0296 SH/T 0631、SH/T 0749
氮①(质量分数)/%	报告		GB/T 9170、SH/T 0656 SH/T 0704

注：①生产者在每批产品出厂时要向使用者或经销者报告该项目的实测值，有争议时以发动机台架试验结果为准。

表 5-32　汽油机油发动机试验要求(GB 11121—2006)

质量等级	项　目		质 量 指 标	试验方法
SE	L-38 发动机试验			SH/T 0265
	轴瓦失重[①]/mg	不大于	40	
	剪切安定性[②]		在本等级油黏度范围之内	SH/T 0265
	100℃运动黏度/(mm²/s)		（适用于多级油）	GB/T 265
	程序 ⅡD 发动机试验			
	发动机锈蚀平均评分	不小于	8.5	SH/T 0512
	挺杆粘结数		无	
	程序 ⅢD 发动机试验			
	黏度增长(40℃，40h)/%	不大于	375	
	发动机平均评分(64h)			
	发动机油泥平均评分	不小于	9.2	
	活塞裙部漆膜平均评分	不小于	9.1	
	油环台沉积物平均评分	不小于	4.0	
	环粘结		无	SH/T 0513
	挺杆粘结		无	SH/T 0783
	擦伤和磨损(64h)			
	凸轮或挺杆擦伤		无	
	凸轮或挺杆磨损/mm			
	平均值	不大于	0.102	
	最大值	不大于	0.254	
	程序 ⅤD 发动机试验			
	发动机油泥平均评分	不小于	9.2	
	活塞裙部漆膜平均评分	不小于	6.4	
	发动机漆膜平均评分	不小于	6.3	
	机油滤网堵塞/%	不大于	10.0	SH/T 0514
	油环堵塞/%	不大于	10.0	SH/T 0672
	压缩环粘结		无	
	凸轮磨损/mm			
	平均值		报告	
	最大值		报告	
SF	L-38 发动机试验			SH/T 0265
	轴瓦失重[①]/mg	不大于	40	
	剪切安定性[②]		在本等级油黏度范围之内	SH/T 0265
	100℃运动黏度/(mm²/s)		（适用于多级油）	GB/T 265
	程序 ⅡD 发动机试验			
	发动机锈蚀平均评分	不小于	8.5	SH/T 0512
	挺杆粘接数		无	

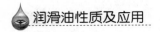

续表

质量等级	项 目		质 量 指 标	试验方法
SF	程序ⅢD 发动机试验(64h)			
	黏度增长(40℃)/%	不大于	375	
	发动机平均评分			
	发动机油泥平均评分	不小于	9.2	
	活塞裙部漆膜平均评分	不小于	9.2	
	油环台沉积物平均评分	不小于	4.8	SH/T 0513
	环粘结		无	SH/T 0783
	挺杆粘结		无	
	擦伤和磨损			
	凸轮或挺杆擦伤		无	
	凸轮加挺杆磨损/mm			
	平均值	不大于	0.102	
	最大值	不大于	0.203	
	程序ⅤD 发动机试验			
	发动机油泥平均评分	不小于	9.4	
	活塞裙部漆膜平均评分	不小于	6.7	
	发动机漆膜平均评分	不小于	6.6	
	机油滤网堵塞/%	不大于	7.5	SH/T 0514
	油环堵塞/%	不大于	10.0	SH/T 0672
	压缩环粘结		无	
	凸轮磨损/ mm			
	平均值	不大于	0.025	
	最大值	不大于	0.064	
SG	L-38 发动机试验			SH/T 0265
	轴瓦失重/mg	不大于	40	
	活塞裙部漆膜评分	不小于	9.0	
	剪切安定性，运转 10h 后的运动黏度		在本等级油黏度范围之内 (适用于多级油)	SH/T 0265 GB/T 265
	程序ⅡD 发动机试验			
	发动机锈蚀平均评分	不小于	8.5	SH/T 0512
	挺杆粘结数		无	
	程序ⅢE 发动机试验			
	黏度增长(40℃，375%)/h	不小于	64	
	发动机油泥平均评分	不小于	9.2	
	活塞裙部漆膜平均评分	不小于	8.9	
	油环台沉积物平均评分	不小于	3.5	
	环粘结(与油相关)		无	SH/T 0758
	挺杆粘结		无	
	擦伤和磨损(64h)			
	凸轮或挺杆擦伤		无	
	凸轮加挺杆磨损/mm			
	平均值	不大于	0.030	
	最大值	不大于	0.064	

续表

质量等级	项　　目		质　量　指　标	试验方法
SG	程序ⅤE 发动机试验			
	发动机油泥平均评分	不小于	9.0	
	摇臂罩油泥评分	不小于	7.0	
	活塞裙部漆膜平均评分	不小于	6.5	
	发动机漆膜平均评分	不小于	5.0	
	机油滤网堵塞/%	不大于	20.0	SH/T 0759
	油环堵塞/%		报告	
	压缩环粘结(热粘结)		无	
	凸轮磨损/ mm			
	平均值	不大于	0.130	
	最大值	不大于	0.380	
SH	L-38 发动机试验			SH/T 0265
	轴瓦失重/mg	不大于	40	SH/T 0265
	剪切安定性, 运转 10h 后的运动黏度或		在本等级油黏度范围之内	GB/T 265
	程序ⅤⅢ 发动机试验		(适用于多级油)	ASTM D 6709
	轴瓦失重/mg	不大于	26.4	
	剪切安定性, 运转 10h 后的运动黏度		在本等级油黏度范围之内	
			(适用于多级油)	
	程序ⅡD 发动机试验			SH/T 0512
	发动机锈蚀平均评分	不小于	8.5	
	挺杆粘结数		无	
	或球锈蚀试验			SH/T 0763
	平均灰度值/分	不小于	100	
	程序ⅢE 发动机试验			
	黏度增长(40℃, 375%)/h	不小于	64	
	发动机油泥平均评分	不小于	9.2	SH/T 0758
	活塞裙部漆膜平均评分	不小于	8.9	
	油环台沉积物平均评分	不小于	3.5	
	环粘结(与油相关)		无	
	挺杆粘结		无	
	擦伤和磨损(64h)			
	凸轮或挺杆擦伤		无	
	凸轮加挺杆磨损/mm			
	平均值	不大于	0.030	
	最大值	不大于	0.064	
	或ⅢF 发动机试验			
	运动黏度增长(40℃, 60h)/%	不大于	325	
	活塞裙部漆膜平均评分	不小于	8.5	
	活塞沉积物评分	不小于	3.2	ASTM D 6984
	凸轮加挺杆磨损/mm	不大于	0.020	
	热粘环		无	

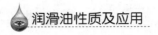

质量等级	项　目		质　量　指　标	试验方法
SH	程序ⅤE发动机试验			SH/T 0759
	发动机油泥平均评分	不小于	9.0	
	摇臂罩油泥评分	不小于	7.0	
	活塞裙部漆膜平均评分	不小于	6.5	
	发动机漆膜平均评分	不小于	5.0	
	机油滤网堵塞/%	不大于	20.0	
	油环堵塞/%		报告	
	压缩环粘结(热粘结)		无	
	凸轮磨损/mm			
	平均值	不大于	0.127	
	最大值	不大于	0.380	
	或程序ⅣA阀系磨损试验			
	平均凸轮磨损/mm	不大于	0.120	
	加：程序ⅤG发动机试验			
	发动机油泥平均评分	不小于	7.8	ASTM D 6891
	摇臂罩油泥评分	不小于	8.0	
	活塞裙部漆膜平均评分	不小于	7.5	ASTM D 6593
	发动机漆膜平均评分	不小于	8.9	
	机油滤网堵塞/%	不大于	20.0	
	压缩环热粘结		无	
GF-1	L-38发动机试验			SH/T 0265
	轴瓦失重/mg	不大于	40	
	活塞裙部漆膜评分	不小于	9.0	
	剪切安定性，运转10h后的运动黏度		在本等级油黏度范围之内 (适用于多级油)	SH/T 0265 GB/T 265
	程序ⅡD发动机试验			SH/T 0512
	发动机锈蚀平均评分	不小于	8.5	
	挺杆粘结数		无	
	程序ⅢE发动机试验			
	黏度增长(40℃，64h)/%	不大于	375	
	发动机油泥平均评分	不小于	9.2	
	活塞裙部漆膜平均评分	不小于	8.9	
	油环台沉积物平均评分	不小于	3.5	
	环粘结(与油相关)		无	
	挺杆粘结		无	SH/T 0758
	擦伤和磨损			
	凸轮或挺杆擦伤		无	
	凸轮加挺杆磨损/mm			
	平均值	不大于	0.030	
	最大值	不大于	0.064	
	油耗/L	不大于	5.1	

质量等级	项 目		质 量 指 标	试验方法
GF-1	程序ⅤE发动机试验			
	发动机油泥平均评分	不小于	9.0	
	摇臂罩油泥评分	不小于	7.0	
	活塞裙部漆膜平均评分	不小于	6.5	
	发动机漆膜平均评分	不小于	5.0	
	机油滤网堵塞/%	不大于	20.0	SH/T 0759
	油环堵塞/%		报告	
	压缩环粘结(热粘结)		无	
	凸轮磨损/mm			
	平均值	不大于	0.130	
	最大值	不大于	0.380	
	程序Ⅵ发动机试验			
	燃料经济性改进评价/%	不小于	2.7	SH/T 0757
SJ	L-38发动机试验			
	轴瓦失重/mg	不大于	40	SH/T 0265
	剪切安定性,运转10h后的运动黏度		在本等级油黏度范围之内	SH/T 0265
			(适用于多级油)	GB/T 265
	或程序ⅤⅢ发动机试验			ASTM D 6709
	轴瓦失重/mg	不大于	26.4	
	剪切安定性,运转10h后的运动黏度		在本等级油黏度范围之内	
			(适用于多级油)	
	程序ⅡD发动机试验			SH/T 0512
	发动机锈蚀平均评分	不小于	8.5	
	挺杆粘结数		无	
	或球锈蚀试验			SH/T 0763
	平均灰度值/分	不小于	100	
	程序ⅢE发动机试验			
	黏度增长(40℃,375%)/h	不小于	64	
	发动机油泥平均评分	不小于	9.2	SH/T 0758
	活塞裙部漆膜平均评分	不小于	8.9	
	油环台沉积物平均评分	不小于	3.5	
	环粘结(与油相关)		无	
	挺杆粘结		无	
	擦伤和磨损(64h)			
	凸轮或挺杆擦伤		无	
	凸轮加挺杆磨损/mm			
	平均值	不大于	0.030	
	最大值	不大于	0.064	
	或程序ⅢF发动机试验			
	运动黏度增长(40℃,60h)/%	不大于	325	
	活塞裙部漆膜平均评分	不小于	8.5	
	活塞沉积物评分	不小于	3.2	ASTM D 6984
	凸轮加挺杆磨损/mm	不大于	0.020	
	热粘环		无	

质量等级	项 目		质 量 指 标	试验方法
SJ	程序ⅤE发动机试验			
	发动机油泥平均评分	不小于	9.0	
	摇臂罩油泥评分	不小于	7.0	
	活塞裙部漆膜平均评分	不小于	6.5	SH/T 0759
	发动机漆膜平均评分	不小于	5.0	
	机油滤网堵塞/%	不大于	20.0	
	油环堵塞/%		报告	
	压缩环粘结(热粘结)		无	
	凸轮磨损/ mm			
	平均值	不大于	0.127	
	最大值	不大于	0.380	
	或程序ⅣA阀系磨损试验			
	平均凸轮磨损/ mm	不大于	0.120	
	加:程序ⅤG发动机试验			
	发动机油泥平均评分	不小于	7.8	ASTM D 6891
	摇臂罩油泥评分	不小于	8.0	
	活塞裙部漆膜平均评分	不小于	7.5	ASTM D 6593
	发动机漆膜平均评分	不小于	8.9	
	机油滤网堵塞/%	不大于	20.0	
	压缩环热粘结		无	
GF-2	L-38发动机试验			SH/T 0265
	轴瓦失重/mg	不大于	40	
	剪切安定性,运转10h后的运动黏度		在本等级油黏度范围之内 (适用于多级油)	SH/T 0265 GB/T 265
	程序ⅡD发动机试验			
	发动机锈蚀平均评分	不小于	8.5	SH/T 0512
	挺杆粘结数		无	
	程序ⅢE发动机试验			
	黏度增长(40℃,375%)/h	不小于	64	
	发动机油泥平均评分	不小于	9.2	
	活塞裙部漆膜平均评分	不小于	8.9	
	油环台沉积物平均评分	不小于	3.5	
	环粘结(与油相关)		无	SH/T 0758
	凸轮加挺杆磨损/mm			
	平均值	不大于	0.030	
	最大值	不大于	0.064	
	油耗/L	不大于	5.1	

质量等级	项　　目		质　量　指　标	试验方法
GF-2	程序ⅤE 发动机试验			SH/T 0759
	发动机油泥平均评分	不小于	9.0	
	摇臂罩油泥评分	不小于	7.0	
	活塞裙部漆膜平均评分	不小于	6.5	
	发动机漆膜平均评分	不小于	5.0	
	机油滤网堵塞/%	不大于	20.0	
	油环堵塞/%		报告	
	压缩环粘结(热粘结)		无	
	凸轮磨损/ mm			
	平均值	不大于	0.127	
	最大值	不大于	0.380	
	活塞内腔顶部沉积物		报告	
	环台沉积物		报告	
	气缸筒磨损		报告	
	程序ⅥA 发动机试验			ASTM D 6202
	燃料经济性改进评价/%	不小于		
	0W-20 和 5W-20		1.4	
	其他 0W-×× 和 5W-××		1.1	
	10 W-××		0.5	
SL	程序ⅤⅢ 发动机试验			SH/T 0265
	轴瓦失重/mg	不大于	26.4	ASTM D 6709
	剪切安定性，运转 10h 后的运动黏度		在本等级油黏度范围之内	
			（适用于多级油）	
	球锈蚀试验			SH/T 0763
	平均灰度值/分	不小于	100	
	程序ⅢF 发动机试验			ASTM D 6984
	运动黏度增长(40℃，80h)/%	不大于	275	
	活塞裙部漆膜平均评分	不小于	9.0	
	活塞沉积物评分	不小于	4.0	
	凸轮加挺杆磨损/mm	不大于	0.020	
	热粘环		无	GB/T 6538
	低温黏度性能ᵉ		报告	SH/T 0562
	程序ⅤE 发动机试验			SH/T 0759
	平均凸轮磨损/ mm	不大于	0.127	
	最大凸轮磨损/ mm	不大于	0.380	
	程序ⅣA 阀系磨损试验			ASTM D 6891
	平均凸轮磨损/ mm	不大于	0.120	

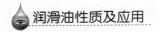

质量等级	项 目		质 量 指 标	试验方法
SL	程序ⅤG发动机试验			ASTM D 6593
	发动机油泥平均评分	不小于	7.8	
	摇臂罩油泥评分	不小于	8.0	
	活塞裙部漆膜平均评分	不小于	7.5	
	发动机漆膜平均评分	不小于	8.9	
	机油滤网堵塞/%	不大于	20.0	
	压缩环热粘结		无	
	环的冷粘结		报告	
	机油滤网残渣/%		报告	
	油环堵塞/%		报告	
GF-3	程序Ⅴ Ⅲ发动机试验			ASTM D 6709
	轴瓦失重/mg	不大于	26.4	
	剪切安定性，运转10h后的运动黏度		在本等级油黏度范围之内（适用于多级油）	
	球锈蚀试验			SH/T 0763
	平均灰度值/分	不小于	100	
	程序ⅢF发动机试验			ASTMD 6984
	运动黏度增长(40℃，80h)/%	不大于	275	
	活塞裙部漆膜平均评分	不小于	9.0	
	活塞沉积物评分	不小于	4.0	
	凸轮加挺杆磨损/mm	不大于	0.020	
	热粘环		不允许	
	油耗/L	不大于	5.2	GB/T 6538
	低温黏度性能ᶜ		报告	SH/T 0562
	程序ⅤE发动机试验			ASTM D6891
	平均凸轮磨损/ mm	不大于	0.127	
	最大凸轮磨损/ mm	不大于	0.380	
	程序ⅤG发动机试验			ASTM D 6593
	发动机油泥平均评分	不小于	7.8	
	摇臂罩油泥评分	不小于	8.0	
	活塞裙部漆膜平均评分	不小于	7.5	
	发动机漆膜平均评分	不小于	8.9	
	机油滤网堵塞/%	不大于	20.0	
	压缩环热粘结		无	
	环的冷粘结		报告	
	机油滤网残渣/%		报告	
	油环堵塞/%		报告	

质量等级	项 目		质 量 指 标			试验方法
GF-3	程序ⅧB 发动机试验 16h 老化后燃料经济性改进评价 FEI1/% 不小于 96h 老化后燃料经济性改进评价 FEI2/% 不小于 FEI1+FEI2/%		0W-20 5W-20 2.0 1.7 —	0W-30 5W-30 1.6 1.3 3.0	10W-30 和其他多级油 0.9 0.6 1.6	ASTM D 6837

注: ① 对于一个确定的汽油机油配方, 不可随意更换基础油, 也不可随意进行黏度等级的延伸。在基础油必须变更时, 应按照 API 1509 附录 E"轿车发动机油和柴油机油 API 基础油互换准则"进行相关的试验并保留试验结果备查。在进行黏度等级延伸时, 应按照 API 1509 附录 F"SAE 黏度等级发动机试验的 API 导则"进行相关的试验并保留试验结果备查。

② 发动机台架试验的相关说明参见 ASTM D 4485"S 发动机油类别"中的脚注。

a. 亦可用 SH/T 0264 方法评定, 指标为轴瓦失重不大于 25mg。

b. 按 SH/T 0265 方法运转 10h 后取样, 采用 GB/T 265 方法测定 100℃运动黏度, 在用 SH/T 0264 方法评定轴瓦腐蚀时, 剪切安定性用 SH/T 0505 方法测定, 指标不变。如有争议以 SH/T 0265 和 GB/T 265 方法为准。

c. 根据油品低温等级所指定的温度, 使用试验方法 GB/T 6538 和 SH/T 0562 测定 80h 试验后的油样。

二、四冲程摩托车汽油机油

四冲程摩托车的发动机、离合器和传动装置都采用汽油机油润滑, 因此四冲程摩托车汽油机油的性能明显不同于四冲程汽车汽油机油。

(一)四冲程摩托车汽油机油的性能要求

(1)摩擦性能 为了防止四冲程摩托车湿式离合器打滑, 对油品的摩擦性能提出了特殊要求。一般采用 SAE NO.2 试验机测定油品的静、动摩擦系数和停止时间指数, 以评价是否符合四冲程摩托车 MA 类油(高摩擦系数)或 MB 类油(低摩擦系数)指标要求。

(2)润滑性能 四冲程摩托车汽油机油大多同时用于发动机、离合器、传动装置三部分的润滑, 因此应具有较佳的抗磨、极压性能以满足齿轮、轴承等部件的润滑性能要求。

(3)氧化稳定性 大多数四冲程摩托车用风冷而且油底壳小, 其升功率是汽车的 1.5~1.8 倍, 最大输出转速达 6000~15000r/min, 是汽车的 1.3~2 倍, 高功率或高转速时发动机油温有时高达 160℃左右, 所以对机油的氧化稳定性要求也比较高。

(4)剪切稳定性 机油在润滑发动机和湿式离合器时受到的剪切作用非常大, 因此油品应具有好的抗剪切性能。

(二)四冲程摩托车汽油机油的分类

日本汽车标准组织 JISO 于 1998 年 3 月 28 日正式批准了日本四冲程摩托车发动机油规格。该标准规定四冲程摩托车发动机油要达到 API 分类的 SE 级以上油品的剪切稳定性, 高温高剪切黏度、蒸发损失和抗泡性等理化性能(表 5-33), 同时根据油品的摩擦特性将四冲程摩托车油分为 MA 和 MB 两种(表 5-34), 其中 MA 油适用于高摩擦系数要求的四冲程摩托车发动机; MB 油使用于低摩擦系数要求的四冲程摩托车发动机, 这类发动机在北美丰田车上用的较多。我国生产的四冲程摩托车一般使用 MA 类油。

表 5-31　日本四冲程摩托车发动机油理化性能

项　　目		规格	标准/试验方法
硫酸灰分/%	不大于	1.2	JIS K2272—85(ASTM D874)
蒸发损失/%	不大于	20	JPI SS-444-93(CEC L-40-T-87)
泡沫性能/(mL/mL)			JIS K2518(ASTM D892)
程序 I	不大于	10/0	
程序 II	不大于	50/0	
程序 III	不大于	10/0	
高温高剪切黏度/mPa·s	不小于	2.9	JPI 5S-29-91(ASTM D4683)
剪切稳定性/(mm²/s)			JPI 5S-29-88(ASTM D3945)
SAE30	不小于	9.0	
SAE40	不小于	12.0	
SAE50	不小于	15.0	

表 5-34　日本四冲程摩托车发动机油的摩擦特性

项　　目	MA	MB
静摩擦特性指数[1]	1.25~2.5	0.5~1.25
动摩擦特性指数[1]	1.3~2.5	0.5~1.3
制动时间指数[1]	1.45~2.50	0.5~1.45

注：[1] 指数=1+(试验油-JAFRE-B)/(JAFRE-A-JAFRE-B)，JAFRE-A=2.0(具有高摩擦性能的参比油)，JAFRE-B=1.0(具有低摩擦性能的参比油)。

(三) 四冲程汽车汽油机油用于四冲程摩托车发动机的危害

四冲程汽车和四冲程摩托车用油存在显著差异(表 5-35)。如果四冲程汽车汽油机油用于四冲程摩托车将造成低温下起动困难，齿轮转换器功能差，继续使用将导致摩托车离合器严重磨损直至失效。

表 5-33　四冲程摩托车和汽车用油主要差异

车　型	湿式离合器摩托车	汽车
润滑油品种	一种油润滑	专用油分别润滑发动机和变速系统
润滑部位	变速器(齿轮箱) 发动机 (起步、功率传送、反转矩限制器)离合器	发动机油润滑发动机 齿轮油润滑齿轮箱 专用液润滑变速系统
摩擦学特性	一般要求初期低速摩擦时随速度的增大，摩擦系数平衡增大，在高速下摩擦系数缓慢上升或持平	发动机油的摩擦系数无特殊要求，摩擦系数越低，节能效果越好，一般情况下摩擦系数随速度的增加而下降

三、二冲程汽油机油

二冲程发动机与四冲程发动机不同，它没有进、排气门和阀动系统，仅在气缸上有扫气口和排气口。在第一冲程完成进气和压缩过程，而第二冲程时完成燃烧和换气过程。二冲程汽油机因结构简单、升功率高、经济方便而作为小功率发动机的原动力广泛使用，主要用于摩托车、舷外发动机、助动车、小型农林动力机械方面。

二冲程汽油机油的润滑方式包括：①润滑油与汽油按一定的燃油比预先混合好，加入油箱使用的预混合型；②润滑油与汽油箱分开，根据发动机工作情况自动调节燃油比例混合后加入曲轴箱的分离-混合型；③将润滑油直接喷到各润滑点的直接润滑型。第三种润滑方式主要用于排量较大的二冲程发动机。

二冲程发动机的润滑油随同汽油和空气的混合物，进入曲轴箱内部对曲轴轴承及连杆的大小两端轴承进行润滑后，由换气缸进入燃烧室，对气缸和活塞等润滑的同时，与燃料一起在燃烧室内燃烧，未燃烧部分从排气孔排气管，经过消音器被排出发动机外部。二冲程发动机润滑油都是一次性使用，不会存在循环使用时油品的老化问题。

（一）二冲程汽油机油性能要求

（1）润滑性能　汽油机油在活塞、活塞环和缸套之间保持油膜的能力，一般使用光亮油或聚异丁烯增强油膜强度。活塞和活塞环不擦伤；在高温、高负荷、发动机冷却不良时轴承润滑良好。

（2）清净性　活塞环槽和活塞环上少出现沉积物，否则会导致活塞环粘结、活塞环台擦伤和活塞销轴套卡死，以及堵塞排气口。同时，燃烧室内产生严重积炭时会引起早燃。应避免使用 ZDDP 和高碱值金属清净剂。

（3）排烟性能　低排烟是排放法规所要求的，二冲程汽油机油使用数均分子量为 900~1000 的聚异丁烯时排烟小，同时提高燃油比也有助于低排烟。

（4）流动性和混溶性　二冲程汽油机油应有很好的低温流动性，并且进入发动机时能与燃料快速混合好。润滑油与燃油的混溶性试验是在 0℃下进行，首先向量筒内加入 0℃的试油 17mL，然后加入 0℃的汽油，使量筒内液体总体积达 450mL。来回倒转密闭量筒，记录汽油和润滑油完全混合所需倒转的次数，如果在 2min 内不超过 24 次倒转后，已无润滑油黏附在管壁上则认为混溶性合格。

（二）二冲程汽油机油的发展历程

1968 年美国石油协会（API）根据发动机的性能将二冲程发动机油分成 TC-1 和 TC-2 两类。其中，TC-1 适用于中等功率、对沉积物控制无特殊要求的发动机；TC-2 适用于大功率、对油的抗擦伤、磨损、燃烧室沉积物生成要求很高的发动机。

1985 年在 API、SAE、ASTM 和 CEC 的共同努力下，提出了新的使用分类方案（表 5-36）。后来 API 又将二冲程汽油机油分成 TA、TB、TC 和 TD 四类。1988 年以后，TA、TB 被废弃，NMMA（美国国家船舶制造商协会）于 1988 年 9 月公布了 TC-WⅡ水冷二冲程汽油机油技术标准，1990 年美国增添了 TC$^+$级优质低烟二冲程油，1993 年 NMMA 又进一步发展了 TC-WⅢ。与 TC-WⅡ水冷二冲程汽油机油相比，TC-WⅢ增加了考察油品清净性能和环粘结性能的 Mercury 11.2kW 发动机试验和大功率的 NMMA OMC 52.2kW 发动机试验，因此 TC-WⅢ水冷二冲程机油具有更好的清净性和润滑性能，更适合应用于大功率的水冷二冲程发动机。

表 5-34 API、SAE、ASTM 和 CEC 推荐的二冲程汽油机油分类

使用分类	用途	主要性能指标	试验方法
TSC-1	每缸排量 50~100mL 的小型空冷二冲程汽油机，如机器脚踏车、小型摩托车、链锯、割草机和小型电机等	① 程序 I 润滑性试验：火花塞垫圈温度从 200℃升到 300℃的功率（扭矩）下降不大于参比油 ASTM Ⅵ-D（或性能指标 Pl 不小于 0） ② 程序 Ⅱ 排气系统沉积物试验：排气系统堵塞 70%或功率下降 30%所需时间均不小于 250h；环槽沉积物评分不得比参比油 Ⅵ-T 低 1 分；活塞裙部漆膜部分不得比参比油 Ⅵ-T 低 0.5 分；火花塞面积不得比参比油 Ⅵ-T 大 10%	① 胀紧、擦伤、提前点火 CEC L-19-T-77 Yamalia CE50S ② 动力损失 CEC L-20-A-79
TSC-2	每缸排量在 100mL 以上的空冷二冲程汽油机，如摩托车、三轮摩托车、链锯（燃油比高达 32：1）	① 程序 I 活塞抗卡住试验：火花塞温度从 200℃升到 290℃的功率（扭矩）下降不大于参比油 RL 56（或分辨指数 DI 不小于 0） ② 程序 Ⅱ 沉积物和一般性能试验：沉积物引起的功率下降不大于参比油 RL 07；活塞各部分污染评分；活塞和气缸擦伤情况 ③ 程序 Ⅲ 提前点火试验：提前点火指数不大于参比油 RL05	胀紧、动力损失、提前点火 CEC L-21-T-77 Vespa 125T5
TSC-3	每缸排量在 250mL 以上的大型空冷二冲程汽油机，燃油比 50：1，预混合或注入式润滑，如大型摩托车、雪车等	① 程序 I 环粘结和沉积物试验：环粘结评分、活塞裙部漆膜评分不得低于参比油 Ⅵ-D 0.5 分；每一个全过程试验（运转 2 次）火花塞污染不得比参比油 Ⅵ-D 多发生 2 次；不产生提前点火；排气孔堵塞面积不得比参比油 Ⅵ-D 大 10% ② 程序 Ⅱ 润滑性试验：火花塞垫圈温度从 200℃升到 350℃的功率（扭矩）下降不大于参比油 ASTM Ⅵ-D ③ 程序 Ⅲ 提前点火试验：较大的提前点火不超过 1 次，较小的提前点火不得比参比油 Ⅵ-E 大 2 倍；火花塞非提前点火的危害不超过 1 次	Yamaha Y35OM₂ 二冲程两缸空冷汽油机试验 清净性 环粘结 Yamaha CE50S 修改的 CEC L-19 试验 Motobecane AV7L 单缸空冷二冲程发动机试验
TSC-4	大型水冷式舷外发动机	① 润滑性能：按工况 1 试验完后，活塞无擦伤，缸壁无明显损伤，没有明显润湿不足现象；按工况 2 和 3 试验完后，缸壁和其他工作部位的润滑状况不比参比油差 ② 活塞粘结：按工况 2 和 3 试验完后，所有四个顶活塞环平均粘结评分不得比参比油低 1 分，且无热粘环 ③ 活塞漆膜：按工况 2 和 3 试验完后，四个活塞平均漆膜评分不得比参比油低 0.5 分 ④ 提前点火：提前点火发生次数不大于参比油 ⑤ 活塞污染：每试验完一次，不得发生一次活塞污染 ⑥ 排气孔堵塞：排气孔堵塞面积不得比参比油大 10% ⑦ 防锈性：不次于参比油	ASTM 研究的低于 66kW，1.5L 气缸舷外发动机试验 BIA TC-W

在此时期，日本 JASO 形成了 FA、FB、FC 和 FD 四类风冷二冲程汽油机油的分类标准，并被世界各国逐渐采用。国际标准组织风冷二冲程汽油机油原则上采用了日本的分类，即 GA、GB、GC 和 GD 四类，水冷二冲程汽油机油采用美国 NMMA 标准，推行 TC-W Ⅱ 和 TC-W Ⅲ 标准。

我国参照 1985 年 API、SAE、ASTM 和 CEC 推荐的二冲程汽油机油分类标准，将二冲程汽油机油按特性和使用场合分为 ERA、ERB、ERC 和 ERD 四个品种(表 5-37)。这四个品种与其他国家的二冲程汽油机油分类的对应关系见表 5-38。

表 5-37　我国二冲程汽油机油分类

代号	特性和使用场合
ERA(Ⅰ档)	用于缓和条件下工作的小型风冷二冲程汽油机。具有防止发动机高温堵塞和活塞磨损的性能，另外还能满足发动机其他一般性能要求
ERB(Ⅱ档)	用于缓和和中等条件下工作的小型风冷二冲程汽油机。具有防止发动机活塞磨损和由燃烧室沉积物引起提前点火的性能，另外还能满足发动机其他一般性能要求
ERC(Ⅲ档)	用于苛刻条件下工作的小型至中型的风冷二冲程汽油机。具有防止高温活塞环粘结和由燃烧室沉积物引起提早点火的性能，另外还能满足发动机一般性能要求
ERD(Ⅳ档)	用于苛刻条件下工作的中型至大型水冷二冲程汽油机。具有防止燃烧室沉积物引起的提前点火、活塞环粘结、活塞磨损和腐蚀性能，另外还能满足发动机其他一般性能要求

表 5-38　我国与其他国家的二冲程汽油机油分类的对应关系

类型	中国	API	API/CEC	美国 NMMA	日本 JASO	国际标准	使用对象
风冷	ERA	TA[①]	TSC-1		FA	EGA	<50mL 摩托车，割草机
	ERB	TB[①]	TSC-2		FB	EGB	50~200mL 摩托车
	ERC	TC	TSC-3		FC	EGC	雪地巡逻车，高性能摩托车
	ERC+	TC+			FD	EGD	无烟
水冷	ERD	TD[①]	TSC-4	TC-W Ⅰ			舷外发动机
				TC-W Ⅱ			
				TC-W Ⅲ			

注：① 已废除。

在"七五"期间，我国用国产发动机建立了相当于 TSC-1、TSC-2、TSC-3 的发动机台架(表 5-39)，并提出了这三类油的暂定技术条件。"八五"期间建立了新的二冲程汽油机油台架试验，其中风冷二冲程汽油机油台架与日本的 JSAO 试验台架相当，并制定了 FB 和 FC 风冷二冲程汽油机油行业标准 SH/T 0675—1999(表 5-40)；水冷二冲程汽油机油台架与美国 NMMA 的 TC-W Ⅱ 规格的台架相当，并制定了相当于 TC-W Ⅱ 规格的水冷二冲程汽油机油行业标准 SH/T 0676—1999(表 5-41)；"九五"期间研制了相当于 TC-W Ⅲ 水冷二冲程汽油机油(表 5-42)，该规格的油品需采用加氢油或合成油为基础油。

表 5-39　我国二冲程汽油机油台架标准

分类	相当于美国分类	评定试验	标准号
ERA(Ⅰ档)	TSC-1	Ⅰ.高温润滑性 Ⅱ.排气系统堵塞	SH/T 0574-93
ERB(Ⅱ档)	TSC-2	Ⅰ.高温润滑性 Ⅱ.沉积物 Ⅲ.早燃	SH/T 0575-93
ERC(Ⅲ档)	TSC-3	Ⅰ.燃烧清净性 Ⅱ.高温润滑性 Ⅲ.早燃	SH/T 0576-93

表 5-40　风冷二冲程汽油机油质量指标

项　目		质量指标		试验方法
		FB	FC	
运动黏度(100℃)/(mm²/s)	不低于	6.5		GB/T 265
闪点(闭口)/℃	不低于	70		GB/T 261
沉淀物[①]/%(质量分数)	不大于	0.01		GB/T 6531
水分/%(体积分数)	不大于	痕迹		GB/T 260
硫酸盐灰分/%(质量分数)	不大于	0.25		GB/T 2433
台架评定试验[②]				
润滑性指数 LIX	不小于	95	95	SH/T 0668
初始扭矩指数 IIX	不小于	98	98	SH/T 0668
清净性指数 DIX	不小于	85	95	SH/T 0667
裙部漆膜指数 VIX	不小于	85	90	SH/T 0667
排烟指数 SIX	不小于	45	85	SH/T 0646
堵塞指数 BIX	不小于	45	90	SH/T 0669

注：①可采用 GB/T 511 测定机械杂质，指标为不大于 0.01%(质量分数)，有争议时以 GB/T 7631 为准。

②属保证项目，每四年审定一次，必要时进行评定。

表 5-41　TC-WⅡ水冷二冲程汽油机油质量指标

项　目		质量指标	试验方法
运动粘度(100℃)/(mm²/s)	不低于	6.5~9.3	GB/T 265
闪点(开口)/℃	不低于	70	GB/T 3536
倾点/℃	不高于	-25	GB/T 3535
沉淀物[①]/%(质量分数)	不大于	0.01	GB/T 6531
水分/%(体积分数)	不大于	痕迹	GB/T 260
锈蚀试验[②]			SH/T 0633
锈蚀面积	不大于	参比油锈蚀面积	
滤清器堵塞倾向试验[②]			SH/T 0634
流动速率变化/%	不大于	20	
混溶性试验[②]			SH/T 0671

项　　目		质量指标	试验方法
（-25℃），翻转次数	不大于	参比油的110%	
低温流动性试验②			SH/T 0671
（-25℃）/mPa·s	不大于	参比油的110%	
润滑性试验③			SH/T 0670
平均扭矩降	不大于	参比油平均扭矩降	
早燃倾向试验③			SH/T 0647
发生早燃测试	不多于	参比油早燃次数	
一般性能试验③			SH/T 0648
活塞环平均评分	不小于	参比油平均评分减0.6分	
活塞沉积物平均评分	不小于	参比油平均评分减0.6分	
火花塞故障次数	不多于	参比油的次数	
排气口堵塞	不大于	参比油的110%	
活塞裙部、轴承、轴颈的状况	不差于	参比油的状况	

注：①可采用 GB/T 511 测定机械杂质，指标为不大于0.01%（质量分数），有争议时以 GB/T 7631 为准。

　　②属保证项目，每年测定一次。

　　③属保证项目，每四年审定一次，必要时进行评定。

表 5-42　TC-WⅢ舷外发动机油技术指标

项　　目		质量指标	试验方法
运动粘度（100℃）/（mm²/s）	不低于	6.5~9.3	GB/T 265
闪点（开口）/ ℃	不低于	70	GB/T 3536
倾点/℃	不高于	-25	GB/T 3535
沉淀物/%（质量分数）	不大于	0.01	GB/T 6531
水分/%（体积分数）	不大于	痕迹	GB/T 260
锈蚀试验			SH/T 0633
锈蚀面积	不大于	参比油锈蚀面积	
滤清器堵塞倾向试验			SH/T 0634
流动速率变化/%	不大于	20	
混溶性试验			SH/T 0671
（-25℃），翻转次数	不大于	参比油的110%	
互溶性试验（48h）		与参比油混合均一	NMMA TC-WⅢ
低温流动性试验			SH/T 0671
（-25℃）/mPa·s	不大于	7500	
润滑性试验			SH/T 0670
平均扭矩降	不大于	参比油平均扭矩降	
早燃倾向试验			SH/T 0647

续表

项　　目		质量指标	试验方法
发生早燃测试	不多于	参比油早燃次数	
OMC 29.2kW 发动机试验		通过	SH/T 0648
Mercury 11.2kW 发动机试验		通过	SH/T 0709
OMC 52.2kW 发动机试验		通过	SH/T 0708

（三）四冲程汽车汽油机油与二冲程汽油机油互用的危害

四冲程汽车汽油机油一般含有金属盐清净剂、抗氧抗腐剂、极压抗磨剂等有灰型添加剂和氧化稳定性好的高聚物增黏剂，燃烧后会产生大量的沉积物，这导致二冲程发动机火花塞生垢及过早点火；且四冲程汽车汽油机不含溶剂，与燃料的混溶性差。因此，四冲程汽车汽油机油不能用于二冲程汽油机。另一方面，二冲程汽油机油因不含四冲程汽车发动机油所需的清净剂、极压抗磨剂等添加剂，达不到四冲程汽车发动机油的性能要求，也不能用于四冲程汽车发动机。

四、航空发动机油

航空发动机润滑油按用途分为航空活塞式发动机润滑油和航空涡轮发动机润滑油两类。

（一）航空活塞式发动机润滑油的品种及规格

航空活塞式发动机是以航空汽油为燃料的汽油发动机，其工作原理与汽油机相同，但工作条件比一般汽车汽油发动机苛刻得多，如气缸衬套下部的温度为 140~180℃，主轴承负荷为 23MPa，因而发动机的工作压力、工作温度更高，故航空活塞式发动机润滑油在润滑性、氧化安定性和清净分散性要求更高，它不仅要求润滑油有良好的热安定性，而且应该有较大的黏度。运-5（安-2）、初教-6、直-5（米-4）、伊尔-14 等飞机，都装用这种类型的发动机。

抗氧化安定性不好的润滑油，在活塞区容易产生胶膜，粘结活塞环，所以需要加入清净分散剂。但目前使用的清净分散剂多为高灰分产品，因而还不能加在航空润滑油中。因为灰分可能引起火花塞故障，清洗下来的炭物质滞留在润滑油过滤器中还可能引起供油故障，为了发动机安全可靠地工作，航空润滑油的基础油应进行深度精制以提高它的抗氧化安定性，并且在使用中，通过较频繁的定期换油，来保证发动机中油品的质量。

航空活塞式发动机的机种较少，润滑油的品种牌号也不多，且润滑油在较高温度和较大负荷下保证零件的润滑和活塞与气缸之间的密封，润滑油应有较高的黏度。我国主要是 20 号航空润滑油。此外，为解决 20 号航空润滑油在使用中低温启动问题，出现了 20 号合成烃航空润滑油。我国航空活塞式发动机润滑油技术规范见表 5-43。

表 5-43　我国 20 号航空活塞式发动机润滑油技术规范

项　　目		质量指标	试验方法
运动黏度（100℃）/（mm^2/s）	不小于	20	GB/T265
运动黏度比（$v_{50℃}/v_{100℃}$）	不大于	7.80	GB/T265
残炭/%	不大于	0.3	GB/T268
酸值/（mgKOH/g）	不大于	0.03	GB/T264

项　　目		质量指标	试验方法
灰分/%	不大于	0.003	GB/T508
选择性溶剂(酚含量)		无	SH/T 0120
水溶性酸或碱		无	GB/T259
机械杂质/%		无	GB/T511
水分/%		无	GB/T260
闪点(闭口)/℃	不低于	230	GB/T261
凝点/℃	不高于	−18	GB/T510
颜色[用85%(体积分数)无色煤油稀释]/mm	不小于	15	SH/T 0258
密度(20℃)/(g/cm³)	不大于	0.895	GB/T1884 或 GB/T1885
热氧化安定性(250℃)/min	不小于	25	SH/T 0259
腐蚀度，g/m²	不小于	45	GB/T391
黏度温度系数	不大于	55	本标准附录 A

为更好地解决活塞式航空发动机使用 20 号航空润滑油的低温启动问题，我国研制了 14 号航空润滑油，该油品凝点不高于−55℃，能保证"三北"地区飞机的冬季低温启动。

（二）航空涡轮发动机润滑油的品质要求

航空涡轮发动机一般使用界于汽油和柴油之间的馏分作为燃料，我国使用 3 号喷气燃料。

航空涡轮发动机工作时，空气压缩器将空气增压并输送到燃烧室，与燃料燃烧后形成的高温、高压燃气驱动涡轮做功，带动同轴的压缩器及其附件工作。涡轮喷气式发动机润滑系，采用密闭式压力循环润滑，主要润滑部位为前、中、后三个滚动轴承及附件传动装置内的各齿轮、轴承等。润滑系油由润滑箱、进油泵、润滑滤、滑油喷嘴、回油泵、滑油散热器等组成，见图 5-5。

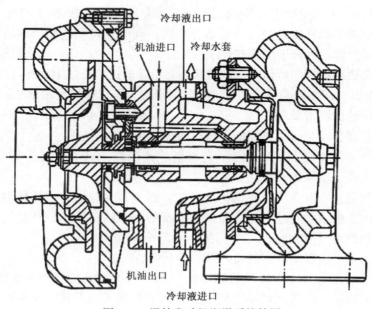

图 5-5　涡轮发动机润滑系统简图

发动机工作时润滑油的工作路线如下：

前轴承和附件机闸

油箱 —→ 进油泵 —→ 滑油滤 —→ 中后轴承 —→ 回油泵 —→ 散热器 —→ 油箱

从涡轮喷气发动机的润滑系可以看出，发动机的主要润滑部件是前、中、后轴承和传动装置。另外，在涡轮螺旋桨发动机内，除以上机件外，还需要润滑螺旋桨减速器。润滑油的主要工作条件是：

（1）温度高　航空涡轮发动机润滑系统的温度随飞行速度增加而提高。现代超音速飞机，轴承（滚动轴承）最高温度达到 $300\sim400℃$，并且涡轮的输出功率高，润滑系统容量有限，发动机的输出功率与润滑油量比值非常高，使涡轮轴承的润滑油达到了 $150\sim200℃$ 以上的高温，见表 5-44。正常工作时，润滑油处于循环状态，在润滑系统油路中高速流动，润滑油在涡轮轴承处的停留时间非常短。但当发动机停车后，润滑油停留在轴承处，同时冷气扇停止，致使轴承温度上升，留滞在轴承处的润滑油温度可达到 $250\sim300℃$，直至轴承慢慢地自然冷却。这样，停留在轴承表面的润滑油更易蒸发和氧化变质。

表 5-44　润滑系统温度与飞机速度的关系

部　位	温度/℃		
	亚音速	音速	超音速
涡轮轴承	175	175~300	300~400
润滑油	90	90~150	150~200

（2）循环周期快　涡轮发动机的转子轴承，转速可达 12000r/min，产生的摩擦热依靠润滑油不断循环，将热量导出。各轴承润滑油的流量分配情况大致是：压缩机前轴承为 $1\sim3L/min$，后轴承为 $4\sim12L/min$，而涡轮轴承由于接近燃气，所以达到 $6\sim20L/min$。发动机滑油箱的容量是有限的，如涡喷-6 发动机滑油箱容量为 12L，涡喷-7 的为 16L。即是说，滑油箱容量小，润滑油循环周期快，容易氧化变质。同时也说明，润滑油应该很好的流动性，否则就不能满足高速循环下的冷却要求。

（3）涡轮发动机减速器的负荷大　涡桨减速器齿轮的压应力达 $10000\sim15000MPa$，剪应力达 $4000\sim6000MPa$。润滑涡轮螺旋桨发动机的润滑油，不仅应满足轴承的润滑要求，同时还应满足减速器齿轮的润滑要求。

（4）与多种金属和非金属材料接触　润滑油在工作中，要与铁、铜、铬、镁、铝、银、钛、镍、铅、钼等金属材料和丁腈橡胶、硅橡胶、氟橡胶、氯丁橡胶等非金属材料接触。从实际使用情况来看，轴承镀铅层易受腐蚀。

（5）易与空气混合　航空涡轮发动机润滑油虽然不直接与燃烧气体接触，但容易与空气混合，产生泡沫。轴承是通过滑油喷嘴供油润滑的，滑油在快速循环情况下，特别是喷溅时，使润滑油强烈地与空气混合，产生泡沫。

因此，要求航空涡轮发动机润滑油必须具备下列品质要求：

（1）具有适当的黏度和良好的低温流动性　航空涡轮发动机润滑系统的工作特点是：主要润滑件为滚动轴承，润滑油循环周期短，采取喷雾润滑。因此，润滑油的黏度不宜过大，通常 100℃ 时的运动黏度为 $3\sim8mm^2/s$，下限为涡轮喷气发动机润滑油的要求，上限为涡轮螺旋桨发动机润滑油的要求。

根据亚音速喷气飞机的飞行表明，在外界条件的影响下，润滑油的温度可低至-40℃以下，有时由于空气的冷却，前轴承的温度低至-60℃。同时，涡轮喷气发动机起动时，涡轮压缩机轴的转速需要达到1200～1500r/min。这些条件都要求润滑油应有良好的低温流动性。在多数情况，要求航空涡轮发动机润滑油的凝点不高于-60℃。

（2）具有良好的高温抗氧化安定性　飞机随着速度的提高，对润滑油高温抗氧化安定性提出了更高的要求。从目前情况看，因矿物油难以承受150℃以上的高温，在150～175℃的温度条件下，矿物油往往生成不溶性固体沉淀和结焦，使发动机不能正常工作。因此已逐渐以酯类油作为航空涡轮发动机的润滑剂。酯类油按使用温度，分为三型：Ⅰ型：使用温度为-54～175℃；Ⅱ型：使用温度为-40～204℃；Ⅲ型：使用温度为～280℃。

目前，我国使用的酯类油有癸二酸二-2-乙基己酯、聚异丙二醇复酯、季戊四醇酯、三羟甲基丙烷酯。前两种属Ⅰ型油，后两种属Ⅱ型油。

Ⅰ型油在涡轮发动机上，只要大量油的温度（在油槽中的温度）不超过149℃，回油温度不超过260℃，就能发挥足够的性能。这类油在亚音速飞机上得到广泛应用，在 $M=0.9$ 的巡航条件下，在油槽中记录的最高油温是150℃，从轴承出来的最高回油温度是200℃。但是，Ⅰ型油不适用于轴承回油温度超过260℃的涡轮发动机，因为它在高温下会分解为酸和烯烃。酸的存在会加速各类金属的腐蚀，同时烯烃容易被存在的高温空气氧化而生成不溶物，这些不溶物表现为油路中的油泥和漆膜沉淀。因此，要满足高温的润滑要求，应使用Ⅱ型酯类油。

（3）具有低挥发性　航空涡轮发动机润滑油，在高温、低压条件下应具有低挥发性。因为高挥发性油，不仅仅蒸发损耗增大，而且由于轻组分被蒸发掉，使润滑油的黏度迅速增大。通常，合成润滑油的蒸发性比矿物油小得多。表5-45是8号喷气机润滑油（矿油）和4109合成航空润滑油蒸发性对比数据。

表5-45　HP-8与4109的蒸发性对比

项　　目	HP-8（矿物油）	4109（酯类油）
动蒸发204℃，触5h/%	27	5.82
薄层蒸发/%		
140℃，2h	62.76	1.65
140℃，3h	75.45	1.99

（4）不腐蚀金属　润滑油氧化后，不腐蚀各种金属，特别对易反应的金属如铅、铜、镁等不产生腐蚀，并能有效地防止外来物质的腐蚀。因为当喷气发动机轴高速旋转时，在轴承滚动体上有很小的毛病也能招致轴承的损伤和毁坏。

（5）不引起橡胶过渡的膨胀或收缩　橡胶油管和密封件的膨胀或收缩，都可能引起润滑油的泄漏，因此，要求润滑油对橡胶应有良好的适应性。

（6）有良好的消泡性　润滑油消泡性的好坏与使用添加剂有关。通常加入微量的二甲基硅油以改善润滑油的消泡性。

（三）航空涡轮发动机润滑油品种及规格

根据航空涡轮发动机的具体构造和工况条件的差异，航空涡轮发动机润滑油分为涡轮喷气发动机润滑油、涡轮螺旋桨发动机润滑油、涡轮风扇发动机润滑油和涡轮轴发动机润滑油。

1. 涡轮喷气发动机润滑油

涡轮喷气发动机润滑油是用于润滑和冷却发动机转子轴承及附件传动机的齿轮及轴承的。这些机件中发动机的转子轴承工作条件最苛刻，主要是负荷较大、转速高，工作温度也高。如涡轮-6发动机前轴承温度100℃，中轴承为150℃左右，而后轴承则为200℃。当飞行速度 $M>2$ 时，由于气动加热使飞机蒙皮温度迅速升高，轴承和润滑油温度也随之升高。

在苛刻条件下，烃类润滑油已不能满足使用要求。酯类油在飞行速度 $M=3$ 时仍能使用，但当 $M=4$ 时，可供选择的润滑剂目前只有氟醚油、氟硅烷和聚苯醚等。我国涡轮喷气发动机润滑油的发展与国外一样，经历了从矿物油到合成油的过程。

（1）8号航空润滑油　按不同加工工艺分两个牌号：HP-8A 和 HP-8B。HP-8A 是以常压三线或减压一线润滑油馏分为原料，经深度脱蜡和精制得到基础油，再加入复合抗氧剂调和而成。HP-8B 是以聚 α-烯烃合成油为基础油，加入抗氧剂调和而成，比 HP-8A 具有更优的低温性能。8号航空润滑油的技术规范见表5-46。

HP-8A 主要用于涡轮喷气航空发动机的润滑。涡喷-6发动机的换油期为200h，涡喷-7为100h。HP-8B 适用于严寒地区冬季飞机发动机的润滑，能满足气温-42℃条件下正常起动。

表 5-46　8号航空润滑油技术规范

项　　目		质量指标		试验方法
		HP-8A	HP-8B	
运动黏度/（mm²/s）				GB/T 265
50℃	不小于	8.3	8.3	
20℃	不小于	30.3	30.0	
-40℃	不小于	6500	3300	
运动黏度比（$v_{-20℃}/v_{50℃}$）	不大于	70	60	GB/T 265
酸值/（mgKOH/g）	不大于	0.04	0.04	GB/T 264
氧化安定性（175℃，10h，50mL/min 空气）				
氧化后沉淀物/%	不大于	0.08	0.08	
氧化后酸值/（mgKOH/g）		0.25	0.25	SH/T 0196
灰分/%	不大于	0.005	0.005	GB/T 508
水溶性酸或碱		无	无	GB/T259
硫含量/%	不大于	0.14	0.14	GB/T387
机械杂质/%		无	无	GB/T511
水分/%		无	无	GB/T260
闪点（闭口）/℃	不低于	140	140	GB/T261
凝点/℃	不高于	-55	-60	GB/T510
氢氧化钠试验/级	不大于	2	2	SH/T 0267
苯胺点/℃	不低于	79	79	GB/T262
密度（20℃）/（kg/m³）	不大于	885	885	GB/T1884

（2）8 号航空防锈润滑油　是以 8 号航空润滑油（HP-8A）为基础油，加入防锈添加剂调和而成，对黑色金属具有良好的防锈性，对多种有色金属（铜、铝、镁、银、锌）也有较好的防锈性。与前苏联 MK-8A、法国 AIR-3516、加拿大 3-GB-901 性能相当。其技术规范见表 5-47。

表 5-47　8 号航空防锈润滑油技术规范

项　目		质量指标	试验方法
密度（20℃）/（kg/m³）	不大于	0.885	GB/T 1884
运动黏度（50℃）/（mm²/s）	不小于	8.3	GB/T265
闪点（闭口）/℃	不低于	135	GB/T261
凝点/℃	不高于	−55	GB/T510
酸值/（mgKOH/g）		实测	GB/T264
水溶性酸碱/（mgKOH/g）	不小于	碱性	GB/T259
灰分/%	不小于	0.2	GB/T508
机械杂质/%		无	GB/T511
水分/%	不大于	痕迹	GB/T260
湿热试验			GB/T2361
45#钢片 4d	不大于	0 级	
H₆₂ 黄铜 7d	不大于	1 级	
MI 紫铜	不大于	1 级	
青铜	不大于	1 级	
叠片试验			Q/SH018.3202
45#钢片 4d	不大于	0 级	
H62 黄铜 7d	不大于	1 级	
MI 紫铜	不大于	1 级	
青铜	不大于	1 级	
静态腐蚀试验			SH/T 0080
45#钢片 4d	不大于	0 级	
H62 黄铜 7d	不大于	1 级	
MI 紫铜	不大于	1 级	
青铜	不大于	1 级	
盐水浸渍试验（30℃±1℃，15h）			Q/SH018.3202
45#钢片		合格	

8 号航空防锈润滑油主要用于涡轮喷气式发动机制造厂和修理厂的发动机短期试车和长期封存。具有长期封存和短期润滑效能。也可代替仪表油、封存防锈油用于微型轴承、精密仪表零配件的长期封存。

（3）4109 号合成航空润滑油　采用两种酯类油作基础油，加入抗氧、抗腐和抗磨等添加剂调和而成，属 I 型低黏度润滑油。4109 号合成航空润滑油具有良好的黏温特性、高温氧化安定性及储存安定性，其闪点高、蒸发损失小，对硅橡胶、氟橡胶和丁腈橡胶有较好的适应性，相当于美国 MIL-L-7808H、法国 AIR-3513。其技术规范见表 5-48。

表 5-48 4109 号合成航空润滑油技术规范

项　　目		质量指标		试验方法
外观		透明均匀、无沉淀和悬浮物等杂质		目测
密度(20℃)/(kg/m³)		测定		GB/T 2540
运动黏度/(mm²/s)				GB/T 265
100℃	不小于	3.0		
40℃		测定		
-40℃	不大于	3500		
低温稳定性(-50℃)/(mm²/s)				SH/T 0471
静置 35min 后	不大于	17000		
静置 3h 后	不大于	17000		
静置 72h 后	不大于	17000		
红外光谱分析		基础油和成品油各出一张谱图		
酸值(电位滴定)/(mgKOH/g)	不大于	0.3		GB/T7304
凝点/℃	不高于	-60		GB/T510
闪点(开口)/℃	不低于	210		GB/T267
固体颗粒杂质/(mg/L)	不大于	10		GJB 1264.5
过滤 1L 油时间/min		测定		
蒸发损失(205℃，6.5h)/%	不大于	20		GB/T7325
铅腐蚀(163℃，1h)/(mg/cm³)	不大于	0.9		GJB 497
加速储存试验		通过		
橡胶相容性				
BD-L 橡胶膨胀(70℃，168h)/%		测定		
BF 橡胶膨胀(175℃，12h)/%		2~25		
伸长度变化/%	不大于	50		SH/T 0436
拉扯断强度变化/%	不大于	50		
硬度变化值/度	不大于	20		
微量金属元素含量/(μg/g)	不大于			SH/T 0472
Fe		2		
Cu		1		
Mg		2		
Ni		2		
Ag		1		
Cr		2		
Ti		2		
Sn		4(11)		
Si		5		
Al		2		
氧化腐蚀试验(83mL 空气/min)		175℃，196h	200℃，48h	GJB 563
运动黏度(40℃)变化/%		-5~+15	-5~+25	
酸值变化/(mg/KOH/g)	不大于	2.0	4.0	
腐蚀/(mg/cm²)				
1#银片		±0.2	±0.2	
15#钢片		±0.2	±0.2	
T₃ 铜片		±0.4	±0.4	
LY₁₂ 硬铝合金片		±0.2	±0.2	
2#镁片		±0.2	±0.4	

续表

项　　目		质量指标	试验方法
相容性试验			GJB 562
混浊性		不浑浊	
沉淀物(mL/200mL 油)	不大于	0.005	
长期储存试验			
罐装密封自然储存，3 年		通过	

4109 号合成航空润滑油主要适用于航空涡轮发动机润滑，使用温度为-50~175℃，短期可达 200℃。

（4）4209 号合成航空防锈润滑油　是以 4109 号合成航空润滑油为基础加防锈添加剂调和而成，具有优良的防锈性能，相当于美国 MIL-C-8188C。其技术规范见表 5-49。

表 5-49　4209 号合成航空防锈润滑油技术规范

项　　目		质量指标	试验方法
外观		离心前后，油品均匀、透明、不浑浊、无悬浮物	目测
运动黏度/(mm²/s)			GB/T265
100℃	不小于	3	
40℃	不大于	11	
-40℃	不大于	4500	
低温稳定性(-50℃)/(mm²/s)			SH/T 0471
静置 35min 后	不大于	17000	
静置 3h 后	不大于	17000	
中和值/(mgKOH/g)	不大于	3.5	GB/T7304
倾点/℃	不高于	-59	GB/T510
防锈试验(10 号钢片)			GB/T2361
通过时间/h	不小于	144	
闪点(开口)/℃	不低于	205	GB/T267
蒸发度(204℃，6.5h)/%	不大于	30	GB/T7325
腐蚀(232℃)，金属片质量损失/(mg/cm³)			GJB 496
1#银片	不大于	0.46	
T₂ 铜片	不大于	0.46	
储存安定性(24℃±3℃，365d)			SH/T 0451
防锈性		通过	
运动黏度(-50℃)/(mm²/s)	不大于	1700	
橡胶相容性(70℃，168h)			
NBR-H 橡胶膨胀/%		12~25	SH/T 0436
腐蚀和氧化安定性试验(175℃，72h，83mL 空气/min)			GJB 563
运动黏度(40℃)变化/%		-5~25	
中和值变化/(mg/KOH/g)	不大于	3.0	
腐蚀/(mg/cm²)			
15 号钢片		±0.2	
T₂ 铜片		±0.2	
LY₁₂硬铝合金片		±0.2	
MB₂ 镁合金片		±0.2	

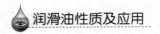

项　目		质量指标	试验方法
1号银片		±0.2	
相容性试验			
外观		相容不浑浊	GJB 562
沉淀物/mL	不大于	0.005	

4209号合成航空防锈润滑油适用于飞机燃气涡轮发动机等的长期封存和短期润滑。使用温度−50~175℃。

（5）4010号合成航空润滑油　采用酯类油作基础油，添加各种添加剂调和而成，低温性能和高温性能均优于4109号合成航空润滑油，是4109油的改进型。符合美国MIL-L-7808J规格。其技术规范见表见表5-50。

表5-50　4010号合成航空润滑油技术规范

项　目		质量指标		试验方法
运动黏度/(mm²/s)				GB/T 265
100℃	不小于	3.0		
40℃		测定		
−40℃	不大于	3000		
低温稳定性(−54℃)/(mm²/s)				SH/T 0471
静置35min后	不大于	17000		
静置3h后黏度变化	不大于	0.6		
静置72h后	不大于	17000		
酸值/(mgKOH/g)	不大于	0.3		GB/T7304
倾点/℃	不高于	−60		GB/T3535
闪点(开口)/℃	不低于	210		GB/T3536
泡沫性(24-93-24℃)				
泡沫倾向性/mL	不大于	25/25/25		
泡沫稳定性(消泡时间)/s	不大于	80/80/80		GB/T12579
固体颗粒杂质/(mg/L)	不大于	5		GJB 1264.5
过滤1L油时间/min		报告		
蒸发损失(205℃，6.5h)/%	不大于	30		GB/T7325
铅腐蚀(163℃，1h)/(mg/cm³)	不大于	0.91		GJB 497
红外光谱分析		基础油和成品油各出一张谱图		
腐蚀和氧化安定性试验(96h)		175℃	200℃	GJB 499
运动黏度(40℃)变化/%		−5~+15	−5~+25	
中和值变化/(mg/KOH/g)	不大于	2.0	4.0	
腐蚀/(mg/cm²)				
铜		±0.4	±0.4	
银		±0.2	±0.2	
钢		±0.2	±0.2	
铝		±0.2	±0.2	
镁		±0.4	±0.4	
钛		±0.2	±0.2	
微量金属元素含量/(μg/g)	不大于			SH/T 0472
Fe		2		

项　　目		质量指标	试验方法
Cu		1	
Mg		2	
Ni		2	
Ag		1	
Cr		2	
Ti		2	
Sn		11	
Si		2	
Al		2	
相容性(105℃±3℃，168h后，25℃±5℃储存504h)			GJB 532
混浊性		不浑浊	
沉淀物/(mL/200mL油)	不大于	0.005	
腐蚀试验(232℃，50h)/(mg/cm²)			
银	不大于	0.47	
铜	不大于	0.47	GJB 496

4010号合成航空润滑油适用于航空发动机的润滑，使用温度为-50～170℃。

（6）928航空润滑油　采用聚 a-烯烃作基础油，添加各种添加剂调合而成，具有较优异的高、低温性能，其技术规范见表5-51。

表5-51　928航空润滑油技术规范

项　　目		质量指标	试验方法
运动黏度/(mm²/s)			GB/T 265
100℃	不小于	3.0	
-40℃	不大于	3000	
酸值/(mgKOH/g)	不大于	0.1	GB/T 264
凝点/℃	不高于	-50	GB/T 510
闪点(开口)/℃	不低于	190	GB/T 267
水溶性酸或碱		无	GB/T 259
水分/%(质量分数)		无	GB/T 260
机械杂质/%(质量分数)		无	GB/T 511
密度(20℃)/(kg/m³)	不小于	820	GB/T 1884
起泡性			
吹气5min后泡沫体积/消泡时间/(mL/s)			GB/T12579
24℃	不大于	40/40	
93℃	不大于	60/60	
颜色	不大于	1.5	GB/T 6540
蒸发损失(175℃，5h，1.5L/min空气)/%(质量分数)	不大于	8.0	GB/T7325
氧化安定性试验(200℃，50h)			附录A
氧化后运动黏度/(mm²/s)			
100℃	不大于	5.0	
-40℃	不大于	5000	
氧化后酸值/(mgKOH/g)	不大于	8.0	
金属腐蚀/(g/cm²)			

项　　目		质量指标	试验方法
GCr15 钢		无	
T2 或 T3 铜		$\pm2\times10^{-4}$	
LD8 铝		无	
异辛烷不溶物/%（质量分数）	不大于	0.35	
润滑性（四球机，室温）			GB/T 3142
最大无卡咬负荷 P_B/N	不小于	696	
磨痕直径（196N，1h）/mm		0.35	

928 航空润滑油预订用于特定型号的航空涡轮发动机、辅助设备、辅助动力装置及其他装置的润滑。使用温度范围为-40~200℃。

2. 涡轮螺旋桨发动机润滑油

涡轮螺旋桨发动机与涡轮喷气发动机构造不同，主要表现在前者有螺旋桨和减速机构，将涡轮产生的功率经减速机大部分传递给螺旋桨，以螺旋桨产生的拉力为主，发动机喷管排出的燃气所产生的推力为辅，一般拉力与推力之比为9：1。这类发动机较之涡轮喷气发动机有较好的经济性，普遍用在各种运输机上。

涡轮螺旋桨发动机的涡轮压气机和减速机均使用一个共用的润滑系统，要求润滑油既能保证涡轮易于起动，又能保证减速器的传动齿轮可靠润滑，并且作为控制、调整系统中的工作液体。因而，要求润滑油要有较大的黏度和良好的油性。

（1）混合润滑油　是将 HP-8 和 HH-20 按体积比为 75：25 混兑而成，可保证在-30℃条件下使用，但在低于-30℃时，发动机起动前要加温和暖机。其技术规范见表见表 5-52。

表 5-52　75%HP-8+25%HH-20 混合润滑油技术规范

项　　目		质量指标	试验方法
运动黏度/（mm²/s）			GB/T265
100℃	不小于	4.0	
50℃	不小于	15	
-35℃	不大于	4500	
酸值/（mgKOH/g）	不大于	0.05	GB/T264
凝点/℃	不高于	-40	GB/T510
闪点（开口）/℃	不低于	135	GB/T267
水分/%		无	GB/T260
机械杂质/%		无	GB/T511
水溶性酸或碱		无	GB/T259
残炭/%	不大于	0.15	GB/T268
灰分/%	不大于	0.005	GB/T508
密度（20℃）/（g/cm³）		0.800~0.900	GB/T1884

75%HP-8+25%HH-20 混合润滑油主要用于涡轮螺旋桨发动机的润滑。

（2）4104 号合成航空润滑油　以两种酯类油为基础油，加入抗氧、抗腐蚀等添加剂，按指定工艺调和而成，是一种高黏度航空润滑油，具有良好的热氧化安定性、润滑性、对橡胶等非金属材料的适应性及较好的黏温性能，主要性能符合英国 D、E、R、D-2487 规格。其技术规范见表 5-53。

表 5-53　4104 合成航空润滑油技术规范

项　　目		质量指标	试验方法
运动黏度/(mm²/s)			GB/T265
100℃	不小于	7.3	
40℃		实测	
-40℃	不大于	13000	
中和值/(mgKOH/g)	不大于	0.3	GB/T304
凝点/℃	不高于	-60	GB/T510
闪点(开口)/℃	不低于	215	GB/T267
机械杂质/%		无	GB/T511
承载能力试验(四球法，常温)			GB/T3142
最大无咔咬负荷 P_B/N		实测	
泡沫性			
泡沫倾向性/mL		实测	
泡沫完全破灭时间/s		实测	GB/T12579
氧化腐蚀试验(140℃，72h，50mL 空气/min)			SH/T 0450
运动黏度(40℃)变化/%		±6	
酸值变化/(mg/KOH/g)	不大于	0.5	
腐蚀/(mg/cm²)			
45#钢片		±0.2	
T3 铜片		±0.2	
LY₁₁硬铝合金片		±0.2	
MB₈ 镁合金片		±0.2	
单铅片氧化腐蚀试验(175℃，50h，50mL 空气/min)/(mg/cm²)		±0.8	SH/T 0450

4104 号合成航空润滑油适用于涡轮螺旋桨发动机的轴承、齿轮及其他摩擦部件的润滑。使用温度范围为-40~140℃，短期可达 175℃。

3. 涡轮风扇发动机润滑油

目前，飞行速度接近音速($M=0.8~0.9$)的轰炸机和运输机，已采用涡轮风扇发动机作为动力装置，如三叉戟、杜-124、波音 707、伊尔-62 等飞机。其润滑系统的组成、工作原理以及润滑的部件与涡轮喷气发动机基本相同。

(1) 4050 号合成航空润滑油　以三羟甲基丙烷酯及二元酸复酯为基础油并加有高温抗氧、抗腐蚀、抗磨损和抗泡沫等添加剂，按指定工艺调和而成。4050 号合成航空润滑油具有优良的热氧化安定性、黏温性、储存安定性、抗腐蚀性和抗磨损等性能。主要性能符合 MIL-L-23699B，与进口油埃索 2380 性能相当，属Ⅱ型中黏度航空润滑油。其技术规范见表 5-54。

表 5-54　4050 合成航空润滑油技术规范

项　　目		质量指标	试验方法
外观		透明、无悬浮物和其他杂质	目测
运动黏度/(mm²/s)			GB/T265
100℃		4.90~5.40	
40℃	不大于	30	
-40℃	不大于	13000	
低温稳定性(-40℃，72h)			SH/T 0471
运动黏度变化/%		±6.0	
酸值/mgKOH/g	不大于	0.5	GB/T7304
倾点/℃	不高于	-54	GB/T3535
闪点(开口)/℃	不低于	246	GB/T3536
沉积物			
非溶解水		无	目测
固体颗粒杂质/(mg/L)	不大于	10	GJB 1264.5
灰分/(mg/L)	不大于	1	
起泡性/(mL/mL)	不大于		
24℃		25/无	
93℃		25/无	GB/T12579
24℃(93℃试验后)		25/无	
蒸发损失(204℃，6.5h)/%		10	GB/T7325
剪切安定性			SH/T 0505
运动黏度变化(40℃)/%	不大于	4	
热安定性和腐蚀试验(274℃，96h)			GJB 1264.1
运动黏度(40℃)变化/%	不大于	5	
总酸值变化/(mg/KOH/g)	不大于	6	
钢片(15#)质量变化/(mg/cm²)	不大于	4	
橡胶相容性			
NBR-H 橡胶膨胀(70℃，72h)/%		5~25	
BF 橡胶膨胀(204℃，72h)/%		5~25	SH/T 0436
四球试验			
P_B/N		报告	GB/T3142
P_D/N		报告	
ZMZ/N		报告	
D(392N，60min)/mm		报告	SH/T 0189
微量金属元素含量/(μg/g)	不大于		SH/T 0472
Fe		2	
Cu		1	
Mg		2	
Ni		2	
Ag		1	
Cr		2	
Ti		2	
Sn		11	
Si		报告	

续表

项　目		质量指标			试验方法
Al		2			
Pb		报告			
Mo		报告			
氧化腐蚀试验（72h）		175℃	204℃	218℃	GJB 563
运动黏度（40℃）变化/%		−5～+15	−5～+25	报告	
酸值变化/（mg/KOH/g）	不大于				
金属质量变化/（mg/cm²）	不大于				
钢片（15号）		±0.2	±0.2	±0.2	
银（1号）		±0.2	±0.2	±0.2	
铝（LY₁₂）		±0.2	±0.2	±0.2	
铜片（T₂）		±0.2	±0.2	—	
镁（2号）		±0.4	±0.4	—	
钛（TA₃）		—	—	±0.2	
相容性试验					
外观		相溶不浑油			GJB 562
沉淀物（1.2μm）/（mg/L）	不大于	10			GJB 1264.5
滤膜过滤					
一元酸组成/%（摩尔分数）		报告			GJB 1264.2

4050号合成航空润滑油适用于各种要求使用Ⅱ型油的飞机涡轮风扇、涡轮喷气、涡轮轴发动机及直升机传动系统的润滑。使用温度范围为−40～200℃，短期可达220℃。

（2）4106号合成航空润滑油　是以两种酯类油为基础油，加有抗氧、抗腐蚀和抗磨损等添加剂经调配制成，是按指定工艺生产的一种中黏度航空润滑油，具有良好的黏温性能及高温氧化安定性，闪点高，蒸发损失小，与国外 Mobil Ⅱ、ESSO2380 产品性能相当。其技术规范见表5-55。

表5-55　4106合成航空润滑油技术规范

项　目		质量指标	试验方法
外观		透明，不浑浊，无悬浮物和其他杂质	目测
运动黏度/（mm²/s）			GB/T 265
100℃		5.0～5.5	
40℃	不小于	25	
−40℃	不大于	13000	
低温稳定性（−40℃，72h）			SH/T 0471
运动黏度变化/%		±6.0	
中和值/（mgKOH/g）	不大于	0.5	GB/T7304
倾点/℃	不高于	−54	GB/T3535
闪点（开口）/℃	不低于	246	GB/T3536
泡沫性（吹气5min后泡沫体积/静置1min）/（mL/mL）	不大于		
24℃		25/0	
93℃		25/0	GB/T12579
24℃（93℃试验后）		25/0	
蒸发损失（204℃，6.5h）/%		10	GB/T 7325

项　目		质量指标			试验方法
固体颗粒杂质					
游离水		无			目测
沉淀物/(mg/L)	不大于	10			GJB 1264.5
灰分/(mg/L)	不大于	1			
剪切安定性(超声波处理后黏度损失)					
黏度变化(40℃)/%	不大于	4			SH/T 0505
微量金属元素含量/(μg/g)	不大于				SH/T 0472
Fe		2			
Cr		2			
Ag		1			
Cu		1			
Mg		2			
Ni		2			
氧化腐蚀试验(72h)		175℃	205℃	220℃	GJB 563
运动黏度(40℃)变化/%		−5～+15	−5～+25	实测	
酸值变化/(mg/KOH/g)	不大于	2.0	3.0	实测	
金属腐蚀/(mg/cm²)	不大于				
钢片(15号)		±0.2	±0.2	±0.2	
银(1号)		±0.2	±0.2	±0.2	
铝(LY₁₂)		±0.2	±0.2	±0.2	
镁(2号)		±0.2	±0.2	—	
铜片(T₂)		±0.4	±0.4	—	
相容性试验					
外观		相溶不浑油			GJB 562
沉淀物(1.2μm)/(mg/L)		10			GJB 1264.5
储存安定性					SH/T 0451
−18℃±2.5℃，42d		无结晶，无添加剂分离或凝胶现象			
24℃±5℃，365d		符合全部质量控制要求			

　　4106 合成航空润滑油适用于涡轮风扇、涡轮喷气、涡轮轴发动机及工业燃气轮机的润滑。使用温度−40~200℃，短期可达 220℃。

第五节　柴油机油

　　以柴油作为燃料的发动机使用的润滑油统称为柴油机油。柴油机压缩比高于汽油机，因而气缸内的温度比汽油机更高，促使润滑油在高温下更易氧化变质；柴油中的硫含量比汽油高，燃烧后生成更多的酸性物质腐蚀活塞环和缸套；柴油机窜气量是汽油机的 2~3 倍，形成更多的烟灰在顶环槽内和活塞环区内沉积，因而柴油机油的性能要求与汽油机油侧重点不同，柴油机油侧重于高温清净性，而汽油机油更侧重于分散性能。与汽油机油一样，柴油机油的质量等级和使用性能也主要伴随着柴油机设计、柴油机工况条件和环保、节能的要求而不断发展的。根据柴油机的用途可将柴油机油细分为汽车柴油机油、内燃机车柴油机油和船用柴油机油。

一、汽车柴油机油

（一）美国汽车柴油机油的质量等级发展历程

20世纪50年代，发展了相当于API质量等级中的CA、CB级柴油机油，随着柴油机不断向大功率、高增压方向发展和高含硫燃料的使用，1970年推出了CD级柴油机油。进入80年代CD级柴油机油已不能满足重负荷柴油机的使用要求，希望能改进CD级油的高温性能、减少活塞沉积物、降低活塞环和气缸的磨损，1987年发布了CE级柴油机油。CE级油用于直喷柴油机时，经常出现弹簧损坏、活塞环粘结、活塞销失灵现象，为此1990年公布了CF-4质量级别柴油机油，它比CE级油有更好的高温清净性，更适合于新型增压直喷柴油机。随着排放法规的要求日益苛刻，1994年发展了CG-4级别的柴油机油。1998年发布的CH-4级柴油机油改善了烟炱控制，比CG-4油有更好的抗氧化能力，进一步降低了发动机的排放，延长了换油期。它既可以使用于低硫燃料的柴油机，又可使用于高硫燃料的柴油机。为适应现代柴油机装备废气再循环系统（EGR）和颗粒捕捉器（DPF）后对发动机油的要求，2002年美国推出了CI-4规格的柴油机油，该规格油在抗氧化、分散炭黑和酸中和能力方面明显优于CH-4质量级别的油品。2007年，美国实施的排放法规要求柴油机尾气中的氮氧化物和颗粒物分别不大于$0.27\ g/(kW \cdot h)$和$0.013 g/(kW \cdot h)$，为适应该排放法规，推出了最新的CJ-4质量级别的柴油机油。

上述不同质量级别的汽车柴油机油理化性能差异不大，主要差异在于使用性能的不同，体现在不同质量级别的油品采用了相应的台架试验（表5-56），台架试验的测试条件见本章第三节相关内容。

表 5-56　美国在用的不同质量级别柴油机油台架试验

公布年份	1994	1990	1994	1998	2002	2006
质量级别	CF	CF-4	CG-4	CH-4	CI-4	CJ-4
要求通过的台架试验	L-38	L-38	L-38	—	—	—
	1MPC	NTC-400	—	—	—	—
	—	1K	—	1K	—	—
	—	—	1N	—	1N	1N
	—	—	—	1P	1R	—
	—	T-9(代T-6)	—	T-9	T-10	T-12
	—	T-8A	T-8	T-8E	T-8E$^+$	T-11
	—	—	—	M-11(HST)	M-11(EGR)	T-11A
	—	—	ⅢE	ⅢE	ⅢF	ⅢG/ⅢF
	—	—	RFWT	RFWT	RFWT	RFWT
	—	—	EOAT	EOAT	EOAT	EOAT
	—	—	—	—	—	C-13
	—	—	—	—	—	ISM
	—	—	—	—	—	ISB

由表 5-51 可知，随着柴油机油规格的升级，所要求通过的发动机台架试验越来越多，API CF 级油要求 2 个发动机台架试验，而到 API CJ-4 级油时已增加到了 10 个（不包括模拟试验），对柴油机油的使用性能要求越来越全面。

尽管有些不同质量级别的柴油机油采用了相同的台架试验，但它们的性能指标要求有时不相同。例如 CG、CH 和 CI 质量级别的柴油机油都采用了 RFWT 台架试验，CG-4 通过标准为：滚动随动件 1 次试验的磨损不大于 11.4μm，2 次试验不大于 12.4μm，3 次试验不大于 12.7μm。CH-4 和 CI-4 通过的标准为 1 次试验的磨损不大于 7.6μm，2 次试验不大于 8.4μm，3 次试验不大于 9.1μm。

（二）欧洲汽车柴油机油质量等级的发展历程

最初欧洲 CCMC 将柴油机分为 D1、D2、D3 和 PD1 四类。D1 适用于自然吸气轻负荷柴油机，D2 适用于自然吸气和涡轮增压重负荷柴油机，D3 适用于自然吸气和涡轮增压超重负荷柴油机，PD1 为柴油轿车的自然吸气和涡轮增压柴油机用油。这些规格规定了 CCMC 成员的产品最低质量水平，其他的性能由 OEM 根据自己的需要而制定。

ACEA 取代 CCMC 组织后，其制定的汽车柴油发动机油规格几乎每两年修订一次。例如在 ACEA-96 规格中，轻负荷柴油机油分为 B1—96、B2—96 和 B3—96 三类；重负荷柴油机油分为 E1—96、E2—96 和 E3—96 三类。在 ACEA—98 规格中，轻负荷柴油机油分为 B1—98、B2—98、B3—98 和 B4—98 四类，重负荷柴油机油分为 E1—96（Issue 2）、E2—96（Issue 2）、E3—96（Issue 2）和 E4-98 四类。

为满足 2005 年实施的欧 Ⅳ 排放标准，ACEA 发布了 ACEA-04 柴油发动机油规格，在该规格中，将分别适用于汽油机和柴油机的 A 系列和 B 系列合并为 A/B 系列；重负荷柴油机油设立了 E2-96（Issue 5）、E4-99（Issue 3）、E6-04、E7-04 规格，保留 E2-96 是为了满足老式发动机的用油需要，这些规格需通过的台架试验见表 5-57。

表 5-57　欧洲重负荷柴油机油规格的台架试验

要求	方法	E2-96 Issue 5	E4-99 Issue 3	E6-04	E7-04
气缸套抛光、活塞清净性	CEC L-42-T-99(OM364LA)	√	—	—	—
磨损	CEC L-51-A-97(OM602 A)	√	√	√	√
烟炱处理	ASTM D 5967(Mack T-8E) ASTM D 4485(Mack T-8)	—	√	√	√
气缸套抛光、活塞清净性、涡轮增压器沉积物	CEC L-52-T-97(OM 441LA)	—	√	√	√
烟炱导致磨损	Cummins M11	—	—	—	√
磨损(气缸套、活塞环、轴瓦)	Mack T 10	—	—	√	√

2007 年 2 月，ACEA 颁布了 ACEA2007 规格，但该规格 2010 年 12 月终止。2008 年 12 月 ACEA 颁布了 ACEA 2008 规格，满足该规格的油品在 2012 年 12 月 22 日以后将不能在市场上销售。

柴油机油的发动机台架试验相对较少，除借鉴部分美国柴油机油台架试验外，还根据实际需要，发展了自己的发动机台架试验，从而能更好地满足欧洲发动机的工况及润滑需求。同时，ACEA 更注重发动机油的高温清净性和对气缸套的抛光，以及降低磨损的性能，这也是满足欧洲规格的发动机油与满足美国规格发动机油的主要区别。

（三）我国汽车柴油机油质量等级发展历程

20 世纪 80 年代末，我国参照 SAE J183—1984 分类标准，结合我国情况制定了"润滑剂和有关产品（L 类）的分类—第 3 部分：E 组（内燃机）"的分类标准（GB 7631.3—89），该标准根据发动机油的性能和使用场合把柴油机油分为 ECA、ECB、ECC 和 ECD 四个质量级别，其中 ECA 级柴油机油仅有理化指标，无发动机台架试验要求。

1990 年后，我国采用美国石油协会（API）、美国汽车工程师协会（SAE）和美国材料试验学会 ASTM 三家共同协商的发动机油使用（质量分类）——SAE J183 标准，制定出我国的内燃机油标准 GB/T 7631.3—1995，该标准根据性能和使用场合对柴油机油的分类见表5-58。

表 5-58　我国汽车用柴油发动机油性能和使用分类（GB 7631.3—95）

品种代码	特性和使用场合
CA（废除）	用于使用优质燃料、在轻到中负荷下运行的柴油机以及要求使用使用 API CA 级油的发动机。有时也用于运行条件温和的汽油机。具有一定的高温清净性和抗氧抗腐蚀的性能
CB（废除）	用于燃料质量较低、在轻到中负荷下运行的柴油机以及要求使用 API CB 级油的发动机。有时也用于运行条件温和的汽油机。具有控制发动机高温沉积物和轴承腐蚀的性能
CC（废除）	用于在中及重负荷下运行的非增压、低增压或增压式柴油机，并包括一些重负荷汽油机。对于柴油机具有控制高温沉积物和轴瓦腐蚀的性能，对于汽油机具有控制锈蚀、腐蚀和高温沉积物的性能，并可代替 CA、CB 级油
CD	用于需要高效控制磨损及沉积物或使用包括高硫燃料非增压、低增压及增压式柴油机以及国外要求使用 API CD 级油的柴油机。具有控制轴承腐蚀和高温沉积物的性能，并可代替 CC 级油
CD-Ⅱ	用于要求高效控制磨损和沉积物的重负荷二冲程柴油机以及要求使用 API CD-Ⅱ级油的发动机，同时也满足 CD 级油性能要求
CE	用于在低速高负荷和高速高负荷条件下运行的低增压和增压式重负荷柴油机以及要求使用 API CE 级油的发动机，同时也满足 CD 级油性能要求
CF-4	用于高速四冲程柴油机以及要求使用 API CF-4 级油的柴油机。在油耗和活塞沉积物控制方面性能优于 CE 并可代替 CE，此种油品特别适用于高速公路行驶的重负荷卡车

表 5-57 中各质量级别柴油机油的理化性能指标和发动机台架试验要求见 GB 11122—1997。为了适应我国汽车工业快速发展的要求，2003 年以来开展了 GB 11122—1997《柴油机油》标准的修订工作，在增加高质量级别柴油机油的同时废除了低质量级别的油品。修订后的 GB 11122—2006《柴油机油》标准于 2007 年实施（表 5-59～表 5-63）。目前我国已俱备 API CH 级柴油机油的台架评定手段。

表 5-59　柴油机油黏温性能要求（1）

项　　目	低温动力黏度/ mPa·s 不大于	低温泵送温度/ ℃ 不高于	运动黏度 （100℃）/ （mm²/s）	高温高剪切黏度 （150℃，10⁶s⁻¹）/ mPa·s 不小于	黏度指数 不小于	倾点/℃ 不高于
试验方法	GB/T 6538	GB/T 9171	GB/T 265	SH/T 0618[②] SH/T 0703 SH/T 0751	GB/T 1995 GB/T 2541	GB/T 3535

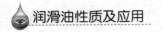

续表

项　目		低温动力黏度/ mPa·s 不大于	低温泵送温度 ℃ 不高于	运动黏度 (100℃)/ (mm²/s)	高温高剪切黏度 (150℃，$10^6 s^{-1}$)/ mPa·s 不小于	黏度指数 不小于	倾点/℃ 不高于
质量等级	黏度等级	—	—	—	—	—	—
CC[①]、CD	0W-20	3250(-30℃)	-35	5.6~<9.3	2.6	—	
	0W-30	3250(-30℃)	-35	9.3~<12.5	2.9	—	-40
	0W-40	3250(-30℃)	-35	12.5~<16.3	2.9	—	
	5W-20	3500(-25℃)	-30	5.6~<9.3	2.6	—	
	5W-30	3500(-25℃)	-30	9.3~<12.5	2.9	—	
	5W-40	3500(-25℃)	-30	12.5~<16.3	2.9	—	-35
	5W-50	3500(-25℃)	-30	16.3~<21.9	3.7	—	
	10W-30	3500(-20℃)	-25	9.3~<12.5	2.9	—	
	10W-40	3500(-20℃)	-25	12.5~<16.3	2.9	—	-30
	10W-50	3500(-20℃)	-25	16.3~<21.9	3.7	—	
CC[①]、CD	15W-30	3500(-15℃)	-20	9.3~<12.5	2.9	—	
	15W-40	3500(-15℃)	-20	12.5~<16.3	3.7	—	-23
	15W-50	3500(-15℃)	-20	16.3~<21.9	3.7	—	
	20W-40	4500(-10℃)	-15	12.5~<16.3	3.7	—	
	20W-50	4500(-10℃)	-15	16.3~<21.9	3.7	—	-30
	20W-60	4500(-10℃)	-15	21.9~<26.1	3.7	—	
	30			9.3~<12.5	—	75	-15
	40			12.5~<16.3	—	80	-10
	50			16.3~<21.9	—	80	-5
	60			12.5~<16.3	—	80	-5

注：① CC 不要求测定高温高剪切黏度。

② 为仲裁方法。

表 5-60　柴油机油黏温性能要求(2)

项　目		低温动力黏度/ mPa·s 不大于	低温泵送黏度 (在无屈服应力时)/ mPa·s 不大于	运动黏度 (100℃)/ (mm²/s)	高温高剪切黏度 (150℃，$10^6 s^{-1}$)/ mPa·s 不小于	黏度指数 不小于	倾点/℃ 不高于
试验方法		GB/T 6538 ASTM D5293[②]	SH/T 0562	GB/T 265	SH/T 0618[③] SH/T 0703 SH/T 0751	GB/T 1995 GB/T 2541	GB/T 3535
质量等级	黏度等级	—	—	—	—	—	—
CF、 CF-4 CH-4 CI-4[①]	0W-20	6200(-35℃)	60000(-40℃)	5.6~<9.3	2.6	—	
	0W-30	6200(-35℃)	60000(-40℃)	9.3~<12.5	2.9	—	-40
	0W-40	6200(-35℃)	60000(-40℃)	12.5~<16.3	2.9	—	
	5W-20	6600(-30℃)	60000(-35℃)	5.6~<9.3	2.6	—	
	5W-30	6600(-30℃)	60000(-35℃)	9.3~<12.5	2.9	—	-35
	5W-40	6600(-30℃)	60000(-35℃)	12.5~<16.3	2.9	—	

续表

项　　目		低温动力黏度/ mPa·s 不大于	低温泵送黏度 (在无屈服应力时)/ mPa·s 不大于	运动黏度 (100℃)/ (mm²/s)	高温高剪切黏度 (150℃，10⁶s⁻¹)/ mPa·s 不小于	黏度指数 不小于	倾点/℃ 不高于
CF、 CF-4 CH-4 CI-4①	5W-50	6600(-30℃)	60000(-35℃)	16.3~<21.9	3.7	—	
	10W-30	7000(-25℃)	60000(-30℃)	9.3~<12.5	2.9	—	-30
	10W-40	7000(-25℃)	60000(-30℃)	12.5~<16.3	2.9	—	
	10W-50	7000(-25℃)	60000(-30℃)	16.3~<21.9	3.7	—	
	15W-30	7000(-20℃)	60000(-25℃)	9.3~<12.5	2.9	—	-25
	15W-40	7000(-20℃)	60000(-25℃)	12.5~<16.3	3.7	—	
	15W-50	7000(-20℃)	60000(-25℃)	16.3~<21.9	3.7	—	
	20W-40	9500(-15℃)	60000(-20℃)	12.5~<16.3	3.7	—	-20
	20W-50	9500(-15℃)	60000(-20℃)	16.3~<21.9	3.7	—	
	20W-60	9500(-15℃)	60000(-20℃)	16.3~<21.9	3.7	—	
	30	—	—	9.3~<12.5	—	75	-15
	40	—	—	12.5~<16.3	—	80	-10
	50	—	—	16.3~<21.9	—	80	-5
	60	—	—	21.9~<26.1	—	80	-5

注：① CI-4 所有黏度等级的高温高剪切黏度均为不小于 3.5mPa·s，但当 SAE J300 指标高于 3.5mPa·s 时，允许以 SAE J300 为准。

② GB/T 6538—2000 正在修订中，在新标准正式发布前 0W 油使用 ASTM D 5293：2004 方法测定。

③ 为仲裁方法。

表 5-61　柴油机油理化性能要求(1)

项　目		质量指标				试验方法
		CC CD	CF CF-4	CH-4	CI-4	
水分(体积分数)/%	不大于	痕迹				GB/T 260
泡沫性(泡沫倾向/泡沫稳定性)/(mL/mL)						GB/T 12579①
24℃	不大于	25/0	20/0	10/0	10/0	
93.5℃	不大于	150/0	50/0	20/0	20/0	
后 24℃	不大于	25/0	20/0	10/0	10/0	
蒸发损失(质量分数)/%	不大于			10W-30	15W-40	
诺亚克法(250℃，1h)或		—	—	20	18	15	SH/T 0059
气相色谱法(371℃馏出量)		—	—	17	15	—	ASTM D6417
机械杂质(质量分数)/%	不大于	0.01				GB/T 511
闪点(开口)/℃(黏度等级) 不低于		200(0W、5W 多级油)； 205(10W 多级油)； 215(15W、20W 多级油)； 220(30)；225(40)； 230(50)； 240(60)				GB/T 3536

注：① CH-4、CI-4 不允许使用步骤 A。

表 5-62 柴油机油理化性能要求(2)

项 目	质量指标	试验方法
	CC、CD、CF、CF-4、CH-4、CI-4	
碱值[①](以 KOH 计)/(mg/g)	报告	SH/T 0251
硫酸盐灰分[①](质量分数)/%	报告	GB/T 2433
硫[①](质量分数)/%	报告	GB/T 387、GB/T 388 GB/T 11140、GB/T 17040 GB/T 17476、SH/T 0172 SH/T 0631、SH/T 0749
磷[①](质量分数)/%	报告	GB/T 17476、SH/T 0296 SH/T 0631、SH/T 0749
氮[①](质量分数)/%	报告	GB/T 9170、SH/T 0656 SH/T 0704

注：①生产者在每批产品出厂时要向使用者或经销者报告该项目实测值，有争议时以发动机台架试验结果为准。

表 5-63 柴油机油使用性能要求

品种代号	项 目		质 量 指 标	试验方法
CC	L-38 发动机试验			SH/T 0265
	轴瓦失重[a]/mg	不大于	50	
	活塞裙部漆膜评分	不小于	9	
	剪切安定性[b]		在本等级油黏度范围之内	SH/T 0265
	100℃运动黏度/(mm²/s)		(适用于多级油)	GB/T 265
	高温清净性和抗磨试验(开特皮勒 1H2 法)			GB/T 9932
	顶环槽积炭填充体积(体积分数)/%	不大于	45	
	总缺点加权评分	不大于	140	
	活塞环侧间隙损失/mm	不大于	0.013	
CD	L-38 发动机试验			SH/T 0265
	轴瓦失重[a]/mg	不大于	50	
	活塞裙部漆膜评分	不小于	9	
	剪切安定性[b]		在本等级油黏度范围之内	SH/T 0265
	100℃运动黏度/(mm²/s)		(适用于多级油)	GB/T 265
	高温清净性和抗磨试验(开特皮勒 1G2 法)：			GB/T 9933
	顶环槽积炭填充体积(体积分数)/%	不大于	80	
	总缺点加权评分	不大于	300	
	活塞环侧间隙损失/mm	不大于	0.013	

品种代号	项 目		质 量 指 标			试验方法
CF	L-38 发动机试验		一次试验	二次试验平均	三次试验平均[c]	SH/T 0265
	轴瓦失重/mg	不大于	43.7	48.1	50.0	SH/T 0265
	剪切安定性		在本等级油黏度范围之内			GB/T 265
	100℃运动黏度/(mm²/s) 或		(适用于多级油)			ASTM D6709
	程序ⅤⅢ发动机试验					
	轴瓦失重/mg	不大于	29.3	31.9	33.0	
	剪切安定性		在本等级油黏度范围之内			
	100℃运动黏度/(mm²/s)		(适用于多级油)			
	开特皮勒 1M-PC 试验		二次试验平均	三次试验平均	四次试验平均	ASTM D6618
	总缺点加权评分(WTD)	不大于	240	MTAC[d]	MTAC	
	顶环槽充炭率(TGF)/%(体积分数)	不大于	70[e]			
	环侧间隙损失/mm	不大于	0.013			
	活塞环粘结		无			
	活塞、环和缸套擦伤		无			
CF-4	L-38 发动机试验					SH/T 0265
	轴瓦失重/mg	不大于	50			SH/T 0265
	剪切安定性		在本等级油黏度范围之内			SH/T 0265
	100℃运动黏度/(mm²/s)		(适用于多级油)			GB/T 265
	或程序ⅤⅢ发动机试验					ASTM D6709
	轴瓦失重/mg	不大于	33			
	剪切安定性		在本等级油黏度范围之内			
	100℃运动黏度/(mm²/s)		(适用于多级油)			
	开特皮勒 1K 试验[f]		二次试验平均	三次试验平均	四次试验平均	SH/T 0782
	缺点加权评分(WDK)	不大于	332	339	342	
	顶环槽充炭率(体积分数)(TGF)/%	不大于	24	26	27	
	顶环台重炭率(TLHC)/%	不大于	4	4	5	
	平均油耗(0~252h)/[(g/kW)/h]	不大于	0.5	0.5	0.5	
	最终油耗(228~252h)/[(g/kW)/h]	不大于	0.27	0.27	0.27	
	活塞环粘结		无	无	无	
	活塞环和缸套擦伤		无	无	无	

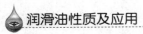

品种代号	项　目		质　量　指　标			试验方法
CF-4	Mack T-6 试验		90			ASTM RR：
	优点评分　不小于					D-2-1219
	或 Mack T-9 试验					或 SH/T 0761
	平均顶环失重/mg　不大于		150			
	缸套磨损/mm　不大于		0.04			
	Mack T-7 试验					ASTM RR：
	后50h 运动黏度平均增长率(100℃)/[(mm²/s)/h]　不大于		0.04			D-2-1219
	或 Mack T-8 试验(T-8A)					或 SH/T 0760
	100~150h 运动黏度平均增长率(100℃)/[(mm²/s)/h]　不大于		0.2			
	腐蚀试验					
	铜浓度增加/(mg/kg)　不大于		20			
	铅浓度增加/(mg/kg)　不大于		60			
	锡浓度增加/(mg/kg)		报告			
	铜片腐蚀/级　不大于		3			GB/T 5096
CH-4	柴油喷嘴剪切试验		XW-30g		XW-40g	ASTM D6278
	剪切后的100℃运动黏度/(mm²/s)　不小于		9.3		12.5	GB/T 265
	开特皮勒 1K 试验		一次试验	二次试验平均	三次试验平均	SH/T 0782
	缺点加权评分(WDK)　不大于		332	347	353	
	顶环槽充炭率(TGF)(体积分数)/%　不大于		24	27	29	
	顶环台重炭率(TLHC)/%　不大于		4	5	5	
	油耗(0~252h)/[(g/kW)/h]　不大于		0.5	0.5	0.5	
	活塞、环和缸套擦伤		无	无	无	
	开特皮勒 1P 试验		一次试验	二次试验平均	三次试验平均	ASTM D6681
	缺点加权评分(WDP)　不大于		350	378	390	
	顶环槽炭(TGC)缺点评分　不大于		36	39	41	
	顶环台炭(TLC)缺点评分　不大于		40	46	49	
	平均油耗(0~360h)/(g/h)　不大于		12.4	12.4	12.4	
	最终油耗(312~360h)/(g/h)　不大于		14.6	14.6	14.6	
	活塞、环和缸套擦伤		无	无	无	

品种代号	项　目		质　量　指　标			试验方法
	Mack T-9 试验		一次试验	二次试验 平均	三次试验 平均	SH/T 0761
	修正到 1.75% 烟炱量的平均缸套磨损/mm	不大于	0.0254	0.0266	0.0271	
	平均顶环失重/mg	不大于	120	136	144	
	用过油铅变化量/(mg/kg)	不大于	25	32	36	
	Mack T-8 试验(T-8E)		一次试验	二次试验 平均	三次试验 平均	SH/T 0760
	4.8% 烟炱量的相对黏度(RV)h	不大于	2.1	2.2	2.3	
	3.8% 烟炱量的黏度增长/(mm²/s)	不大于	11.5	12.5	13.0	
	滚轮随动件磨损试验(RFWT)		一次试验	二次试验 平均	三次试验 平均	ASTM D5966
	液压滚轮挺杆销平均磨损/mm	不大于	0.0076	0.0084	0.0091	
	康明斯 M11(HST)试验		一次试验	二次试验 平均	三次试验 平均	ASTM D6838
	修正到 4.5% 烟炱量的摇臂垫平均失重/mg	不大于	6.5	7.5	8.0	
	机油滤清器压差/kPa	不大于	79	93	100	
CH-4	平均发动机油泥, CRC 优点评分	不小于	8.7	8.6	8.5	
	程序ⅢE 发动机试验		一次试验	二次试验 平均	三次试验 平均	SH/T 0758
	黏度增长(40℃, 64h)/%	不大于	200	200	200	
	或程序ⅢF 发动机试验			(MTAC)	(MTAC)	ASTM D6984
	黏度增长(40℃, 64h)/%	不大于	295	295 (MTAC)	295 (MTAC)	
	发动机油充气试验		一次试验	二次试验 平均	三次试验 平均	ASTM D6894
	空气卷入(体积分数)/%	不大于	8.0	8.0 (MTAC)	8.0 (MTAC)	
	高温腐蚀试验					SH/T 0754
	试后油铜浓度增加/(mg/kg)	不大于		20		
	试后油铅浓度增加/(mg/kg)	不大于		120		
	试后油锡浓度增加/(mg/kg)	不大于		50		
	试后油铜片腐蚀/级	不大于		3		GB/T 5096
CI-4	柴油喷嘴剪切试验		XW-30g		XW-40g	ASTM D6278
	剪切后的 100℃ 运动黏度/(mm²/s)	不小于	9.3		12.5	GB/T 265

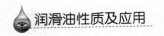

品种代号	项　　目		质　量　指　标			试验方法
	开特皮勒 1K 试验		一次试验	二次试验平均	三次试验平均	SH/T 0782
	缺点加权评分（WDK）	不大于	332	347	353	
	顶环槽充炭率（TGF）（体积分数）/%	不大于	24	27	29	
	顶环台重炭率（TLHC）/%	不大于	4	5	5	
	平均油耗（0~252h）/[（g/kW）/h]	不大于	0.5	0.5	0.5	
	活塞、环和缸套擦伤		无	无	无	
	开特皮勒 1R 试验		一次试验	二次试验平均	三次试验平均	ASTM D6923
	缺点加权评分（WDR）	不大于	382	396	402	
	顶环槽炭（TGC）缺点评分	不大于	52	57	59	
	顶环台炭（TLC）缺点评分	不大于	31	35	36	
	最初油耗（IOC）（0~252h）/（g/h）					
	平均值	不大于	13.1	13.1	13.1	
	最终油耗（432~504h）/（g/h）					
	平均值	不大于	IOC-1.8	IOC+1.8	IOC+1.8	
	活塞、环和缸套擦伤		无	无	无	
	环粘结		无	无	无	
CI-4	Mack T-10 试验		一次试验	二次试验平均	三次试验平均	SH/T 0761
	优点评分	不小于	1000	1000	1000	
	Mack T-8 试验（T-8E）		一次试验	二次试验平均	三次试验平均	SH/T 0760
	4.8%烟炱量的相对黏度（RV）h	不大于	1.8	1.9	2.0	
	滚轮随动件磨损试验（RFWT）		一次试验	二次试验平均	三次试验平均	ASTM D5966
	液压滚轮挺杆销平均磨损/mm	不大于	0.0076	0.0084	0.0091	
	康明斯 M11（EGR）试验		一次试验	二次试验平均	三次试验平均	ASTM D6975
	气门搭桥平均失重/mg	不大于	20.0	21.8	22.6	
	顶环平均失重/mg	不大于	175	186	191	
	机油滤清器压差（250h）/kPa	不大于	275	320	341	
	平均发动机油泥，CRC 优点评分	不小于	7.8	7.6	7.5	
	程序ⅢF 发动机试验		一次试验	二次试验平均	三次试验平均	ASTM D6984
	黏度增长（40℃，80h）/%	不大于	275	275 （MTAC）	275 （MTAC）	

续表

品种代号	项 目		质 量 指 标			试验方法
	发动机油充气试验		一次试验	二次试验平均	三次试验平均	ASTM D6894
	空气卷入(体积分数)/%	不大于	8.0	8.0	8.0	
				(MTAC)	(MTAC)	
	高温腐蚀试验					SH/T 0754
	试后油铜浓度增加/(mg/kg)	不大于		20		
	试后油铅浓度增加/(mg/kg)	不大于		120		
	试后油锡浓度增加/(mg/kg)	不大于		50		
	试后油铜片腐蚀/级	不大于		3		GB/T 5096
	低温泵送黏度			0W、5W、10W、15W		
	(Mack T-10 或 Mack T-10A 试验,75h 后					
	试验油,-20℃)/(mPa·s)	不大于		25000		SH/T 0562
	如检测到屈服应力					ASTM D6896
	低温泵送黏度/(mPa·s)	不大于		25000		
	屈服应力/Pa	不大于		35(不含35)		
CI-4	橡胶相容性					ASTM D11.15
	体积变压/%					
	丁腈橡胶			+5/-3		
	硅橡胶			+TMC 1006[i]/-3		
	聚丙烯酯			+5/-3		
	氟橡胶			+5/-2		
	硬度限值					
	丁腈橡胶			+7/-5		
	硅橡胶			+5/-TMC 1006		
	聚丙烯酯			+8/-5		
	氟橡胶			+7/-5		
	拉伸强度/%					
	丁腈橡胶			+10/-TMC 1006		
	硅橡胶			+10/-45		
	聚丙烯酯			+18-15		
	氟橡胶			+10/-TMC 1006		
	延伸率/%					
	丁腈橡胶			+10/-TMC 1006		
	硅橡胶			+20/-30		
	聚丙烯酯			+10/-35		
	氟橡胶			+10/-TMC 1006		

注:① 对于一个确定的柴油机油配方,不可随意更换基础油,也不可随意进行黏度等级的延伸。在基础油必须变更时,应按照 API 1509 附录 E"轿车发动机油和柴油机油 API 基础油互换准则"进行相关的试验并保留试验结果备查;在进行黏度等级延伸时,应按照 API 1509 附录 F"SAE 黏度等级发动机试验的 API 导则"进行相关的试验并保留试验结果备查。

② 发动机台架试验的相关说明参见 ASTM D4485"C 发动机机油类别"中的脚注。

a. 亦可用 SH/T 0264 方法评定，指标为轴瓦失重不大于 25mg。

b. 按 SH/T 0265 方法运转 10h 后取样，采用 GB/T 265 方法测定 100℃运动黏度。在用 SH/T 0264 评定轴瓦腐蚀时，剪切安定性用 SH/T 0505 和 GB/T 265 方法测定，指标不变。如有争议时，以 SH/T 0265 和 GB/T 265 方法为准。

c. 如果进行 3 次试验，允许有 1 次试验结果偏高。确定试验结果是否偏离的依据是 ASEM E178。

d. MTAC 为"多次试验通过准则"的英文缩写。

e. 如进行 3 次或 3 次以上试验，一次完整的试验结果可以被舍弃。

f. 由于缺乏关键性试验部件，康明斯 NTC 400 不能再作为一个标定试验，在这一等级上需要使用一个两次的 1K 试验和模拟腐蚀试验取代康明斯 NTC 400。按照 ASTM D4485：1994 的规定，在过去标定的试验台架上运行康明斯 NTC 400 试验所获得的数据也可用以支持这一等级。

    i. 原始的康明斯 NTC 400 的限值为：

    ii. 凸轮轴滚轮随动件销磨损：不大于 0.051mm；

    iii. 顶环台(台)沉积物，重碳覆盖率，平均值(%)：不大于 15；

    iv. 油耗(g/s)：试验油耗第二回归曲线应完全落在公布的平均值加上参考油标准偏差之内。

g. XW 代表表 5-44 中规定的低温黏度等级。

h. 相对黏度(RV)为达到 4.8%烟炱量的黏度与新油采用 ASTM D6278 剪切后的黏度之比。

i. TMC 1006 为一种标准油的代号。

二、内燃机车柴油机油

与其他领域(如汽车、船)用柴油机相比，铁路机车柴油机具有下述特点：①实际运行功率低于额定功率，部分负荷及空转时间长，气缸壁经常处于较低温度，燃油中的硫析出，对燃烧室的零件造成腐蚀。②怠速运转和频繁地停、开，造成燃烧不完全，不完全燃烧产物混入柴油机油中形成油泥，堵塞油路及滤清器。③柴油机强化程度不断提高，而柴油的含硫量不断增加，对柴油机油的抗氧化性、清净分散性、高碱值提出了更苛刻的要求。柴油机是内燃机车的"心脏"，而柴油机油的质量及其正确使用直接关系到柴油机的正常工作。

(一)内燃机车柴油机油类型及性能

美国内燃机车柴油机油的发展基本上代表了国外柴油机油的发展历程。20 世纪 40～50 年代研制了第一代铁路机车柴油机油，目前已发展到第五代，性能比较见表 5-64。柴油机油的升级换代是与机车柴油机结构及性能的改变相适应的，柴油机单缸功率的增大和强化系数的提高是决定因素，其他因素包括提高油箱底壳和冷却液的温度以减少能量损失、改善活塞和活塞环的设计以降低机油耗量、采用直喷式燃烧室以提高功率与效率、采用废气蜗轮增压加中冷以提高平均有效压力、换油期与滤清器寿命的延长等。柴油机这些结构和性能的改变使得柴油机油向高氧化稳定性、优异的清净分散性方向发展。

表 5-64　机车柴油机油类型及主要性能

LMOA(机车维修者协会)分类	一代油	二代油	三代油	四代油	五代油
GE 公司分类	普通	优质Ⅰ类	优质Ⅱ类	超性能	长寿命
相当于 API(美国石油公司)分类	CA/CB	CC	CD	CD+	—
100℃黏度/(mm²/s)	14～16	14～16	不低于 14.3	不低于 14.3	12.5～16.3
黏度指数	60～80	60～80	60～105	60～105	75～100

续表

LMOA（机车维修者协会）分类	一代油	二代油	三代油	四代油	五代油
硫酸盐灰分/%	0.3~0.5	0.5~0.7	1.0~1.2	1.5	1.5~1.7
总碱值（ASTM D2896）/（mgKOH/g）	5	7	10	13	13 或 17
GE 氧化，黏度增长/%	15~20	10~15	5~15	5~8	
GE 青铜-钢摩擦磨损 177℃综合评价值/不大于	—	—	0.3	0.3	
添加剂加入量/%	4.8~6.0	10~14	10~14	14~15	14~16.5
添加剂配方特点	清净剂和抗氧剂	第一次加入分散剂	加入较多分散剂	采用高碱值清净剂和更好的分散剂	增加本酚盐量再提高碱值和清净性
适用柴油机功率/kW	1100~1500	2000	2500 左右	3000 左右	4000 以上

内燃机车的工作条件不同于汽车，因此内燃机车柴油机油的质量水平不能简单地采有 API 对汽车质量等级的分级法来衡量。表 5-64 中的不同代油与汽车质量等级的对应仅是说明在一些性能上是相当的，但不能等同。例如对于碱值要求，内燃机车柴油机油每换一次代，碱值都有明显的提高。而 API 对汽车柴油机油质量等级的分级却对其碱值没有明确的要求。另外，内燃机车柴油机油不像汽车用汽油机油、柴油机油的应用那样普遍，因此没有在国际间形成比较统一的标准。每个内燃机车发动机制造商都制定了相应的柴油机油规范，因此应使用符合其规范的柴油机油。

（二）我国内燃机油发展历程

我国 20 世纪 60 年代的内燃机车柴油机是仿制前苏联 10L207E 型柴油机而制造的，功率较低，强化度也不高，采用了当时的 HC-11、14 号普通机油。70 年代，我国自行设计研制开发的 240/275 系列柴油机投入批量生产，采用废气涡轮增压，功率增大，强化度也较高。我国研制了 1 号内燃机车增压柴油机油，基础油由 80%～90% 的大庆减四线馏分油、10%～20% 的大庆残渣油组成，加入硫磷化聚异丁烯钡盐（T108）、二烷基二硫酸锌、二甲基硅油等添加剂组成，大体上相当于二代油水平。80 年代，随着铁路运输向重载、高速、安全节能的方向发展，以及机车检修周期的延长，铁道部科学研究院金属及化学研究所开展了第三代油的研制。第三代油选用大庆原油加工的中性油和光亮油为基础油，加入清净分散、抗氧抗磨等多种添加剂而制成。随着我国功率为 2500～3000kW、平均有效压力基本上达到 1.8MPa、强化系数 80 以上的柴油发动机的研制成功，需使用第四代机油，同时，我国从美国 GE 公司进口的 ND₅ 内燃机车也要求使用第四代柴油机油。1984 年我国铁道部和石油部共同研制了"北 1 号非锌油"、"大 2 号含锌油"和"兰 3 号含锌油"，它们达到了第四代油的水平。90 年代，为了节约能源，降低运输成本，多级四代机油的研制列入国家"八五"科研项目。研制成功的多级四代机油与单级四代机油相比，可节约燃油 1% 以上，且多级机油具有良好的冷启动性能。在 ND₅ 及国内其他大功率机车上得以使用。铁道部发布的第四代柴油机油的规格要求和换油指标要求见表 5-65 和表 5-66。

表 5-65　铁路内燃机车单级和多级柴油机油技术要求（TB/T 2956—1999）

分　析　项　目		质量指标		试验方法
		单级四代油	20W-40 多级四代油	
运动黏度（100℃）/（mm²/s）		14~16	14~16	GB/T 265
黏度指数	不小于	90	—	GB/T 2541
低温动力黏度（-10℃）/mPa·s	不大于	—	4500	GB/T 6538
边界泵送温度/℃	不高于	—	-15	GB/T 9171
总碱值/（mgKOH/g）	不小于	12	12	TB/T 2545
闪点（开口）/℃	不低于	220	216	GB/T3536 或 GB/T267
倾点/℃	不高于	-3	-18	GB/T 3535
凝点/℃	不高于	-5	-20	GB/T 510
机械杂质/%	不大于	0.01	0.01	GB/T 511
水分/%	不大于	痕迹	痕迹	GB/T 260
液相锈蚀试验（A 法）		无锈		GB/T 11143
起泡性（泡沫倾向性/泡沫稳定性）/（mL/mL）			GB/T12579	
24℃	不大于	25/0	25/0	
93.5℃	不大于	150/0	150/0	
后 24℃	不大于	25/0	25/0	
钙含量①/%	不小于	0.42	0.45	SH/T 0309
锌含量①/%	不小于	0.12	0.10	SH/T 0309
氧化安定性试验（强化法）②总评分	不大于	5	5	SH/T 0299
青铜-钢试验（B 法）③综合评价值	不大于	0.3	0.3	SH/T 0577
轴瓦腐蚀试验（L-38 法④）				
轴瓦失重/mg	不大于	50	50	
活塞裙部漆膜评分	不小于	9.0	9.0	
剪切安定性（100℃运动黏度）/（mm²/s）				
10h 后取样式	不小于	—	12.5	
高温清净性试验（L-G2 法⑤）				GB/T 9933
顶环槽炭填充率/%（体积分数）	不大于	80	80	
总加权评分	不大于	300	300	

注：① 钙、锌元素含量允许采用原子吸收光谱或原子发射光谱进行测定，如发生争议以 SH/T 0309 为准。
　　② 氧化安定性试验（强化法）属保证项目，每一年评定一次。
　　③ 青铜-钢试验属保证项目，每一年评定一次。
　　④ L-38 试验属保证项目，每两年评定一次。
　　⑤ L-G2 试验属保证项目，每四年评定一次。

表 5-66　内燃机车柴油机油换油指标(TB/T 1739—2005)

项　目			换油指标			试验方法
			北京、东风$_{4A}$东风$_5$、东风$_7$系列、东风红系列及其他老型机车	东风$_{4B}$、东风$_{4C}$、东风$_{4D}$、东风$_8$系列、东风$_{11}$系列、NY$_6$、NY$_7$	ND$_5$	
运动黏度(100℃)/(mm^2/s)		三代油	<10.5 或>18	<11 或>18	—	GB/T265 或GB/T11137
		单级四代油	<10.5 或>18	<11 或>18	<13 或>18	
		多级四代油	<10.5 或>18.5	<11 或>18.5	<13 或>18.5	
石油醚不溶物/%	三代油	体积法	>12			
		重量法	>3.8			
	单级和多级四代油	体积法	>14			
		重量法	>4.5			
斑点级	三代油		≥4(a≥1.4)			附录 A
	单级四代油和多级四代油		—			

注：a 为油斑直径与污斑直径之比值。

柴油机是内燃机车的"心脏"，柴油机油是确保柴油机正常工作的关键材料之一。随着柴油机向大功率、高效率、低能耗方向发展，柴油机油也相应地进行着升级换代。我国研制的柴油机油及其换油指标已标准化，基本上满足了我国内燃机车对柴油机油的需求。但随着机车功率、速度进一步提高，特别是准高速(160km/h)和高速铁路的发展，很有必要加快性能更优的第五代内燃机车柴油机油的研制。

三、船用柴油机油

柴油机，作为船舶动力装置的热效率高于蒸汽轮机，是船舶，特别是远洋轮船的主要动力装置。船用柴油机主要有低速十字头二冲程发动机和中速筒状活塞四冲程发动机两种类型。低速十字头二冲程发动机的气缸和曲轴箱润滑是分开的，其用油分别称为气缸油和船用系统油。中速筒状活塞四冲程发动机的气缸和曲轴箱共用一个油，称为曲轴箱润滑油或中速机油。由于缺乏相关行业标准和环保法规的制约，船用柴油机油的发展速度明显慢于陆用柴油机油。其发展动力主要来自于船舶用户对燃油经济性的追求，高硫含量的劣质燃料油在船用柴油机上得到广泛的应用，致使船用柴油机油的工作条件不同于陆用柴油机油。

(一)低速十字头二冲程发动机用油

气缸油用于活塞、活塞环和缸套的润滑，它与燃料一起喷入气缸内或通过缸套中下部沿圆周均匀分布的注油孔注入，是一次性润滑剂。船用发动机的气缸工作条件比较苛刻，环槽温度高于150℃，活塞平均压力为1MPa左右，配有增压器时其压力更高。更重要的是低速十字头二冲程发动机常使用高硫燃料，燃烧后生成大量的 SO_2 和 SO_3，遇到凝结水会形成硫酸，使气缸受到严重的腐蚀磨损。曾估算过功率为 36000kW 的低速十字头柴油机使用高硫燃料时，按只有 5% 以下的 SO_3 遇水凝结成硫酸，则每日在气缸中凝结的硫酸可达 40~50kg。由此可见气缸油最重要性能的是应具有较高的碱值（高达 40~100mgKOH/g），以防止腐蚀磨损。同时也要求气缸油应具有良好的润滑性能、清净性和分散性能。

船用气缸油由于低速十字头柴油机的机型很多，各个机型的结构差异很大，运行工况也不同，所以难以制订比较统一的评定方法，气缸油也缺乏统一的质量标准。目前国际上气缸油主要的供应商是壳牌石油公司和埃克森美孚石油公司。对于发动机应选用多大碱值的气缸油问题，按照发动机的工况和使用燃料的含硫量是能找到一定的对应关系的。表 5-67 为 Sulzer 柴油机公司推荐的气缸油碱值与燃烧含硫量的关系。但实际上船舶在世界各地运行，供应燃料的含硫量是经常变化的。因此，常选用一种能适应含硫较高的气缸油。

表 5-67　燃料含硫量与气缸油碱值的对应关系（SAE 50 黏度级别油）

燃料含硫量/%	所需气缸油碱值	备　注
<0.5	5	
0.5~1.0	5~10	平均有效压力大于 0.75MPa 的发动机，
1.0~1.5	10~20	使用燃料的含硫量为 2%，推荐使用碱值
1.5~2.5	20~40	为 50~75 的气缸油
>2.5	40~75	

系统油是用于二冲程低速十字头柴油机的曲轴箱系统，用来润滑曲轴轴承、曲轴销轴承、十字头轴承、同步齿轮等部件的润滑。一些增压十字头柴油机还用系统油润滑增压器，还有些系统油循环通过活塞的冷却腔以带走热量，从而冷却发动机。

由于十字头柴油机的曲轴箱系统与气缸是分隔开的，系统油不与燃气接触，工作条件比气缸油缓和得多。但是系统油也应具备一定的特性才能满足工作要求。首先系统油的黏度要适当，正常工作时能形成足够厚的油膜以满足曲轴箱系统中各部件的润滑，同时应有较好的极压抗磨性能以防护起动和停机时轴承的磨损。其次系统油要有较好的热氧化稳定性，因为系统油在曲轴箱系统中长期循环使用，且系统油在活塞的冷却腔内还会接触到较高的温度。另外，系统油还应具有较好的防腐性、防锈性和抗乳化性能，因为发动机在运转过程中难免会漏入冷却水，油中进入水分后，特别是进入海水后会引起轴承腐蚀和轴的锈蚀。较好的抗乳化性能确保水进入油箱后不至于使油乳化，水能从离心机中分离出来。

（二）中速筒状活塞四冲程发动机油

中速筒状活塞四冲程发动机油（中速机油或曲轴箱润滑油）用来润滑活塞、气缸及曲轴箱等部件，它既要接触燃烧产物，又要在曲轴箱系统中循环使用。因此，它应兼有气缸油和系统油二者的特点，主要要求清净性、分散性和高碱值。其碱值要求与燃料相关，燃烧残渣油的中速筒状柴油机采用碱值为 30~40 的 SAE 30 或 SAE 40 号油；燃烧中间燃料的采用碱值为 20~30 的 SAE 30 或 SAE 40 号油；用馏分油作燃料的则采用碱值为 10~15 的 SAE 30 或 SAE 40 号油。当用轻质燃料时，国外推荐采用符合 MIL-L-2104B 规范的中速机油；当用重质燃料时，推荐使用符合 MIL-L-2104C 规范的中速机油。

（三）我国船用柴油机油的发展历程

我国船用柴油机油的研制工作起步较晚，"八五"初期，原中国石化总公司成立了"船用油研制攻关组"，开始船用柴油机油的国产化研究。历经十年的发展，我国自主研制的气缸油、系统油和中速机油产品质量基本与国外油品相当。

目前，我国主要的航运公司中，中国长江航运集团的船舶主要采用了国产船用柴油机油；中国海洋运输集团的船舶部分采用了国产船用柴油机油；而作为船用柴油机油最大用户的中国远洋运输集团基本上采用了 Mobil、Shell、BP 等国外品牌的船用柴油机油，最重要的原因之一是我国船用柴油机油的生产商还没有实力在全球范围内建立起营销网络，不能满足远洋运输船舶在就近港口加油的需求。

（四）船用柴油机油的发展趋势

在追求更大功率和进一步提高燃油经济性的驱使下，新的发动机设计提高了燃烧温度和系统压力，相应地增加了润滑油膜的热负荷和承载负荷，要求提高气缸油的黏度等级至 SAE 60 或者选用更高黏度指数的基础油以形成足够强度的油膜；随着船用燃料硫含量的进一步增加，以及气缸经柴油机油冷却后的温度与硫酸的露点接近，增加气缸油的碱值以降低腐蚀成为必然；燃料油的进一步劣质化，生成的焦质、沥青质增多，要求油品具有更佳的清净、分散性能。虽然至今尚未颁布统一的限制船舶排放的法规，但船用柴油机的排放问题已引起广泛的关注。减少船用柴油机油中的金属钙和硫酸盐含量，以避免生成大量的硫酸钙导致尾气净化装置的催化剂失效，是降低船用柴油机排放的重要举措之一。

第六节　清洁燃料发动机油

随着经济的发展，汽车保有量逐年增加，其尾气对空气的污染日益加重。降低汽车排放以改善空气质量是世界各国关注的重要课题，使用清洁燃料是重要措施之一。目前已商业化的清洁燃料主要是燃气和醇燃料两大类，同时采用这些清洁燃料也有助于节约石油资源，降低对日益枯竭的石油的依赖性。由于这些清洁燃料的理化特性不同于汽油和柴油，因此对其相应的发动机油的性能要求也存在较大差异。

一、燃气发动机油

目前，燃气发动机使用的清洁燃料主要是压缩天然气（CNG）、液化石油气（LPG）和液化天然气（LNG）。与汽油和柴油燃料相比，气体燃料的应用一方面减少了汽车尾气的排放（图 5-6），另一方面大幅度降低了燃料成本。为此，燃气发动机与燃气汽车在世界许多国家得以应用和推广。

燃料的改变以及发动机结构、工况和材料的变化，使得燃气发动机工况与汽油和柴油发动机不同。气体燃料燃烧完全，气缸温度较高，增加了 NO_x 生成，易使发动机油氧化和硝化，从而形成更多的油泥和积炭，燃气发动机油应具有优良的抗氧化、抗硝化性能和较好的分散性能；气体燃料以气态形式进入气缸，不具有液体燃料的润滑功能，容易导致排气阀门和底座磨损，要求发动机油的抗磨性能更好，且适宜的硫酸盐灰分对阀系起润滑保护作用；燃气发动机热负荷更高，发动机油具有良好的冷却性能，因此燃气发动机的黏度不宜过高，且黏温性要好。

目前，燃气发动机油没有统一的分类、模拟评定方法和发动机台架试验要求，一般是

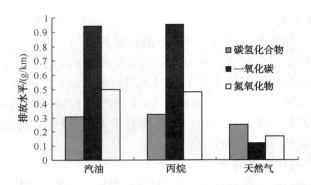

图 5-6 康明斯公司对 CNG 发动机排放污染物的研究结果

发动机制造商根据 3000~10000h 的行车试验来提出对润滑油的要求。但硫酸盐灰分和碱值是燃气发动机油必须要求的指标。适宜的硫酸盐灰分有助于降低阀系的磨损，但硫酸盐灰分过高可导致提前点火、爆燃等现象发生；适宜高的碱值和较好的碱值保持能力以中和酸性氧化产物，同时又不会导致大量的硫酸盐灰分。在众多的燃气发动机油 OEM 规格中，康明斯规格（Cummins CES20074）的指标全面，要求同时通过台架试验和行车试验。因此，获得康明斯气体发动机油的认证，通常是燃气发动机油技术水平的体现。

我国燃气汽车 1999 年正式推广。确定了一汽、东风、上汽等五家清洁汽车生产基地。由于我国城市仍以汽油车为主，在目前条件下全部由燃气汽车代替汽油车不太现实，因此，在引进和推广燃气汽车的同时，也有相当一部分燃气汽车是由原来的汽油车改装而成的双燃料汽车。其所用的发动机油多为国外品牌的产品，国内中国石化长城润滑油公司也推出了燃气汽车发动机油，有些燃气汽车甚至使用普通的汽油、柴油发动机油。随着燃气汽车在我国的应用和推广，有必要加大燃气发动机油的研发和应用推广力度，以满足市场对燃气发动机油的需求。

二、含醇燃料发动机油

乙醇是最早开始使用的代用燃料，但由于其成本太高，难以推广应用。甲醇主要来自天然气，其生产也较为容易，且甲醇具有高辛烷值、低发热量、低污染和无排烟等特点，日益成为重要的醇类燃料。将醇类燃料掺入到汽油中调和成混合燃料，在世界上相当一部分国家已得到应用和推广。

由于醇的性质与汽油不同，醇类燃料汽车同使用汽油、柴油常规燃料的汽车相比对润滑油的要求有较大区别。甲醇或乙醇是亲水性物质，容易吸水，吸有一定水分的醇燃料与发动机油混合时，容易引起油品的乳化变质，因此含醇燃料发动机油应具有更佳的抗乳化性能。醇燃料对机油中的一些增黏剂有较强的溶解能力（如对三元共聚乙丙胶和聚甲基丙烯酸酯等），未燃烧的醇与润滑膜接触时溶析增黏剂而使得油膜破裂，从而影响润滑性能。并且醇燃料串入机油溶析其中的增黏剂，打破了机油配方的平衡体系，进而破坏机油的性能而使其变质，因此，要求含醇燃料机油采用抗醇溶析的增黏剂。工业级的醇燃料中含有少量的高碳醇、杂醇及少量的醚类和水分，其燃烧不完全会产生低碳酸，从而引起腐蚀磨损，因此含醇燃料发动机油要求高碱值、良好的酸中和能力和更佳的抗腐、防锈性能。

　　与燃气发动机油一样，含醇燃料发动机油也没有统一的分类、模拟评定方法和发动机台架试验要求，一些醇燃料发动机制造商甚至还没有制定专用机油的 OEM 规范。个别润滑油公司推出了含醇燃料发动机油，但采用各自的企业标准。润滑油相关组织、醇燃料发动机制造商和润滑油企业应加强合作，制定含醇燃料发动机油统一规范，加快含醇燃料发动机油的研制和应用工作。

第六章 液 压 油

　　液压传动和机械传动、气压传动、电传动相比，它具有元件小、重量轻、结构紧凑；反应灵敏、快；操作灵活、省力；易实现操作自动化及过载保护；容易实现标准化、系列化、通用化；无间隙传动，动作传递平稳均匀和自动润滑等特性。

　　液压油是用于液压系统的传动介质，液压油（液）是液压技术的一个重要组成部分，在液压系统中实现能量的传递、转换和控制。同时，它还起着系统的润滑、防锈、防腐、冷却作用。

　　液压油在工业润滑油中是用量较大的一类。通常它的用量占到工业润滑油的 40% ~ 50%。在各种液压油（液）中，矿油型液压油占 80% 以上，各种抗燃液压油（液）和植物油型液压油约占 10%。

第一节　液压系统概述

　　液压系统虽然多种多样，但从能量的转换角度来看，它的工作原理和组成基本相同（图 6-1）。

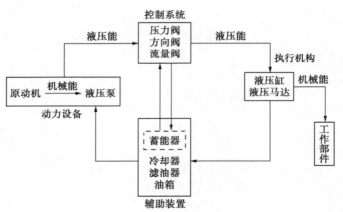

图 6-1　液压系统示意图

从图 6-1 可知液压系统的组成包括以下几部分：

　　（1）动力元件　为液压泵，其种类按结构分为齿轮泵、叶片泵、柱塞泵、螺杆泵等。按排量变化分为定量液压泵和变量液压泵；按运动方式又可分为旋转式液压泵和往复式液压泵，液压泵的作用是将原动机输入的机械能转换成液压能。

　　（2）执行元件　包括传递旋转运动的液压马达和传递往复运动的油缸。它们把液体的压力能转化为机械能。

　　（3）操纵元件　包括单向阀、溢流阀、节流阀、换向阀等各种不同的阀类。通过它们来控制和调节液流的压力、流量及方向，以满足机器的工作性能要求，并实现各种不同的工作循环。

（4）辅助元件　包括油箱、油管、管接头、蓄能器、冷却器、过滤器以及各种控制仪表。

以图6-2为例，具体说明各种元件的职能和作用。

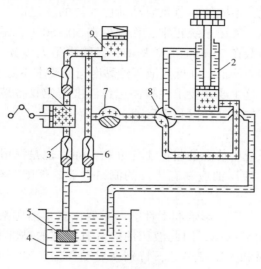

图6-2　液压系统简图

1—泵；2—油缸；3—单向阀；4—油箱；5—滤油器；

6—溢油阀；7—节流阀；8—换向阀；9—储能器

油泵1在原动机的带动下，将液压油从油箱4经滤油器5，输入到管道中去，推开单向阀3，再经节流阀7和换向阀8进到油缸，推动油箱中的活塞做功。当液压油经换向阀8从油缸下部流入时，活塞向上运动，上腔油液回油箱；当液压油经换向阀8从油缸上部流下时，活塞向下运动，下腔油液回油箱。节流阀7的作用是调节进入油缸的液压油流量大小，当节流阀开口大时，进入油缸的流量就增大，活塞速度加快。当关小节流阀的开口，进入油缸的流量就减小，活塞速度则变慢。此时多余的流量从溢流阀6返回油箱。蓄能器9是为了提高系统流量的均匀性，降低由于油泵流量不均匀所造成的油缸活塞运动速度波动的程度，以及减少系统的压力脉动。滤油器5是滤出油中杂质和磨损的金属细末，以提高液压元件的使用寿命。

第二节　液压油性能要求和台架试验

一、液压油性能要求

液压油在系统中的主要作用就是传递液压能。此外，还应具有润滑、冷却、防锈、减震等作用，以保证液压系统在不同的环境及工作条件下长期、有效地进行工作。为此，根据液压系统的设计参数、运行工况、周围环境等诸因素，对液压油提出了如下要求。

（一）适宜的黏度和良好的黏温性能

黏度偏大，各部件的运动速度就愈慢，系统温升快，系统压力和功率损失增大。在寒冷气候下难启动并可能产生气穴腐蚀。黏度偏小，泵的内泄增大、容积效率降低，同时黏度过低，会使系统压力下降，油温升高，磨损增加，甚至造成系统控制失灵。因此，液压系统要求液压必须具有适宜的黏度。

由于系统所处的环境，不同的季节及启动前后油温的变化都会引起液压油的黏度发生变化。在室内工作的机械，液压系统正常工作温度在 $50 \sim 60°C$，温度变化不大，不要求高的黏度指数。一般黏度指数在 75 以上的矿物油，已能满足大多数工业用液压系统的需要。但对于工作温度范围宽的液压油，如低温液压油黏度指数要求不低于130，航空液压油要求黏度指数达到 $130 \sim 180$。这主要是要求在较高工作温度下应具备液压系统所需的黏度，在低温环境下又应具备较好的流动性以利于启动。

（二）优良的润滑性

液压油不仅是液压系统中传递能量的工作介质，而且也是润滑介质。为了使系统中各运动部件磨损尽量减小，液压油应具有优良的润滑性能。否则缩短泵和液压元件的寿命，降低泵的工作性能。

在流体润滑条件下，黏度是影响润滑性能的重要因素。液压系统中大部分机件，在正常情况下都是处于流体润滑状态，因此液压油应具有适宜的黏度来保证润滑、降低磨损。液压系统中的某些液压泵和大功率马达，特别在启动和停车时，可能处于边界润滑状态，如果液压油的润滑性不良，抗磨性差，则会发生黏着磨损和磨粒磨损，造成泵和油马达性能降低，寿命缩短，系统产生故障。因此，液压油，特别是抗磨液压油中需加入油性剂和极压抗磨剂以满足边界润滑条件下的润滑性能要求。

对于液压油润滑性能的评定，除了采用常规的四球试验机法、梯姆肯（Timken）试验机等外，还需采用液压泵台架试验进行使用性能的评定。

（三）良好的抗剪切安定性

液压油在实际应用中，通过泵、阀件和微孔等元件时，所受剪速一般达 $10^4 \sim 10^6 s^{-1}$，如果油品的抗剪切性差，则导致液压油在高剪速下黏度的显著降低，使液压油的漏损增加，并影响润滑特性及其他工作性能。为此润滑油应具有良好的抗剪切安定性。

评定液压油剪切安定性的方法有两种，一种是机械法，另一种是超声波剪切法。

1. 机械法

机械法有柴油机喷嘴法、泵送试验等。柴油机喷嘴法（SH/T 0103—92）是利用柴油机喷嘴制成一种高压和高剪切力的小型试验装置，使液压油在高压下受到剪切，以测定其黏度下降率。泵送试验法是用泵、节流阀、过滤器等制造成一循环系统，创造一个使液压油中聚合物破坏的工作条件，通过试验前后液压油黏度的测定，计算黏度下降率。

2. 超声波剪切法

此法原理是将一定频率的超声波能量，对试油作用一定时间，在声能作用下液压油内部发生空穴作用，引起液压油中聚合物分子破坏，然后测定其黏度下降率。

超声波剪切法按 SH/T 0505—92 进行，是用 30mL 试油，经 10min 超生剪切后，测定试油在 40°C 时的黏度。根据超生剪切前后的黏度变化，算出黏度下降的百分比，用以表示剪切安定性。

（四）对密封材料的影响小

一般来说，液压油应与液压系统中所接触到的各种密封材料相适应，以确保活动部件运动自如，又要保证杜绝系统因密封不良而导致漏油或混入空气。漏油不仅增加液压油损耗，还能破坏系统的正常工作，甚至会引起火灾。

液压系统一般采用橡胶密封件，还采用尼龙、塑料、皮革等其他密封材料。对于用橡胶做密封材料的液压系统来说，要求液压油不侵蚀橡胶，不使其过分溶胀，也不容许收缩或硬化，以免降低其机械性能。为确保密封效果，橡胶密封件与液压油接触后，应有适当的、恒定的膨胀，膨胀后应对机械性能和尺寸稳定性无不良影响。为检验液压油与橡胶的适应性，通常在一定温度下，将橡胶浸泡在液压油中，经过一定时间后，测定橡胶膨胀或溶解程度以及硬度的变化。如果这些变化在允许范围内，则这种材料和液压油是相适应的。轻微的变化不仅是允许的，而且常常是必要的。一般规定橡胶的膨胀度小于25%为宜。

石油基液压油对一般橡胶的膨胀作用主要是其中的芳香烃或无侧链的多环环烷烃引起的。因为它们最容易极化并与橡胶的极性基相互作用。至于油品中芳香烃的含量可从苯胺点的高低反映出来，苯胺点较高的油品芳香烃含量较少，对橡胶的溶胀性低。

不同液压油基础油与橡胶的适应性见表6-1。

表6-1　不同液压油基础油与橡胶的适应性

基础油	矿 物 油	水-乙二醇	磷酸酯	双　酯	硅　油	聚乙二醇	氟油
相适应的橡胶	丁腈橡胶、氯丁橡胶、硅橡胶、氟橡胶、丙烯腈橡胶、丙烯酯橡胶等，不能用天然橡胶和丁基橡胶（油包水乳化液与橡胶的适应性同矿物油）	天然橡胶、氯丁橡胶、丁腈橡胶、丁基橡胶、硅橡胶、氟橡胶、乙丙橡胶等	丁基橡胶、乙丙橡胶、硅橡胶、氟橡胶等	丁腈橡胶、硅橡胶、氟橡胶	氯丁橡胶、氟橡胶	丁腈橡胶	硅橡胶

（五）抗泡性和空气释放性好

液压系统中可能混进空气，空气在液压油中有溶解和掺混两种状态。溶解于油中的空气量与绝对压力成正比，掺混的空气则以气泡状态悬浮于油中。分散在油中的气泡为分散气泡，它可以在油中上升，有的浮至液面时即自行破灭。但如气泡较稳定，升到液面后聚集为网状气泡即泡沫层。

液压油在系统中要经历低压区至高压区的反复循环。在低压区，原来溶解的气泡释放在油中或是分散在油中的细微气泡聚集成较大的气泡，而又不能及时从油中释放出去时，这种现象称为气穴。气穴出现在管道中会产生气阻，妨碍液压油的流动，严重时会使泵吸空而断流。气穴还会降低液压系统的容积效率，并使系统的压力、流量不稳定而引起强烈的振动和噪音。当气穴被油流带入高压区域时，气穴受到压力的作用，体积急剧缩小甚至溃灭。气穴溃灭时，周围液体以高速来填补这一空间，因而发生碰撞，产生局部高温、高压。局部压力升高能达数十甚至数百兆帕。如果这种局部液压冲击作用在液压系统零件的表面上，会使材料剥蚀，形成麻点。这种由于气穴消失在零件表面产生的剥蚀现象称为

气蚀。

为了减少液压系统中发生的气穴和气蚀现象，要求液压油产生的泡沫要少，并且能迅速消失，即抗泡性应好。同时，要求溶解和分散在油中的气泡应尽快地从油中释放出来，即要求液压油应具有较好的空气释放性。

（六）良好的抗乳化性能和水解安定性

液压油在工作过程中可能从不同的途径混入水分。如开式液压系统，空气中的水分便可能同杂质一起或自身冷凝而进入液压油，或冷却水因密封不良也或能进入液压系统。混入液压油中的水，可能呈溶解状态，也可能呈游离状态。

液压油中的水能引起金属锈蚀；使液压油中的添加剂水解而生成沉淀、腐蚀性物质和其他有害产物，因此液压油中的水要尽量除去。混入水的液压油在系统的调节装置、泵和其他元件的剧烈搅动下，很容易形成乳化液而使油和水的分离困难。如果液压油的抗乳化性能很好，形成的乳化液很不稳定，水迅速从油中分离出来，这便于油中水的排放。

我国液压油破乳化性的测定采用与 ASTM D1401 类似的 GB/T 7305—87 方法，水解安定性测定方法采用与 ASTM D2619 类似的 SH/T 0301—92 方法。

（七）氧化安定性好

液压设备在工作中，液压油多与空气接触，在空气中氧的作用下，使液压油氧化、变质。特别是在高温、高压条件下的氧化速度更快。另外，液压油的氧化性还和其化学组成、一些铜、锌、铝等金属磨屑和其他杂质，以及进入的水分有关。氧化的结果一般表现为颜色变深、酸值增加、黏度发生变化或生成沉淀物。氧化酸值增大了腐蚀性，氧化生成的黏稠状物质或沉淀物会引起过滤器的堵塞、油泵等元件的磨损，妨碍控制机构的动作。可见，液压油的氧化是影响液压油寿命的重要因素。因此要求液压油的抗氧化安定性要好。我国液压油氧化安定性的评定一般采用与美国 ASTM D943 类似的 GB/T 12581 方法。该方法是酸值达 2.0mgKOH/g 时所用时间的长短来评定氧化性能，或采用与 ASTM D2272 类似的旋转氧弹 SH/T 0193 方法来评定，该方法是压力降到一定值时所用时间的长短来评定氧化性能。

另外，液压油还有倾点低、易低温泵送、过滤性好、清洁度高、污染小、毒性低等性能要求。

二、液压油台架试验

随着液压油的工作条件日益苛刻，早期普遍应用的 Vickers 104 叶片泵台架试验已不能完全代表液压油的实际使用性能。在高压、较高温度、高转速等条件下必须采用相适应的泵试验台架进行评定。为此，一些新的液压油台架试验被建立起来，下面对常用的液压油台架试验进行介绍。

（一）Vickers 公司叶片泵台架试验

1. Vickers 104C 叶片泵台架试验

美国实验材料学会（ASTM）采用此台架试验建立了 ASTM D2882 试验方法。56.8L 液压油在 V104C 叶片泵装置中循环 100h，工作压力 13.79MPa±0.28MPa，转速为 1200r/min±60r/min，当液压油的 37.8℃ 运动黏度不大于 50mm²/s 时，油温为 65.6℃±3℃；当液压油

37.8℃运动黏度大于 $50mm^2/s$ 时，油温为 79.5℃±3℃。我国参照 ASEM D2882 方法，建立了 SH/T 0307 液压泵台架试验。

对于一般抗磨液压油，100h 试验后定子与叶片的总失重不应多于 100mg；对于高压抗磨液压油，100h 试验后的总失重不应高于 50mg。该试验台架通常仅用来评定普通抗磨液压油，对于高压液压系统，仅作为一个辅助台架试验。该台架试验设备相对简单，试验泵亦较便易而被普遍采用。

2. Vickers 35VQ25 叶片泵台架试验

Vickers 公司在 20 世纪 70 年代建立了 Vickers 35VQ25 叶片泵台架试验。试验压力为 21MPa，温度 93℃，转速 2400r/min。试验分三个程序，每一程序使用新的试验泵运行 50h，然后将试验泵清洗干净后称量，定子失重量小于 75mg；10 个叶片的总失重不能超过 15mg。同时，试验的通过与否还要根据试件的表面磨损情况判定。大量试验表明，叶片泵试验失败往往是失重超标引起的，当表面观察不合格时，总会伴随着严重的失重现象。

3. Vickers 20VQ5 台架试验

Vickers 20VQ5 是为取代 Vicker 104C 叶片泵试验而设计的。除了提高试验温度至 93.3℃，降低了试验功率外，其他试验条件基本相同。大量试验证明，Vickers 20VQ5 试验重复性好，对于抗磨性可给出很好的区分性，同时与其他泵试验有良好的对应关系。

（二）Dension 公司高压泵台架试验

1. Denison T-5D 叶片泵台架试验

Denison T-5D 叶片泵台架试验压力为 17.5MPa，转速 2400r/min，温度 71℃下运行 60h，99℃下运行 40h，功率 119kW。试验结束后，除在四个非接触区可能出现"跳线"外，定子表面的大部分波纹状原始加工印迹应保留。大量的试验结果表明，在定子的压力区很容易出现疲劳损伤，表现为点蚀、擦伤和划痕。

2. Denison P-46 柱塞泵台架试验

Denison P-46 柱塞泵台架试验压力为 34.5MPa，转速 2400r/min，温度 71℃下运行 60h，99℃下运行 40h，功率 247kW。试验结束后，所有泵试验配件的表观不应有任何明显的变化（与试验前相比）。在 80 年代初，美国一飞机制造商在装配 Denison 柱塞泵的液压系统上使用含锌抗磨液压油时，发现柱塞泵铜部件产生严重腐蚀，为此建立了此柱塞泵台架试验对液压油的性能进行评定。当使用含锌抗磨液压油时，含锌抗磨添加剂与含铜金属相互作用，即黄铜由滑靴转移到爬板。若爬板不能在试验中正常转动，则可能在爬板的压力区发生非均匀磨损，同时伴有铜转移和其他形式的疲劳现象发生。

3. Denison T6C 叶片泵台架试验

随着叶片泵压力的不断增大以及使用条件日益苛刻化，Denison T6C 高压叶片泵台架试验被建立起来。该叶片泵台架试验的压力达 25MPa，转速 1800r/min。在 5h 的磨合试验后运行 300h，然后换成新的试验泵，在磨合之前往试验油中注入 1% 的蒸馏水，磨合 5h 后再试验 300h。在这 300h 的试验过程中水含量需保持在 0.8%~1.2% 范围内。另外，在 5~105h 每隔 25h，在 105~305h 每 50h 对流量、压力、扭矩等参数进行测量，然后画出变化图。同时，每隔 100h 还要取样测黏度、含水量以及过滤性等。试验结束后称量，并计算失重量和叶片试验前后的磨损比。

第三节 液压油的分类及牌号

一、液压油的分类

液压油(液)的种类繁多，分类方法各异，近年来液压油的分类已趋向标准化。国际标准化组织(ISO)于1982年颁布了"润滑剂、工业润滑油和有关产品(L类)的分类第4部分：H组(液压系统)"分类标准(ISO 6743/4—82)。我国1987年颁布的"润滑剂和有关产品(L类)的分类第2部分：H组(液压系统)"(GB 7613.2—1987)标准等效采用了ISO 6743/4—1982，并于1991年调整为强制性国家标准。在2003年再次进行了改动，增加了环境可接受型液压油的分类，删去了毒性较强的含氯化烃的无水合成液，其具体分类见表6-2。

表6-2 液压油(液)的分类(GB/T 7613.2—2003)

组别符号	总应用	特殊应用	更具体应用	组成和特性	产品符号 ISO-L	典型应用	备注
H	液压系统	流体静压系统		无抑制剂的精制矿油	HH		
				精制矿物油、并改善其防锈和抗氧性	HL		
				HL油，并改善其抗磨性	HM	高负荷部件的一般液压系统	
				HL油，并改善其黏温性	HR		
				HM油，并改善其黏温性	HV	建筑和船舶设备	
				无特定难燃性的合成液	HS		特殊性能
			用于要求使用环境可接受液压液的场合	甘油三酸酯	HETG	一般液压系统(可移动式)	每个品种的基础液的最小含量应不少于70%
				聚乙二醇	HEPG		
				合成酯	HEES		
				聚α-烯烃和相关的烃类产品	HEPR		
			液压导轨系统	HM油，并具有抗黏滑性	HG	液压和滑动轴承导轨润滑系统合用的机床在低速下使振动或间断滑动(黏滑)减为最小	这种液体具有多种用途，但并非在所有液压应用中皆有效
			用于使用难燃液压液的场合	水包油型乳化液	HFAE		通常含水量大于80%(质量分数)
				化学水溶液	HFAS		通常含水量小于80%(质量分数)
				油包水乳化液	HFB		

组别符号	总应用	特殊应用	更具体应用	组成和特性	产品符号 ISO-L	典型应用	备注
H	液压系统	流体静压系统	用于使用难燃液压液的场合	含聚合物水溶液①	HFC		通常含水量大于35%（质量分数）
				磷酸酯无水合成液①	HFDR		
				其他成分的无水合成液①	HFDU		
		流体动力系统	自动传动系统		HA		与这类有关的分类尚未进行详细地研究，以后可以增加
			偶合器和变矩器		HN		

注：①这类液体也可以满足 HE 品种规定的生物降解性和毒性要求。

由表可见，液压油可分为矿物油型和合成烃液压油（液）、环境可接受液压油、难燃液压液及液力传动油（液）四大类。

二、液压油的种类及牌号

（一）矿物油型和合成烃液压油（液）

1. L-HH 液压油

HH 液压油中不含添加剂，为精制矿物油。这种油虽列入分类中，但液压系统已不使用，我国也不再生产这类油。

2. L-HL 液压油

HL 液压油是以适当精制的中性油为基础油，加入抗氧、防锈和抗泡等添加剂制成，但不加极压抗磨添加剂。一般用于机床的液压箱、主轴箱和齿轮箱以及其他设备的低压液压系统和传动装置，也可用于要求换油期较长的轻负荷机械的油浴式非循环润滑系统。

HL 液压油的国家质量指标见表6-3，有 15、22、32、46、68 和 100 共 6 个黏度级别的产品。使用的环境温度为 0℃ 以上。不适用于对润滑性、防爬性要求较高的液压系统、齿轮传动装置和导轨等。国外相应标准，有德国 DIN 51524（I）—1985 HL 油，法国 NF E48-603-1983 HL 油和 Castrol 公司的 Hyspin VG 油等。

表6-3　L-HL 液压油标准（GB 11118.1—2011）

项　　目		质量指标							试验方法
黏度等级（GB/T 3141）		15	22	32	46	68	100	150	
运动黏度/（mm²/s）									GB/T 265
0℃①	不大于	140	300	420	780	1400	2560	—	
40℃		13.5~16.5	19.8~24.2	28.8~35.2	41.4~50.6	61.2~74.8	90~110	135~165	

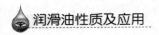

续表

项　目		质量指标							试验方法
黏度等级（GB/T 3141）		15	22	32	46	68	100	150	
黏度指数[①]	不小于	80							GB/T 2541
闪点（开口）/℃	不低于	140	165	175	185	195	205	215	GB/T 3536
倾点/℃	不高于	−12	−9	−6	−6	−6	−6	−6	GB/T 3535
空气释放值（50℃）/min	不大于	5	7	7	10	12	15	25	SH/T 0308
橡胶密封适应性指数	不大于	14	12	10	9	7	6	报告	SH/T 0305
抗乳化性（40−37−3mL）/min									GB/T 7305
54℃	不大于	30	30	30	30	40	—	—	
82℃	不大于	—	—	—	—	—	30	30	
泡沫性/（mL/mL）									GB/T 12579
24℃	不大于	150／0							
93℃	不大于	75／0							
后 24℃	不大于	150／0							
色度/号		报告							GB/T 6540
密度（20℃）/（kg/m³）		报告							GB/T 1884
酸值/（mg KOH/g）		报告							GB/T 4945
水分/%	不大于	痕迹							GB/T 260
机械杂质/%	不大于	无							GB/T 511
腐蚀试验（铜片，100℃，3h）/级　　　　　　不大于		1							GB/T 5096
液相锈蚀（蒸馏水）		无锈							GB/T 11143
清洁度		供需双方协商确定，也包括用 NAS 1638 分级							GB/T 14309
氧化安定性									GB/T 12581
a. 氧化 1000h 后[①]									
酸值/（mg KOH/g）	不大于	—	2.0						GB/T 12581
油泥		报告							SH/T 0565
b. 旋转氧弹（150 ℃）/min		报告							SH/T 0193
四球磨斑直径（392N，60min，75℃，1200r/min）/mm		报告							SH/T 0189

注：①定期进行测定。黏度等级为 15 的油不测定，但所含抗氧剂类型和量应与产品定型时黏度等级为 22 的试验油样相同。

3. L-HM 液压油

HM 液压油是以中间基或石蜡基原油经深度精制后为基础油，加入抗磨剂、抗氧剂和防锈剂等制成，具有良好的抗磨性，可防止液压泵及其他元件的磨损。它是目前液压油中用量最大的一类。

最初的抗磨液压油以三甲酚磷酸酯作为抗磨剂，同至今还广泛应用于通用机床液压系统的抗氧防锈油相比，抗磨性得到了很大改善。而以二烷基二硫代磷酸锌为抗磨剂的抗磨液压油具有良好的破乳化、抗磨、防锈、抗氧化特性。到 20 世纪 70 年代中期，设备供应商发现含二烷基二硫代磷酸锌抗磨剂的液压油在某些液压控制系统中会腐蚀铜摩擦表面，产生油泥、黏住控制滑阀等问题；在高压液压系统中会导致柱塞泵的青铜滑靴严重磨损，研究表明是由于二烷基二硫代磷酸锌的热降解产生的。为此，以稳定的二烷基二硫代磷酸锌作抗磨剂的低锌抗磨液压油和无灰抗磨液压油开始投放市场，这两种液压油对各种类型的液压系统都具有良好的适应性。表 6-4 对几种典型的抗磨液压油性能进行了比较。

表 6-4　典型的抗磨液压油性能比较

液压油种类	常规锌型	稳定锌型	无灰型
锌含量/%(质量分数)	0.045	0.035	无
铜腐蚀(ASTMD130)/级	1a	1a	1a
锈蚀试验(IP135/ASTMD665)			
A 法	通过	通过	通过
B 法	—	通过	通过
破乳化(ASTMD1401)/min	25	10	10
氧化试验(中和值不大于 2.0mgKOH/g)/h	1800	2500	2856
1000h 氧化试验(ASTMD4610)			
沉淀，不大于 200mg	24	46	140
铜失重，不大于 50mg	38	39	39
钢失重，不大于 50mg	5.7	1.5	2~7
热安定性(135℃，168h)			
沉淀(不大于 25mg)/mg	30	16	20.8
铜失重(不大于 10mg)/mg	0.3	1.5	4.3
钢失重(不大于 3mg)/mg	5	1	—
水解安定性(ASTMD2619)			
铜片失重(不大于 0.2mg/cm^2)/(mg/cm^2)	0.1	0.05	0.014
水层酸值(不大于 4.0mgKOH/g)/(mgKOH/g)	0.35	0.0	2.57
泵试验			
ASTMD2882，总失重	29.8	22.7	—
Vickers35VQ25	—	通过	通过
叶片泵(DenisonT-5D)	通过	通过	通过
柱塞泵(DenisonP-46)	失败	通过	通过

续表

液压油种类	常规锌型	稳定锌型	无灰型
规格适应情况			
Denison HF-0	N	Y	Y
Denison HF-1	N	Y	Y
Denison HF-2	Y	Y	Y
Cincinnati Milacron P-68	N	Y	Y
Cincinnati Milacron P-69	N	Y	Y
Cincinnati Milacron P-70	N	Y	Y
DIN51524 Part Ⅱ	Y	Y	Y

在表 6-4 的规格中，Dension HF-1 和 Dension HF-2 是分别针对柱塞泵和叶片泵的液压系统提出的。符合 Dension HF-0 规格的油品对钢-钢及钢-铜摩擦副都有良好的润滑性能，适合于有叶片泵及柱塞泵混用、条件苛刻的液压系统；Cincinnati Milacron P-68/P-69/P-70 规格对油品的热安定性和金属材料适应性要求较高，因此所用的抗磨剂热安定性要好；DIN 51524 Part Ⅱ 规格强调油品的承载能力。无灰抗磨液压油与稳定锌型油都能满足叶片泵与柱塞泵对油品抗磨性能的要求，但台架试验和实际使用结果表明：无灰抗磨液压油对柱塞泵的磨损要小一些，而稳定锌型油对叶片泵适应性更佳。尽管无灰型抗磨油综合性能更好，但无灰型抗磨液压油价格较高，锌型油仍是抗磨液压油中的主要品种。

我国抗磨液压油产品分为高压和普通两大类，具体指标要求见表 6-5。

4. L-HR 液压油

HR 液压油除具有良好的抗氧、防锈性外，还加有黏度指数改进剂，改善了其黏温性能，可用于环境温度变化大的中、低压液压系统。但其用量小，又可用 HV 油替代，我国尚未开发。

5. L-HG 液压油

通常称为液压导轨油，是加有油性剂或减摩剂构成的一类液压油。该油不仅具有优良的防锈、抗氧、抗磨性能，而且具有优良的抗黏滑性。在低速下，防爬效果很好。对于液压和导轨润滑采用同一个油路系统的精密机床，必须选用液压-导轨油。L-HG 液压油的国家标准见表 6-6。

6. HV 和 HS 低温液压油

HV 和 HS 液压油是两个不同档次的低温液压油。HV 主要用于寒区，HS 主要用于严寒区。HV 液压油是采用深度脱蜡精制矿油（如加氢油）为基础油，添加防锈、抗氧、抗磨、黏度指数改进剂、降凝剂等制成的低温液压油。HS 液压油是以低温性能优良的 α-烯烃合成油或其他合成油或加入部分加氢油为基础油，添加与 HV 液压油类似的添加剂制成的极低温液压油。

HV 和 HS 液压油都有低的倾点、优良的抗磨性、低温流动性和低温泵送性。黏度指数均大于 130，需加入黏度指数改进剂，因此油品还要有较好的剪切安定性。其国家标准见表 6-7。

表6-5 L-HM 液压油标准（GB 11118.1—2011）

项　目		质量指标											试验方法
		高压				普通							
质量等级		32	46	68	100	22	32	46	68	100	150		
黏度等级（GB/T 3141）													
运动黏度/(mm²/s)	不大于												GB/T 265
0℃		—	—	—	—	300	420	780	1400	2560	—		
40℃		28.8~35.2	41.4~50.6	61.2~74.8	90~110	19.8~24.2	28.8~35.2	41.4~50.6	61.2~74.8	90~110	135~165		
黏度指数②	不小于	95				85							GB/T 1995
开杯闪点/℃	不低于	175	185	195	205	165	175	185	195	205	215		GB/T 3536
倾点③/℃	不高于	-15	-9	-9	-9	-15	-15	-9	-9	-9	-9		GB/T 3535
空气释放值(50℃)/min	不大于	6	10	13	报告	5	6	10	13	报告	报告		SH/T 0308
密封适应性指数	不大于	12	10	8	报告	13	12	10	8	报告	报告		SH/T 0305
抗乳化性(40-37-3mL)/min	不大于												GB/T 7305
54℃	不大于	30	30	30	—	30	30	30	30	—	—		
82℃	不大于	—	—	—	30	—	—	—	—	30	30		
泡沫性/(mL/mL)													GB/T 12579
24℃	不大于	150／0				150／0							
93℃	不大于	75／0				75／0							
后24℃	不大于	150／0				150／0							
色度/号		报告				报告							GB/T 6540
密度①(20℃)/(kg/m³)		报告				报告							GB/T 1884
外观		透明				透明							目测
酸值④/(mg KOH/g)		报告				报告							GB/T 4945
水分/%	不大于	痕迹				痕迹							GB/T 260
机械杂质/%	不大于	无				无							GB/T 511
铜片腐蚀试验(100℃, 3h)/级	不大于	1				1							GB/T 5096
硫酸盐灰分/%		报告				报告							GB/T 2433

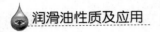

续表

项目	质量指标										试验方法
	高压				普通						
黏度等级(GB/T 3141)	32	46	68	100	22	32	46	68	100	150	GB/T 3141
清洁度											GB/T 14039
液相锈蚀(24h)											GB/T 11143
A法	无锈				无锈						
B法	—				—						
氧化安定性											
氧化1500h后酸值(mg KOH/g) 不大于	2.0				—						GB/T 12581
氧化1000h后酸值(mg KOH/g) 不大于	—				2.0						GB/T 12581
1000h后油泥 不大于	报告				报告						SH/T 0565
旋转氧弹(150℃)/min	报告				报告						SH/T 0193
抗磨性											
齿轮机试验⑥/失效级 不小于	10	10	10	10	—	10	10	10	10	10	SH/T 0306
叶片泵试验(100h总失重)⑥/mg 不大于	—		100	100	100	100	100	100	100	100	SH/T 0307
磨斑直径392N, 60min, 75℃, 1200r/min⑥/mm 不大于	报告				报告						SH/T 0189
双泵(T6H20C)试验⑥											附录 A
叶片和柱销总失重/mg 不大于	15				—						
柱塞总失重/mg 不大于	300				—						
水解安定性											
铜片失重/(mg/cm²) 不大于	0.2				—						SH/T 0301
水层总酸值(mgKOH/g) 不大于	4.0				—						
铜片外观	未出现灰、黑色										

续表

项目	质量等级		高压				普通						试验方法
	黏度等级(GB/T 3141)		32	46	68	100	22	32	46	68	100	150	
过滤性/s													SH/T 0210
无水	不大于		600										
2%水①	不大于		600				—	—	—	—	—	—	
剪切安定性(250次循环后,40℃) 运动黏度下降率/%	不大于		1				—	—					SH/T 0103
热稳定性(135℃,168h)④													SH/T 0209
铜棒失重/(mg/200mL)	不大于		10				—	—					
钢棒失重/(mg/200mL)			报告				—	—					
总沉渣重/(mg/100mL)	不大于		100				—	—					
40℃运动黏度变化率/%			报告				—	—					
酸值变化率/%			报告				—	—					
铜棒外观			报告				—	—					
钢棒外观			不变色				—	—					

注:① 测定方法也包括用SH/T 0604。

② 测定方法也包括用GB/T 2541。结果有争议时,以GB/T 1995 为仲裁方法。

③ 用户有特殊要求时,可与生产单位协商。

④ 测定方法也包括用GB/T 264。

⑤ 由供需双方协商确定。也包括用NAS 1638 分级。

⑥ 对于L-HM(普通)油,在产品定型时,允许只对L-HM22(普通)进行叶片泵试验,但其他各黏度等级油所含功能剂类型和量应与产品定型时L-HM22(普通)试验油样相同。对于L-HM(高压)油,在产品定型时,允许只对L-HM32(高压)进行齿轮机试验和双片泵试验,其他各黏度等级油所含功能剂类型和量应与产品定型时L-HM32(高压)试验油样相同。

⑦ 有水时的过滤时间不超过无水时的过滤时间的两倍。

表 6-6　L-HG 液压油标准（GB 11118. 1—2011）

项　目		质量指标				试验方法
黏度等级（GB/T 3141）		32	46	68	100	
运动黏度/（mm²/s） 　40℃		28. 8～35. 2	41. 4～50. 6	61. 2～74. 8	90～110	GB/T 265
密度①（20℃）/（kg/m³）		报告				GB/T 1884
外观		透明				目测
黏度指数②	不小于	90				GB/T 1995
闪点（开口）/℃	不低于	175	185	195	205	GB/T 3536
倾点③/℃	不高于	−6				GB/T 3535
密封适应性指数	不大于	报告				SH/T 0305
抗乳化性（40-37-3mL）/min 　54℃ 　82℃	不大于 不大于	报告 —			报告	GB/T 7305
泡沫性/（mL/mL） 　24℃ 　93℃ 　后24℃	不大于 不大于 不大于	150/0 75/0 150/0				GB/T 12579
色度/号		报告				GB/T 6540
酸值④/（mg KOH/g）		报告				GB/T 4945
水分/%	不大于	痕迹				GB/T 260
机械杂质/%	不大于	无				GB/T 511
清洁度		⑤				GB/T 14039
腐蚀试验（铜片，100℃，3h）/级	不大于	1				GB/T 5096
液相锈蚀（24h）		无锈				GB/T 11143（A 法）
皂化值/（mgKOH/g）		报告				GB/T 8021
黏-滑特性（动静摩擦系数差值）⑥	不大于	0. 08				SH/T 0361 的附录 A
氧化安定性 　1000h 后总酸值/（mg KOH/g） 　1000h 后油泥/mg	 不大于 	 2. 0 报告				GB/T 12581 SH/T 0565
旋转氧弹（150 ℃）/min		报告				SH/T 0193
抗磨性 　齿轮机试验/失效级 　磨斑直径（392N，60min，75℃，1200r/min）/mm	 不小于 	 10 报告				SH/T 0306 SH/T 0189

注：① 测定方法也包括用 SH/T 0604；
　　② 测定方法也包括用 GB/T 2541。结果有争议时，以 GB/T 1995 为仲裁方法；
　　③ 用户有特殊要求时，可与生产单位协商；
　　④ 测定方法也包括用 GB/T 264；
　　⑤ 由供需双方协商确定。也包括用 NAS 1638 分级；
　　⑥ 经供、需双方商定后也可以采用其他黏滑特性测定法。

表6-7 L-HV 液压油标准（GB 11118.1—2011）

项目		质量指标							试验方法
		10	15	22	32	46	68	100	
黏度等级（GB/T 3141）		10	15	22	32	46	68	100	
运动黏度（40℃）/（mm²/s）		9.0~11.0	13.5~16.5	19.8~24.2	28.8~35.2	41.4~50.6	61.2~74.8	90.0~110	GB/T 265
运动黏度1500mm²/s时的温度/℃	不高于	-33	-30	-24	-18	-12	-6	0	
密度①（20℃）/（kg/m³）					报告				GB/T 1884
色度/号					报告				GB/T 6540
外观					透明				目测
黏度指数②	不小于	130	130	140	140	140	140	140	GB/T1995
闪点/℃ 开口	不低于	—	125	175	175	180	180	190	GB/T 3536
闪点/℃ 闭口	不低于	100	—	—	—	—	—	—	GB/T 261
倾点③/℃	不高于	-39	-36	-36	-33	-33	-30	-21	GB/T 3535
空气释放值（50℃）/min	不大于	5	5	6	8	10	12	15	SH/T 0308
密封适应性指数	不大于	报告	16	14	13	11	10	10	SH/T 0305
抗乳化性（40-37-3mL）/min 54℃	不大于	30	30	30	30	30	30	—	GB/T 7305
抗乳化性（40-37-3mL）/min 82℃	不大于	—	—	—	—	—	30	30	
泡沫性（mL/mL）24℃	不大于				150/0				GB/T 12579
泡沫性（mL/mL）93.5℃	不大于				75/0				
泡沫性（mL/mL）后24℃	不大于				150/0				
色度①/号					报告				GB/T 6540
酸值④/（mg KOH/g）					报告				GB/T 4945
水分/%	不大于				痕迹				GB/T 260
机械杂质/%	不大于				无				GB/T 511

续表

项目		质量指标							试验方法
黏度等级(GB/T 3141)		10	15	22	32	46	68	100	
清洁度					⑤				GB/T 14039
铜片腐蚀试验(100℃，3h)/级	不大于				1				GB/T 5096
硫酸盐灰分/%					报告				GB/T 2433
液相锈蚀试验(24h)					无锈				GB/T11143(B法)
氧化安定性									
氧化1500h后酸值⑥ mgKOH/g	不大于	—	—			2.0			GB/T 12581
1000h后油泥/mg		—	—			报告			SH/T 0565
旋转氧弹(150℃)/min					报告				SH/T 0193
抗磨性									
齿轮机试验⑦/失效级	不小于	—	—		10	10	10	10	SH/T 0306
双泵(T6H20C)试验⑦									附录 A
叶片和柱销总失重/mg	不大于	—	—			15			
柱塞总失重/mg	不大于	—	—			300			
四球磨斑直径(392N, 60min, 75℃, 1200r/min)/mm					报告	报告			SH/T 0189
水解安定性									
铜片失重/(mg/cm²)	不大于				0.2				SH/T 0301
水层总酸度/(mgKOH/g)	不大于				4.0				
铜片外观					未出现灰，黑色				
过滤性/s									
无水	不大于				600				SH/T 0210
2%水⑧	不大于				600				
剪切安定性(250 次循环后，40℃ 运动黏度下降率)/%	不大于				10				SH/T 0103

续表

项　目	质量指标							试验方法
黏度等级 (GB/T 3141)	10	15	22	32	46	68	100	
热安定性 (135℃，168h)								SH/T 0209
铜棒失重/(mg/200mL)　不大于				10				
钢棒失重/(mg/200mL)				报告				
总沉渣重/(mg/100mL)　不大于				100				
40℃运动黏度变化/%				报告				
酸值变化率/%				报告				
铜棒外观				报告				
钢棒外观				不变色				

注：①测定方法也包括用 SH/T 0604。
　②测定方法也包括用 GB/T 2541。结果有争议时，以 GB/T 1995 为仲裁方法。
　③用户有特殊要求时，可与生产单位协商。
　④测定方法也包括用 GB/T 264。
　⑤由供需双方协商确定。也包括用 NAS 1638 分级。
　⑥黏度等级为 10 和 15 的油不测定，但所含抗氧剂类型和量应与产品定型黏度等级为 22 的试验油样相同。
　⑦在产品定型时，允许只对 L-HV32 油进行齿轮机试验和双泵试验，其他各黏度等级油所含各功能剂类型和量应与产品定型时黏度等级为 32 的试验油样相同。
　⑧有水时的过滤时间不超过无水时的过滤时间的两倍。

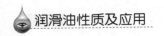

表6-8 L-HS 液压油标准(GB 11118.1—2011)

项目		质量指标					试验方法
黏度等级(GB/T 3141)		10	15	22	32	46	
运动黏度(40℃)/(mm²/s)		9.0~11.0	13.5~16.5	19.8~24.2	28.8~35.2	41.4~50.6	GB/T 265
运动黏度1500mm²/s时的温度/℃	不高于	−33	−30	−24	−18	−12	
密度①(20℃)/(kg/m³)		报告					GB/T 1884
色度/号		报告					GB/T 6540
外观		透明					目测
黏度指数②	不小于	130	130	150	150	150	GB/T1995
闪点/℃	不低于						
开口		—	125	175	175	180	GB/T 3536
闭口		100	—	—	—	—	GB/T 261
倾点③/℃	不高于	−45	−45	−45	−45	−39	GB/T 3535
空气释放值(50℃)/min	不大于	5	5	6	8	10	SH/T 0308
密封适应性指数	不大于	报告	16	14	13	11	SH/T 0305
抗乳化性(40-37-3mL)/min							GB/T 7305
54℃	不大于	30	30	30	30	30	
泡沫性/(mL/mL)							GB/T 12579
24℃	不大于	150/0					
93.5℃	不大于	75/0					
后24℃	不大于	150/0					
色度/号		报告					GB/T 6540
酸值④/(mgKOH/g)		报告					GB/T 4945
水分/%	不大于	痕迹					GB/T 260
机械杂质/%	不大于	无					GB/T 511
清洁度		⑤					GB/T 14039
铜片腐蚀试验(100℃,3h)/级	不大于	1					GB/T 5096
硫酸盐灰分/%		报告					GB/T 2433
液相锈蚀试验(24h)		无锈					GB/T 11143(B法)
氧化安定性							
氧化1500h后酸值⑥(mg KOH/g)	不大于	—	—	2.0			GB/T 12581
1000h后油泥/mg		报告					SH/T 0565
旋转氧弹(150℃)/min		报告					SH/T 0193
抗磨性							
齿轮机试验⑦/失效级	不小于	—	—	—	10	10	SH/T 0306
双泵(T6H20C)试验⑦							附录A
叶片和柱销总失重/mg	不大于	—	—	—	15		
柱塞总失重/mg	不大于	—	—	—	300		

续表

项目	质量指标					试验方法
黏度等级（GB/T 3141）	10	15	22	32	46	
四球磨斑直径 （392N，60min，75℃，1200r/min）/mm	报告					SH/T 0189
水解安定性						SH/T 0301
铜片失重/（mg/cm²）　　　　不大于	0.2					
水层总酸度/（mgKOH/g）　　不大于	4.0					
铜片外观	未出现灰、黑色					
过滤性/s						SH/T 0210
无水　　　　　　　　　　不大于	600					
2%水⑧　　　　　　　　　不大于	600					
剪切安定性（250 次循环后，40℃运动黏度 下降率）/%　　　　　　　　　不大于	10					SH/T 0103
热安定性（135℃，168h）						SH/T 0209
铜棒失重/（mg/200mL）　　不大于	10					
钢棒失重/（mg/200mL）	报告					
总沉渣重/（mg/100mL）　　不大于	100					
40℃运动黏度变化/%	报告					
酸值变化率/%	报告					
铜棒外观	报告					
钢棒外观	不变色					

注：① 测定方法也包括用 SH/T 0604。

② 测定方法也包括用 GB/T 2541。结果有争议时，以 GB/T 1995 为仲裁方法。

③ 用户有特殊要求时，可与生产单位协商。

④ 测定方法也包括用 GB/T 264。

⑤ 由供需双方协商确定。也包括用 NAS 1638 分级。

⑥ 黏度等级为 10 和 15 的油不测定，但所含抗氧剂类型和量应与产品定型黏度等级为 22 的试验油样相同。

⑦ 在产品定型时，允许只对 L-HV32 油进行齿轮机试验和双泵试验，其他各黏度等级油所含功能剂类型和量应与产品定型时黏度等级为 32 的试验油样相同。

⑧ 有水时的过滤时间不超过无水时的过滤时间的两倍。

（二）环境友好型液压油（液）

环境友好型液压油应环保要求于 1999 年加入到液压油分类标准中，包括 HETG、HEPG、HEES 和 HEPR 四大类型，其生物降解及毒性要求见表 6-9。

表 6-9　环境友好型液压油的生物降解及毒性要求

项　目	要求指标	试验方法
生物降解性能/%	60	ISO 14593 或 ISO 9439
毒性/（mg/L）		
鱼敏感毒性　96h，LC50　　最小	100	ISO 7346-2
水蚤敏感毒性　48h，EC50　最小	100	ISO 6341
细菌抑制性　3h，EC50　　最小	100	ISO 8192

其中，HETG 以甘油三酸酯为基础油，包括了动、植物油脂和合成的甘油三酸酯为基础油的系列产品，适用于中温和低压系统，HEPG 是聚乙二醇类的油品，由于低黏度的聚乙二醇有较高的生物降解率，因此 HEPG 型液压油黏度较低，适用于供水、船闸、海上设备的液压系统。HEES 是合成酯型，其中的长链脂肪酸多元醇酯还具有较佳的阻燃性。以长链脂肪酸多元醇酯为基础油的液压油不仅生物降解性好，而且阻燃，在我国炼钢厂、炼铁厂、铸造厂等设备的高压液压系统得到大量应用。HEPR 是以低黏度聚 α-烯烃和相关烃类产品为基础油的产品，其黏度越低，生物降解性越好。

（三）难燃液压油（液）

难燃液压油主要有水基难燃液压液和油基难燃液压油两大类。

1. 水基难燃液压液

随着人们对环境保护、安全生产、节约能源等方面的意识加强，20 世纪 50 年代以来，水作抗燃液压介质再度引起重视，发展了 HFA、HFB、HFC 三种水基抗燃液。同时，液压系统的材质和设计也进行了相应的调整。例如，在液压系统中使用了闭式油箱以防止水分蒸发和气相防锈剂的减少；压力超过 7MPa 时，定向阀取代普通阀；优先考虑柱塞泵或专为水基液压液设计的叶片泵和齿轮泵，泵入口应安装粗过滤器以确保液体流速是泵出口的 2 倍以上，从而避免泵气蚀；过滤精度为 $3 \sim 5\mu m$ 时要求用去离子水提高过滤器寿命，丁腈橡胶需用作水基液压液的密封材料。为了保证抗燃性，使用过程中必须严格监控水含量。提高水基液压液的润滑和抗腐蚀性的添加剂在近 20 年来内已取得一定的进展，但还需进一步提高滚动轴承的疲劳寿命来改善其润滑性能。

（1）高水基抗燃液压液（HFA）　包括油珠分散在水中的水包油乳化液（HFAE）和无矿物油的水-化学溶液（HFAS），HFAE 水含量 80%~95%，加少量乳化剂、偶联剂、防腐剂、极压抗磨剂、抗泡剂、可加入增黏剂和杀菌剂配制而成，HFAE 从乳液（粒径 $5 \sim 25\mu m$）向微乳液（粒径为 $0.02 \sim 0.2\mu m$）发展，以克服乳液的热力学不稳定，同时提高了 HFAE 液的润滑性能。我国矿山液压支架用乳化油即为水包油乳化液，根据适应不同水质分为四个品种，即抗低硬度型、抗中硬度型、抗高硬度型和通用型，见表 6-10。

冻融试验是将 100mL 油样注入 100mL 的比色管中，用塞子塞紧，在 -16℃ 下冷冻 8h，然后取出置于室温下 16h。如此循环 5 次，乳化油应恢复原状。

自乳化性试验是将 100mL 蒸馏水注入 100mL 具塞量筒中，再加 2 滴油，塞紧量筒，翻转 4 次后，乳化油应均匀地分散于油中。

HFAS 水含量大于 85%，不含矿物油，可加入增黏剂，比 HFAE 具有更好的稳定性，不存在油分离和分出乳化油的趋势。HFAS 与材料适应性差，与铝、镁、铅、锌、镉及软木、纸、丁基橡胶、皮革及涂层均不适应。

HFAE 和 HFAS 两种高水基抗燃液压液对火很安全，无压缩性，具有高的热容和导热性，冷却性好，但其操作温度受到限制（5~55℃），温度过低乳液易分离或水易结晶；温度过高，蒸发太快。低黏度和低浓度的 HFA 润滑性差，虽可加入增黏剂使其黏度增大，从而提高 HFA 液容积效率和润滑性能，但使用压力通常不超过 10MPa。

（2）油包水乳液（HFB）　为油包水乳化液，是水以细小颗粒分散在连续的矿物油中形成的混合物，含水量小于 80%，蒸汽压高，使用温度不能超过 65℃，润滑性好，用于工作压力低于15MPa的液压系统，对金属的防锈蚀性能优于水包油乳化液。乳化液中水含量必须大于40%，以确保其抗燃性能。凡适应于矿物油液压系统的材料，如橡胶、涂料及普通金属（除镁外）也都与之相适应。使用中的主要问题是稳定性较差，长期静置、高温和污染都会引起乳化液的破乳。选择适宜的乳化剂控制HLB值，优化制备工艺等措施可增加乳液的稳定性。

表6-10 液压支架用乳化油质量指标

项　　目		油　　型			
		抗低硬度	抗中硬度	抗高硬度	通用型
乳化液稳定性					
人工硬水硬度/(mmol/L)		2.5	5	7.5	7.5
质量分数5%，70℃，168h		无沉淀物，油、皂析出量不大于0.10%			
质量分数3%，室温，168h		无沉淀，无皂析出			
外观		橙红色到棕红色透明、均匀流体			
运动黏度(50℃)/(mm²/s)	不大于	60			
闪点(开口)/℃	不低于	100			
凝点/℃	不高于	-6			
pH值(5%浓度，试验法)		7.5~9			
防锈性					
(1)铸铁表面点滴试验					
5%浓度，室温，24h		无锈			
(2)盐水(0.05mol/L的NaCl溶液)					
配制2%浓度乳液，45号铜、62号铜，60℃，24h		无锈、无变色			
橡胶溶胀试验(70℃，168h)体积变化/%	不大于	-2~+6			
冻融试验(五次循环)		恢复原状			
自乳化性		合格			

日本E-400和我国WOE-80为HFB型油包水乳化液，其暂定质量指标和实测数据见表6-11。

表6-11 油包水乳化液理化性能

项　　目	WOE-80 质量指标	WOE-80 实测	日本E-400 实测	试验方法
水含量/%	不低于40	40.5	40	GB/T260
运动黏度(40℃)/(mm²/s)	60~100	86.48	74	GB/T 265
相对密度(20℃)	0.918~0.948	0.9200	0.9185	GB/T 1884
凝点/℃	不高于-20	-46	-25	GB/T 510
液机锈蚀(A法)	无锈	无锈	无锈	GB/T 11143
铜片腐蚀(50℃，3h)/级	不大于1级	1a	1a	GB/T 5096
泡沫性				
泡高/mL	50	0	0	GB/T 12579
消泡/mL	0	0	0	

续表

项　　目	WOE-80 质量指标	WOE-80 实测	日本 E-400 实测	试验方法
pH 值	不小于 8	8.5	8.5	SH/T 0069
热稳定性(85℃，48h)，游离水/%	不大于 1.0	痕迹	痕迹	ASTM D3707
冻融稳定性(-9~21℃，16h，室温，8h，10 周期)游离水/%	不大于 10	—	—	ASTM D3709
润滑性(1500r/min，室温)				
P_B/N	不低于 392	411.6	490	
$D_{20\,min}^{294\,N}/mm$	不大于 1.0	0.94	1.09	
热歧管抗燃 704℃	通过	通过	通过	FS791 B6053

使用中用 50~100 筛孔滤网，定期取样观察油品颜色，测定水含量，当水含量低于 35% 时，应在充分搅拌下补加蒸馏水或去离子水。

（3）水-乙二醇液压液（HFC）　其水含量为 35%~50%，乙二醇、丙二醇或其聚合物含量 25%~45%，再加入水溶性稠化剂及抗磨、防锈、抗泡等添加剂制成。HFC 具有优良的抗燃性、黏温性能和良好的稳定性和低温流动性能，与矿物油型液压油使用的密封和软管材料相容，在金属材质中，除锌、镉、镁以外，一般都能适应。而在涂料上需专门选择环氧基涂料。使用温度为-25~65℃，使用压力低于 20MPa，HFC 在高压和局部高温下使用，必须重视水溶性增黏剂的热氧化安定性和剪切安定性。采用低分子量的增黏剂可提高 HFC 的剪切安定性。油压系统的小型化、精密化，伺服阀和比例阀的使用需安装的精密过滤器有可能捕捉消泡剂而使 HFC 抗泡性变差，所以选择基础材质和抗泡剂也很重要，工业上一般采用凝聚沉淀法处理废液的方法不适用于 HFC。HFC 的溶剂和增黏剂是水溶性的，一般采用吸附法和膜分离法综合处理。

国外 HOUGHTON 公司 safe620，mobil 公司 Nyvac 20、Nyvac FR200D 等产品即为 HFC 型产品。我国 HFC 液压液现有 WG-25，WG-38 和 WG-46 等规格，具体指标见表 6-12。使用中应定期检测水含量，及时补加蒸馏水或去离子水。

表 6-12　国产水-乙二醇液压液典型性能

项　　目	WG-46	WG-38	WG-25	试验方法
运动黏度(40℃)/(mm²/s)	41~51	35~40	20~25	GB/T 265
黏度指数　　　　　　　不小于	140	140	140	GB/T 2541①
pH 值	9.0~11.0	9.0~11.0	9.0~11.0	SH/T 0064
凝点/℃	-50	-50	-50	GB/T 510
相对密度(20℃)	1.047	1.046	1.075	GB/T 1884
气相锈蚀(钢-铜，50℃，24h)	无锈	无锈	无锈	石科院法①
液相锈蚀(A 法)	无锈	无锈	无锈	GB/T 11143
铜片腐蚀	合格	合格	合格	GB/T 5096

续表

项　　目	WG-46	WG-38	WG-25	试验方法
泡沫性(24℃)				
泡高/mL	< 400	<400	<400	GB/T 12579
消泡时间/min	<10	<10	<10	
润滑性(室温，1200r/min)				GB/T 3142
P_B/N	686	686	686	
D_{20min}^{294N}/mm	0.60	0.60	0.60	
热板抗燃试验/℃	700 通过	700 通过	700 通过	石化院法

注：① 指中国石化石油化工科学研究院试验方法，以下同。

2. 非水基抗燃液压液

非水基抗燃液压液不含水，润滑性能明显优于水基抗燃液压液，适用温度范围较宽和使用压力较高，构成严重水危害的含卤代烃的 HFDS 和 HFDT 已被禁止使用，在液压油（液）分类规格中已被删去。

（1）磷酸酯液压液（HFDR）　为磷酸酯合成难燃液压液，它的自燃点高，挥发性低，抗燃性好，润滑性与矿物油相当，使用的温度范围−20～120℃。能绝大多数的金属材料相适应，但其极性大溶解性强，通常矿物油能适应的一般非金属材料它不适应，一般使用丁基橡胶和乙丙胶。主要应用于高温热源和明火附近的高压精密液压系统中。

关于磷酸酯抗燃性的机理有多种说法。1975 年 Hastic 提出了火焰区的氢原子再结合说。他用火焰质谱研究了含有三苯基氧化磷和三甲基磷酸酯体系的燃烧情况，认为使用含磷火焰阻止剂在火焰区中会形成 PO 碎片，由于 PO 的催化作用，使火焰区中的氢原子再结合为氢分子，有效地阻滞了火焰的传播。

$$PO+H \longrightarrow HPO \qquad （在 H、O 或 N 的存在下）$$
$$HPO+H \longrightarrow H_2+PO$$

磷酸酯的抗燃性与烃基的类型有关。三芳基磷酸酯的抗燃性最好，烷基芳基磷酸酯次之，三烷基磷酸酯最差。三烷基磷酸酯的烷基链越长，抗燃性越差。磷酸酯的所谓抗燃性并非绝对不燃，在温度很高，燃烧条件又十分充分时，它也能燃烧，但不传播火苗，当热源撤出后，即能自灭。

磷酸酯润滑性好的原因是它能在金属（特别是钢材）表面生成高塑性的磷酸盐（$FePO_4$）及其水合物（$FePO_4 \cdot 2H_2O$）的混合物，它们分布在表面上，使粗糙的表面变得较平坦一些，从而使表面承担的负荷较为均匀。

芳基磷酸酯有较好的抗水解性、抗热、氧化安定性和抗燃性，主要用作电厂汽轮机组和冶金行业，烷基磷酸酯低温性能优于芳基磷酸酯，芳基烷基磷酸酯性能介于两者之间，主要应用于航空领域。HFDR 自燃点高、挥发性好，润滑性可与最好的矿物油相比美。能适用绝大多数的金属材料。但其极性大溶解性强，通常矿物油能适应的一般非金属材料它不适应。一般使用丁基橡胶和乙丙胶。它的使用范围宽，低温可达−20℃，高温能达 120℃。主要应用于高温热源和明火附近的高压精密液压系统中。

　　我国曾生产的磷酸酯型工业抗燃液压液有 4613-1、4614、HP-38 和 HP-46 等产品，质量标准见表 6-13。4613-1 液压液的基础油是三(间/对)甲苯基磷酸酯，用于发电厂汽轮机组的高压电液伺服调节系统中。4614 液压液的基础油是三-二甲苯基磷酸酯，用于热轧机的液压系统中。HP-38 和 HP-46 液压液的基础油主要是叔丁基苯基/苯基磷酸酯和三(二)磷酸酯的混合液，用于钢铁企业的钢块起重机、钢包升降装置及高炉出铁口的液压系统中。这些液压液可在-20~100℃长期使用，短期使用温度可达 120~140℃。

表 6-13　磷酸酯工业液压液典型性能

项　　目	4613	4614	HP-38	HP-46	试验方法
运动黏度/(mm²/s)					GB/T 265-88
100℃	3.78	4.66	4.98	5.42	
50℃	14.71	22.1	24.25	28.94	
40℃			39.0	46.0	
0℃	474.1	1395			
凝点/℃	-34	-30	-32	-29	GB/T 3535-83
酸值/(mg KOH/g)	中性	0.04	中性	中性	GB/T 7304-87
密度/(kg/m³)	1.1530	1.1470	1.1363	1.1424	GB/T 1884-83
闪点(开口)/℃	240	245	251	263	GB/T 3536-83
四球试验					
磨斑直径					
$D_{60\,min}^{98\,N}$/mm	0.35	0.34	0.57	0.50	
$D_{60\,min}^{294\,N}$/mm	0.69	0.51	0.65	0.58	
最大无卡咬负荷 P_B/N	539	539	539	539	
动态蒸发(90℃，6.5h)/%	0.11	0.28			石化院法
超声波剪切，50℃黏度变化/%	-0.4	0		0	SH/T 0505-92
氧化腐蚀(120℃，72h，空气 25mL/min)					SH/T 0450-92
氧化前 50℃黏度/(mm²/s)	14.71	22.14	24.25	28.94	
氧化后 50℃黏度/(mm²/s)	14.62	22.39	24.05	28.92	
酸值					
氧化前/(mg KOH/g)	中性	0.04	中性	0.06	
氧化后/(mg KOH/g)	中性	0.04	0.03	中性	
金属腐蚀/(mg/cm²)					
钢	无	无	无	无	
铜	无	无	无	无	
铝	—	—	—	—	
镁	无	无	无	无	

　　HFDR 长时间使用后，水分、金属和水解反应生成的酸性物质会进一步恶化油品的性能，一般在液压旁路安装填充活性白土、活性氧化铝的过滤器净化油品。目前有采用充填离子交换树脂的筒式过滤器和真空脱水装置组合系统净化油品。磷酸酯抗燃性优于脂肪酸酯，但其价格昂贵，黏温性差，与密封材料和普通涂料不相容。磷酸酯中的邻三甲苯基磷

酸酯有毒性，大量接触后会使神经受损伤，表现为四肢发麻，还会刺激皮肤、眼睛和呼吸道，同时对水有严重污染和废液难以处理，市场需求量逐渐减少，我国已不生产此类产品。市场需要部分依赖进口。

（2）其他成分的无水合成液（HFDU）　目前已商业化的HFDU产品主要以长链脂肪酸多元醇酯为基础油的合成酯型难燃液压油。合成酯型难燃液压油HFDU有优异的润滑性、高低温稳定性、良好的抗燃性和可生物降解性。与除铅以外的各种金属相容，除与乙丙胶不相适应，与丁基橡胶有有限的适应性外，与涂料及其他橡胶密封材料相适应，在大多数情况下，原来使用矿油和磷酸酯液压油的系统，更换成酯HFDU时，不需对各种配件进行更换。HFDU使用温度范围更宽，为$-35\sim150℃$，使用压力可达40MPa。已取代部分矿物油与磷酸酯在钢厂连铸线、淬火液压系统、传输机液压系统得到愈来愈广泛的应用。HFDU的抗燃性不及其他抗燃液，但投放市场20多年来，也未曾出现因该油的抗燃性欠佳而发生着火事故。

国外Quaker公司Quintolubric 822系列、Houghton公司Houghtonlubric HF-130等产品即为HFDU类产品，国内中国石化生产的4632号产品也属此类产品，具体指标见表6-14。

表6-14　国产HFDU型4632号合成酯型难燃液压油规格

项　目		质量指标		试验方法
		46号	68号	
外观		浅黄色透明液体		目测
运动黏度/（mm²/s） 100℃ 40℃	不小于	9.0 41.4~50.6	11.0 61.2~74.8	GB/T 265
黏度指数	不小于	180		GB/T 1995
闪点（开口）/℃	不低于	270	270	GB/T 267
燃点/℃	不低于	300	300	GB/T 267
凝点/℃	不高于	-26		GB/T 510
酸值/（mgKOH/g）	不大于	4.0		GB/T 7304
机械杂质/%（质量分数）		无		GB/T 511
水分/%	不大于	0.06		GB/T 260
防锈性能（60℃，24h，A法）		无锈		GB/T 11143
铜片腐蚀（T₂铜，100℃，3h）/级	不大于	1b		GB/T 5096
空气释放值/min	不大于	10	15	SH/T 0308
抗乳化性能（40-37-3mL，54℃）/min	不大于	30		GB/T 7305
泡沫特性/（mL/mL） 24℃ 93℃ 后24℃	不大于	100/0 100/0 100/0		GB/T 12579

项　目	质量指标		试验方法
	46 号	68 号	
歧管着火试验	通过		SH/T 0567①
四球试验			GB/T 3142
磨斑直径 d(392N, 60min)/mm　不大于	0.5		
最大无卡咬负荷 P_B/N　不小于	686		

注: ① 本产品与进口同类产品水平相当。

（四）航空液压油

1. 航空液压油的工作条件

（1）工作压力大　飞机液压系统的工作压力很高, 一般的喷气式飞机, 液压系统的压力为 13.5~15.0MPa, 某些飞机的液压系统压力可高达 21~28MPa。部分飞机液压系统的压力为: 子爵号, 13MPa; 歼-6, 13.5MPa; 轰-6, 15MPa; 歼-7、波音、三叉戟, 21MPa; 美 B-70 轰炸机, 28MPa。

飞机液压系统采用较高的操作压力, 能减少整个系统的质量和体积, 如英法联合研制的协和超音速客机的液压系统采用 28MPa 的操作压力, 结果系统附件质量减轻 25%。然而, 操作压力的增大, 对液压油性能的要求也更高。

（2）工作温度宽　飞机液压系统的工作温度范围主要决定于飞机的飞行速度。飞行速度低于音速的飞机, 液压系统的工作温度常在 -60~100℃ 范围内, 而超音速飞机由于气动加热的影响, 温度要高得多。在不同的飞行速度下, 液压油的工作温度范围大致如下:

M	液压油工作温度范围
1	54~130℃
2	-54~190℃
>2	0~250℃ 或高于 250℃

（3）附件构造精密　在液压系统中, 最精密的附件是伺服阀。阀芯和阀套的径向间隙约在 1.25~10μm 变化。液压助力器内部的主副配油柱塞之间的间隙、副配油柱塞与衬筒之间的间隙为 5~8μm, 只有头发丝的 1/20。如果有 5~10μm 大小的固体颗粒, 就有可能使元件卡死。

（4）与多种材料接触　液压系统的零件材料, 特别是密封衬垫的材料, 对选用哪一种液压油有很大的关系。液压系统的导管是用不锈钢或者铝合金制作, 高压油泵及助力臂的零件大部分为合金钢制成。各动作筒及减震器的密封衬垫由橡胶或皮革制成。

2. 航空液压油的品质要求

与普通工业液压油相比, 航空液压油除了具有适宜的黏度, 良好的黏温性能、抗氧化性能、抗剪切安定性、抗泡性等性能外, 还需注意以下性能要求。

（1）与密封材料相容性好　通常, 天然橡胶与甘油、乙醇相适应, 与矿物油不相适应。因此, 以天然橡胶为密封材料的液压系统, 应使用甘油基液压油; 以耐油橡胶为密封材料的液压系统, 才能使用矿物油型液压油。

飞机上使用的橡胶有丁腈橡胶、氯丁橡胶、硅橡胶、氟橡胶等。这些橡胶与油液的适应性见表6-15。

表6-15　各种油在苛刻条件下对橡胶的作用

橡胶名称	矿物油	聚 α-烯烃	磷酸酯
丁腈橡胶	优(1)	优(-0.4)	不可
氯丁橡胶	不可(26)	优	不可
硅橡胶	不可(26)	良(-9~19)	可
氟橡胶	优	—	良

注：括号内的数字为在130~150℃、70~68h 条件下，橡胶体积变化百分数,%。

（2）良好的洁净性　飞机液压系统的附件构造精密，间隙很小，如油泵柱塞与柱塞孔壁之间正常间隙 0.01~0.02mm，转子与分油盘的间隙只有 0.005mm，液压助力器主副配油柱塞之间的间隙、副配油柱塞与衬筒之间的间隙仅为 0.005~0.008mm。如果液压油的洁净度不好，含有机械杂质和不溶性物质，不仅增加部件磨损，破坏密封，降低附件寿命，甚至会使系统出现严重故障而影响飞行安全。液压油中如果含有水分，会引起金属部件锈蚀，促进液压油挥发，甚至与液压油相互作用，加速氧化分解，生成沉淀和腐蚀性物质。混入液压油中的水分经过油泵、节流器等机械搅动，容易生成乳化液，会恶化润滑性能，加剧机械磨损。液压油中的溶解水如果游离出来，在过滤器、减压活门、分流活门等处结冰，还可导致液压系统的工作故障，例如襟翼和起落架收放迟缓，减速装置不灵敏等。因此，要求液压油有良好的洁净度。

美国军用航空液压油 MIL-H-5606 C(1971) 规定用称量法和计算法评定油液的清洁程度。称量法规定：100mL 试样滤出的杂质量不得超过 0.3mg。计算法规定：100mL 试样过滤 50min，在滤片上留下的大小杂质颗粒数不超过表 6-16 中的数值。

表6-16　美军 MIL-H-5606 航空液压油对机械杂质的规定

粒子范围(最大尺寸)/μm	5~15	16~25	26~50	51~100	大于100
100mL 试油中的杂质数目/个	2500	1000	250	25	10

液压油对水的限制也很严格，混入水分的限度见表6-17。

表6-17　液压油混入水分的限度

液压油的状态	水分的限度/%(质量分数)
在使用期间有液压油停留在回路中，循环返回油池	≤0.1
一部分油停留在管路中，不返回油池	≤0.05
为了保持安全，使管路中有长期的负压，而流动极少，或在精密机器的装置中	≤0.03

（3）良好的抗燃性　航空液压油在高压下工作，容易渗漏，特别是当液压管路通过发动机的排气系统时，如果管路被破坏，飞溅的油液撒落到极热的金属部件上，很易引起火灾，对液压系统和飞机安全造成威胁。因此，不仅要求某些航空液压油的闪点、燃点、自燃点要高，而且对表征液压油可燃性的自动点火温度、热表面点火、火焰扩散等指标也提出了较高的要求。

液压油的易燃性或抗燃性，取决于自身的组成和外部因素。对不同化学组成的液体，需要多项指标和综合对比的方法才能准确判断其抗燃性。表 6-18 列举了某些液压油的易燃性和抗燃性数据，数据显示出液压油的抗燃性复杂性。以 MIL-H-83282 为例，它的自动点火温度高出 MIL-H-5606 液压油 80℃，而热岐管点火温度却比后者低 66℃，雾化/乙炔点火温度又明显高于 MIL-H-5606。究其原因，在化学组成类似的条件下，蒸发性高的液体，其岐管点火温度要高于蒸发性低的液体。

表 6-18　液压油的易燃性和抗燃性

试　验	MIL-H-5606	MIL-H-83282	磷酸酯	硅酸酯	试验方法
闪点(开口)/℃	99	224	182	215	ASTM D92
自动点火温度/℃	241	371	510	404	ASTM D2155
火焰扩散线速/(cm/s)	0.76	0.33	-	-	MIL-H-83282
热岐管点火温度/℃					
滴落	430	315	780	—	FS791-6053
高压喷雾	816	816	—	—	AMS3150C
高压喷雾	760	700	815	—	FS791-6052
喷雾点火温度/℃					
低压	火焰增加点火并继续燃烧	火焰传播点火，火焰自动熄灭	火焰熄灭		AMS3150C(SAE)
高压			—	火焰自动熄灭	
燃烧热值/(MJ/kg)	42	42	30		ASTM D240

3. 航空液压油种类

国外在军用飞机上使用的多为符合 MIL-H-5606 规范的石油基型液压油，与其对应的有英国的 DEF STAN91-48 和法国的 AIR 3520 规范，其 40℃ 黏度大于 $13mm^2/s$。满足 MIL-H-83282 规范的合成烃基难燃航空液压油于 20 世纪 70 年代出现，目的是提高液压油自身的抗燃性，以减少因系统故障或炮火损伤造成液压系统泄漏而引起的着火危险，因低温性能弱于 MIL-H-5606 型油，现多用于直升机。民用飞机则普遍使用符合 MIL-H-83306 规范的磷酸酯型难燃航空液压油。中国发展的航空液压油种类如下。

（1）10 号、12 号航空液压油　是对环烷基低凝原油或中间基原油进行常（减）压分馏，所得馏分再经分子筛脱蜡、酸碱精制、白土精制，加入增黏剂、抗氧剂及染色剂等调和而成，但不得加入降凝剂。这两种产品凝点低，低温黏度小，具有良好的热安定性及氧化安定性。其技术要求见表 6-19。

表 6-19　10 号和 12 号航空液压油技术要求

项　目		质量指标		试验方法
		10 号[①]	12 号[②]	
外观		红色透明液体		目测
密度(20℃)/(g/cm³)		0.85	0.8~0.9	GB/T 1884
初馏点/℃	不低于	210	230	GB/T 255
酸值/(mgKOH/g)	不大于	0.05	0.05	GB/T 264

续表

项 目		质量指标		试验方法
		10 号①	12 号②	
闪点(开口)/℃	不低于	92	100	GB/T 267
凝点/℃	不高于	−70	−60	GB/T 510
水分/%		无	无	GB/T 260
水溶性酸碱		无	无	GB/T 259
机械杂质/%		无	无	GB/T 511
腐蚀(70℃±2℃，24h，铜片)/级	不大于	2	合格	GB/T 5096
低温稳定性(−60℃±1℃，72h)		合格	合格	SH 0358
运动黏度/(mm²/s)				
150℃	不小于	—	3	
50℃	不小于	10	12	
−40℃	不大于	—	600	GB/T 265
−50℃	不大于	1500	—	
−54℃	不大于	—	3000	
液相锈蚀(蒸馏水)		—	合格	GB/T11143
超声波剪切(40℃运动黏度下降)/%	不大于	16	20	SH/T0505
油膜质量③(65℃±1℃，4h)		合格	—	
氧化安定性(160℃，100h)				
氧化后 50℃运动黏度变化率/%		—	−5~20	
氧化后酸值/(mgKOH/g)	不大于	—	0.3	
腐蚀度/(mg/cm²)				SH/T 0208
钢片	不大于	—	±0.1	
铜片	不大于	—	±0.2	
铝片	不大于	—	±0.1	
镁片	不大于	—	±0.2	
氧化安定性(140℃，60h)				
氧化后运动黏度/(mm²/s)				
50℃	不小于	9.0	—	
−50℃	不大于	1500	—	
氧化后酸值/(mgKOH/g)	不大于	0.15	—	SH/T 0208
腐蚀度/(mg/cm²)				
钢片	不大于	±0.1	—	
铜片	不大于	±0.15	—	
铝片	不大于	±0.15	—	
镁片	不大于	±0.1	—	

注：① 行业标准，SH 0358—95；

② 企业标准 Q/SJ 2007—87(92)；

③ 将浸试油的玻璃片在 65℃±1℃下保持 4h，冷却 30~45min，玻璃面口油膜无硬黏滞。

10 号航空液压油主要用于飞机主液压系统和阻力液压系统的工作液，也可用作其他液压系统工作液。12 号航空液压油用作液压机构的工作液，长期工作温度为 125℃，短期可达 150℃。

（2）石油基航空液压油 是以直馏轻质精制石油馏分做基础油，添加多种添加剂调和而成。产品具有优良的氧化安定性和低温流动性，使用温度范围为 -54~135℃。包括 A 型和 B 型两种，A 型的氧化腐蚀试验条件为 135℃，168h；B 型的氧化腐蚀试验条件为 160℃，100h。其主要技术性能指标见表 6-20。

表 6-20　石油基航空液压油技术要求

项　目		质量指标	试验方法
外观		无悬浮物，红色透明液体	目测
密度（20℃）/（kg/m³）		实测	GB/T 1884
运动黏度/（mm²/s） 100℃ 40℃ -40℃ -54℃	不小于 不小于 不大于 不大于	4.90 13.2 600 2500	GB/T 265
倾点[①]/℃	不高于	-60	GB/T 3535
凝点[①]/℃	不高于	-65	GB/T 510
闪点（闭口）/℃	不低于	82	GB/T 261
酸值/（mgKOH/g）	不大于	0.20	GB/T 7304
水溶性酸或碱		无	GB/T 259
蒸发损失（71℃，6h）/%	不大于	20	GB/T 7325
铜片腐蚀（135℃，72h）/级	不大于	2e	GB/T 5096
水分/%	不大于	0.01	GB/T 11133
磨斑直径（75℃，1200r/min，392N，60min）/mm	不大于	1.0	SH/T 0204
氧化腐蚀试验 　40℃运动黏度变化/% 　酸值/（mgKOH/g） 　油外观 　金属腐蚀（质量变化）/（mg/cm²） 　　钢（15 号） 　　铜（T₂） 　　铝（LY₁₂） 　　镁（MB₂） 　金属片外观	 不大于 不大于 不大于 不大于 不大于 	 -5~+20 0.40 无不溶物沉淀 ±0.2 ±0.2 ±0.2 ±0.2 无腐蚀，铜片腐蚀不大于 3 级	GJB 263 用 20 倍放大镜观察
低温稳定性（-54℃±1℃，72h）		合格	本标准附录 A

项　　目		质量指标	试验方法
剪切安定性			SH/T 0505
40℃运动黏度下降率/%	不大于	16	
-40℃运动黏度下降率/%	不大于	16	
固体颗粒杂质			GJB 380.4
颗粒尺寸范围/(μm/100mL)	不大于		
5~15		10000	
16~25		1000	
26~50		150	
51~100		20	
>100		5	
质量法/(mg/100mL)	不大于	0.3	本标准附录 B
过滤时间/min	不大于	15	本标准附录 B
橡胶膨胀率(NBR-L 型标准胶)/%		19~30	本标准附录 C
泡沫性能(24℃)/(mL/mL)	不大于	65/0	GB/T 12579
储存安定性(24℃±3℃，12 个月)		无浑浊、沉淀、悬浮物等，符合全部技术要求	SH/T 0451

石油基航空液压油适用于被指定的飞机及其他使用合成密封材料的液压系统。

（3）4611 号航空难燃液压油　以磷酸酯为基础油，添加多种添加剂调和而成，具有良好的抗燃性、抗氧性和润滑性。其性能符合波音材料规格 BMS$_3$-11 对 II 型油的要求。其技术要求见表 6-21。

表 6-21　4611 航空液压油技术要求

项　　目		质量指标	试验方法
运动黏度/(mm²/s)			GB/T 265
50℃	不小于	8.5~12.0	
100℃	不小于	3.0~4.0	
-40℃	不大于	2500	
相对密度		测定	GB/T 1884
凝点/℃	不高于	-60	GB/T 510
闪点(开口)/℃	不低于	160	GB/T 267
酸值/(mgKOH/g)	不大于	0.2	GB/T 264
水分/%	不大于	0.4~0.6	GB/T 7304
氧化安定性(120℃，72h，25mL 空气/min，回流)			SH/T 0208
氧化后 50℃运动黏度变化率/%	不大于	±25	
氧化后酸值/(mgKOH/g)	不大于	0.5	
金属腐蚀/(mg/cm²)			
钢片	不大于	±0.2	
铜片	不大于	±0.2	
铝片	不大于	±0.2	
镁片	不大于	±0.2	

项　目		质量指标	试验方法
剪切安定性 　50℃运动黏度变化率/%	不大于	35	GB/T 3142
润滑性(75℃，600r/min) 　磨斑直径(10N，60min)/mm 　磨斑直径(40N，60min)/mm	不大于 不大于	0.5 0.7	
泡沫性(24℃-93℃-24℃) 　泡沫倾向/mL 　消泡时间/s	不大于 不大于	250-50-250 100-50-250	GB/T 12579

第四节　液力传动油

液力传动油又叫自动传动液(ATF)、液力油、液力变扭油等，它是自动液力传动装置中液力变矩器和液压系统传递能量的介质，又是齿轮润滑剂和湿式离合器的冷却液。因此它必须同时具备液压油、齿轮润滑油、离合器冷却液的性能。

自动液力传动装置包括液力变扭器、齿轮变速机构、液压机构、湿式离合器等。液力变扭器是自动变速器的关键部件。主要是由离心泵和涡轮组成。离心泵是主动部件，它带动液体旋转，液体吸收离心泵传递的机械能，并将其变为液体的动能；从泵流出来的高速液体推动涡轮机旋转，将液体的动能转换为机械能，并由涡轮输出，从而实现能量的传递。也就是说液力变扭器是靠液体的动能来工作的，其工作原理如图6-3所示。

自动液力传动装置主要安装在汽车上，能使汽车自动适应行驶阻力的变化，使发动机经常处于最佳工况，提高发动机的动力性能；还能使起步无冲击，变速时震动小。我国目前主要是进口轿车、载重车辆和一些工程机械上采用了液力传动装置，需使用液力传动油。

一、液力传动油的性能要求

1. 适宜的黏度和良好的黏温性能
作为传递介质，必须要求黏度低而作为润滑油又希望黏度要高，兼顾两者的需要，将高温黏度规定在100℃时7mm²/s左右。低温黏度特性也很重要，除考虑低温启动性及泵送效率外，还必须注意离合器烧伤的危险。有人在变速器试验中，采用布氏(Brookfield)黏度计，测定了离合器烧结温度和绝对黏度之间的关系。为使离合器得到充分的换挡性能，不引起烧结，现在国外对液力传动油的黏度已有标准方法，各公司的油品规定不同的低温黏度。如典型的 DEXRON Ⅲ 要求 Brookfield 黏度在-40℃时不大于20000mPa·s

自动液力传动油的使用温度范围一般为-25~170℃，因此，要求较高的黏度指数和较低的倾点。一般液力传动

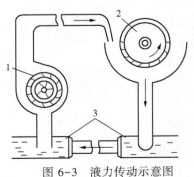

图6-3　液力传动示意图
1—离心泵；2—涡轮机；3—液体

油的黏度指数在 160 以上，倾点-40℃。

2. 较佳的热氧化安定性

在开停频繁的苛刻运行条件下，最高温度可达 150℃，同时用于传动装置的小型化也使油温提高。与内燃机油相比，虽然使用条件对油品的热氧化的综合苛刻程度稍低，但如果由于油品氧化产生油泥、漆膜或产生腐蚀性酸，或造成黏度变化，就会引起摩擦特性的改变，使离合器或摩擦片打滑，氧化生成的酸腐蚀衬套和止推垫片等；黏度过大，会使传动操作变坏，油泥会堵塞液压控制系统和排液管路，漆状物形成会导致控制阀、调节杠失灵。

3. 满足不同公司的 ATF 传动液摩擦特性要求

摩擦特性是液力传动油的一个主要性质，液力传动油的摩擦特性就是要适当油性。要求相匹配的静摩擦系数和动摩擦系数，一般动摩擦系数对启动扭矩的大小有影响，如果动摩擦系数过小，换挡时间就会延长。如果动摩擦系数过大，换挡的最后阶段就会引起扭矩急剧增大，发出尖叫，使换档感觉恶化。通用和福特两个公司要求自动传动液的摩擦特性是不同的。通用汽车公司希望液力传动油有较大的动摩擦系数和较小的静摩擦系数，所以加有摩擦改进剂，具有较好的换挡感受性。而福特公司的自动变速器的构造和摩擦材料的不同，要求动摩擦系数小，静摩擦系数大，此类油不加摩擦改进剂，具有较好的耐久性，福特公司近年来公布的规格摩擦特性要求也与通用类似。评定摩擦特性的设备，美国广泛使用 SAE NO. 2 试验机。

4. 较好的密封材料适应性能

自动传动液对自动变速器中各部分的密封材料相适应，不应有明显的膨胀、收缩、硬化等不良影响。在密封适应性方面，在基础油和添加剂都有明显的影响，一般的石蜡基基础油对橡胶有收缩的倾向，环烷基基础油对橡胶有膨胀的倾向。通常可用这种油调合，获得所需的膨胀特性。

5. 抗泡性能好

自动传动液在自动变速器中的狭小的油路里高循环很容易起泡。如果泡沫混入油压回路，就会使油压降低，其结果导致离合器打滑，烧结事故发生，所以在自动传动液中加入抗泡剂。

用通常的起泡试验方法（ASTM D892）来测定液力传动油起泡性不够的，通用汽车公司研制了新的起泡试验方法，在 95℃ 和 195℃ 下进行测定。

6. 剪切安定性

自动传动液在变速器中进行传递时，会受到强烈的剪切力，自动传动液加有黏度指数改进剂，系高分子化合物易受切断，其结果使油品黏度降低，引起油压下降，最后导致离合器打滑，通常要规定台架试验以后油品的最低黏度，从而控制油品的剪切稳定性。

7. 抗磨性

液力传动油具有防止行星齿轮、轴套、止推垫圈、油泵、离合器组件和制动器传送件磨损。在规格中也规定相应的抗磨性指标和评定方法。

二、液力传动油的组成

虽然液力传动油与其他油品一样，都是由基础油和添加剂所组成，但与发动机油、液压油、齿轮油等油品相比，液力传动油的配方最复杂，是各种性能的高度平衡，需要加入十几种添加剂和合适的品种及加入量才能达到这种平衡，添加剂的总加剂量10%左右。在液力传动油中使用的添加剂类型、化合物、作用和加剂量范围如表6-22所示。

表6-22　液力传动油中的添加剂配方组成

添加剂类型	常用化合物	作　用	加剂量/%（质量分数）
清净分散剂	磺酸盐、烯基丁二酸亚胺、烷基硫代磷酸盐	控制油泥与积炭生成	2~6
抗氧剂	二硫代磷酸锌、烷基酚、芳香胺	抑制油品氧化	0.5~1.0
防锈剂	磺酸盐、十二烯基丁二酸盐、咪唑啉盐类、胺类	防锈，抑制其他金属氧化	0.2~0.4
抗磨剂	二硫代磷酸锌、磷酸酯、有机硫氮化合物、硫化油脂	防止金属磨损	0.5~1.5
抗泡剂	硅油及非硅抗泡剂	抑制泡沫生成	10~60μg/g
密封材料溶胀剂	磷酸酯，芳香族化合物、氯代烃类	防止橡胶收缩和变硬	0~3
黏度指数改进剂	聚异丁烯、聚甲基丙烯酸酯、聚正丁基乙烯基酸	提高油品的黏温性	3~5
摩擦改进剂	脂肪酸、酰胺类、豚脂、硫化鲸鱼油、高分子量磷酸酯或亚磷酸酯	改善离合器的摩擦特性和换挡感觉	0.3~0.8
金属减活剂	有机氮杂环化合物	抑制其他金属腐蚀	0.01~0.2
染料	红色染料	自动传动液的识别	0.02~0.03

摩擦改进剂是液力传动油中的一种最重要的添加剂。通常所说的摩擦改进剂是用来降低动摩擦系数以降低磨损。而在液力传动油中摩擦改进剂是降低静摩擦系数，并提高动摩擦系数，以保持较高的摩擦扭矩、较低的啮合时间和舒适的换挡感受。

三、液力传动油的分类和规格

20世纪20~30年代，美国材料协会（ASTM）和美国石油学会（API）提出了如表6-23所示的分类和推荐的应用领域。

表6-23　液力传动油使用分类

分类	符合规格例	应　用
PTF-1	通用汽车公司 （GM）DEXRON Ⅱ，DEXRON Ⅲ 福特公司（Ford）M2C33-F 　　　　　　　M2C138-G 　　　　　　　M2C166-H 克莱斯勒（Chryaler）MS-4228	轿车、轻卡车用自动传动液
PTF-2	通用汽车公司（Truck&Coach） 埃里逊公司（Allison）C-2型，C-3型 汽车工程师协会 SAE J1285	适用于履带车、卡车、农业用车、越野车的自动变速器，多级变距器和液力偶合器用，抗磨性高于PTF-1

分类	符合规格例	应　用
PTF-3	约汉狄尔公司（John Deere）J-20A、福特公司 M2C86A、M2C134A 玛赛-费格森（Mssey-Ferguson）M1135	农业和建筑野外机械用液力传动油，抗磨性高于 PTF-2

80 年代国际化标准组织 ISO6743/4—1982 分类标准中把液力传动系统中按工作介质分为 HA 和 HN 两种，其中 HA 为自动传动油、液，HN 为联轴节和转换器用油。虽然分类比较简单，但汽车液力传动油的规格标准很复杂。在美国，它主要由各大汽车或汽车齿轮变速箱和液力传动装置制造厂制定自己公司的专用规格。主要规格系列为通用汽车公司的 Dexron、福特汽车公司的 Mercon、埃里逊公司的 Allison 和卡特皮勒公司的 TO 系列规格。表 6-24 示出通用公司液力传动油规格的发展历程。表 6-25 示出 Dexron ⅡE 的具体指标要求。

表 6-24　通用汽车公司自动传动油（ATF）规格的发展

公布年代	规格	主要改变内容
1949 年	Type A	首次确定 ATF 规格标准
1957 年	Type A Suffix A	改进热稳定性、更严的摩擦限值
1967 年	Dexron	改进泡沫特性、橡胶适应性、低温特性
1973 年	Dexron Ⅱ	改进摩擦特性，磨损性测定标准化
1990 年	Dexron ⅡE	改进低温性能、热稳定性
1993 年	Dexron Ⅲ	改进热稳定性、高稳定摩擦特性、保持电磁阀的灵敏度，并提高了氧化安定性及耐磨性
2000 年	Dexron Ⅳ	具有优良的抗挥发性、持久性和高扭矩容量，以及抗摩擦性、氧化安定性

表 6-25　Dexron ⅡE 自动传动油规格

项　目	指标要求	试验方法
颜色	红色 6.0~8.0	ASTMD 1500
元素分析（10^{-6}级）	报告 Ba、B、Ca、Mg、P、Si、Na、Zn、Cu、S、Al、Fe、Pb 含量	ASTM D 4951
红外光谱	报告	ASTM E168
混溶性	与参考油混合，试验结束时无分层或颜色变化	FTM791C3470.1 方法
运动黏度	报告 40℃、100℃测定结果	ASTM D445
闪点/℃	最低 160	ASTM D92
燃点/℃	最低 175	ASTM D92
低温黏度/mPa·s		ASTM D2983
－10℃	报告	
－20℃	最大 1500	

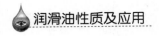
润滑油性质及应用

续表

项　目	指标要求	试验方法
−30℃	最大 5000	
−40℃	最大 20000	
铜片腐蚀(150℃，3h)	无黑色表面剥落	ASTM D 130 修订
腐蚀试验(A 法)	通过	ASTM D 665
锈蚀试验(40℃，50h)	在任何试验表面无锈蚀和腐蚀	ASTM D 1748 修订
磨损试验(80℃±3℃，6.9MPa)	最大磨损 15mg	ASTM D 2882 修订
泡沫试验	95℃无泡沫，135℃最大 6mm，消泡时间不超过 15s	GM6137(M)附录 A
橡胶试验(150℃±1℃，70h)	品种　　体积变化　　硬度变化 聚丙烯酸酯　0，+10　　0，−10 丁腈胶　　+1，+7　　−6，+2 氟橡胶　　0，+10　　0，−5 硅橡胶　　0，+30　　0，−30 乙丙胶　　0，+25　　0，−15	ASTM D471 (ASTM D 2240)设备
闸片离合器试验	(1) 顺利通过 100h 运行 (2) 鼓和带无异常磨损和剥落 (3) 10~100h 操作期间： ① 150N·m<中点动力矩<200 N·m； ② δ 力矩<30 N·m； ③ 锁闭力矩>160 N·m； ④ 0.45s<啮合时间<0.60s	SAE NO2 试验机
带离合器试验	(1) 顺利通过 100h 运行； (2) 鼓和带无异常磨损和剥落； (3) 10~100h 操作期间： ① 150N·m<中点动力矩<200 N·m； ② δ 力矩<55 N·m； ③ 锁闭力矩>190 N·m； ④ 0.45s<啮合时间<0.60s	SAE NO2 试验机
氧化试验	(1) 顺利通过 300h 运行； (2) 变速部件的清洁度与物性状态应等于或大于使用参考油时情况； (3) 总酸值增加<4.5； (4) 羰基吸收油增加<0.55； (5) 变速废气最小氧含量 4%； (6) 使用后油的−20℃黏度<3Pa·s； (7) 使用后油的 100℃黏度>5.5mm²/s； (8) 冷却器锌铜合金焊无腐蚀	Hydramatic4L60 传动装置

续表

项　目	指标要求	试验方法
循环试验	（1）顺利通过 20000 周期运行； （2）变速部件的清洁度与物性状态应等于或优于使用参考油时情况； （3）0.35s<1～2 挡换挡时间<0.80s； （4）0.35s<2～3 挡换挡时间<0.80s； （5）总酸值增加<2.5； （6）羰基吸收增加<0.35； （7）使用后油的−20 黏度<3Pa·s； （8）使用后油的 100℃ 黏度>5.0mm²/s	4L60 传动装置
汽车性能试验	换挡感觉基本上与使用参考油时相当	5.0LV-8 发动机与 4L60 传动装置

同样，福特汽车公司、埃里逊公司等的液力自动传动液的规格也在不断地完善和更新。

我国曾根据 GB 2512-81 的规定把液力传动油分为普通液力传动油和抗磨液力传动油（又称拖拉机传动、液压两用油），见表 6-26。

表 6-26　液力传动油分类

油　品	代　号	原　名	应　用
普通液力传动油 N32 号 N46 号 N46D 号	YLA-N32 号 YLA-N46 号 YLA-N46D 号	6 号液力传动油 8 号液力传动油 8 号液力传动油	内燃机车用，相当 PTF-2，N46 和 N46D 为小轿车用，相当 PTF-1
抗磨液力传动油 N46 号 N68 号 N100 号	YLB-N46 号 YLB-N68 号 TLB-N100 号	拖拉机传动液压两用油	适用于液压系统和齿轮箱共用，相当 PTF-3

随着等效采用 ISO6743/4 产生的 H 组分类，GB/T 2512—81 现已作废。在 GB 7631.2—87 分类中液力传动油归流体动力系统的传动介质，仍分为 HA、HN 两种。6 号和 8 号液力传动液至今仍是我国主要的液力传动油，8 号适用于小轿车和轻型卡车动力自动传动系统（自动变速器）、液压传动系统、适用于建筑机械的自动传动系统、动力转向系统和其他液压系统和各类工业液力偶合器；与 8 号相比，6 号抗磨性更好，但黏温性和低温性稍差，主要用于内燃机车、载重车以及工程机械的液力传动系统。这两种液力传动油指标见表 6-27。

表 6-27　国产 8 号和 6 号液力传动液规格（企业标准）

项目	质量指标		试验方法
	8 号	6 号	
运动黏度/(mm²/s)			
100℃	7.5～8.5	18～24	GB/T 265
−20℃　　　不大于	2000	—	

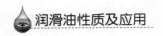润滑油性质及应用

续表

项目		质量指标		试验方法
		8 号	6 号	
酸值/(mgKOH/g)	不大于	—	0.08	GB/T 264
闪点(开口)/℃	不小于	160	160	GB/T 267 或 GB/T3536
凝点(开口)/℃	不高于	−55(−25)	−35	GB/T510
灰分/%		—	无	GB/T295
水溶性酸碱	不大于	—	0.005	GB/T508
机械杂质/%	不大于	无	无	GB/T511
水分/%	不大于	无	无	GB/T 260
临界负荷(常温)/N	不小于	800		GB/T 3142−88
抗泡沫(93/24℃)/mL	不高于	50		GB/T 12579
腐蚀(铜片，100℃，3h)		合格	合格	SH/T 0195

抗氧化安定性
  氧化后酸值
  氧化后沉淀
		—
		—
			0.35
			0.1
				SH/T 0193

  注：南方轿车使用凝点−25℃的8号液力传动油。

　　从表6-26可知，我国研制的8号和6号液力传动油没有摩擦特性、抗磨性、橡胶相容性等重要指标，与国外产品存在较大差据。80年代以后，我国轿车基地的建立使汽车工业有了较大的发展，国家制定了"八五"重点攻关项目"汽车自动传动液(ATF)的研究"，目标是研制质量相当于美国通用汽车(GM)公司1978年公布的Dexron ⅡD规范的ATF，在此期间引进了Ford公司的ABOT氧化台架，在原上海711所建立了评价摩擦特性的大型摩擦试验机，并且在1995年引进了SAE NO$_2$实验机、氧化试验和循环试验方法。在90年代中期完成了该攻关项目的研究，采用了进口和自行研制复合添加剂两条技术路线。随着我国要求使用符合Dexron Ⅲ规范的进口和自行生产的高档汽车的增加，在90年代末期，国家又制定了"九五"攻关项目"Dexron Ⅲ汽车自动传动液的研究"，自行研制的添加剂配方不能通过片式摩擦台架试验，无论是中点扭矩，还是最大扭矩都不能满足Dexron Ⅲ规范要求的不小于150Nm的技术指标，且传递扭矩不稳定，在试验后期有所降低。近十年来新型传动系统在我国合资企业、国有企业生产的现代汽车上逐渐得以应用，要求使用比Dexron Ⅲ规范要求更高的ATF。国内也有符合这些规格的产品，但都是采用进口复剂调配而成。

第七章 齿 轮 油

齿轮传动是最古老的传动方式之一，也是现代工业应用最广泛的一类传动。齿轮传动是靠啮合齿面间的相互作用和相对运动完成的，其间必然产生摩擦。为降低摩擦、减少磨损、延长使用寿命，通常必须选用合适的齿轮润滑剂将齿面隔开，避免金属间的直接摩擦。齿轮润滑剂分为齿轮油和齿轮脂两大类，本章介绍齿轮油。

第一节　齿轮的类型及在设备上的应用

一、齿轮的类型

齿轮按其轴的相对位置（图7-1）可分为：正齿轮、伞形齿轮、螺旋齿轮、准双曲面齿轮和蜗杆齿轮。

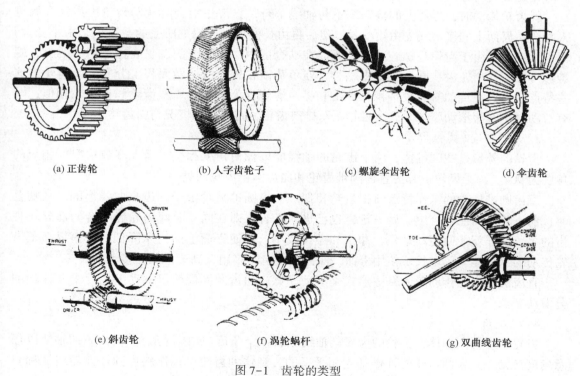

(a) 正齿轮　　　(b) 人字齿轮子　　　(c) 螺旋伞齿轮　　　(d) 伞齿轮

(e) 斜齿轮　　　(f) 涡轮蜗杆　　　(g) 双曲线齿轮

图7-1　齿轮的类型

1. 正齿轮（直齿轮、直齿柱齿轮）

两个齿轮的轴线是互相平行的，齿轮的外形呈圆柱形状，齿轮的齿是直形的并与轴线平行。

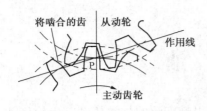

图 7-2　正齿的啮合作用线

理论上正齿轮啮合时，接触线首先出现在主动轮的齿轮下部（简称齿根）和从动轮的齿轮廓：并至上而下地扫过从动轮的齿廓。从两齿轮开始啮合到脱离接触，它们的接触线移动的轨迹是一条直线，这条直线叫做作用线或啮合线（图 7-2）。

在啮合过程中，两齿轮接触面的运动开始时是滑动，随后在节线［两齿轮中心的连线与啮合线的交点叫节点 P（图 7-2）；以节点到齿轮中心的距离作半径之圆称为节圆；节圆上的线段称为节线］上是滚动，经过节线以后又变为滑动。当啮合的齿轮从开始接触进入滑动区域，他们齿廓的曲率有利于形成流体动压润滑油膜。当齿轮进入滚动区域时，形成流体动压润滑所需的力已不再存在，这时两摩擦表面有可能直接接触，或是至少转变为混合润滑。在这种情况下，润滑油有较大的黏度和易形成边界润滑膜是比较有利的。

2. 斜齿轮

正齿轮传动时，齿面上的接触线是一条与轴线平行的直线。齿轮的啮合是沿整个齿宽同时接触或同时分出，所以易引起冲击和噪声。为了克服这种缺点就改用斜齿轮传动。

斜齿轮传动时，齿面上的接触线不与轴线平行，斜齿轮啮合时从动齿轮由齿顶开始进入啮合，齿面上的接触线先由短变长，然后再由长变短。齿轮上所受的载荷也是由小变大，再由大到小。由于齿轮是螺旋形的，所以在啮合区内，接触线的总长要比直齿轮的大，螺旋形可容许几个轮齿在同一时间内啮合，使负荷能在较大的接触面积上分布。斜齿轮的这些特点使他们在传动时比较平稳，冲击和噪声等现象大为减少。斜齿轮和正齿轮相似，既有滑动摩擦又有滚动摩擦。人字齿轮是双排斜齿轮，它的传动情况与斜齿轮相同。

3. 伞形齿轮（圆锥齿轮）

齿轮的外形呈截圆锥体，两个齿轮的轴线能以任何角度相交，而大多数情况下相交的角度为 90°。圆锥齿轮可分为直齿圆锥齿轮和曲齿圆锥齿轮两类。

直齿圆锥齿轮的工作特点与正齿轮相似。曲齿圆锥齿轮由于轮齿是曲线形的，在啮合时，前一轮齿尚在啮合中，后一轮齿也已进入啮合，即在同一时间内轮齿啮合的部分较直齿的多。这样就能使传动平稳，冲击和噪声较小，并使齿面上的比压降低，因而提高了齿轮传动的承载能力，增长了使用寿命。曲齿圆锥齿轮多用于高速重载的传动中。

直齿圆锥齿轮传动时的摩擦形式是滚动摩擦。曲齿圆锥齿轮以滚动摩擦为主并伴随部分滑动摩擦。

4. 螺旋齿轮

齿轮外形为圆柱体，齿轮的齿对其轴线倾斜一个角度（叫螺旋角），两齿轮的轴能以任意角度交错。如果两齿轮的轴仍是互相平行的，则这种齿轮可称作斜齿圆柱齿轮或简称斜齿轮。

螺旋齿轮就单个轮齿来看，它和斜齿轮完全相同。但它们传动时，轴的位置是完全不同的，螺旋齿轮的轴线既不平行又不相交，二是互相交错。在主动轮和从动轮之间发生的是点接触。传动时既有滑动又有滚动，滑动与滚动之比随着两轴交错的角度接近 90° 而增大。当交错的角度为90°时，则仅有侧向滑动。由于螺旋齿轮传动时是点接触，相对滑动速度大，磨损严重，只适合用于小功率传动。

5. 准双曲面齿轮

与圆锥齿轮相似，但主动齿轮轴的中心线在从动齿中心线下面。

准双曲面齿轮的外形与曲齿圆锥齿轮有点相似，但它的工作特点是完全不同的。准双曲面齿轮的两个齿轮的轴线不相交，而且主动轮的轴线低于从动轮的轴线。在准双曲面齿轮传动中既有滚动，也有滑动，而滑动主要是侧向滑动。滑动和滚动之比随着主动轮偏移量（主动轮轴线与从动轮轴线间的距离）的增加而增大。因此，当主动轮的偏移量较大，而又传递较高的负荷时，容易在两齿轮面间出现焊接，最后导致黏附磨损。所以准双曲面齿轮油的润滑性能要特别好。

6. 蜗轮蜗杆

蜗轮蜗杆是用于交错轴传动的一种齿轮机构。两轴之间的交错通常为90°，蜗杆的外形有点像丝杆。

蜗轮蜗杆传动装置可视为准双曲面齿轮工作的极端情况，即两齿轮轴的偏移量达到最大值。从润滑的角度来看，齿间的接触是非常不利的，是处于点接触和纯滑动的情况下。

蜗杆是用经过硬化处理的钢材制成，蜗轮是用承载性能较好的材料制成，最常用的是青铜。

上述各种齿轮传动装置的接触形式及磨擦特点可归纳如表7-1所示。

表7-1 各种齿轮的接触形式及摩擦特点

齿轮类型	接触形式	主要的摩擦特点	齿轮类型	接触形式	主要的摩擦特点
正齿轮	线	滑动及滚动	蜗轮蜗杆	点	滑动
人字齿轮	线	滑动及滚动	准双曲面齿轮	线	滑动及滚动
直齿	线	滑动及滚动	螺旋齿轮	点	滑动
曲齿	线	滑动及滚动			

二、齿轮在设备上的应用

齿轮传动装置广泛的应用于各种设备，其传动负荷、运转速度、工作温度随着机械的不同而有很大的差异。现就一些主要机械传动装置的工作条件分述如下。

1. 汽车齿轮传动装置

汽车齿轮传动装置的要求是结构紧凑，能承载重荷，无噪声等。齿轮由高合金钢制成，直径大小一般为200～300mm，经渗碳、氮化及淬火处理后，洛氏硬度（HRC）约为60。

汽车变速齿轮箱中，使用正齿轮及斜齿轮；汽车后桥的齿轮箱中多用准双曲面齿轮。汽车传动装置中，齿轮承受的负荷很高，在以第一档行使时，节线啮合的压力达到2.5～3.0GPa，有的甚至达到4.0GPa；圆周速度为5m/s，个别情况可达10m/s。汽车齿轮传动装置中润滑油的工作温度与环境的气温有关。变速箱靠近发动机，箱内润滑油因受到发动机传来热量的影响，其温度受气温变化的影响要小些。后桥差速器中的润滑油则受气温的影响较大，当汽车行驶前，油温基本接近气温，当工作起来以后，由于滑动摩擦比较剧烈，

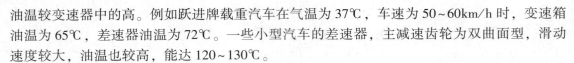
油温较变速器中的高。例如跃进牌载重汽车在气温为 37℃，车速为 50~60km/h 时，变速箱油温为 65℃，差速器油温为 72℃。一些小型汽车的差速器，主减速齿轮为双曲面型，滑动速度较大，油温也较高，能达 120~130℃。

2. 拖拉机齿轮传动装置

拖拉机齿轮传动装置的要求基本上与汽车的相似，只是程度稍差一些。拖拉机传动装置一般采用正齿轮，有时用圆锥齿轮。齿轮的直径大部分在 350~400mm 范围内。用合金钢制成，经渗碳、淬火处理后，洛氏硬度(HRC)达 60。拖拉机传动齿轮所受的压力比汽车的小，但仍达到 1.5GPa(在节线啮合时)，圆周速度达 6~8 m/s，拖拉机齿轮传动装置中润滑油的温度在一般气温条件下为 65~75℃。

3. 蒸汽涡轮减速齿轮

蒸汽涡轮减速齿轮是将涡轮输出的转速降低到舰船螺旋桨所需的转速。由于传递的功率很大(达数万千瓦)，齿轮的尺寸较大，从动轮的直径达 4m，重达 50t 或更多。齿轮采用碳素钢或低合金钢造成，齿顶端呈人字形。主动轮经淬火后布氏硬度(HB)达 300~350，从动轮的布氏硬度为 200。蒸汽涡轮减速齿轮所受的压力不太高，很少超过 0.6~0.8GPa。但齿轮的圆周速度很大，能达 100m/s。因此对齿轮的精度提出了很高的要求。

4. 轧钢机传动齿轮

轧钢机中的齿轮传动装置是用来带动工作轴的，它在很多方面都与蒸汽涡轮的齿轮减速器相似，如用碳素钢或铬钢制成人字形齿轮，具有特别大的尺寸及甚高的圆周速度等，只是程度上比蒸汽涡轮减速器的要差一些。从动轮直径可达 3m，圆周速度达 30m/s，节线啮合时的压力不高于 0.8~1.0GPa。小齿轮经淬火后，布氏硬度达 300~500。尺寸大的从动轮则不淬火，轧钢机润滑系统中润滑油的温度约为 40℃。

5. 机床齿轮传动装置

机床中的齿轮传动装置要求结构紧凑，且工作平稳以防止震动和噪声。与汽车和拖拉机的齿轮传动装置相比，同样大的或较大的机床齿轮箱，其传递的最大扭矩要小得多。因此，机床的传动齿轮所承受的压力也低得多，在节线啮合时，很少超过 1.0~2.0GPa。齿轮的圆周速度在高速机床中可达 10~15m/s，有时还要高一些。机床齿轮箱润滑油的温度为 50~55℃。

机床中的齿轮虽然形式不同，大小各异，但大部分重要齿轮多采用正齿轮及斜齿轮，在中小型机床中，齿轮的直径不超过 400~500mm。机床齿轮的材料广泛采用碳素钢，经高频淬火后，洛氏硬度(HRC)约为 55 或采用低铬合金钢经渗碳、淬火，洛氏硬度约为 60。

6. 电厂球磨机等齿轮传动装置

电厂、矿业、水泥等行业的重型机械设备，如电铲、磨煤机、球磨机、旋转窑、混合机等的传动机构大部分为开式齿轮传动。这类齿轮直径大，可达 10m；传递负荷高，带物料负荷通常可达 2000t；转速 5~15r/min，但因直径大而线速度高；现场气温基本为常温，夏天环境温度最高 50℃，冬天在保温下高于 0℃；一般采用喷雾润滑方式；大齿圈基本上没有备件，服役期要求超过 10~30 年。

综上所述，可将各类齿轮传动装置的特点归纳为表 7-2。

表 7-2 各齿轮传动装置的特点

机械类型	齿轮大小及形状	工作条件	材料性质
汽车齿轮传动装置	直径 200~300mm。正齿轮及斜齿轮(变速箱),曲齿圆锥齿轮或准双曲面齿轮(差速器)	压力 2.5~4.0GPa 速度 5~10m/s 变速箱温度约 65℃ 差速器油温约 72℃ (有准双曲面齿轮的油温能达 130℃)	高合金钢,HRC 约为 60
拖拉机齿轮传动装置	直径 350~400mm,正齿轮、圆锥齿轮	压力约 1.5GPa,速度 6~8m/s,油温 65~75℃	合金钢,HRC 约 60
蒸汽涡轮减速器	直径 4m,人字形齿轮	压力 0.6~0.8GPa,速度 100m/s	碳素钢、低合金钢,HB 为 300~350
轧钢机齿轮传动装置	直径 3m,人字形齿轮	压力 0.8~1.0GPa,速度 30m/s,油温约 40℃	碳素钢、铬钢,HB 为 300~500
机床传动装置	直径 400~500mm,正齿轮、斜齿轮	压力 1.0~1.2GPa,速度 10~15m/s,油温 50~55℃	碳素钢、低铬合金钢,HRC 约 60
电厂球磨机等齿轮传动装置	直径可达 10m,正齿轮、斜齿轮	带物料负荷通常可达 2000t,速度 5~15m/s,油温最高 50℃	合金钢,HRC 约 60

第二节 齿轮损坏的形式

齿轮传动装置工作能力的范围受到所能承担的扭矩和速度的限制,超过一定的扭矩和速度便会使齿轮受到损坏。齿轮损坏的形式可分为四种类型:磨损、擦伤、点蚀、断裂。这四种损伤出现在不同的工作条件(扭矩、速度)下。它们各自出现的范围大致如图 7-3 所示(P265)。图中的磨损主要是指不严重的黏着磨损。当液体动压润滑油膜破裂时,或因黏度、速度太低、或因负荷太高,不能建立油膜时,便会出现磨损。图中的磨损极限表明,当速度增大时,齿轮容许的负荷(未出现磨损时的最大负荷)增大。这是因为速度增大后容易形成流体动压油膜。降低操作温度,或选用黏度较高润滑油,可使磨损曲线的斜率增大,缩小磨损区范围。在润滑油中加入抗磨添加剂也能使磨损曲线变陡。

擦伤属于黏着磨损,是一种较严重的黏着磨损。它的产生是齿面以较高的速度润滑时产生较多的热量,使油的黏度下降,最后导致油膜破裂。油膜破裂后,齿表面直接摩擦并发生焊接,在继续滑动中将强度较低的金属从齿表面撕裂下来,使轮面受到损伤。擦伤是润滑油承载能力不足或齿轮超载的征兆。增加润滑油的黏度可使擦伤曲线升高,扩大齿轮的安全工作区。采用加添加剂的办法也可以提高润滑油的承载能力。

点蚀及齿的断裂均是齿轮材料的疲劳损坏。润滑油的选择对齿的断裂没有什么影响,对点蚀只有较小的还不甚明确的影响。增加润滑油的黏度可使点蚀曲线有所升高。改变润滑油中的极性基可能使齿表面的应力发生变化,从而延长点蚀出现的时间。但这方面的工作还做得不够，在实际工作中还不能用改变润滑油成分的办法来控制点蚀。

除了上诉齿轮损坏的形式外，还有磨料磨损及腐蚀磨损等。磨料磨损是灰砂等外界杂质进入润滑油中引起的。此种形式的磨损比超载磨损更普遍，在任何类型齿轮和任何工作情况都能发生。唯一有效的办法是保持润滑系统和润滑油洁净。当润滑油受到外来杂质的玷污后，须经过滤处理，以恢复原来品质并须清洗润滑系统。如过滤还不能解决问题，则须换油。

腐蚀磨损是由润滑油的化学作用或周围环境的腐蚀性物质如水汽等引起的。腐蚀磨损可从齿轮的非工作面(两齿轮不发生接触的部位)观察到，由此可区别于其他形似的磨损。出现腐蚀磨损后，应对润滑油进行分析，检查润滑油的性质是否符合要求，有无腐蚀性物质等。还要对齿轮传动装置工作的环境做详细的了解，以便能正确地找出产生腐蚀磨损的原因并确定解决的办法。

第三节　齿轮的润滑特点及齿轮油的性能要求

齿轮油用来润滑各种机械的齿轮传动装置，主要作用是减少摩擦、降低磨损、冷却零部件，同时也起减少震动，防止锈蚀及清洗摩擦副等作用。

一、齿轮的润滑特点

由于齿轮的曲率半径小，润滑中形成油楔条件差，轮齿的每次啮合均需重建油膜，且啮合表面不相吻合，有滚动也有滑动，因此形成油膜的条件各异。其润滑状态有流体动压润滑、弹性流体动压润滑和边界润滑。

1. 流体动压润滑和弹性流体动压润滑

齿轮啮合过程中，一定厚度的润滑油膜将不平整的摩擦面完全隔开而不使其发生直接接触，这时为流体动压润滑状态。当负荷增大时，啮合齿面发生弹性变化，润滑油黏度在压力下急剧增大，因而不会被完全挤出且迅速形成极薄的弹性流体动力膜，仍能将摩擦面完全隔开，这时为弹性流体动压润滑状态。

流体动压润滑和弹性流体动压润滑通常发生在高速轻载的工况。润滑油的黏度及黏压特性是影响流体动压润滑膜和弹流膜的关键因素。

2. 边界润滑

当负荷继续增大时，齿面微小的凸起在运动中已不能由弹性流体膜隔开。此时承担润滑任务的是吸附在金属表面上的一层或几层分子构成的边界物理或化学吸附膜。吸附现象的发生依赖于齿轮油中极性组分。吸附膜在高温高压下发生脱附，丧失润滑作用。此时要靠齿轮油中的极压抗磨添加剂在齿面上发生化学反应，形成化学反应膜起到润滑作用。边界润滑通常发生在高速重载、低速重载或有冲击负荷的工况。

实际上，齿轮机构及其运动和动力的传递过程中，齿轮润滑大多处于混合润滑状态，即既有流体动力润滑和弹性流体动力润滑，又有边界润滑，这正是齿轮润滑的最大特点。由此可见，既要求齿轮油具有合适的黏度，以保证在较轻负荷瞬间(期间)形成流体动力膜或弹性流体动力膜，又要求有合适的润滑添加剂组分以保证在较高负荷瞬间(期间)形成边界润滑膜。

除润滑特性外，由于工况的局限，工作齿轮可能处于高温、震动、有气、水、尘埃等环境，这些因素极大地影响着润滑过程。因此，对齿轮油有更苛刻的性能要求。

二、齿轮油的性能要求

（一）适当的黏度和良好的黏温性

黏度是齿轮油最基本的性质。齿轮油流体动力膜和弹性流体润滑膜的形成与齿轮油的黏度密不可分。黏度大形成的润滑油膜厚，抗负荷能力就大些。但黏度过大增加齿轮传动的阻力，以致发热造成动力损失。试验证明，由于低黏度油的搅拌阻力小，冷却效果好而油温上升少，在大气温度 7.2℃，车速 80km/h 时，用 SAE75W 油比 80W-140 油时的后桥温度低 10℃。黏度太小，可能被甩掉或不易形成油膜，以致磨损。因此要控制黏度的上下限。车辆齿轮油的黏度有专门的分类方法，工业齿轮油的牌号就是按 40℃时运动黏度划分的。

黏温性能好的齿轮油高温下油的黏度较大，易形成油膜，承载能力也高。特别是车辆齿轮油，齿轮工作温度较高，要求良好的黏温性，故要加入抗剪切性能好的黏度指数改进剂，以配配制多级齿轮油。

（二）较好的低温性能

齿轮油不仅要求黏温性能好，对于车辆齿轮油，还需要良好的低温流动性，矿物油低温时黏度增大，流动性差；不易进入咬合面，以致形成干摩擦而增加磨损，严重的发热，甚至造成齿面蚀刻或磨坑，一般车辆齿轮采用飞溅润滑，最大的低温启动黏度在 $11×10^4 ～ 16×10^4 mPa·s$，当齿轮油倾点太高，低温时凝固，齿轮传动后齿轮油靠边，即形成空洞（成沟）现象，以致齿面形成干摩擦。一般可能形成空洞的温度比润滑油倾点高 5～8℃。

（三）优良的极压抗磨性

齿轮油应在齿轮机构高速、低速重载或冲击负荷下迅速形成边界吸附膜或化学反应膜，以防止齿面磨损，擦伤、胶合，极压抗磨性是齿轮油的最重要的性质。

车辆齿轮运转中，两种苛刻的条件是低速-高扭矩和高速及冲击负荷。低速-高扭矩时，在相对低的运转速度下传递大扭矩。例如：重载的车辆或牵引拖车的车辆爬行时，驱动桥的运转等。在低速-高扭矩条件下，流体动力润滑不易形成，金属与金属在压力下直接接触，典型的破坏形成包括擦伤、波纹、点蚀、剥落等。

高速及冲击负荷通常发生在高速下迅速减速以及路况不好引起的震动和冲击。在高速及冲击负荷下，破坏形式主要是擦伤或胶合。

CRC-L-37 试验（低速-高扭矩和高速-低扭矩）和 CRC L-42 试验（高速及冲击负荷）就是针对上述两个苛刻运转条件，以准双曲线齿轮驱动桥进行的全尺寸台架试验，是评价车辆齿轮驱动桥用齿轮油极压抗磨性能的重要手段。近年来，车辆传动部位的润滑条件比过去更为苛刻，国外对 CRC L-37 台架进一步强化以评价车辆齿轮极压抗磨性能。重负荷下运行的工业齿轮油对其润滑性要求较为苛刻，一般采用齿轮试验机（FZG 齿轮台架试验）评定其润滑性能。

（四）良好的热氧化安定性

车辆齿轮油应具有良好的热氧化安定性。齿轮油在工作时被激烈搅拌，与空气、金属、杂质等接触，在温度较高的情况下，容易氧化变质失去原有性能，因此要求具有良好的热氧化安定性，保证油品的使用寿命。工业齿轮油和小轿车后桥和变速箱的操作温度不高，齿轮的氧化不是严重问题。但重型卡车的齿轮装置操作温度相当高，能达到150℃，齿轮油的氧化是一个突出问题。氧化使油品黏度增加，生成油泥，影响油的流动；氧化产生腐蚀性物质，加速金属的腐蚀和锈蚀，氧化生成的沉积物是极性物质，油中的添加剂也大多是极性物质，添加剂容易吸附在沉淀上，随沉淀一起从油中析出；沉淀还会影响密封材料，使其硬化，沉淀覆盖在零件表面，形成有机物薄膜，影响散热。

（五）防腐性能和防锈性能要好

车辆齿轮油应具有适度的化学活性，对金属的腐蚀性较小。如果齿轮油没有防锈防腐性能，会由于氧化或添加剂的作用而造成齿轮腐蚀，在水（水汽）和氧的参与下，齿面和油箱会产生锈蚀，腐蚀和锈蚀不仅破坏了齿轮的几何学特性，破坏润滑状态，而且腐蚀和锈蚀产物进一步引起齿轮油变质，产生恶性循环。齿轮油的腐蚀性用铜片腐蚀试验评定。

由于昼夜大气温差，大气的水蒸汽夜间会在齿轮装置中冷凝，因此车辆齿轮油应具有良好的防锈性。车辆齿轮油的防锈性采用CRC L-33台架评定。

（六）较好的抗泡性能

齿轮转动时将空气带入油中，形成泡沫，泡沫如存在于齿面上，会破坏油膜的完整性，易造成润滑油失效。泡沫的导热性差，易引起齿面过热，使油膜破坏。泡沫严重时，油常从齿轮箱的通气孔中逸出。总之，泡沫对齿轮油有百害而无一利，齿轮油要具有良好的抗泡性。

（七）良好的抗乳化性能

工业齿轮油在工作中常不可避免与水接触（如轧钢机冷却水混入润滑系统），如果齿轮油的分水能力差，油与水混在一起，齿轮油会乳化变质，严重影响润滑油膜的形成，将会造成齿面擦伤和磨损。因此齿轮油应具有良好的抗乳化性。

（八）储存稳定性好

齿轮油在长期储存中，特别是高温或低温下储存时，某些添加剂可能会析出或者油中的添加剂相互反应，生成不溶物，引起油品浑浊或沉淀。硫-磷-氯-锌型车辆齿轮油的储存安定性常有问题，硫-磷型车辆齿轮油储存安定性较好。因此避免在高温或低温下长期储存，适当控制库存量，仍然是重要的。

第四节　车辆齿轮油

一、车辆齿轮油特殊的评定方法

为确保车辆齿轮油能满足使用性能要求，除了采用常规的评定方法对其一般理化性能进行评定外，还需采用专门的试验方法。

（一）齿轮油低温表观黏度-布氏黏度计法

车辆在低温下启动时，其后桥台架试验表明，油品动力黏度大于150Pa·s时，主轴的轴承会因供油不足而破坏。因此需测定规定低温下齿轮油的表观黏度，150Pa·s为临界指标。测定时，先将试油在冷浴中冷却到规定温度，再用布氏黏度计测定表观黏度。美国的标准方法为 ASTM D2983，我国的测定方法为 GB/T 11145。

（二）齿轮油的成沟性能

汽车后桥齿轮装置采用油浴式润滑，旋转的齿轮将齿轮油携带到齿面上。在低温下油品黏度增大，如果旋转的齿轮将齿轮油划出一道沟痕，而油不能迅速流回沟痕中时，则齿轮油不能被携带到齿面上，从而导致润滑失效。该方法是把试油在规定温度下存放 18h，用金属片把试油切成一条沟，然后在 10s 内测定试油是否流到一起并盖住试油容器底部。如果在 10s 内试油流回并完全覆盖试油容器底部，则报告试油不成沟；反之则报告成沟。美国的标准方法为联邦标准 FTMS 791B 3456.1，我国的标准方法为 SH/T 0030。

（三）台架试验

CRC 台架试验是模拟汽车道路试验的程序制定的，主要包括 CRC L-33、CRC L-37、CRC L-42 和 CRC L-60 试验。我国引进和建立了这四套台架，表 7-3 列出了这四套 CRC 台架的试验目的、主要试验条件和结果评定项目。

表 7-3 车辆齿轮油台架试验简介

试验名称	CRC L-33	CRC L-37	CRC L-42	CRC L-60
试验目的	湿热条件下的防锈性	低速高扭矩和高速低扭矩下的承载性	高速、冲击负荷下的抗擦伤性	热氧化安定性
试验方法	FTMS-5326.1	FTMS-6506.1	FTMS-6507.1	FTMS-2504
国内相关方法	SH/T 0517	SH/T 0518	SH/T 0519	SH/T 0520
试验条件	试验件：DANA-30（Spicer 差速器总成）试油量：1200mL 蒸馏水：30mL 运转期 油温：82.2℃ 轴转速：2500r/min 时间：4h 储存期 油温：51.7℃ 时间：162h	试验件：DANA-60（3/4t 军用卡车后桥）试油量：2800mL 高速低扭程度 桥轮速：440r/min 扭矩：535N·m 时间：100min 油量：146~149℃ 低速高扭程度 桥轮速：80r/min 扭矩：2360N·m 时间：24h 油温：135℃±6℃	试验件：DANA-44（Spicer 44-1 型后桥）试油量：1655mL 磨合程序：油温：107℃ 扭矩：160~711N·m 转速：250r/min 高速冲击程序：油温：93℃ 转速：450~700r/min 共 5 次 检查并换油 高速高荷冲击程序：油温：93.3℃ 转速：550~650r/min 扭矩：177.6N·m 共 10 次	试验件：专用齿轮箱（R4 轴承及两个小正齿轮）试油量：120mL 试油温度：163℃ 齿轮负荷：128W 空气流量 1.1L/h 转速：2540r/min 时间：50h 冷轧电解铜片（催化剂）
评定项目	盖板和零件上的锈蚀、腐蚀、油泥和沉淀。	齿面抛光、磨损、疲劳损伤（点蚀、剥落、波纹、螺脊）和擦伤	环形齿轮和驱动齿轮的驱动面和被驱动面的擦伤面积	黏度增长率、戊烷不溶物、甲苯不溶物和催化剂重量损失

二、车辆齿轮油的分类

和发动机油一样，国外车辆齿轮油也是按黏度和使用性能进行分类。欧洲、日本和其他许多国家齿轮油都遵循美国的 SAE 的黏度分类和 API 的使用性能分类法。

（一）车辆齿轮油的 SAE 黏度分类

车辆齿轮油最有代表性的黏度分类是 SAE 黏度分类，该分类的发展变化见表 7-4。

表 7-4　SAE 黏度分类

年　代	规　格	黏度号	达到 150000mPa·s 时的最高温度/℃	100℃运动黏度/(mm²/s)	
				最低	最高
1974	SAE J306a	75W	−40	4.2*	—
		80W	−26	7.0*	—
		85W	−12	11.0*	—
		90	—	14.0*	25.0
		140	—	25.0*	43.0
		250	—	43.0*	—
1976	SAE J306b	75W	−40	4.1	—
		80W	−26	7.0	—
		85W	−12	11.0	—
		90	—	13.5	24.0
		140	—	24.0	41.0
		250	—	41.0	—
1991	SAE J 306-91	70W	−55	4.1	—
		75W	−40	4.1	—
		80W	−26	7.0	—
		85W	−12	11.0	—
		90	—	13.5	24.0
		140	−10	24.0	41.0
		250	—	41.0	—
1998	SAE J 306-98	70W	−55	4.1	—
		75W	−40	4.1	—
		80W	−26	7.0	—
		85W	−12	11.0	—
		80	—	7.0	11.0
		85	—	11.0	13.5
		90	—	13.5	24.0
		140	−10	24.0	41.0
		250	—	41.0	—

注：＊98.9℃黏度。

　　车辆齿轮油分为含尾缀 W 和无 W 的两个系列，带 W 的黏度等级应符合动力黏度达 150000mPa·s 时的最高温度要求和 100℃时最小运动黏度的要求，不带 W 的黏度等级应符合 100℃黏度范的要求。车辆齿轮油也有多级油，如 SAE 80W/140，它既要符合 80W 黏度等级要求，又要符合 140 黏度范围要求。从国外齿轮油黏度分类的发展历程可知齿轮油有低黏度化的趋势，这是为了满足节能的需要。

　　由于齿轮油的工作温度不像发动机润滑油那样高，它的使用期要比发动机润滑油长数倍到 10 倍。在选用齿轮油时可根据最低气温来选择，不必分季节。这样可简化用油品种，并减少换油的浪费。

　　70、75W 油适合于严寒地区使用；80W 油适用于一般的乘坐车、火车和公共汽车，并可作农用机械的变速器和液压两用油；90 号油用于车辆的差速器及建筑机械的减速器；140 号油用于重型车辆的减速器；250 号油用于铁路机车的减速器。

　　在寒冷地区工作的车辆，从启动性能来说，要求用低温流动性好的 75W 齿轮油。启动以后，差速器温度逐渐升高，要求使用较高黏度的 90 号或 140 号。在这种情况下多级油 75W-90、80W-90 或 80W-140 等便能满足要求。

　　我国车辆齿轮油的黏度分类等效采用 SAE J 306-91 的分类法，制定的我国车辆齿轮油的黏度分类 GB/T 17477—1998 的具体指标与 SAE J 306-91 规定的相同。

（二）API 使用性能分类

　　美国石油学会（API）在车辆齿轮油分类上做了大量的工作，其使用分类（表 7-5）得到广泛的采用。

表 7-5　API 齿轮油使用分类及用途

等　　级	适用工作条件	用　　途
GL-1	不含油性剂、极压剂，用于低负荷、低速正齿轮、曲齿圆锥齿轮和涡轮蜗杆	汽车、拖拉机的手动变速器
GL-2	含油性剂，不含极压剂，承载能力相当于一般工业齿轮油或涡轮蜗杆油，用于 GL-1 不能满足的上述条件	涡轮蜗杆传动装置，工业机械减速器
GL-3	含 2%~4%极压剂，用于中速、中负荷下工作的正齿轮、曲齿圆锥齿轮	用于乘坐车、火车、公共汽车、拖拉机、叉式起重机、建筑机械等的变速器
GL-4	含 3%~6%极压剂，用于高速低负荷及低速高负荷下工作的准双曲面齿轮	用于乘坐车变速器，小型货车的差速器，工业机械的减速器
GL-5	含 6%~10%极压剂，用于高速冲击载荷，高速低负荷和低速高负荷的准双曲面齿轮	用于乘坐车的差速器，大型货车、公共汽车装有准双曲面齿轮的差速器
GL-6	这个分类已经被废除	

　　90 年代初，API 为手动变速箱及驱动桥油制订了两个新的推荐使用分类。这种分类把手动变速箱油定为 PG-1，即 MT-1。MT-1 要求了油的同步器性能，需要用 FZG 试验机进行胶合试验，要求与密封件相适应，对热氧化安定性和铜腐蚀性能要求比 GL-5 齿轮油更为严格，但不要求作 L-33、L-37 和 L-42 台架试验。把重负荷双曲线齿轮用油定为 PG-2，其性能要求高于 API GL-5 齿轮油。

　　我国车辆齿轮油已制订了详细分类标准 GB 7631.7，分为普通车辆齿轮油、中负荷车辆齿轮油和重负荷车辆齿轮油三类，分类情况及与 API 使用分类的对应关系见表 7-6。

表 7-6　车辆齿轮油的分类及与 API 分类的对应关系(GB 7631.7)

类　型	组成、特性和使用说明	使用部位	与 API 对应关系
普通车辆齿轮油	精制矿物油加抗氧剂、防锈剂、抗泡剂和少量极压剂等制成,适用于中等符合和负荷比较苛刻的手动变速器和螺旋伞齿轮的驱动桥	手动变速器、螺旋伞齿轮的驱动桥,不能用于准双曲面齿轮后桥。	GL-3
中负荷车辆齿轮油	精制矿物油加抗氧剂、防锈剂、抗泡剂和极压剂等制成,适用于在低速高扭矩,高速低扭矩下操作的各种齿轮,特别是客车和其他各种车辆用的准双曲面齿轮	手动变速器、螺旋伞齿轮和使用条件不太苛刻的准双曲面齿轮的驱动桥	GL-4
重负荷车辆齿轮油	精制矿物油、合成油或混合油为基础油,加抗氧剂、防锈剂、抗泡剂和极压剂等制成,适用于在高速冲击负荷,高速低扭矩和低速高扭矩下操作的各种齿轮,特别是客车和其他车辆的准双曲面齿轮	操作条件缓和或苛刻的准双曲面齿轮及其他各种齿轮的驱动桥,也可用于手动变速器	GL-5

三、我国车辆齿轮油类型

目前,我国车辆齿轮油行业和国家标准主要有两个,一是普通车辆齿轮油 SH/T 0350—92 标准(表 7-7)、二是重负荷车辆齿轮油 GL-5,它们的具体指标见 GB 13895—92(表 7-8)。

表 7-7　普通车辆齿轮油(SH/T 0350—92)

项　目		质量指标			试验方法
黏度等级		80W-90	85W-90	90	
运动黏度(100℃)/(mm²/s)		15~19	15~19	15~19	GB/T 265
表观黏度[1](150Pa·s)/℃	不高于	-26	-12	—	GB/T 11145
黏度指数	不小于	—	—	90	GB/T 1995 或 GB/T 2541
倾点/℃	不高于	-28	-18	-10	GB/T3535
闪点[2](开口)/℃	不低于	170	180	190	GB/T 267
水分/%	不大于	痕迹	痕迹	痕迹	GB/T 260
锈蚀试验(15 号钢棒、A 法)		无锈	无锈	无锈	GB/T 11143
泡沫倾向性/泡沫稳定性/(mL/mL)					GB/T 12579
24℃±0.5℃	不大于	100/10	100/10	100/10	
93℃±0.5℃	不大于	100/10	100/10	100/10	
后 24℃±0.5℃	不大于	100/10	100/10	100/10	
腐蚀(铜片,100℃,3h)/级	不大于	1	1	1	GB/T 5096
最大无卡咬负荷 P_B/kg	不小于	80	80	80	GB/T 3142
糠醛或酚含量(未加剂)		无	无	无	SH/T 0076 或 SH/T 0120
机械杂质[3]/%	不大于	0.05	0.02	0.02	GB/T 511
残炭(未加剂)/%		报告	报告	报告	GB/T 268
酸值(未加剂)/(mg KOH/g)		报告	报告	报告	GB/T 4945
氯含量/%		报告	报告	报告	SH/T 0161
锌含量/%		报告	报告	报告	SH/T 0226
硫酸盐灰分/%		报告	报告	报告	GB/T 2433

注:①齿轮油表观黏度为保证项目,每年测定一次。

②新疆原油生产的各号普通车辆齿轮油闪点允许比规定的指标低10℃出厂。

③不允许含有固体颗粒。

普通车辆齿轮油是以中性油为基础油，加入抗氧抗腐、挤压抗磨、防锈、抗泡沫等多种添加剂调制而成。极压抗磨性较好，能确保中速、中负荷下工作的齿面不擦伤、咬合和烧结。抗氧抗腐性、防锈性良好，使用寿命长，并可四季通用，保护齿面不锈蚀，可延长汽车大修期，减少零部件损坏。普通车辆齿轮油主要用于螺旋伞齿轮传动的各种汽车、拖拉机、工程机械后桥和变速箱，不能用于准双曲面齿轮后桥的润滑。

表 7-8　重负荷车辆齿轮油（GB 13895—1992）

项　　目		质 量 标 准						试 验 方 法
黏度等级		75W	80W-90	85W-90	85W-140	90	140	
运动黏度（100℃）/（mm²/s）		≥4.1	13.5~ <24.0	13.5~ <24.0	24.0~ <41.0	13.5~ <24.0	24.0~ <41.0	GB/T 265
倾点/℃		报告	报告	报告	报告	报告	报告	GB/T 3535
表观黏度150Pa·s的温度/℃								GB/T 11145
	不高于	-40	-26	-12	-12	—	—	
闪点（开）/℃	不低于	150	165	165	180	180	200	GB/T 3536
成沟点/℃	不高于	-45	-35	-20	-20	-17.8	-6.7	SH/T 0030
黏度指数	不低于	报告	报告	报告	报告	75	75	GB/T 2541
起泡性（泡沫倾向）/mL								GB/T 12579
24℃	不大于			20				
93.5℃	不大于			50				
后24℃	不大于			20				
腐蚀试验（铜片，121℃，3h）/级	不大于			3				GB/T 5096
机械杂质/%	不大于			0.05				GB/T 511
水分/%	不大于			痕迹				GB/T 260
戊烷不溶物/%				报告				GB/T 8926A 法
硫酸盐灰分/%				报告				GB/T2433
硫/%				报告				GB/T 387、388 GB/T 11140 SH/T 0172[①]
磷/%				报告				SH/T 0296
氮/%				报告				SH/T 0224
钙/%				报告				SH/T 0270[②]
储存稳定性[③]								
液体沉淀物/%（体积分数）	不大于			0.5				SH/T 0037
固体沉淀物/%	不大于			0.25				
锈蚀试验[③]								
盖板锈蚀面积/%	不大于			1				SH/T 0517
齿面、轴承及其他部件锈蚀情况	不大于			无锈				
抗擦伤试验[③]				通过				SH/T 0519[④]
承载能力试验[③]				通过				SH/T 0518[⑤]

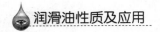

续表

项　　目		质　量　标　准						试 验 方 法
黏度等级		75W	80W/90	85W/90	85W/140	90	140	
热氧化稳定性③								SH/T 0520
100℃运动黏度增长/%	不大于			100				SH/T 265
戊烷不溶物/%	不大于			3				SH/T8926A 法
甲苯不溶物/%	不大于			2				SH/T8926A 法

注：① 生产单位可根据添加剂配方不同选择适当的测定方法。

② 如果有其他金属，应该测定并报告实测结果，允许原子吸收光谱测定。

③ 保证项目，每五年评定一次。

④ 75W油在进行抗擦伤试验时，程序Ⅱ(高速)在79℃开始进行，程序Ⅳ(冲击)在93℃下进行。喷水冷却，最大温升不大于5.5~8.3℃。

⑤ 75W油在进行承载能力试验时，高速低扭矩在104℃下进行，低速高扭矩在93℃下进行。

　GL-4车辆齿轮油没有形成统一的标准，各个企业自行制定相应的标准。

重负荷车辆齿轮油是以精制的中性油或聚α-烯烃合成油为基础油，加入极压抗磨、抗氧抗腐、防锈等添加剂调制而成，多级油中加有黏度指数改进剂。重负荷车辆齿轮油要通过润滑、锈蚀和氧化性能方面的四个台架试验，需对各种功能添加剂进行仔细平衡。极压抗磨剂和抗腐、防锈添加剂之间具有对抗作用；极压抗磨剂的活性越大，油品的抗氧化性能越差；含硫极压剂在高速冲击载荷条件下能有效防止齿面擦伤，而含磷极压剂在低速高扭矩条件下能有效防止齿面疲劳点蚀和剥落。

重负荷车辆齿轮油主要用于要求使用GL-5性能水平的各种小轿车，载重卡车的后校准双曲面齿轮和变速箱的润滑。

第五节　工业齿轮油

一、工业齿轮油的分类

(一)黏度分类

工业齿轮油的黏度分类是按GB/T 3141—94《工业液体润滑剂黏度分类》标准执行，见表7-9。表中给出了黏度(牌号)的黏度范围以及与美国齿轮油制造协会(AGMA)和国际标准化组织(ISO)黏度等级的对应关系。

表7-9　工业齿轮油黏度分类

黏度分级	40℃运动黏度/(mm²/s)	AGMA黏度级	ISO黏度级
68	61.2~74.8	2	VG68
100	90~110	3	VG 100
150	135~165	4	VG 150
220	198~242	5	VG 220
320	288~325	6	VG 320
460	414~506	7	VG 460
680	612~748	8	VG680

（二）产品分类

GB/T 7631.7—1995《润滑剂和有关产品（L 类）的分类标准》将齿轮润滑剂分为 C 组，本标准等效采用了国际标准 ISO 6743—6.1990《润滑剂、工业润滑油和有关产品（L 类）的分类——第六部分：C 组（齿轮）》的分类法，具体见表 7-10。

1. 闭式工业齿轮油

（1）CKB 以精制矿物油为基础油，具有抗氧、抗腐、防锈、抗泡等特点，无极压抗磨添加剂，适用于轻负荷下运转的齿轮，如齿面接触应力小于 $500N/mm^2$ 和具有在齿面上的最大滑动速度（V_g）通常小于 1/3 的在运转节圆柱上齿节速度（V）时的一般齿轮传动。

（2）CKC 在 CKB 油抗氧、防锈的基础上提高了极压抗磨性。应用于中等负荷下工作的齿轮，如齿面应力小于 $1000N/mm^2$ 的矿山提升机、露天采掘机、水泥磨、化工、水电、矿山机械、船舶海港机械的齿轮传动。国外常用重负荷工业齿轮油代用，不设此档，我国根据机械的齿轮传动状况，保留了这一档油。

（3）CKD 油在 CKC 基础上进一步提高了极压抗磨性、热氧化安定性和抗乳化性能。适用于重负荷、高温、有水混入等工况下运转的齿轮。如齿面接触应力接近或大于 $1000N/mm^2$ 的冶金轧钢机，井下采掘机、化肥、水泥行业等有高温、有冲击、含水部位的齿轮传动，它是闭式齿轮油中的最高档次。

表 7-10　工业齿轮油产品分类（GB/T 7631.7—1995）

组别符号	应用范围	特殊应用	更具体应用	组成和特性	品种代号 L-	典型应用	备注
C	齿轮	闭式齿轮	连续润滑（用飞溅、循环或喷射）	精制矿油，并具有抗氧、抗腐（黑色和有色金属）和抗泡性	CKB	在轻负荷下运转的齿轮	见附录 A
				CKB 油，并提高其极压抗磨性	CKC	保持在正常或中等恒定油温和重负荷下运转的齿轮	
				CKC 油，并提高其热/氧化安定性，能使用于较高温度	CKD	在高的恒定油温和重负荷下运转的齿轮	
				CKB 油，并具有低的摩擦系数	CKE	在高摩擦下运转的齿轮（即涡轮）	
				在极低和极高温度条件下使用的具有抗氧、抗摩擦和抗腐蚀（黑色和有色金属）性的润滑剂	CKS	在更低的、低的或更高的恒定流动温度和轻负荷下运转的齿轮	本品种各种性能较高，可以是合成基或含合成基油，对原用的矿物油型润滑油的设备在改用本产品时应作相容性试验
				用于极高和极低温度和重负荷下的 CKS 型润滑剂	CKT	在更低的、低的或更高的恒定流动温度和重负荷下运转的齿轮	
			连续飞溅润滑	具有极压和抗磨性的润滑脂	CKG[①]	在轻负荷下运转的齿轮	见附录 A

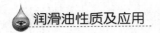

续表

组别符号	应用范围	特殊应用	更具体应用	组成和特性	品种代号 L-	典型应用	备注
C	齿轮	装有安全挡板的开式齿轮	间断或浸渍或机械应用	通常具有抗腐蚀性的沥青型产品	CKH	在中等环境温度和通常在轻负荷下运转的圆柱	1）AB 油（见 GB/T 7631.13）可以用于与 CKJ 润滑剂相同的应用场合 2）为使用方便，这些产品可加入挥发性稀释剂后使用，此时产品标记为 L-CKH/DIL 或 L-DKJ/DIL 见附录 A
				CKH 型产品，并提高极压和抗磨性	CKJ		
				具有改善极压、抗磨、抗腐和热稳定性的润滑脂	CKL①	在高的或更高的环境温度和重负荷下运转的圆柱形齿轮和伞齿轮	见附录 A
			间断应用	为允许在极限负荷条件下使用的、改善抗擦伤性的产品和具有抗腐蚀性的产品	CKM	偶然在特殊重负荷下运转的齿轮	产品不能喷射

注：① 这些应用可涉及到某些润滑脂，根据 GB/T 7631.8，由供应者提供合适的润滑脂品种标记。

（4）CKE 油分为非极压型（CKE）和极压型（CKE/P）涡轮蜗杆油两种。涡轮蜗杆的减速比大，其齿轮的咬合部分主要为滑动摩擦，且滑动速度大、油膜易破坏、摩擦损失也大。要求油品油性好、摩擦系数低、减磨性能好。CKE 型主要用于铜-钢配对的园柱型和双包围等类型的承受轻负荷，传动中平稳、无冲击的涡轮蜗杆副。SKE/P 型主要用于铜-钢配对的圆柱型、承受重负荷、传动中有振动和冲击的涡轮蜗杆副。其基础油可为矿油和合成油型，合成油中的聚醚有较低的牵引系数，在涡齿轮互相滑动时，能减少热量的产生，以聚醚为基础油的涡轮蜗杆油使用寿命一般是矿油型的 3 倍。

（5）CKS 和 CKT 都是以合成烃为基础油，加入抗氧抗腐、极压抗磨、防锈、抗泡等添加剂配制而成。后者的抗磨极压性更优。它们具有优良的润滑性、高黏度指数、良好的低温流动性及热氧化安定性。它是为满足高温（或低温）、高速、重负荷齿轮传动装置的需要，适应轮齿油发展趋势的要求（低黏度、高质量、通用性、长寿命）而发展起来的。

2. 开式齿轮油

开式齿轮油适用于开式及半封闭式齿轮和低速重负荷齿轮装置的润滑，分为 CKH、CKJ 和 CKM 三种，其极压抗磨性能依次增加。适用于开式齿轮无箱体或罩壳、直径大、转速低、润滑油在齿轮运动产生离心力和重力作用下而易飞溅或滴落的场合，以及齿轮易受水分、潮气、有害气体和灰砂侵蚀的环境。开式齿轮油在低速重负荷工作条件下易被挤出或甩掉，需要良好的粘附性以保持齿面油膜、防止油滴飞溅和滴落是必备的特性。因此开式齿轮油中含有黏附剂，通常为沥青或聚合物。普通开式齿轮油以矿油馏分为基础油，加入抗氧、防锈等添加剂及适量的沥青制成。

对于工业齿轮油，对于温度和负荷的界定如下：

当温度低于-34℃时称为更低温；温度为-34~-16℃时为低温；-16~70℃时为正常温；70~100℃为中等温；100~120℃为高温；更高温是指温度大于120℃的情况。当齿轮具有接触压力通常小于500MPa（500N/mm^2）和在齿面上的最大滑动速度（V_g）通常小于1/3的在运转节圆柱上齿节速度（V）时，该齿轮的负荷水平通常称为"轻负荷"；当齿轮具有接触压力通常大于500MPa（500N/mm^2）和具有在齿面上的V_g可能大于1/3的在运转节圆柱上的V时，该齿轮的负荷水平通常称为"重负荷"。

二、我国工业齿轮油的产品牌号

我国工业齿轮油虽有上述的分类，但工业产品通常称为普通工业齿轮油、中负荷工业齿轮油、重负荷工业齿轮油等，它们与 GB/T 7631.7 的分类，国外相应标准及国内产品标准的对应关系见表7-11。

表7-11 我国工业齿轮油产品的产品牌号

	通称	品种代号	美国有代表性的规格标准	国内相应或相近的规格标准
闭式工业齿轮油	抗氧防锈齿轮油	CKB	AGMA250.04R&O USS220	GB 5903—1995
	中负荷工业齿轮油	CKC	AGMA250.03EP	GB 5903—1995
	重负荷工业齿轮油	CKD	AGMA 250.04EP；AGMA 9005；USS224	GB 5903—1995
	涡轮蜗杆油	CKE	MIL-L-15019E（1982）6135 AGMA250.04COMP MIL-L-18486B（05）（1982）	SH 0094—91
	合成(烃)齿轮油	CKS		仅有企业标准
	合成(烃)极压齿轮油	CKT		仅有企业标准
开式齿轮油	普通开式齿轮油(溶剂稀释型)	CKH（CKH/DLL）	AGMA251.02 R&O	SH/T 0363—92
	中负荷开式齿轮油(溶剂稀释型)	CKJ（CKJ/DLL）	AGMA251.02Mild EP	
	重负荷开式齿轮油	CKM	AGMA251.02Mild EP	

GB 5903—2011 的 CKB 型，CKC 和 CKD 型指标分别列入表 7-12 和表 7-13。

涡轮蜗杆虽是齿轮中的一种，但因其齿面相对滑动速度大，发热量高，且其铜/钢配对的摩擦副对涡轮蜗杆油的硫含量进行限制。硫含量高时与铜发生反应而引起腐蚀，对极压性的要求涡轮蜗杆油则低于重负荷工业齿轮油。因此工业齿轮油与涡轮蜗杆油不宜互换使用。涡轮蜗杆油性能要求见表 7-14。

表 7-12　CKB 型工业闭式齿轮油指标

项　　目		质量指标（GB 5903—2011）				试验方法
黏度等级（按 GB/T 3141）		100	150	220	320	
运动黏度（40℃）/（mm²/s）		90～110	135～165	198～242	288～352	GB/T 265
黏度指数	不小于	90				GB/T 1995[①]
闪点（开口）/℃	不低于	180		200		GB/T 3536
倾点/℃	不高于	−8				GB/T 3535
水分/%	不大于	痕迹				GB/T 260
机械杂质/%	不大于	0.01				GB/T 511
铜片腐蚀试验/级 100℃，3h	不大于	— 1				GB/T 5096
液相锈蚀（24h）		无锈				GB/T 11143 （B 法）
氧化安定性/h （总酸值达 2.0mgKOH/g）	不小于	750		500		GB/T 12581
旋转氧弹（150℃）/min		报告				SH/T 0193
泡沫倾向性/泡沫稳定性/（mL/mL） 24℃ 93.5℃ 后 24℃	不大于 不大于 不大于	75/10 75/10 75/10				GB/T 12579
抗乳化性（82℃） 油中水/% 乳化层/mL 总分离水/mL	不大于 不大于 不小于	0.5 2.0 30				GB/T 8022

注：① 测定方法也包括 GB/T 2541。结果有争议时，以 GB/T 1995 为仲裁方法。

表7-13 CKC 和 CKD 型工业闭式齿轮油指标

质量指标(GB 5903—2011)

项 目	L-CKC											L-CKD								试验方法
黏度等级(GB/T 3141)	32	46	68	100	150	220	320	460	680	1000	1500	68	100	150	220	320	460	680	1000	
运动黏度(40℃)/(mm²/s)	28.8~35.2	41.4~50.6	61.2~74.8	90~110	135~165	198~242	288~352	414~506	612~748	900~1100	1350~1650	61.2~74.8	90~110	135~165	198~242	288~352	414~506	612~748	900~1100	GB/T 265
外观	透明											透明								目测①
运动黏度(100℃)/(mm²/s)	报告											报告								GB/T 265
黏度指数不小于	90											90								GB/T 1995②
表观黏度达15000mPa·s 时的温度/℃	③										85	③								GB/T 11145
闪点(开口)/℃ 不低于	180			200								180	200							GB/T 3536
倾点/℃ 不高于	-12			-9						-5		-12		-9				-5		GB/T 3535
水分/% 不大于	痕迹											痕迹								GB/T 260
机械杂质/% 不大于	0.02											0.02								GB/T 511
铜片腐蚀试验/级 100℃, 3h 不大于	1											1								GB/T 5096
液相锈蚀(24h)	无锈											无锈								GB/T 11143 (B法)
氧化安定性(312h, 95℃) 100℃运动黏度增长)/% 不大于	6											6④							报告④	SH/T 0123
沉淀值/mL 不大于	0.1											0.1④							报告④	

项　目	品种 L-CKC											品种 L-CKD								试验方法
黏度等级(GB/T 3141)	32	46	68	100	150	220	320	460	680	1000	1500	68	100	150	220	320	460	680	1000	
泡沫倾向性/泡沫稳定性/(mL/mL)																				GB/T 12579
24℃　不大于					50/0					75/10	75/10				50/0				75/10	
93.5℃　不大于					50/0					75/10	75/10				50/0				75/10	
后24℃　不大于					50/0					75/10	75/10				50/0				75/10	
抗乳化性(82℃)																				GB/T 8022
油中水/%　不大于				2.0					2.0						2.0				2.0	
乳化层/mL　不大于				1.0					4.0						1.0				4.0	
总分离水/mL　不小于				80.0					50.0						80.0				50.0	
极压性能（Timken 试验机法）OK 负荷值 N(lb)　不小于						200(45)									267(60)					GB/T 11144
承载能力（齿轮机试验）失效级不小于		10			12								12				>12			SH/T 0306
四球机试验																				GB/T 3142
综合磨损指数/N(kgf)　不小于					—										441(45)					
烧结负荷 P_D/N(kgf)　不小于					—										2450(250)					
磨斑直径（1800r/min，196N，60min，54℃）/mm　不大于					—										0.35					SH/T 0189

续表

项目 品种	质量指标（GB 5903—2011）	试验方法
	L-CKC	L-CKD	
黏度等级（GB/T 3141）	32　46　68　100　150　220　320　460　680　1000　1500	68　100　150　220　320　460　680　1000	
剪切安定性（齿轮机法），剪切后 40℃ 运动黏度/(mm²/s)	在黏度等级范围内	在黏度等级范围内	SH/T 0200

注：① 取 30mL~50mL 样品，倒入洁净的量筒中，室温下静置 10min 后，在常光下观察。

② 测定方法也包括 GB/T 2541。结果有争议时，以 GB/T 1995 为仲裁方法。

③ 此项目根据客户要求进行检测。

④ 测试温度为 121℃。

表 7-14　涡轮蜗杆油行业标准（SH/T 0094—91）

项目 品种 质量等级	质量指标				试验方法
	L-CKE		L-CKE/P		
	一级品	合格品	一级品	合格品	
黏度等级（按 GB/T 3141）	220　320　460　680　1000	220　320　460　680　1000	220　320　460　680　1000	220　320　460　680　1000	
运动黏度（40℃）/(mm²/s)	198~242　288~352　414~506　612~748　900~1100	198~242　288~352　414~506　612~748　900~1100	198~242　288~352　414~506　612~748　900~1100	198~242　288~352　414~506　612~748　900~1100	GB/T 265
黏度指数　不小于	90		90		GB/T 1995
闪点（开口）/℃　不低于	200	180	200	180	GB/T 3536
倾点/℃　不高于	-6	-6	-12	-6	GB/T 3535
水溶性酸碱	无		—		GB/T 259
水分/%　不大于	痕迹		痕迹		GB/T 260
机械杂质/%　不大于	0.02	0.05	0.02	0.05	GB/T 511
皂化值/(mgKOH/g)	9~25	5~25	不大于 25		GB/T 8021
中和值/(mgKOH/g)	1.3	1.3	1.0	1.3	GB/T 4945

续表

项目 品种 质量等级/级	L-CKE 一级品	L-CKE 合格品	L-CKE/P 一级品	L-CKE/P 合格品	试验方法
铜片腐蚀试验/级 100℃，3h 不大于	1	1	1	1	GB/T 5096
液相锈蚀试验 蒸馏水	无锈	无锈	无锈	无锈	GB/T 11143
液相锈蚀试验 合成海水	—	—	—	无锈	
沉淀值/mL 不大于	0.05	—	—	—	SH/T 0024
硫含量/% 不大于	1.00	—	1.25	—	SH/T 0303
氯含量①/% 不大于	—	—	0.03	—	SH/T 0161
抗乳化性(82℃, 40-37-3ml)/min 不大于	60	—	60	—	GB/T 7305
泡沫倾向性/泡沫稳定性(ML/mL) 24℃ 不大于	75/10	—	75/10	−300	GB/T 12579
93.5℃ 不大于	75/10	—	75/10	−25	
后24℃ 不大于	75/10	—	75/10	−300	
氧化安定性②/h (中和值达2.0mgKOH/g) 不小于	350	—	350	—	GB/T 12581
综合磨损指数③(1500r/min)/N 不小于	—		392		GB/T 3142
剪切安定性③(40℃运动黏度下降率)/% 不大于	6	—	6	—	SH/T 0505

注：①对矿油型、未加含氯添加剂时可不测定含氯量。
②保证项目，每年测一次。
③加有增粘剂的黏度等级油必须测定。

普通开式齿轮油的我国 SH 0363 标准与美国齿轮制造者协会的 AGMA 251.02 标准内容分别列入表 7-15 和表 7-16。比较可知两个标准的内容差异较大，用户在选用时应慎重。

表 7-14　普通开式齿轮油规格（SH/T 0363—1992）

项　目		质　量　指　标					试验方法
黏度等级（按 100℃ 运动黏度划分）		68	100	150	220	320	—
运动黏度（100℃）/（mm²/s）		60~75	90~110	135~165	200~245	290~350	附录 A
闪点（开口）/℃	不低于	200	200	200	210	210	GB/T 267
腐蚀（45 号钢片，100℃，3h）		合格					SH/T 0195
防锈性（蒸馏水，15 号钢）		无锈					GB/T 11143
最大无卡咬负荷 P_B/N	不小于	686					GB/T 3142
清洁性		必须无砂子和磨料					

表 7-15　开式齿轮油规格（AGMA 251.02）

项　目		抗氧防锈型	极　压　型		试　验　方　法
黏度		按①规定			ASTM D88
黏度指数	不小于	90②			ASTM D2270
氧化安定性					ASTM D943
a. 中和值达 2.0mgKOH/g 的时间/h					
AGMA 1、2	不小于	1500	—		
AGMA 3、4	不小于	750	—		
AGMA 5~8	不小于	500	—		
b. 95℃，运动黏度增长/%	不大于	—	10②		ASTM D2893
液相锈蚀试验（24h）					
蒸馏水		无锈（AGMA 9~13）	无锈		ASTM D665
合成海水		无锈②	—		
腐蚀试验					
铜片，121℃，3h	不大于	1②	—		ASTM D130
铜片，100℃，3h	不大于	—	1②		
抗泡性（泡沫倾向/泡沫稳定性，24℃，93℃，后 24℃）/（mL/mL）	不大于	75/10②	75/10②		ASTM D892
乳化性		②	③	④	
油中水（试验 5h 后）/%	不大于	0.5	1.0	1.0	ASTM D2711
乳化液/mL	不大于	2.0	2.0	4.0	
总分离水/mL	不小于	30	60	60	
极压性					
试验（OK 负荷）/N		—	200.1（45）		ASTM D2782
FZG 试验，通过级		9			
清洁度		必须无砂子和磨料			—
对添加剂的溶解性		—	必须通过 100μm 孔而不损失极压添加剂		—

注：① 按 AGMA 润滑剂黏度等级。

② 只适用于 AGMA 4~8。

③ 用于 AGMA2EP~6EP。

④ 用于 AGMA7EP、8EP。

对于合成齿轮油、中负荷开式齿轮油和重负荷开式齿轮油，不同的润滑油公司采用各自的企业标准。长城公司以聚醚为基础油的 4405 和 4406 号工业齿轮油的性能分别见表 7-16 和表 7-17。

4405 油除可用于中负荷工业齿轮油外，还适用于各种中、低速，中负荷闭式工业齿轮的润滑；4406 油除可用于重负荷工业齿轮油外，适用于各种中、低速，重负荷闭式工业齿轮的润滑。它们的使用温度范围为 -35~150℃，寿命是矿油型的 3 倍。

表 7-16　4405 号中负荷合成工业齿轮油的性能

项　目	N68	N100	N150	N220	N320	N460	N680	N1000
运动黏度/(mm²/s)								
40℃	68.93	105.0	151.0	223.5	329.0	475.1	720.0	1064
100℃	12.52	18.04	24.56	34.5	50.54	67.37	103.0	162.4
黏度指数	183	190	196	206	210	219	239	271
闪点(开)/℃	240	240	246	250	260	247	270	285
凝点/℃	-54	-49	-46	-44	-42	-43	-40	-37
泡沫性/(mL/mL) 24℃/93℃/24℃	10/0							
腐蚀(T_2铜，121℃，3h)/级	1b							
防锈性(60℃，24h 蒸馏水)	通过							
热安定性试验 100℃黏度增加/% (93℃，312h，10L 空气/h)	+0.08	+0.21	+3.46	+0.26	+3.52	-0.08	-1.26	—
氧化腐蚀试验(50h，150℃，50mL 空气/min)，40℃黏度变化/%	+11.2	+9.9	+9.74	+3.34	+2.95	-2.2	-11.53	-1.34
四球试验								
ZMZ/N	373.4	430.4	447.5	500.0	528.5	529.9	546.06	508
P_D/N	2450	2450	2450	2450	2450	2450	2450	2450
磨迹 d_{60min}^{392N}/mm	0.34	0.34	0.32	0.32	0.31	0.32	0.33	0.35

表 7-17　4406 号重负荷合成工业齿轮油的性能

项　目	N100	N150	N220	N320	N460	N680	N1000
运动黏度/(mm²/s)							
40℃	99.9	151.8	216.7	327.8	457.10	697.0	1016.20
100℃	17.79	24.45	34.10	47.53	64.24	98.83	157.50
黏度指数	196	190	205	207	230	237	273
闪点(开)/℃	240	240	249	257	249	245	260
凝点/℃	-49	-46	-42	-41	-41	-40	-37
泡沫性/(mL/mL)							

项　目	N100	N150	N220	N320	N460	N680	N1000
24/93/24 ℃				15/0			
腐蚀(T_2铜，121℃，3h)/级				2			
防锈性(60℃，24h 蒸馏水)				通过			
热安定性试验 　（93℃，312h，10L 空气/h） 　100℃黏度增加/%	6.79+	+8.66	+5.55	+1.41	+4.20	-4.7	-4.17
氧化腐蚀试验 　（50h，150℃，50mL 空气/min） 　40℃黏度变化/%	+15.6	+9.95	+8.78	+4.48	+6.04	+2.10	+3.6
四球试验 　ZMZ/N	554.4	568.8	617.9	667.2	677.2	684.8	577
P_D/N	3087	3087	3087	3087	3087	3087	3087
磨迹 d_{60min}^{392N}/mm	0.32	0.38	0.34	0.36	0.36	0.36	0.36
梯姆肯试验，OK 值/N	284	284	330	330	330	374	>374

随着齿轮向高速、重载、小体积和高精度方向发展，要求工业齿轮油具有优良的润滑性、氧化和热安定性以延长油品的换油周期。工业齿轮油的发展呈现下述特点：

（1）抗磨极压性优异的复剂研究越来越深入，成品油低黏度化。为了降低能耗，齿轮油的黏度呈下降趋势。但齿轮的润滑是（弹性）流体动压润滑、混合润滑和边界润滑状态共存，需要具有优异的抗磨极压性的复剂来消除低黏度化对润滑性能产生的不良影响。

（2）合成齿轮油得到越来越广泛的应用。与矿油型齿轮油相比，以 PAO 为基础油的合成齿轮油具有优良的低温性和氧化稳定性，采用 PAO 和特殊的添加剂还可配制成食品级的齿轮润滑剂；以聚醚或合成酯为基础油的齿轮油具有特别低的摩擦系数，与同黏度的矿油型齿轮油相比，使用聚醚型合成齿轮油的齿轮箱温度显著降低，特别适用于高滑动的涡轮蜗杆和双曲线齿轮的润滑。

第八章　压缩机油、冷冻机油和真空泵油

压缩机是一种用来压缩气体,提高气体压力或输送气体的的设备,它也是冷冻系统的重要组成部分,而真空泵是抽空气体的设备。这些设备在构造上有类似之处,因此压缩机油、冷冻机油和真空泵油在本章一并介绍。

第一节　压缩机油

压缩机油在压缩机相对摩擦表面之间形成液体层,起着润滑、密封和冷却压缩机运动部件的功效。开发性能优良的压缩机油,并正确选用它,是保证压缩机安全、可靠运行的重要措施。

一、压缩机的分类和润滑方法

(一)压缩机的分类

1. 按结构分类

压缩机按压缩气体方式的不同,可分为容积式和速度式两大类。容积式压缩机是依赖气缸内作往复运动的活塞或作旋转运动的转子来改变工作容积,使气体得到压缩而提高了气体的压力;速度式压缩机是在高速旋转叶轮的作用下,使气体得到很高的速度,然后又在扩压器中急剧降速,使气体的动能变为位能,从而提高了气体的压力。

其中,活塞式压缩机和螺杆式压缩机是目前应用最为广泛的两种压缩机。活塞式压缩机由电动机或发动机带动曲轴,经曲轴连杆机构将旋转运动变为活塞的往复运动。活塞下行时经进气阀吸入气体,然后进气阀关闭,活塞上行压缩气体,气体被压缩提高压力后,排气阀开启,输出增压气体。活塞式压缩机的特点是可以将气体的压力升得很高,用于工业上的压缩机最高压力可高达350MPa。在石油、化学工业的很多高压气体系统中广泛采用对称平衡活塞式压缩机。

活塞式压缩机笨重,且运行时的噪声和振动很大,在一些压力不很高的场合,已被螺杆式压缩机所取代。螺杆气体压缩机具有体积小、效率高、振动小、运转平稳、噪声低、可靠性好、易损件少以及维修费用低等特点。螺杆压缩机分为单螺杆和双螺杆两大系列,单螺杆压缩机压力低,使用较少;双螺杆压缩机是一种双轴回转式容积式压缩机,电机通过联轴器直接驱动压缩机转子,转子为两个互相啮合的螺杆,具有非对称的啮合型面,并在一个铸铁壳体内旋转,即啮合面与排气口之间的齿沟空间渐渐减小,齿沟内的气体逐渐被压缩,产生压缩气体。

2. 按排气压力分类

按所达到的最终排气压力的不同,可分为低压、中压、高压和超高压压缩机。低压压缩机排气压力小于1MPa;中压压缩机排气压力为1~10MPa;高压压缩机排气压力为10~

100MPa，而超高压压缩机排气压力大于100MPa。

3. 按排气量和轴功率分类

按排气量和轴功率的分类如表8-1所示。

表8-1　按排气量和轴功率对压缩机的分类

分　类	排气量/(m³/min)	轴功率/kW
微型压缩机	<3	<18.5
小型压缩机	3~10	18.5~55
中型压缩机	>10~100	55~500
大型压缩机	>100	>500

此外，按压缩介质和用途不同，压缩机又可分为动力用压缩机和工艺用压缩机两种，前者压缩介质为空气，主要用于驱动气动机械、工具和物料输送；后者压缩介质为所有气体，如氨气、氯气、天然气等，这些气体用于工艺流程中气体的压缩和输送。如果按对气缸内压缩室是否供油润滑，压缩机又可分为有油压缩机和无油压缩机两大类。

（二）压缩机润滑部位及润滑方法

不同结构的压缩机润滑部位和润滑方法不同，总结见表8-2。

表8-2　各种结构的压缩机润滑部位和润滑方法

压　缩　机		润滑部位	润滑方法
往复式	中小型无十字头活塞式	内部——气缸壁、活塞环、活塞	曲轴箱飞溅
		外部——曲轴箱润滑系统	
	大型十字头活塞式	内部——气缸、活塞环等	压力给油
		外部——曲轴箱润滑系统	压力、循环给油
	无油润滑活塞式	外部——曲轴箱润滑系统	压力、循环给油
	膜片式	外部——曲柄连杆，油泵	压力、循环给油
回转式	滴油滑片	气腔	滴油
	喷油内冷滑片	气腔	喷油
	干螺杆	外部——轴承、齿轮	油浸
	喷油螺杆	内部——气腔	喷油
		外部——轴承、齿轮	油浸
	液环式	气腔	油浸
	转子式	外部——轴承、齿轮	油浸
速度式	离心式和轴流式	外部——轴承、增速齿轮	油浸

从表8-2可知，活塞式压缩机的润滑系统可分为与压缩介质直接接触的内部润滑系统和与压缩介质不相接触的外部润滑系统。外部润滑系统用油不直接接触高温的压缩气体，在对运动机构的润滑和冷却后返回油池；而内部润滑系统用油直接接触压缩气体，易受气体性质、高温高压、冷凝水、金属铜粉的催化作用老化变质，形成积炭。大容量、高压压缩机和十字头压缩机，内部和外部润滑系统采用不同的压缩机油润滑；而小型无十字头式压缩机内、外润滑系统没有分开，采用同一压缩机油。

回转式压缩机中应用最广泛的是喷油内冷式压缩机，压缩机油通过油冷却器、滤油器、由主油泵压入压缩机内部，分别润滑轴承、转子、滑片（螺杆），并将油直接喷入压缩室内，以雾状与压缩气混合，吸收压缩气的压缩热，同时在转子、气缸及端面表面形成油膜起密封和润滑作用，然后一起排至储气储油箱中，大部分润滑油在这里借助机械碰撞从压缩空气中分离出来，流回油池。未被分离的少部分呈细雾状的油与压缩空气一起进入油分离器，进行油气分离。分离下来的油通过回油泵送回储气储油箱中，使润滑油得以回收和循环使用。

二、空气压缩机油

（一）空气压缩机油的性能要求

1. 基础油质量高

压缩机油的基础油分为矿物油型和合成油型两大类。高质量的矿物油是指深度精制油或加氢基础油。这样的基础油重芳烃和胶质含量低、残炭少、抗氧剂的感受性好。它在压缩机系统中生成的积炭少、油水分离性好、使用寿命长。合成油基础油抗氧化性能好、积炭低、使用温度范围宽、使用寿命长，可以满足一般矿油型压缩机油不能承受的工况要求，但价格昂贵。

2. 基础油馏分窄

矿物油基础油不要用轻、重两种组分调合，因为调合的基础油馏分较宽。当压缩机油注入压缩机气缸后，其中轻组分挥发性过大而增大油的耗量，重组分在热和氧的作用下易产生积炭。

3. 黏度适宜和黏温性能要好

在动力润滑条件下，油膜厚度随着油品的黏度提高而增加，摩擦力也随着油品黏度的增大而增加。黏度过低的润滑油不能形成足够厚的油膜而加速磨损，缩短机件的使用寿命。反之，黏度过大，因增大摩擦力而增大了功耗和油耗量，同时会在活塞环槽内、气阀、排气通道内等处形成沉积物。因此，选择合适的黏度是正确选用压缩机油的首要问题。压缩机油在工作过程中反复被加热和冷却，要求油品黏度不因温度变化而有太大变化，油品应具有良好的黏温性能。

4. 闪点适宜

闪点是油品的安全性指标，压缩机油闪点一般在200℃以上都可安全使用。若矿物油型压缩机油片面追求高闪点，则油品馏分过重，黏度亦大，沥青质、胶质含量就高，使用时易生成积炭。

5. 极好的氧化安定性、积炭低

极好的氧化安定性和积炭低是压缩机油的关键指标。往复式压缩机运转时，其气缸润滑油通常以雾状与高温金属表面接触，而排气阀和排气管表面的润滑油则以湿润状态长期与高温气体相接触；在油冷回转式压缩机中，从喷入气缸压缩腔到分离器与压缩气分离前，压缩机油基本以雾状存在，其表面积大大增加，与热的压缩气混合充分。压缩机油不仅需吸收摩擦副产生的摩擦热，还要吸收气体压缩机产生的压缩热，因而压缩机油长期处于高温下工作。压缩机油温度每升高10℃，氧化速度则增加一倍。

即使压缩含氧率低的气体，因气体高度压缩其氧分压可能比常压下空气中的还高，润滑油的氧化速度与氧分压成正比，因而压缩机运转时，润滑油比在大气中更易氧化。水份和金属都是润滑油氧化的催化剂，它们同时存在时对油品氧化的加速作用更为显著。

如果压缩机油抗氧化性差，它将在高温、高压、金属催化作用下氧化聚合、热解脱氢而形成积炭。积炭不仅造成压缩腔和排气阀的磨损，还会使排气阀失灵。积炭也会增加金属的热阻，引起局部过热，据测量，当活塞环表面的积炭厚 0.15mm 时，由活塞环排出的热量降低 40%，而活塞环内的积炭为 0.1m 时，就会使活塞环损坏。积炭除造成压缩机的机械故障外，还会引起压缩机的着火爆炸，以至危及设备、厂房和操作人员的安全。据统计，空气压缩机的着火爆炸事故中，有 40% 是由积炭引起的。

6. 抗腐、防锈性能好

空气中的水分易在间歇操作的压缩机内冷却，从而对机件产生锈蚀和磨损，要求压缩机油具有良好的抗腐、防锈蚀性能。

7. 良好的油水分离性

压缩机油在运行中不断与空气中的冷凝水相遇，并被激烈搅拌，易产生乳化现象，造成油气分离不清，油耗增大。同时油被乳化使油膜破坏而造成磨损。乳化的油会促使灰尘、沙砾和污泥分散在油中，增大压缩机油对机件的摩擦和磨损。

8. 较好的抗泡性能

回转式压缩机工作时，压缩机油高速循环使油品处于激烈搅拌状态，极易产生泡沫。压缩机在启动和泄压时，油池中的油也易产生气泡，大量的油泡沫进入油气分离器，使阻力增大、油耗增加，会造成压缩机过载、超温等异常现象。因此，回转式压缩机油一般都加有抗泡剂，以确保油品的抗泡性能。

（二）空气压缩机油的分类

我国等效采用了 ISO 6743/3A—87 标准，根据压缩机类型和负荷（指排气压力、排气温度和级压力比）以及油的组成，《润滑剂和有关产品（L 类）分类第四部分 D 组对空气压缩机油的分类》见表 8-3。

表 8-3　空气压缩机油的分类

组别符号	应用范围	特殊应用	更具体应用	品种代号 L-	典型应用	备注
D	空气压缩机	压缩腔室有油润滑的容积型空压机	往复式或滴油回转（滑片）式压缩机	DAA DAB DAC	轻负荷 中负荷 重负荷	见附录 A
			喷油回转（滑片和螺杆）式压缩机	DAG DAH DAJ	轻负荷 中负荷 重负荷	
		压缩腔室无油润滑的容积型空压机	液环式压缩机、喷水滑片和螺杆式压缩机，无油润滑往复式压缩机。无油润滑回转式压缩机	—	—	润滑油用于齿轮、轴承和运动部件
		速度型压缩机	离心式和轴流式透平压缩机	—	—	润滑油用于轴承和齿轮

空气压缩机轻、中和重负荷的界定分别见表 8-4。

表 8-4 空气压缩机负荷的界定

压缩机	负荷	用油代号 L-		操 作 条 件
往复式空气压缩机	轻	DAA	间断运转	每次运转周期之间有足够的时间进行冷却 —压缩机开停频繁 —排气量反复变化
			连续运转	a)排气压力≤1000kPa(10bar)，排气温度≤160℃，级压力比(亦称段压力比)<3∶1 或 b)排气压力>1000kPa(10bar)，排气温度≤140℃，级压力比≤3∶1
	中	DAB	间断运转 连续运转	每次运转周期之间有足够的时间进行冷却 a)排气压力≤1000kPa(10bar)，排气温度>160℃ 或 b)排气压力>1000kPa(10bar)，排气温度>140℃，但≤160℃或级压力比>3∶1
	重	DAC	间断运转或连续运转	当达到上述中负荷使用条件，而预期用中负荷油(DAB)在 压缩机排气系统剧烈形成积炭沉积物的，则应选用重负荷油(DAC)
喷油回转式空气压缩机	轻	DAG		空气和空气/油排出温度<90℃，空气排出压力 800 kPa*(<8bar)
	中	DAH		空气和空气/油排出温度<100℃，空气排出压力 800~1500kPa(8~15bar) 或空气和空气/油排出温度 100~110℃，空气排出压力<800kPa(<8bar)
	重	DAJ		空气和空气/油排出温度>100℃，空气排出压力<800kPa 或空气和空气/油排出温度≥100℃，空气排出压力 800~1500kPa(8~15bar) 或空气排出压力>1500kPa(>15bar)

注：*在操作条件缓和情况下，轻负荷(DAG)油可以用于空气排出压力大于 800kPa 的场合。

上述的六类空气压缩机油中，DAC 和 DAJ 一般采用加氢油和合成油或其混合油作基础油，而其他类型则采用精制矿油或与加氢油的混合油为基础油。合成油与矿物油相比，合成油具有良好的热氧化安定性和低温流动性、蒸发损失小、良好的润滑性和黏温性能，积炭低等特性，因此用合成油为基础油配制的压缩机主要用于重负荷工况条件。

（三）空气压缩机油产品牌号

对于往复式空气压缩机用油 DAA、DAB 两种类型和喷油回转式空气压缩机油 DAG 我国已制定了国家标准，包括 32 号、46 号、68 号、100 号和 150 号五个黏度级别的产品（表 8-5 和表 8-6）。其他产品都是企业标准。

表 8-5 往复式空气压缩机油标准(GB 12691—90)

项　目 品种			质量指标									试验方法
			L—DAA					L—DAB				
黏度等级(按 GB/T 3142)			32	46	68	100	150	32	46	68	100	150	—
运动黏度/(mm²/s)	40℃		28.8~35.2	41.6~50.6	61.2~74.8	90.0~110	135~165	28.8~35.2	41.4~50.6	61.2~74.8	90.0~110	135~165	GB/T 265
	100℃		报告					报告					
闪点(开口)/℃	不低于		175	185	195	205	215	175	185	195	205	215	GB/T 3536
倾点/℃	不高于		−9			−3		−9			−3		GB/T 3535
铜片腐蚀试验/级 (100℃,3h)	不大于		1					1					GB/T 5096
抗乳化性(40-37-3mL)/min　54℃	不大于		—					30			—		GB/T 7305
82℃	不大于							—			30		
液相锈蚀试验(蒸馏水)			—					无锈					GB/T 11143
硫酸盐灰分/%			—					报告					GB/T 2433
老化特性　a. 200℃,空气　蒸发损失/%	不大于		15					—					SH/T 0192
康氏残炭增值/%	不大于		1.5			2.0		—					
b. 200℃,空气,三氧化二铁　蒸发损失/%	不大于							20					
康氏残炭增值/%	不大于		—					2.5			30		
减压蒸馏出 80%后残留物性质													GB/T 9168
a. 残留物康氏残炭/%	不大于		—					0.3			0.6		GB/T 268
b. 新旧油 40℃运动黏度之比	不大于		—					5					GB/T 265
酸值/(mgKOH/g)　未加剂　加剂后			报告 报告					报告 报告					GB/T 4945
水溶性酸或碱			无					无					GB/T 259
水分/%	不大于		痕迹					痕迹					GB/T 260
机械杂质/%	不大于		0.01					0.01					GB/T 511

表 8-6　轻负荷喷油回转式空气压缩机油标准（GB 5904—86）

项　目		质 量 指 标						试 验 方 法
黏度等级（按 GB/T 3142）		N15	N22	N32	N46	N68	N100	—
运动黏度（40℃）/（mm²/s）		13.5~16.5	19.8~24.2	28.8~35.2	41.4~50.6	61.2~74.8	90.0~110	GB/T 265
黏度指数	不小于	90						GB/T 2541
闪点（开口）/℃	不低于	165	175	190	200	210	220	GB/T 267
倾点/℃	不高于	-9						GB/T 3535①
铜片腐蚀试验（100℃，3h）/级	不大于	1						GB/T 5096
起泡性（24℃）/mL　　泡沫倾向　　泡沫稳定性	不大于　不大于	100　　　　0						SY 2699②
破乳化性（40-37-3mL）/min　　54℃　　82℃	不大于　不大于　不大于	30					30	GB/T 7305
防锈试验（15 号钢）		无锈						SY 2674（用蒸馏水）
氧化安定性/h	不小于	1000						SY 2680③
残炭（加剂前）/%		报告						
水溶性酸或碱		无						GB/T 259
水分/%	不大于	痕迹						GB/T 260
机械杂质/%	不大于	0.01						GB/T 511

注：① 生产厂可根据双方的协议，提供倾点更低的油。
　　② 泡沫稳定性为"0"，可允许量筒周围有不连续的小泡。
　　③ 氧化安定性指标每年抽查一次，但每次出厂的产品必须保证合格。

　　从不断发生的空气压缩机着火爆炸事故的现场调查中，人们逐步认识到必须提高空气压缩机油的氧化安定性，以减少残炭，保证压缩机在高的排气温度和排气压力下安全运转。DAC、DAJ 型合成压缩机油正是为满足这一需要而发展起来的。目前，中石化生产的各种合成压缩机油不仅成功地用于回转式压缩机的润滑，并已扩大用于往复式压缩机的润滑。表 8-7 比较了不同类型合成基础油的合成空气压缩机油之间，以及与矿油型压缩机油的性能。

表8-7 合成空气压缩机油的种类及与矿油型的性能比较

基础油类型	双酯	多元醇酯	聚醚和酯	聚α-烯烃(PAO)	硅油	矿油
氧化稳定性	好	很好	好	很好	很好	中等
闪点	较高	高	高	高	很高	中等
倾点	低	低	低	低	很低	中等
黏温性	较好	好	好	好	很好	差
挥发性	较低	低	较低	低	低	高
积炭	低	低	很低	低	很低	高
润滑性	好	好	好	较好	差	好
破乳性	较好	较好	较好	好	好	较好
抗泡性	较好	较好	较好	较好	中等	较好
防锈防腐性	较好	较好	较好	好	差	较好
水解稳定性	中等	中等	较好	好	好	较好
毒性	中等	中等	中等	低	中等	中等
与材料的适应性	差	差	中等	好	好	好
与矿油型的相容性	好	好	中等	好	差	—

双酯型压缩机油因其优异的性价比，逐步取代了矿物油在压缩机上得以广泛应用；多元醇酯和聚α-烯烃型为基础油的压缩机油也具有优异的综合性能，但其价格较高，主要在进口压缩机上使用；醚酯型压缩机油也称(超级)冷却剂，导热性极好、积炭很低，在螺杆压缩机上的使用寿命最长。不同类型的压缩机油的使用寿命比较见图8-1。

三、气体压缩机油

(一)气体压缩机油的特点及分类

气体压缩机油中的"气体"是指空气和制冷剂以外的所有气体，包括各种烃类气体、惰性气体和化学活性气体等。气体压缩机油除了空气压缩机油的一般特性要求外，不同的压缩气体又有各自的特性要求。如压缩烃类气体时，要考虑烃类气体在压缩机油中的溶解性；压

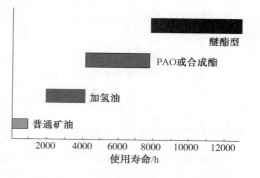

图8-1 不同基础油的合成压缩机油使用寿命

缩工艺气体时要使用挥发性低的压缩机油，以免压缩机油混入工艺气体中影响后续工艺；压缩易燃气体时要求压缩机油具有阻燃性；压缩化学活性气体时要使用对相应活性气体呈

惰性的压缩机油；用于食品工业的压缩机油则具有低毒性要求；压缩纯度特别高的气体时一般采用微量润滑或无油润滑方式。

根据压缩机类型、压缩介质和油的组成，GB/T 7631.9—2014——润滑剂和有关产品(L类)分类第四部分 D 组把气体压缩机油分为 DGA、DGB、DGC、DGD 和 DGE 共 5 个品种，如表 8-8 所示。前二个为矿油型，后三个为合成油型压缩机油。

表 8-8　气体压缩机油分类

组别符号	应用范围	特殊应用	更具体应用	产品类型和(或)性能要求	品种代号 L—	典 型 应 用	备　注
D	气体压缩机	容积型往复式和回转式压缩机，用于除冷冻循环或热泵循环或空气压缩机以外的所有气体压缩机	不与深度精制矿油起化学反应或不使矿油的黏度降低到不能使用的气体	深度精制矿油	DGA	<10^4 kPa 压力下的氮、氢、氨、氩、二氧化碳　任何压力下的氮、二氧化硫、硫化氢　<10^3 kPa 压力下的一氧化碳	某些添加剂要与氨反应
			用于 DGA 油的气体，但含有湿气或冷凝物	特定矿油	DGB		
			在矿油中有高的溶解度而降低其黏度的气体	常用合成液	DGC[①]	任何压力下的烃类　>10^4 kPa 压力下的氮、二氧化碳	某些添加剂要与氨反应
			与矿油发生化学反应的气体	常用合成液	DGD[①]	任何压力下的氯化氢、氯、氧和富氧空气　>10^3 kPa 压力下的一氧化碳	对于氧和富氧空气应禁止使用矿油，只有少数合成液是合适的
			非常干燥的惰性气或还原气(露点-40℃)	常用合成液	DGE[①]	>10^4 kPa 压力下的氮、氢、氩	这些气体使润滑困难，应特殊考虑

注：①用油者在选用 DGC、DGD 和 DGE 三种合成液时应注意，由于一个名称相同的产品可以由不同的化合物调制而成，因此当供油者没有提供油品使用说明的情况下，不同生产厂的合成液不得互相混用。

1. DGA 压缩机油

DGA 油采用深度精制矿油为基础油，如果压缩机是用于二氧化硫、硫化氢和二氧化碳等气体，这些气体遇水则变为酸性物质，则压缩机油的添加剂尽量不用碱性添加剂；如果压缩机是压缩氨气，则添加剂不应是酸性物质。

2. DGB 压缩机油

DGB 也是采用深度精制的矿油为基础油，本产品适用于如输送焦炉煤气的压缩机。由于煤气中常含有湿气和冷凝物，因此一般需加入动物油脂，以防湿气和冷凝物冲洗润滑膜。

3. DGC 压缩机油

烃类气体能与矿油互溶，从而降低油品黏度，需要选择较高黏度牌号的矿油作基础油，最好是选择聚醚作基础油，因为聚醚因具有黏温性好和抗烃类气体稀释的特性。对于压缩>10^4MPa 的氨气，用 PAO 作基础油的性能更优。

4. DGD 压缩机油

这类气体与润滑油发生相互作用，应慎重考虑。氯气与氯化物在一定的条件下可与矿油烃类起反应，不能使用矿物油作基础油，这类气体常用无油润滑的压缩机。硫化氢压缩机的润滑系统及气缸要保持干燥，如有水分存在，则此时气体腐蚀性很强，建议使用防锈抗氧型汽轮机油。氧气压缩机通常用氟硅油、甲基硅油型压缩机油进行微量润滑或采用无润滑的压缩机。

5. DGE 压缩机油

这类气体经压缩后要求气体中绝对无水不含油，应采用膜式压缩机压缩，如果采用有油润滑的压缩机，这类压缩机油要求蒸发性低、吸水性小，且具有较好的润滑性能。

气体压缩机油与空气压缩机油相比，市场规模较小，相应油品没有行成国家或行业标准，国内少数润滑油公司生产此类压缩机油，但采用各自的企业标准。虽然气体压缩机油分为上述五大类，但气体压缩机油产品一般按照被压缩的气体进行命名，如乙烯压缩机油、二氧化碳压缩机油、天然气压缩机油等。表 8-9 列出常用压缩气体采用的压缩机油类型。

表 8-9 不同压缩介质选用润滑油对照表

压缩介质	对润滑油的要求	选用润滑油
乙烯	高压合成聚乙烯时，为避免压缩机油进入影响性能，不宜使用矿油型压缩机油	聚醚型、聚异丁烯/或白油混合型、聚 α-烯烃型压缩机油
天然气	干气对矿油型压缩机油的稀释作用大；湿气在压缩过程中产生凝析油，而冲洗破坏润滑油膜	聚醚型压缩机油
氨气	在微量水下与压缩机油中的酸性添加剂反应，破坏润滑油的性能	抗氨型压缩机油、抗氨型汽轮机油
氧气	与矿油接触时，矿油因剧烈氧化而爆炸	含氟润滑油或采用无油润滑压缩机
硫化氢、二氧化碳、一氧化碳	空气应干燥，有水时溶解这些气体产生腐蚀性酸	防锈性较好的压缩机油或防锈抗氧型汽轮机油
氢、氮、惰性气体	这些气体纯度要求高时，不应被压缩机油污染	高温蒸发损失低的空气压缩机油
石油气和化学气体	对矿油的稀释性很大	聚醚型压缩机油

第二节 冷冻机油

一、冷冻机工作原理

冷冻机是利用液态制冷剂汽化时吸收周围介质热量的特性使温度降低，然后通过制冷压缩机压缩，形成高压的气态制冷剂，再经冷却又变成液态制冷剂。如此循环往复，达到维持低温的目的。常用的制冷剂有氟里昂、氨、二氧化碳、环境友好的氟碳型等。在冷冻系统中使用的压缩机主要是活塞式、离心式和螺杆式三类，活塞式冷冻机适用于中、小型制冷；离心式冷冻机制冷量大；而螺杆式主要用于家用空调。冷冻机油主要是用来润滑、密封和冷却冷冻系统中的压缩机，当压缩机是活塞式和螺杆式时，冷冻机油要与制冷剂相接触，制冷剂与冷冻机油在冷冻系统中的循环如图8-2所示。

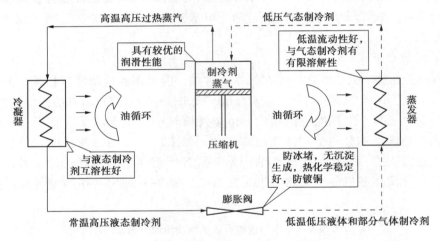

图8-2 制冷剂和冷冻机油循环示意图

低压气态制冷剂在经压缩机压缩后，成为高温高压的过热蒸气，经冷凝器冷凝后，成为常温高压液态制冷剂，再经膨胀阀后制冷剂变为低温低压液态和部分气体制冷剂，低温低压的液态制冷剂在蒸发器中蒸发，吸收周围介质的热量，达到降温目的。

活塞式和螺杆式冷冻机油在压缩制冷剂蒸气时，部分冷冻机油与制冷剂接触，从压缩机出口排出后，通过分离装置，绝大部分冷冻机油分离出来再循环供给压缩机，但也有少量冷冻机油随制冷剂进入冷却循环系统。如果这些冷冻机油附着在冷却器和系统的管壁上，则会降低传热效率，影响制冷效果。为此对冷冻机油提出了特定的性能要求。

二、冷冻机油性能要求

（一）适宜的黏度

适宜的黏度确保冷冻机油的润滑、密封和传热功能，为了节能，家用冰箱冷冻机用油趋向于低黏度化，而空调仍用较高黏度冷冻机油。

（二）良好的低温性能

当少量的冷冻机油随制冷剂蒸气进入冷冻系统后，如果低温性能不好就会在蒸发器盘管的低温部位上滞留和凝固，影响降温效果；严重时冷冻机油甚至会凝固而堵塞管道，冷冻机油也不能返回压缩机。

（三）与制冷剂的相容性好

从压缩机出口排出气体后，制冷剂在冷冻机油中应具有有限的溶解性，防止制冷剂气体溶解到冷冻机油中大幅降低黏度；同时要求液态制冷剂与冷冻机油的互溶性好，以增进油在系统中的均匀流动性，以确保冷冻机油能返回到压缩机。在大多数情况下，合成冷冻机油既能满足低溶解性要求，同时又能保持好的互溶性。

（四）较佳的热化学稳定性

冷冻机油与制冷剂共存时的热化学安定性决定了它的使用寿命。在高温和金属的催化下，冷冻机油可与制冷剂（氟里昂、氯化甲烷）发生化学反应，生成腐蚀性酸和油泥等产物。这些腐蚀性产物可堵塞冷冻系统、影响制冷效率、腐蚀金属、破坏绝缘材料致使电机烧坏等。特别是对于含氯制冷剂，分解产生的氯原子与油中的氢反应生成腐蚀性气体 HCl、HF 等，腐蚀焊点，并造成镀铜现象。

（五）热稳定性好

在压缩机阀片的排气口附近，温度有时高达 160℃。热稳定性差的冷冻机油在此处发生分解，产生积炭及其他分解物，从而阻碍阀片运动。合成油型冷冻机油热稳定性优于石蜡基，石蜡基优于环烷基油。

（六）含水量低

冷冻机油中的水将在节流装置冷凝造成冰堵，使油品的绝缘强度降低；对于合成酯型冷冻机油，少量水存在条件下，合成酯发生水解反应，生成的酸腐蚀焊点，并造成镀铜现象。因此，冷冻机油中的水含量一般要求低于 $50\mu g/g$。

除上述性能要求外，润滑性、抗泡性、与金属和非金属材料的相容等性能要求与压缩机油一样。

三、冷冻机油的分类

冷冻机油是用于压缩式制冷机的专用油。根据制冷剂的种类、与冷冻机油的互溶性，国际标准化组织（ISO）的 ISO 6743-3.2 规范把冷冻机油分为 DRA、DRB、DRC、DRD、DRE、DRF、DRG 七个类别，见表 8-10。

如表 8-10 所示，不同的制冷剂需采用相适应的冷冻机油。过去氯氟烃制冷剂（又名氟里昂）是广泛使用的制冷剂，深度精制的环烷基矿物油是与之相适应的冷冻机油首选基础油；此后由于环烷基矿物油资源紧张，发展了精制的石蜡基矿物油作为冷冻机油的基础油。随着冷冻机小型轻量化、节电化、高性能化和超低温化，烷基苯和聚 α-烯烃基的冷冻机油得以发展和应用。随着氯氟烃制冷剂中的氯对大气臭氧层破坏的确认，1987 年国际上签定《关于消耗层物质的蒙特利尔议定书》。1989 年开始禁用氯氟烃制冷剂；1995 年全面废除含氯量相对高的 CFC 11（R11）和 CFC 12（R12）；2004 年含氯量相对低的 HCFC 22（R22）用量

表 8-10　冷冻机油的分类

符号	总应用	制冷剂	润滑油分组	专用冷冻机油类型	ISO-L 符号	典型应用	备注
D	制冷压缩机	氨	不互溶	深度精制矿油(环烷基和石蜡基) 烷基苯、聚 α-烯烃	DRA	商用和工业制冷系统	用于带有溢流式蒸发器的开式或半封闭式压缩机
			互溶	聚醚	DRB	商用和工业制冷系统	用于直接膨胀蒸发器、泵自送于开式压缩机
		氢氟烃(HFC)	不互溶	深度精制矿油(环烷基和石蜡基) 烷基苯、聚 α-烯烃	DRC	家用制冷住宅和工业用空调热泵,公交车空调系统	类似于小型闭合四路系统
			互溶	多元醇酯 聚乙烯醚、聚醚	DRD	移动式空调,家用制冷、住宅、工业用空调及热泵、商用制冷系统包括运输车辆制冷	
		氯氟烃(CFC) 氯氟氢烃(HCFC)	互溶	深度精制矿油(环烷基和石蜡基) 烷基苯 多元醇酯、聚乙烯醚	DRE	可移动式空调,家用制冷、住宅、工业用空调及热泵、工业制冷系统包括运输车辆制冷	制冷剂中有氯有利于润滑性
		二氧化碳(CO_2)	互溶	深度精制矿油(环烷基和石蜡基) 烷基苯 聚醚 多元醇酯、聚乙烯醚	DRF	可移动式空调,家用制冷、住宅和工业用空调及热泵、	聚醚用于开式汽车压缩机
		烃(HC)	互溶	深度精制矿油(环烷基和石蜡基) 聚醚、烷基苯 聚 α-烯烃 多元醇酯、聚乙烯醚	DRG	工业制冷系统、家用冰箱、住宅和工业空调及热泵	典型的工厂用低负荷单元

减少 35%，但 2020 年必须全面废止 HCF 22，使用环保型制冷剂。新型的无氯环保型制冷剂与矿油、烷基苯型等冷冻机油不相容，相容性好的聚醚和合成酯已得到较为广泛应用。聚醚为基础油的冷冻机油主要用于汽车空调和中央空调机组，而合成酯型冷冻机油主要用于冰箱和家用空调。表 8-11 比较了不同类型的冷冻机油性能。

表 8-11　合成冷冻机油的性能

性能	合成烃		聚醚		合成酯		矿油
	PAO	烷基苯	聚二醇	聚二醇酯	多元醇酯	硅酯	
化学稳定性	优秀	很好	好	好②	好②	好④	一般
热稳定性	很好	很好	好①	好	很好③	好	一般
互溶性（与环保型极性制冷剂）	差	很好	优秀	很好	优秀	优秀	差
挥发性	优秀	好	好	很好	优秀	很好	一般
低温特性	很好	好	好	很好	很好	很好	一般
黏温特性	很好	一般	优秀	好	很好	很好	差
吸水性	弱	弱	强	一般	一般	一般	弱
与矿物油相容性	优秀	优秀	差	很好	好	差	—

注：① 在 260℃分解，需加添加剂；
　　② 需加添加剂，同氨反应（R717）；
　　③ 在 200℃以下需加添加剂；
　　④ 水解形成凝胶和固体。

（一）聚 α-烯烃（PAO）

PAO 与 R12 有很好的互溶性，在同样的螺杆式压缩机冷冻系统中，PAO 与环烷烃冷冻机油比较，其绝热效率是后者的 3~10 倍，这是因为 PAO 在和制冷剂共存和较高温度下仍保持一定的黏度。在用 R12 和 R114 的热泵中，其优良的热化学安定性使系统中的积炭大大减少。PAO 无蜡，低温流动性好，适用于制冷温度更低的冷冻系统。正是由于 PAO 极好的低温性能，美国将其用于溶解性较差的制冷剂 R13 和 R503 系统中，并在极低温（-118℃）的乙烯冷冻系统中得到了应用。PAO 与半合成加氢异构石蜡基矿油在氨致冷系统中也具有明显的优势：与氨的热化学安定性好、能减少油泥与漆膜的生成，延长换油期、较低的挥发性使油耗减少，增加传热。PAO 与 R22 的互溶性差，所以限制用于 R22 的少油系统中，只在采用干膨胀式蒸发器（与 R13 应用相似）或在装有除油装置的满液式蒸发器系统中使用。

（二）烷基苯

与其他合成油相比，烷基苯与 R22 和 R502 有良好的互溶性和化学稳定性，与高氟化的

CFC 和 HCFC 制冷剂（R13 和 R503）的互溶性也较好，同时可应用于对环境较为安全的 HCFC（R124 和 HCFC 与 HFC 的混合物）制冷剂。烷基苯的成本较低，使其在中等极性的制冷剂中应用广泛。商品化的烷基苯黏度较低，这限制了烷基苯的应用范围。

（三）聚醚

聚醚有优良的黏温性能，与 R12 的溶解性较低，绝热效率与 PAO 相似，一直在 R12 制冷剂的旋转螺杆压缩机热泵中得以应用。聚醚也用于 R22 制冷剂，当聚醚的浓度超过 50%，温度低于−73℃时与 R22 仍完全互溶。聚醚与极性制冷剂有优良的互溶性，与环保型 HFC134a 以及 HFC 与 HCFC 的混合物互溶，这使其在用 HFC134a 制冷剂的汽车空调（无电气绝缘材料）和旋转螺杆压缩机中得以应用。聚醚也用于烃类制冷剂的冷冻系统，烃类气体在聚醚中的溶解度较低，所以不被烃类稀释而具有更高的体积效率，用特定的聚醚能够使丙烷压缩机的体积效率提高 18%。聚醚的密度较高，很容易从蒸发器底部排出。聚醚容易吸水，与矿油相容性差，需加入抗氧剂增强热、化学稳定性。聚醚的吸水性和与材料相容性等问题限制了它在小型密闭压缩机中的应用，但对聚醚进行改性可克服这些缺陷。

（四）合成酯

高黏度复酯（ISO VG 100~320）与 R22 的溶解性适中，稀释作用小，同时在低于−68℃的条件下保持了好的互溶性，用于 R22 制冷剂的双螺杆压缩机中有助于提高绝热与体积效率。1968 年新戊基多元醇酯已用于蒸发器温度为−80℃的 R22 系统。近十年来，新戊基多元醇酯与环保型极性制冷剂 HFC134a 互溶、吸水性较低、绝缘强度高、与材料相容、热和化学安定性好等特点，使其成为用 HFC134a 作制冷剂的冰箱压缩机的主要冷冻机油，同时也用于一部分用 HFC134a 作制冷剂的汽车空调。合成酯有水解稳定性差的问题，需添加特定的添加剂提高稳定性。硅酯与高氟代 CFC 制冷剂（R13）的互溶性好，一直在极低温的致冷系统中得到应用。

四、我国冷冻机油产品牌号

我国用于氨、HFC（氢氟烃）、CFC（氯氟烃）、HCFC（氯氟氢烃）和 HC（烃）类制冷剂的冷冻机油已有国家标准，见表 8-12。

由于含氯制冷剂破坏臭氧层，促进了温室效应，环保型制冷剂氢氟碳 HFC（如 R134a，R407C）将逐步代替氟氯碳制冷剂，但该制冷剂与传统使用的矿油型或合成烃型冷冻机油不相容，要求使用特殊结构的多元醇酯或聚醚为基础油的冷冻机油，且油品的黏度级别低黏度化以达到节能目的。

表8-12 我国冷冻机油标准（GB 16630—2012）

项目	L-DRA						L-DRB						L-DRD												试验方法
黏度等级(GB/T 3141)	15	22	32	46	68	100	22	32	46	68	100	150	7	10	15	22	32	46	68	100	150	220	320	460	—
40℃运动黏度(mm²/s)	13.5~16.5	19.8~24.2	28.8~35.2	41.4~50.6	61.2~74.8	90~110	19.8~24.2	28.8~35.2	41.4~50.6	61.2~74.8	90~110	135~165	6.12~7.48	9.0~11.0	13.5~16.5	19.8~24.2	28.8~35.2	41.4~50.6	61.2~.8	90~110	135~165	198~242	288~352	414~506	GB/T 265
外观	清澈透明						清澈透明						清澈透明												目测①
倾点/℃ 不高于	-39	-36	-33	-33	-27	-21	②						-39	-39	-39	-39	-39	-39	-36	-33	-30	-21	-21	-21	GB/T 3535
闪点/℃ 不低于	150	150	150	160	170	170	200						130	130	150	150	180	180	180	180	210	210	210	210	GB/T 3536
密度(20℃)/(kg/m³)	报告						报告						报告												GB/T 1884③ GB/T 1885
酸值/(mgKOH/g) 不大于							②						0.10④												GB/T 4945⑤
灰分/% 不大于	0.005④												—												GB/T 508
水分/(mg/kg³) 不大于	30⑥						350⑦						100⑧ 300⑨												ASTM D6304⑩
颜色 号不大于	1	1	1.5	2.0	2.5	2.5	②						②												GB/T6540
机械杂质/% 不大于	无						无						无												GB/T 511
泡沫倾向性/泡沫稳定性(24℃)/(mL/mL)	报告						报告						报告												GB/T 12579
T₂铜片腐蚀/级 100℃, 3h 不大于	1						1						1												GB/T 5096
击穿电压/kV 不小于	⑪						—						25												GB/T 507

续表

项目 品种	L-DRA						L-DRB						L-DRD												试验方法
粘度等级（GB/T 3141）	15	22	32	46	68	100	22	32	46	68	100	150	7	10	15	22	32	46	68	100	150	220	320	460	
化学稳定性（175℃，14d）	—						—						无沉淀												SH/T 0698
残炭/%　不大于	0.05④						—						—												GB/T 268
氧化安定性（140℃，14h）							②						—												SH/T 0196
氧化油酸值（mgKOH/g　不大于）	0.2																								
氧化油沉淀/%　不大于	0.02																								
极压性能（法莱克斯法）失效负荷/N	报告						报告						报告												SH/T 0187
压缩机台合架试验⑪	通过						通过						通过												供需双方商定

注：① 将试样注入100mL玻璃量筒中，在20℃±3℃下观察，应透明，无不溶水及机械杂质。
② 指标由供需双方商定。
③ 试验方法也包括 SH/T 0604。
④ 不适用于含添加剂的冷冻机油。
⑤ 试验方法也包括 GB/T 7304 中的油。有争议时，以 GB/T 4945 为仲裁方法。
⑥ 仅适用于交货时密封容器中的油。装于其他容器时的水含量由供需双方另订协议。
⑦ 仅适用于交货时密封容器中的聚（亚烷基）二醇基油。装于其他容器时的水含量由供需双方另订协议。
⑧ 仅适用于交货时密封容器中的酯类油。装于其他容器时的水含量由供需双方另订协议。
⑨ 试验方法也包括 GB/T 11133 和 NB/SH/T 0207。有争议时，以 ASTM D6304 为仲裁方法。
⑩ 该项目是否检测由供需双方商定，如果需要应小于 25kV。
⑪ 压缩机台架检测试验（包括寿命试验，结焦试验和与各种材料的相容性试验等）为本产品定型时和用油者首次选用本产品必须做的项目。当生产冷冻机油的原料油的原料和配方有变动时，或冷冻机油生产厂生产时应重复做台架试验。如果供油者提供的产品，其红外线谱图与通过压缩机台架试验的油样谱图相一致，又符合本标准所规定的理化指标，或供需双方另订的协议指标时，可以不再进行压缩机台架试验。红外谱图可以采用 ASTM E1421：1999（2009）方法测定。

第三节　真空泵油

与压缩机是将气体压缩成高压不同，真空泵是将工作容器内的气体抽出，以获得所需的真空。真空泵按工作原理的不同分为机械真空泵和扩散泵两种类型，机械泵是用机械的办法抽出工作容器内的气体，有往复式、滴油回转式、喷油回转式等多种形式，真空泵油在泵体内起着润滑、密封和冷却作用；扩散泵的工作原理与机械泵不同，其工作液(也即扩散泵油)产生定向运动的蒸气流，该蒸气流将被抽容器中的气体带向泵出口，再被前置真空泵抽出，工作液的蒸气流被冷凝为液体，流回蒸发器汽化产生蒸气流，如此循环往复达到高真空的目的。

一、机械真空泵油

机械真空泵油为达到润滑、密封和冷却机械真空泵的效果，应具有适宜的黏度、尽可能低的饱和蒸气压、优良的热和氧化安定性，以及良好的水分离和抗泡性能。GB/T 7631.9-97润滑剂和有关产品(L类)分类第四部分：D组根据被抽气体的性质和真空度的大小把真空泵油分为 DVA、DVB、DVC、DVD、DVE 和 DVF 六类，见表 8-13。

表 8-13　真空泵油的分类

组别符号	应用范围	特殊应用	更具体应用	产品类型和(或)性能要求	品种代号 L—	典型应用	备注
D	真空泵	压缩室有油润滑的容积型真空泵	往复式、滴油回转、喷油回转式(滑片和螺杆)真空泵		DVA	低真空，用于无腐蚀性气体	低真空为 $10^2 \sim 10^{-1}$ kPa
					DVB	低真空，用于有腐蚀性气体	
			油封式(回转滑片和回转柱塞)真空泵		DVC	中真空，用于无腐蚀性气体	中真空为 $<10^{-1} \sim 10^{-4}$ kPa
					DVD	中真空，用于有腐蚀性气体	
					DVE	高真空，用于无腐蚀性气体	高真空为 $<10^{-4} \sim 10^{-8}$ kPa
					DVF	高真空，用于有腐蚀性气体	

20 世纪 60 年代，我国研制并生产了 1 号真空泵油，用于无腐蚀性气体的场合，该油的饱和蒸气压符合 DVE 油的最低真空性能要求。但随着成套真空设备的引进，1 号真空泵油已不能满足要求。1992 年发布了 SH 0528—92 矿油型真空泵油规格(表 8-14)。该规格将矿油型真空泵油分为优质品、一极品和合格品三个质量等级，每个质量等级又包括 46 号、68 号和 100 号三个黏度级别。

表 8-14　矿油型真空泵油（SH 0528—92）

项　目		质量指标						试验方法
		优质品			一极品		合格品	
黏度等级		46	68	100	46	68	100	100	GB/T 3141
运动黏度(40℃)/(mm²/s)		41.4~50.6	61.2~74.8	90~110	41.4~50.6	61.2~74.8	90~110	90~110	GB/T 265
黏度指数　不小于		90	90	90	90	90	90	—	GB/T 2541
密度(20℃)/(kg/m³)　不大于		880	882	884	880	882	884	—	GB/T 1884
倾点/℃　不高于		-9	-9	-9	-9	-9	-9	-9	GB/T 3535
闪点(开口)/℃　不低于		215	225	240	215	225	240	206	GB/T 3536
中和值/(mgKOH/g)　不大于		0.1	0.1	0.1	0.1	0.1	0.1	0.2	GB/T 4945
色度/号　不大于		0.5	1.0	2.0	1.0	1.5	2.5	—	GB/T 6540
残炭/%　不大于		0.02	0.03	0.05	0.05	0.05	0.10	0.20	GB/T 268
抗乳化性(40-37-3mL)/min　54℃　不大于　82℃　不大于		10　—	15　—	—　20	30　—	30　—	—　30	报告	GB/T 7305
腐蚀试验(铜片，100℃，3h)/级　不大于		1	1	1	1	1	1	—	GB/T 5096
泡沫性(泡沫倾向/泡沫稳定性/(mL/mL)　24℃　不大于　93.5℃　不大于　后24℃　不大于		100/0　75/0　100/0	100/0　75/0　100/0	100/0　75/0　100/0	—	—	—	—	GB/T 12579
氧化安定性　a. 酸值到2.0mgKOH/g时间①/h　不小于　b. 旋转氧弹(150℃)/min		1000　报告	1000　报告	1000　报告	—	—	—	—	GB/T 12581　SH/T 0193
水溶性酸及碱		无	无	无	无	无	无	无	GB/T 259
水分/%		无	无	无	无	无	无	无	GB/T 260
机械杂质/%		无	无	无	无	无	无	无	GB/T 511
灰分/%　不大于		—	—	—	—	—	—	0.005	GB/T 508
饱和蒸气压/kPa　20℃　不大于　60℃　不大于		—　$6.7×10^{-6}$	—　$6.7×10^{-7}$	—　$6.7×10^{-7}$	—　$1.3×10^{-5}$	—　$1.3×10^{-6}$	—　$6.7×10^{-7}$	$5.3×10^{-5}$　报告	SH/T 0293
极限压力/kPa　分压　不大于　全压		$2.7×10^{-5}$　报告	$2.7×10^{-5}$　报告	$2.7×10^{-5}$　报告	$6.7×10^{-5}$　报告	$6.7×10^{-5}$　报告	$6.7×10^{-5}$　报告	—	GB/T 6306②

注：①为保证项目；
　　②必须用双级优级真空泵油作为试验用泵。

矿油型真空泵油要达到优质品的质量要求，石蜡基矿油必须要通过白土精制、分子蒸馏、分子薄膜脱气等生产工艺处理，加入的抗氧剂、抗腐蚀剂、防锈剂等添加剂的饱和蒸气压也要尽量低。

二、扩散泵油

扩散泵用于高真空系统，如真空蒸馏、真空冶炼、真空熔炉等，因此扩散泵油的饱和蒸气压比机械真空泵油要低得多。如果采用矿油作基础油，矿油的馏分要很窄，且也要进行白土精制、分子蒸馏、分子薄膜脱气等生产工艺处理，表8-15示出矿油型扩散泵油的性能要求。工业上也常用合成油作为扩散泵油的基础油，如卤代烃类、合成酯、硅油、聚苯醚、全氟聚醚等。这些合成油纯度高、饱和蒸气压低、具有良好的热和氧化稳定性。正是由于扩散泵油的基础油类型很多，所以各种扩散泵油之间互换使用时需慎重。

表8-15 矿油型扩散泵油质量指标

项 目		质量指标			试验方法
		46	68	100	
运动黏度(40℃)/(mm²/s)		41.4~50.6	61.2~75.8	90~100	GB/T 265
平均分子量	不小于	380	420	450	SH/T 0220
色度/号	不大于	0.5	1.0	2.0	附录B
倾点/℃	不高于	−9	−9	−9	GB/T 6540
闪点(开口)/℃	不低于	220	230	250	GB/T 3535
水分/%		无	无	无	GB/T 260
机械杂质/%		无	无	无	GB/T 511
中和值/(mgKOH/g)	不大于	0.01	0.01	0.01	GB/T 4945
灰分/%	不大于	0.005	0.005	0.005	GB/T 508
残炭/%	不大于	0.02	0.02	0.05	GB/T 268
腐蚀试验(铜片，100℃，3h)/级	不大于	1	1	1	GB/T 5096
饱和蒸气压(20℃)/kPa	不大于	5.0×10^{-9}	1.0×10^{-9}	5.0×10^{-10}	SH/T 0293
极限压力(全压)/kPa	不大于	7.0×10^{-8}	5.0×10^{-8}	3.0×10^{-8}	SH/T 0294
热安定性(150℃，24 h)		报告	报告	报告	附录A

第九章 汽轮机油

　　汽轮机是一种把热能转化为机械能的动力机械，主要用作带动发电动的原动机，同时还用于大型化肥和石油化工行业直接驱动各种泵、风机、压缩机，以及用来驱动大型舰船的螺旋桨等。汽轮机油俗称透平油，在汽轮机设备中起润滑、调速、散热和冷却作用。

第一节　汽轮机的润滑系统及对汽轮机油的性能要求

一、汽轮机的润滑系统

　　汽轮机的使用场合不同，它们的润滑系统存在差异。图9-1是常见的发电汽轮机组润滑系统示意图。

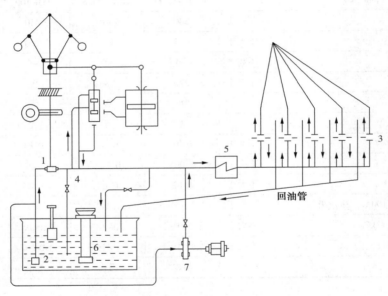

图 9-1　汽轮机润滑系统示意图

1—主油泵；2—滤清器；3—汽轮发电机组各轴承；4—减压阀；5 油冷却器；6—启动油泵；7—电动油泵；

　　储油箱内的油由主油泵抽出，一部分油进入汽轮机调速系统，另一部分油经减压阀后进入冷却器，经冷却后的油再进入各个轴承中起润滑作用，然后轴承溢出油返回油箱。启动油泵在汽轮机启动或停机时开启，确保足够的油压以保证轴承的润滑。当锅炉设备发生故障不能供气，在停机时可应急启用电动泵送油，以减少轴承磨损。

　　一些大型火电机组控制系统采用了电液伺服阀、电液比例阀、电液转换器等非常精密的电液转换元件，配合间隙小于 $10\mu m$。其控制精度和可靠性要求较高，为防止调速系统失控，采取了发电汽轮机组的润滑系统和调速系统分开的措施。

船舰用的汽轮机通过齿轮减速器和推进器相连，此时汽轮机各轴承和齿轮减速器共用一个润滑系统。需要润滑的部件不仅是汽轮机的支持轴承、主轴承、推力轴承，还包括减速器齿轮的润滑。当汽轮机油润滑轴承时，油膜承受的压力为几个兆帕，而齿轮的负荷一般为几百兆帕。因此，它们对润滑油黏度的要求是不同的，但在同一设备上用两种润滑油会给使用和维护工作造成困难。因而采用冷却的办法，使进入齿轮的润滑油温度降低，增大其工作黏度，以保证齿轮的润滑。

在石化行业，当汽轮机与压缩机通过齿轮联轴器直接连结形成一个由多个气缸组成的多缸串联机组时，汽轮机和压缩机共用一个润滑系统。对于压缩氨气的汽轮机，需使用抗氨汽轮机油。

二、汽轮机油的性能要求

（一）优良的抗氧化安定性

汽轮机油循环速度较快，且每个机组用量较大，更换很不方便，要求长的使用寿命（一般要求 5~15 年，国外甚至 20 年以上，每年补充消耗的油量为循环量的 5%~10%）。汽轮机油在一定的温度（60℃左右）下长期与空气、水分和金属直接接触。如果油品的抗氧化性能不佳，汽轮机油长期使用会氧化生成酸性物质或其他氧化物，这些物质可溶于油中或沉淀析出。因此汽轮机油应有优良的抗氧化性能，即在长期运转中生成的沉淀要少，酸值增加不显著。特别是燃气轮机，其前后轴承温度达 120℃，对油品的高温氧化稳定性要求比蒸气轮机（前后轴承温度为 70℃左右）更苛刻。采用 ASTM D943 方法评价汽轮机油的氧化寿命，在添加剂相同的情况下，以溶剂精制油为基础油的产品寿命为 1500~3500h，而以加氢油为基础油的产品寿命可达 6500h，如果采用适宜的抗氧剂，采用加氢油为基础油的配方氧化寿命可达 10000h。为减少汽轮机油氧化时产生的油泥量，酚型抗氧剂已向耐高温性更好的胺型抗氧剂转变，烷基化胺型抗氧剂具有较优的油泥溶解性能而备受青睐。汽轮机油专用的氧化安定性评定方法为 ASTM D 943—81《汽轮机油氧化安定性测定法》，我国参照该标准制定了 GB/T 12581 方法。另外，我国参照国际标准 IP 280/80《含抗氧剂的汽轮机油氧化安定性测定法》制定了 SH/T 0124—92 方法。

（二）良好的抗乳化性能

润滑系统中的冷却器有可能发生渗漏，使水分进入润滑油。此外，蒸汽轮机是以蒸汽作为工作介质，如果轴承的密封不严，蒸汽会进入汽轮机轴承中。蒸汽冷凝成水后，也会进入润滑油。由此可见，汽轮机的工作特点是易与水接触。渗入到油系统中的水和油混合而形成乳化液，降低了润滑油的润滑和防锈功效，并使润滑油的循环和过滤效率下降，从而影响机组的正常运行，因而要求汽轮机油要有良好的抗乳化性能。即使油品中混入水，也能尽快将水从油中分离出来，将水排出。汽轮机油的抗乳化性能与油品的精制深度有关。基础油精制深度越高，胶质、沥青、环烷酸和多环芳香烃含量越少，油品抗乳化性能越好。

（三）适宜的黏度和良好的黏温性

汽轮机油既要满足高速轴承的润滑和冷却要求，又要满足负荷较大的减速齿轮的润滑和冷却要求。其 40℃ 运动黏度为 32~100mm²/s，低黏度范围（32~46mm²/s）油用于直接耦合的汽轮机，如汽轮发电机组。高黏度范围（68～100mm²/s）油用于有齿轮减速器的汽轮机组。此外，汽轮机油还要有良好的黏温性，即在温度变化时，黏度改变不大，以确保气轮机组的轴承在不同温度下均能得到良好的润滑。

（四）较佳的防锈性能

由于蒸汽和冷凝水渗入油系统，不仅致使油品乳化，而且使油系统产生锈蚀，严重时引起调速系统失灵、机械震动、磨损严重等不良后果。汽轮机工作时，完全杜绝水分进入润滑油是很困难的，所以油品应有较佳的防锈性能。

（五）抗泡性和空气释放性好

汽轮机组系统不是密闭式的，会有空气进入，汽轮机油在循环时空气被卷入而产生气泡。如果油品的抗泡性和空气释放性差，会影响系统中油压的稳定，并破坏油膜，使机组发生震动和磨损；同时油中溶解的空气，在运行温度、压力和金属催化剂的作用下加速油品老化，缩短油品的使用寿命。另外，空气滞留在油中，增加了油的可压缩性，影响调节系统的精确控制，对机组的安全极为不利。不同的汽轮机对油品的性能侧重点要求不同，表 9-1 比较了不同类型的汽轮机对油品的主要性能要求。

表 9-1　不同汽轮机对油品的性能要求

性 能 要 求	蒸 汽 轮 机	燃 气 轮 机	联合循环机组
长寿命	高	一般	高
高温操作	一般	高	高
破乳性	高	一般	高
防锈性	高	一般	高
抗泡性	一般	一般	一般
低挥发性	一般	高	高
低油泥	高	更高	更高
抗磨性	由 OEM 自行确定		

目前不同类型的汽轮机的市场份额如图 9-2 所示，它们对汽轮机油的性能要求侧重点也各不相同。

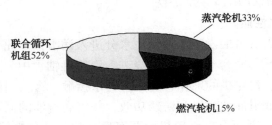

图 9-2　不同汽轮机的市场份额

蒸汽轮机与水蒸汽接触机率高，对油品的破乳性、防锈性要求更苛刻；燃气轮机工作温度高，对油品的低油泥和低挥发性要求更严格，联合循环机组所用汽轮机油需兼顾蒸汽轮机油和燃气轮机油的性能要求。

第二节　汽轮机油的分类和产品牌号

一、汽轮机油的分类

国际标准化组织 ISO 于 1992 年公布了 ISO6743/5《润滑剂、工业润滑油和有关产品(L类)—第 5 部分(T组)汽轮机》标准。我国在 GB 7631.10—92 中等效采用了这一分类标准，具体分类如表 9-2 所示。

从上表可知汽轮机按特殊用途分为 5 大类：蒸汽、直接或齿轮连接到负荷；燃气、直接或齿轮连接到负荷；控制系统(调速系统)；航空汽轮机和液压传动装置。对于蒸汽或燃汽轮机类，按其用途，润滑剂的组成和性能又进行了细分，蒸汽轮机油有 TSA、TSC、TSD、TSE 共 4 种牌号，燃气汽轮机有 5 种牌号，即 TGA、TGB、TGC、TGD 和 TGE 共计五种牌号。TSA、TSE 和 TGA、TGB、TGE 均为矿物油型润滑剂，其中 TSA 和 TGA 具有较好的抗氧化和防锈性能；TGB 对氧化安定性要求更高；TSE 和 TGE 均要求改善齿轮承载能力。TSC 和 TGC 为具有较优氧化安定性和低温性的合成液，TSD 和 TGD 是磷酸酯型润滑剂。TA 为航空涡轮发动机油，TB 类产品尚未建立。

除上述分类外，ISO 提出的汽轮机油征求意见稿中，增加了 THCH 和 THCE 两项环境可接受的水力汽轮机油规格，THCH 是 PAO 型汽轮机油，THCE 是合成酯类汽轮机油。

二、汽轮机油的产品牌号

目前汽轮机油的产品主要有抗氧防锈汽轮机油、抗氨汽轮机油、汽轮机控制液和航空涡轮机润滑油。航空涡轮机润滑油在前述章节中已有介绍。

(一) 防锈汽轮机油

防锈汽轮机油即分类中 L-TSA 汽轮机油，产品的抗乳化性能好，能与进入润滑系统中的冷凝水迅速分离，且具有较优的防锈性能。

我国 1989 年颁布了 L-TSA 汽轮机油国家标准 GB 11120，2011 年进行了校订。该标准规定了 L-TSA/L-TSE、L-TGA/L-TGE 和 L-TGSA/L-TGSE 型汽轮机油技术要求，分别见表 9-3、表 9-4 和表 9-5。L-TSA 为含有适当的抗氧剂和腐蚀抑制剂的精制矿物油型汽轮机油；L-TSE 是为润滑齿轮系统而较 L-TSA 增加了极压性能要求的汽轮机油，适用于蒸汽轮机。L-TGA 为含有适当的抗氧剂和腐蚀抑制剂的精制矿物油型燃气轮机油；L-TGE 是为润滑齿轮系统而较 L-TGA 增加了极压性要求的燃气轮机油，适用于燃气轮机。L-TGSB 为含有适当的抗氧剂和腐蚀抑制剂的精制矿物油型燃/汽轮机油，较 L-TSA 和 L-TGA 增加了耐高温氧化安定性和高温热稳定性；L-TGSE 是具有极压性要求的耐高温氧化安定性和高温热稳定性的燃/汽轮机油。主要适用于共用润滑系统的燃气-蒸汽联合循环涡轮机，也可单独用于蒸汽轮机或燃气轮机。

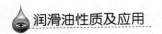

表 9-2 汽轮机油的分类(GB 7631.10—92)

组别代号	应用范围	特殊应用	更具体应用	组成和性质	品种代号 L-	典型应用
T	汽轮机	蒸汽、直接或齿轮连接到负荷	一般用途	具有防锈性和氧化安定性的深度精制的石油基润滑油	TSA	发动机、工业驱动装置及其相配套的控制系统，不需要改善齿轮承载能力的船舶驱动装置
			特殊要求	不具有特性难燃性的合成液①,②	TSC	要求使用具有某些特殊性如氧化安定性和低温性液体的发电机、工业驱动装置及其相配套的控制系统
			难燃	磷酸酯润滑剂①	TSD	要求具有难燃性液体的发电机、工业驱动装置及其相配套的控制系统
			高承载能力	具有防锈性、氧化安定性和高承载能力的深度精制石油基润滑油	TSE	要求改善齿轮承载能力的发电机、工业驱动装置和船舶齿轮装置及其配套的控制系统
		气体(燃气)直接或齿轮连接到负荷	一般用途	具有防锈性、氧化安定性的深度精制石油基润滑油	TGA	发电机、工业驱动装置及其相配套的控制系统，不需要改善齿轮承载能力的船舶驱动装置
			较高温度下使用	具有防锈性和改善氧化安定性的深度精制石油基润滑油	TGB	由于有热点出现，要求耐高温的发电机、工业驱动装置及其相配套的控制系统
			特殊性能	不具有特殊耐燃性的合成液①,②	TGC	要求具有某些特殊性如氧化安定性和低温性液体的发电机、工业驱动装置及其相配套的控制系统
			难燃	磷酸酯润滑剂①	TGD	要求使用难燃液体的发电机、工业驱动装置及其相配套的控制系统
			高承载能力	具有防锈性、氧化安定性和高承载能力的深度精制石油基润滑油	TGE	要求改善齿轮承载能力的发电机、工业驱动装置和船舶齿轮装置及其相配套的控制系统
		控制系统	难燃	磷酸酯控制液	TCD	要求液体和润滑剂分别供给，并有耐热要求的蒸汽轮机、燃气轮机的控制机构
		航空涡轮发动机②	高温、高承载能力	合成酯类、合成烃类、高温氧化安定性	TA	航空发动机及地面工业燃汽轮机及辅机
		液压传动装置③			TB	

注：①此类产品可以与石油产品不相容；
②此类产品包含合成烃以及其他化学产品。
③此类产品品种尚未建立。

表 9-3　L-TSA 和 L-TSE 汽轮机油国家标准（GB 11120—2011）

项　目		质　量　指　标							试验方法
质量等级		A 级			B 级				
黏度等级（GB/T 3141）		32	46	68	32	46	68	100	
运动黏度（40℃）/（mm²/s）		28.8~35.2	41.4~50.6	61.2~74.8	28.8~35.2	41.4~50.6	61.2~74.8	90.0~110	GB/T 265
黏度指数	不小于	90			85				GB/T 1995[①]
闪点（开口）/℃	不低于	186		195	186		195		GB/T 3536
倾点[②]/℃ 不高于		−6			−6				GB/T 3535
外观		透明			透明				目测
色度/号		报告			报告				GB/T 6540
密度（20℃）/（kg/m³）		报告							GB/T 1884 GB/T 1885[③]
酸值/（mg KOH/g）	不大于	0.2			0.2				GB/T4945[④]
水分/%	不大于	0.02			0.02				GB/T11133[⑤]
抗乳化性（40-37-3mL）/min 　54℃ 　82℃	不大于 不大于	15 —		30 —	15 —		30 —	— 30	GB/T 7305
泡沫倾向/泡沫稳定性[⑥]/（mL/mL） 　程序Ⅰ　24℃ 　程序Ⅱ　93.5℃ 　程序Ⅲ　24℃	不大于 不大于 不大于	450/0 50/0 450/0			450/0 100/0 450/0				GB/T 12579
空气释放值（50℃）/min	不大于	5	6	5	6	8	—		SH/T 0308
液相锈蚀（24h）		无锈			无锈				GB/T 11143 （B 法）
铜片腐蚀（100℃，3h）/级	不大于	1			1				GB/T 5096
旋转氧弹[⑦]/min		报告			报告				SH/T 0193
氧化安定性 　1000h 后总酸值/（mg KOH/g） 　总酸值达 2.0mg KOH/g 的时间/h	不大于 不小于	0.3 3500	0.3 3000	0.3 2500	报告 2000	报告 2000	报告 2000	— 1000	GB/T 12581 GB/T 12581
1000h 后油泥/mg	不大于	200	200	200	报告	报告	报告	—	SH/T 0565
承载能力[⑧] 　齿轮机试验/失效级	不小于	8	9	10	—				GB/T 19936.1

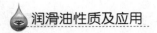

润滑油性质及应用

续表

项　目	质 量 指 标							试验方法
质量等级	A 级			B 级				
黏度等级(GB/T 3141)	32	46	68	32	46	68	100	
过滤性 干法/%　　　不小于 湿法	85 通过			报告 报告				SH/T 0805
清洁度⑨/级　　　不大于	—/18/15			报告				GB/T 14039

注：L-TSA 类分 A 级和 B 级，B 级不透用于 L-TSE 类。

① 测定方法也包括 GB/T 2541，结果有争议时，以 GB/T1995 为仲裁方法。

② 可与供应商协商较低的温度。

③ 试验方法也包括 SH/T 0604。

④ 测定方法也包括 GB/T 7304 和 SH/T 0163，结果有争议时，以 GB/T 4945 为仲裁方法。

⑤ 测定方法也包括 GB/T 7600 和 SH/T 0207，结果有争议时，以 GB/T 11133 为仲裁方法。

⑥ 对于程序Ⅰ和程序Ⅲ，泡沫稳定性在 300 s 时记录，对于程序Ⅱ，60s 时记录。

⑦ 该数值对使用中油品监控是有用的。低于 250 min 属不正常。

⑧ 仅适用于 TSE。测定方法也包括 SH/T 0306，结果有争议时，以 GB/T 19936.1 为仲裁方法。

⑨ 按 GB/T 18854 校正自动粒子计数器。(推荐采用 DL/T 432 方法计算和测量粒子)。

表 9-4　L-TGA 和 L-TGE 燃气轮机油国家标准(GB 11120—2011)

项　目	质 量 指 标						试验方法
质量等级	L-TGA			L-TGE			
黏度等级(GB/T 3141)	32	46	68	32	46	68	
运动黏度(40℃)/(mm²/s)	28.8~ 35.2	41.4~ 50.6	61.2~ 74.8	28.8~ 35.2	41.4~ 50.6	61.2~ 74.8	GB/T 265
黏度指数　　　不小于	90			90			GB/T 1995①
闪点/℃　　　不低于 　开口 　闭口	186 170			186 170			GB/T 3536 GB/T 261
倾点②/℃　　　不高于	-6			-6			GB/T 3535
外观	透明			透明			目测
色度/号	报告			报告			GB/T 6540
密度(20℃)/(kg/m³)	报告			报告			GB/T 1884 GB/T 1885ᵉ
酸值/(mg KOH/g)　　　不大于	0.2			0.2			GB/T 4945②
水分/%　　　不大于	0.02			0.02			GB/T 11133⑤

项　目	质 量 指 标						试验方法
质量等级	L-TGA			L-TGE			
黏度等级（GB/T 3141）	32	46	68	32	46	68	
泡沫倾向/泡沫稳定性⑥/（mL/mL）							GB/T 12579
程序Ⅰ　24℃　　　　不大于	450/0			450/0			
程序Ⅱ　93.5℃　　　不大于	50/0			100/0			
程序Ⅲ　24℃　　　　不大于	450/0			450/0			
空气释放值（50℃）/min　不大于	5		6	5		6	SH/T 0308
液相锈蚀（24h）	无锈		无锈		GB/T 11143（B法）		
铜片腐蚀（100℃，3h）/级　不大于	1			1			GB/T 5096
旋转氧弹⑦/min	报告			报告			SH/T 0193
氧化安定性							
1000h 后总酸值/（mgKOH/g）　不大于	0.3	0.3	0.3	0.3	0.3	0.3	GB/T 12581
总酸值达 2.0mg KOH/g 的时间/h　　不小于	3500	3000	2500	3500	3000	2500	GB/T 12581
1000h 后油泥/mg　　不大于	200	200	200	200	200	200	SH/T 0565
承载能力⑧							
齿轮机试验/失效级　不小于	—			8	9	10	GB/T 19936.1
过滤性							
干法/%　　不小于	85			85			SH/T 0805
湿法	通过			通过			
清洁度⑨/级　不大于	—/17/14			—/17/14			GB/T 14039

注：① 测定方法也包括 GB/T 2541，结果有争议时，以 GB/T1995 为仲裁方法。

　② 可与供应商协商较低的温度。

　③ 试验方法也包括 SH/T 0604。

　④ 测定方法也包括 GB/T 7304 和 SH/T 0163，结果有争议时，以 GB/T 4945 为仲裁方法。

　⑤ 测定方法也包括 GB/T 7600 和 SH/T 0207，结果有争议时，以 GB/T 11133 为仲裁方法。

　⑥ 对于程序Ⅰ和程序Ⅲ，泡沫稳定性在 300 s 时记录，对于程序Ⅱ，60s 时记录。

　⑦ 该数值对使用中油品监控是有用的。低于 250 min 属不正常。

　⑧ 仅适用于 TSE。测定方法也包括 SH/T 0306，结果有争议时，以 GB/T 19936.1 为仲裁方法。

　⑨ 按 GB/T 18854 校正自动粒子计数器。（推荐采用 DL/T 432 方法计算和测量粒子）。

表 9-5　L-TGSB 和 L-TGSE 燃/汽轮机油国家标准（GB 11120—2011）

项　目	质 量 指 标						试验方法
质量等级	L-TGSA			L-TGSE			
黏度等级（GB/T 3141）	32	46	68	32	46	68	
运动黏度（40℃）/（mm²/s）	28.8~35.2	41.4~50.6	61.2~74.8	28.8~35.2	41.4~50.6	61.2~74.8	GB/T 265

项　目		质　量　指　标						试验方法
质量等级		L-TGSA			L-TGSE			
黏度等级（GB/T 3141）		32	46	68	32	46	68	
黏度指数	不小于	90			90			GB/T 1995①
闪点/℃　　　　不低于 　开口 　闭口		200 190			200 190			GB/T 3536 GB/T 261
倾点②/℃	不高于	-6			-6			GB/T 3535
外观		透明			透明			目测
色度/号		报告			报告			GB/T 6540
密度（20℃）/（kg/m³）		报告			报告			GB/T 1884 GB/T 1885③
酸值/（mg KOH/g）	不大于	0.2			0.2			GB/T4945②
水分/%	不大于	0.02			0.02			GB/T11133⑤
泡沫倾向/泡沫稳定性⑥/（mL/mL） 　程序Ⅰ　24℃　　　　不大于 　程序Ⅱ　93.5℃　　　不大于 　程序Ⅲ　24℃　　　　不大于		450/0 50/0 450/0			50/0 50/0 50/0			GB/T 12579
空气释放值（50℃）/min	不大于	5		6	5		6	SH/T 0308
液相锈蚀（24h）		无锈			无锈			GB/T 11143 （B法）
抗乳化性（40-37-3mL）/min 　54℃	不大于	30			30			GB/T 7305
铜片腐蚀（100℃，3h）/级	不大于	1			1			GB/T 5096
旋转氧弹/min	不小于	750			750			SH/T 0193
改进旋转氧弹⑦/%	不小于	85			85			SH/T 0193
氧化安定性 　总酸值达 2.0mg KOH/g 的时间 /h 　　　　　　　　　　　　不小于		3500	3000	2500	3500	3000	2500	GB/T 12581

续表

项　目	质量指标						试验方法
质量等级	L-TGSA			L-TGSE			
黏度等级（GB/T 3141）	32	46	68	32	46	68	
高温氧化安定性（175℃，72h） 黏度变化/% 酸值变化/（mg KOH/g） 金属片重量变化/（mg/cm²） 　钢 　铝 　镉 　铜 　镁	报告 报告 ±0.250 ±0.250 ±0.250 ±0.250 ±0.250			报告 报告 ±0.250 ±0.250 ±0.250 ±0.250 ±0.250			ASTM D4636⑧
承载能力⑨ 齿轮机试验/失效级　　　　　不小于	—			8	9	10	GB/T 19936.1
过滤性 干法/%　　　　　　　　　不小于 湿法	85 通过			85 通过			SH/T 0805
清洁度⑩/级　　　　　　　　不大于	—/17/14			—/17/14			GB/T 14039

注：① 测定方法也包括 GB/T 2541，结果有争议时，以 GB/T1995 为仲裁方法。

② 可与供应商协商较低的温度。

③ 试验方法也包括 SH/T 0604。

④ 测定方法也包括 GB/T 7304 和 SH/T 0163，结果有争议时，以 GB/T 4945 为仲裁方法。

⑤ 测定方法也包括 GB/T 7600 和 SH/T 0207，结果有争议时，以 GB/T 11133 为仲裁方法。

⑥ 对于程序Ⅰ和程序Ⅲ，泡沫稳定性在 300 s 时记录，对于程序Ⅱ，60s 时记录。

⑦ 取 300 ml 油样，在 121℃下，以 3L/h 的速度通入清洁干燥的氮气，经 48h 后，按照 SH/T0193 进行试验，用所得结果与未经处理的样品所得结果的比值的百分数表示。

⑧ 测定方法也包括 GJB 563，结果有争议时，以 ASTM D4636 为仲裁方法。

⑨ 测定方法也包括 SH/T 0306，结果有争议时，以 GB/T 19936.1 为仲裁方法。

⑩ 按 GB/T 18854 校正自动粒子计数器。（推荐采用 DL/T 432 方法计算和测量粒子）。

（二）抗氨汽轮机油

抗氨汽轮机油是以精制矿物油或低温合成烃为基础油，加入抗氧、防锈、金属腐蚀抑制剂和黏度指数改进剂等多种添加剂制成。其良好的抗氨性表现在能防止氨与润滑油的氧化产物结合生成不溶于油的沉淀物，还能防止氨与油中的酸性添加剂反应生成不溶于油的盐。同时还具有抗氧防锈和抗乳化性能。

抗氨汽轮机油 SH 0362—1996 标准（见表9-6），有 32、32D、46 和 68 号三个牌号，主要用于合成氨中用汽轮机驱动的离心式合成气体压缩机，冰机及其他与氨接触的汽轮机组的润滑和密封。

表 9-6 抗氨汽轮机油标准（SH/T 0362—1996）

项　目		质量指标								试验方法
质量等级		一级品				合格品				—
牌号		32	32D	46	68	32	32D	46	68	—
运动黏度(40℃)/(mm²/s)		28.8~35.2	41.4~50.6		61.2~74.8	28.8~35.2	41.4~50.6		61.2~74.8	GB/T 265
黏度指数	不小于	95				95①				GB/T 1995
闪点(开口)/℃	不低于	200				180				GB/T 3536
倾点/℃	不高于	−17	−27	−17		−17	−27	−17		GB/T 3535
中和值(加剂前)/(mgKOH/g) (加剂后)/(mgKOH/g)	不大于	报告 0.03				报告 0.06				GB/T 4945
机械杂质/%	不大于	无				无				GB/T 511
水分/%	不大于	无				无				GB/T 260
氧化安定性(酸值达 2.0(mgKOH/g)/h	不小于	2000				1000				GB/T 12581②
破乳化性(54℃) (40-37-3mL)/min	不大于	15			20	30				GB/T 7305
泡沫性/(mL/mL) 24℃ 93℃ 后24℃	不大于 不大于 不大于	450/0 100/0 450/0				450/0 100/0 450/0				GB/T 12579
液相锈蚀试验(15号钢棒，蒸馏水，24h)		无锈								GB/T 11143
抗氨试验		合格								SH/T 0302

注：① 中间基原油生产的抗氨汽轮机油黏度指数允许不低 75。
　　② 氧化安定性试验作为保证项目，每年测定一次。

（三）磷酸酯难燃液

磷酸酯难燃液与矿物汽轮机油相比有着优异的阻燃性(自燃点 530℃以上)，与其他合成油相比着良好的热稳定性和抗磨性能。发电厂大型汽轮机的调速系统大多靠近过热蒸汽管道(过热蒸汽温度在 540℃以上)，调速系统油压很高(14 MPa 以上)。采用矿物型汽轮机油(自燃点只有 300℃左右)作为液压调节工作介质时，一旦发生泄漏，火灾的危险性极大。据德国一家保险公司统计，电站火灾中有 94%是因汽轮机的油系统故障所致，其中约 49%发生在调速系统，而 44%发生在润滑系统。所以为了提高电厂的防火能力，目前世界各国汽轮机的单独的调速系统基本上采用了磷酸酯难燃液。表 9-7 列出了 ASTM D4293 标准规定的磷酸酯难燃液的指标要求。

表 9-7 磷酸酯难燃液性能指标(ASTM D4293 标准)

ISO 黏度等级		32	46	试验方法
运动黏度(40℃)/(mm²/s)		28.8~35.2	41.4~50.6	ASTM D445
倾点/℃	不高于	0	+6	ASTM D97
泡沫倾向/mL	不高于	25		ASTM D892
燃烧性				
闪点/℃	不小于	225		ASTM D92
燃点/℃	不小于	325		ASTM D92
热歧管/℃	不小于	704		SAE AMS3150C
高温喷雾点火试验(高压)		报告		SAE AMS3150C
总酸值/(mgKOH/g)	不大于	0.2		ASTM D974
防锈性(A 法)		通过		ASTM D665
水含量/%	不大于	0.1		ASTM D1744
氧化安定性(175℃,72h)				Fed Test
黏度变化百分率(40℃)/%		-5~+20		Method std 791B
总酸值增加		3.0		Method 5308
水解安定性		报告		ASTM D2619

　　虽然我国曾生产过 4613 系列磷酸酯阻燃液,由于生产工艺与原料原因,后来逐渐退出市场,目前我国汽轮机的调速系统基本上使用进口油品。

　　磷酸酯抗水解和抗氧化稳定性较差而易变质,所以大部分磷酸酯阻燃液系统中都配备有旁路再生装置。一方面除去油老化产生的酸性有害物质和水分,另一方面通过高精度过滤器滤除运行中可能产生的固体颗粒污染物,保持油的清洁度(NAS 1638 标准 6 级以内)。在使用过种中需对磷酸酯液的酸值、水分、清洁度、电阻率等参数的变化进行监控。

　　由于磷酸酯液有一定毒性,对环境有污染,不应随意排放。随着电力工业的发展,油质劣化而报废的磷酸酯液将越来越多,如何妥善处理这些报废油品是将来需面对的一个重要问题。

第十章 其他工业用油

第一节 轴 承 油

轴承按运动方式可分为滑动轴承和滚动轴承，按润滑方式分为静压润滑轴承和动压润滑轴承。静压润滑轴承工作时依靠润滑系统的油泵压力，在摩擦副间形成较厚的油膜，摩擦系数可低至 0.001。静压润滑轴承常用于轧钢机械和磨床主轴，机床导轨等。动压润滑轴承是靠轴的转动，使所用的润滑油产生楔力而形成流体动压润滑油膜，这种油膜通常不均匀，在极端条件下甚至处于边界润滑状态。油膜轴承绝大部分是动压润滑的滑动轴承，主要用作大型高速轧机的轧辊轴承。

一、轴承油的性能特点及分类

（一）轴承油的性能特点
轴承油主要对轴承起润滑、散热、抗腐和防锈功能，它具有下述的性能特点。

1. 适宜的黏度和良好的黏温性

黏度是轴承油的重要指标之一，必须根据轴承的结构、转速、负荷和轴承间隙等因素综合考虑合适的黏度级别。此外，还要求油品有良好的黏温性，以防止工作温度、环境温度变化时，黏度变化过大，影响油品的润滑性能。

2. 良好的抗氧化性

轴承在采用循环润滑方式时，要求油品长期使用而不变质，即油品要有良好的抗氧化安定性能。如果氧化安定性不佳，在使用中生成油泥，堵塞油路和轴承间隙，造成烧瓦抱轴事故。

3. 防锈性好

轴承油在工作时进水或在潮湿的环境时，润滑油系统内易产生锈蚀，因此，要求油品有良好的防锈性。

4. 较佳的润滑性

主轴油应在滑动轴承接触面间保证均匀的油膜，且油膜强度比较大，主轴启动或停止工况下受到冲击负荷时油膜也不破裂，以降低摩擦和减小摩擦热，保证加工精度。

（二）轴承油的分类
GB/T7631.4—89 润滑剂和有关产品（L 类）分类第 4 部分：F 组（主轴、轴承和有关离合器）等效采用了国际标准 ISO6743/2 制定的。见表 10-1。

FC 类轴承油为氧化防锈型润滑油，它以精制的矿物油为基础油，加入抗氧、防锈、抗泡等添加剂调和而成。它分为 N2、N3、N5、N7、N10、N15、N22、32、46、68 和 100 共11 个黏度级别；FD 轴承油惯称为主轴油，具有良好的抗氧、防锈和抗磨性能。它分为 N2、

N3、N5、N7、N10、N15 和 N22 共 7 个黏度级别。具体性能要求见 SH 0017-90 标准。主轴油主要用于精密机床主轴承及其他循环、油浴、喷雾润滑的高速轴承和精密滑动轴承。N5 和 N7 作为纺织工业高速锭子油；N10 也作为普通轴承润滑油或或缝纫机油；N15 和 N22 也可作为低压液压系统用油或其他精密机械润滑。

表 10-1 轴承油的分类

组别符号	总应用	特殊应用	更特殊应用	组成和特性	产品符号	典型应用	备注
F	主轴、轴承和有关离合器		主轴、轴承和有关离合器	精制矿油、并加入添加剂以及其改善抗腐蚀和抗氧性	FC	滑动和滚动轴承和有关离合器的压力、油浴和油雾润滑	离合器不应使用含抗磨和极压添加剂的油，以防腐蚀和打滑危险
			主轴和轴承	精制矿油，并加入添加剂以改善其抗腐蚀、抗氧化和抗磨性能	FD	滑动和滚动轴承的压力、油浴和油雾润滑	

二、油膜轴承油

（一）油膜轴承结构和工作原理

油膜轴承是滑动轴承一簇，工作时能在轴和瓦之间形成完整的压力油膜，厚度一般在 0.010~0.040mm，避免了金属表面直接接触而烧坏轴瓦。它具有承载能力大、使用寿命长、摩擦系数低、速度范围宽、结构尺寸小、抗冲击能力强、轧制精度高等特性。按润滑原理分为静压油膜轴承、静/动压油膜轴承和动压油膜轴承。通常所说的油膜轴承是动压油膜轴承，其结构见图 10-1。

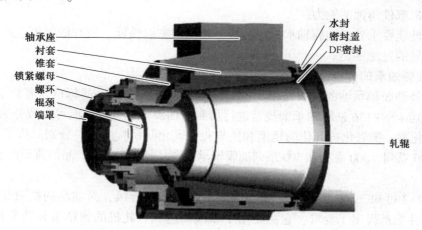

图 10-1 动压油膜轴承结构

当轧辊以某一速度旋转时，固定在轧辊上的锥套将润滑油带入锥套与衬套之间形成一定动压力的油楔，该油楔平衡加在轴承上的径向载荷（包括轧辊自重），这就是动压油膜轴承的工作原理。如果在衬套上开设很小的油腔，则形成静—动压油膜轴承，油腔的设置，减弱了动压效应，但在低速时，可靠静压形成油膜，因而在低速下具有操作性能好的特性。

油膜轴承在稳态工作时，处于流体动压润滑状态，但在起动或停机时则处于边界润滑或半干摩擦状态。轧机在操作过程中，由于震动、供油不足、润滑油进水乳化等原因致使油膜轴承也可能处于弹性流体润滑或混合润滑状态，需使用专门的油膜轴承油。

（二）油膜轴承油的性能要求

油膜轴承通常在高温、多尘、有冲击负荷及与冷却水接触的苛刻工况下工作，油膜轴承油要满足整个循环系统（主要是油膜轴承和齿轮）的用油要求。

1. 极好的分水性

油膜轴承油的分水性是其关键性能。高速运转的轴承产生大量的热量，需用水进行喷注冷却，密封性能欠佳时，冷却水会进入油中，若分水性不好，会造成部件生锈，形成黏度显著增加的乳化液而堵塞滤网、致使供油不足而导致轴承磨损，同时缩短油品的使用寿命。

2. 优良的抗磨极压性能

油膜轴承工作时主要处于（弹性）流体润滑状态，但起、停机或受冲击负荷等情况下可处于边界润滑状态。同时需满足齿轮的润滑性要求，并且在含少量水下仍具有良好的润滑性能，抗磨极压性能是其又一关键性能。

3. 良好的氧化安定性

氧化安定性决定了油品的使用寿命，油品氧化生成的油泥堵塞油眼、管线、滤油器等，导致轴承及其他部件润滑不良，同时氧化物是致使油品分水性差、起泡的主要原因。

4. 良好的防锈性

冷却水不可避免要进入油膜轴承油中，水是引起锈蚀的主要条件，因此轴承润滑油要具有防止轧机部件锈蚀的能力。

除上述性能要求外，油膜轴承油还应具有较优的黏温性能、适宜的黏度、抗铜腐蚀性、抗泡性和良好的过滤性能。

（三）油膜轴承的分类及应用情况

虽然国外油膜轴承油的发展已半个世纪，但也没有形成统一的标准，各研制单位参照美国钢铁公司 USS-136 油膜轴承油规范进行研制。油膜轴承油按性能可大致分为三大系列：抗氧化抗乳化型、抗氧化抗乳化防锈型和抗氧化抗乳化防锈抗磨型。分别对应于 Mobil 公司 Vacuoline 100 系列、300 系列和 500 系列油膜轴承油产品。三大系列产品的典型性能如表 10-2 所示。

从表 10-2 可知，500 系列是油膜轴承油的最高质量等级，对油品的抗氧化、抗乳化、防锈和抗磨性能都提出了要求，它主要用于摩根高速线材轧机的预精制和精轧机组的油膜轴承；100 系列油品主要用于热轧机和冷轧机进水的支撑辊和工作辊，而 300 系列主要用于容易进水的工作辊和线材粗轧机组。

表10-2　Mobil Vacuoline 三大系列油膜轴承油典型性质

项目		100系列					300系列					500系列				
ISO黏度等级		128	133	137	146	148	328	333	337	346	348	525	528	533	537	546
		150	220	320	460	680	150	220	320	460	680	100	150	220	320	460
运动黏度(40℃)/(mm²/s)	不小于	143~158	209~233	304~336	437~483	646~714	142	220	320	460	646	84.2~93.6	143~158	209~231	304~336	437~483
黏度指数	不小于	95					95					95				
倾点/℃	不高于	-7					-12					-12				
闪点(开口)/℃	不小于	224	224	238	263	293	224	232	238	263	293	224	224	224	238	263
酸值/(mgKOH/g)	不大于	0.1					0.1					0.1				
铜片腐蚀/级		1b					1b					1b				
抗泡性(24℃):消泡最长时间/min		10					10					10				
抗孔化性(82℃,40-37-3mL)/min	不大于	40					30		40			40				
抗氧化性(旋转氧弹)/min	不大于	120					120					120				
液相锈蚀　蒸馏水		—					无锈					无锈				
人工海水		—					无锈					无锈				
FZG/级	不小于	—					—					9				
四球机试验　P_D/N	不小于	—					—					1470				
ZMZ/N	不小于	—					—					294				

国内油膜轴承油的研制起步相对较晚，在70年代后期，锦西石油五厂为武钢研制了21号油膜轴承油，这是国产第一个油膜轴承油产品。随着摩根高速线材轧机大量引入我国，石油化工科学研究院、兰炼、上海海联、沈阳维华等单位开始研制500系列油膜轴承油，并取代进口油在首钢、鞍钢等钢厂高速精轧机组上得以成功应用。但目前引进的高速线材轧机还主要是使用进口油膜轴承油。

第二节 热传导液

热传导液也即通常所说的导热油，主要包括矿物油和合成型两大类型。热传导液因其传热均匀、安全等性能，在化工、纺织、轻工等行业得到广泛应用。

一、热传导液的性能要求及分类

热传导液传热温度可高达300℃以上，应具有良好的热稳定性，防止碳化物的生成，且要求闪点高，挥发性低，不易燃烧；比热或热容大时导热性更好；工作状态下运动黏度低时利于油品的循环；对环境的污染要尽可能低。

我国GB/T 7631.12—1994《润滑剂和有关产品(L类)的分类第12部分Q组(热传导液)等效采用了国际标准ISO 6743—12：1989分类法，详细分类见表10-3。

表10-3 热传导液的分类(GB/T 7631.12—94)

组别符号	应用范围	特殊应用[①]	更具体应用	产品类型和性能要求	品种符号L-	应用实例	备注
Q	热传导	最高使用温度<250℃	开式系统	具有氧化安定性的精制矿物油或合成液	QA	用于加热机械零件或电子元件的开式油槽	应考虑到系统、操作环境及热传导师液自身在特殊应用条件下的危险 a. 热传导液加热系统应配备有效的膨胀油槽、排气孔和过滤装置 b. 在加热食品的热交换装置中，热传导液必须符合国家卫生和安全条例
		最高使用温度<300℃	带有或不带有强制循环的闭式系统	具有热稳定性的精制矿物油或合成液	QB	热传导液加热系统或闭式循环水浴	
		最高使用温度>300℃并<320℃	带有强制循环的闭式系统	具有热稳定性的精制矿物油或合成液	QC		
		最高使用温度>320℃	带有强制循环的闭式系统	具有特殊高热定性的合成液	QD	热传导液加热系统	
		最高使用温度>-30℃并<200℃	冷却系统	具有在低温时低黏度和热稳定性的精制矿物油或合成液	QE	带有热流和(或)冷流的装置	

注：① 此栏所表示最高使用温度系指在加热器出口处测得的主流体最高允许温度，而不是指与加热器相接触达到更高温度的油膜温度。

我国导热油主要是矿油加各种添加剂配制而成，主导产品是燕化公司研究院生产的加氢芳烃型导热油，1999 年制定了行业标准 SH/T 0677—1999，该标准中中包括了 QB、QC 和 QD 三种类型的产品。就基础油热稳定性而言，环烷烃基础油大于石蜡基油，但也有用石蜡基油作导热油基础油，添加抗热分解和抗氧化添加剂改善其高温性能。最高允许使用温度大于 320℃时，需使用合成型导热油。

二、合成热传导液

合成热传导液的品种较多，但从毒性和环境方面考虑，可分为两大类型。

（一）一定毒性的合成液

1. 联苯-联苯醚

由 73.5%联苯醚和 26.5%联苯组成，是一种共沸体系，沸点 257℃，使用温度范围为 12~350℃，有报道最高传热温度可达 400℃，这是美国道化学（Dow）公司 30 年代开发的一种产品，也是使用最早、使用时间最长的产品，优点是热稳定性好，积炭倾向小，缺点是渗透性强，气味难闻，有致癌作用。由于环保的要求，取缔它的呼声很高，但由于其性能优良，在一定程度上仍被广泛使用。主要品牌有：美国 Dow 化学公司的 DowthermA、美国孟山都公司（Monsanto）的 TherminolVP-1、法国 Gilotherm DO、德国拜尔（Bayer）的 Diphyl、日本新日铁（Nipponsteel）公司的 Therm-S350。

2. 氢化三联苯

是邻、间、对氢化三联苯混合物，其中对位比例不超过 30%，否则出现沉淀。使用温度-10~340℃，目前氢化三联苯在国外占据了大部分市场份额，为许多热载体装置的首选传导液。其特点是高温稳定性好，蒸气压低，氢化三联苯在生产过程中有较大的灵活性，可根据使用温度的不同来选择氢化的程度。主要品牌有美国 Mansanto 公司的 Therminol 66、日本新日铁公司（Nippon steel）的 ThermS 900、英国石油公司（BP）的 Transcol SA 等。

3. 苄基甲苯和二苄基甲苯

两者都是性能较好的热传导液，单苄基甲苯使用温度-80~350℃，二苄基甲苯的使用温度范围是-30~350℃，但单苄基甲苯沸点 280℃，在 300℃以上要作为气相传导液使用。二苄基甲苯沸点 355~400℃，可在 350℃高温下长期使用。主要品牌有：德国赫斯公司（Huls）marlotherms S、日本东槽有机与综研工程公司（ssken Chemical EngineeringCo. Ltd.）的 Neosk-oi1400 等。

4. 烷基萘

主要是甲基萘、二甲基萘、异丙基萘等，使用温度范围-30~300℃，具有毒性低、腐蚀性小、导热性好的特点，而且凝点低、易于输送，适用于寒冷地区，但其高温稳定性较以上三种略差。主要品牌有：日本新日铁公司（Nipponsteel）的 Therm S 200，日本东槽与综研公司的 Neosk-oi1300，日本吴羽化学公司的 KSK-260、KSK-280、KSK-330

5. 烷基苯

使用温度范围为-30~315℃，主要有美国 Monsanto 公司的 Therminal55 和德国 Huls 公司的 Marlotherm N，法国 Gilotherm PW。

上述合成芳烃产品分子结构中都含有一定量的苯环，具有一定的毒性，美国和欧洲都限制使用，开始研制和应用一些毒性小、有一定环保性的产品，主要类型如下：

（二）低毒性合成液

1. 硅油

主要成分为二甲基硅氧烷聚合物，正常使用温度为 $-40\sim400℃$，其薄膜的使用温度可达到 $430℃$。道康宁公司 Syltherm 800 即为该产品。

2. 聚醚

聚醚的积炭低，是一种新型的导热油，以低聚合度的 $2\sim3$ 个碳环氧烷衍生的单醚为主要成分，其最高使用温度仅 260 度，如美国联合碳化物公司的 UCON HTF-500 是以正丁醇为起始原料与环氧乙烷和环氧丙烷的共聚物。

3. 聚 α-烯烃

聚 α-烯烃低毒、环保，有用其作导热油的报道，但未见相应产品。

2009 年我国制定了有机热载体国家标准 GB 23971，具体指标要求见表 10-4。该标准将有机热载体分为 L-QB、L-QC 和 L-QD 三个型号，其中 L-QD 类是合成型导热油产品。

表 10-4　有机热载体标准 GB 23971—2009

项　目		质　量　指　标								试验方法或应用文件
		L-QB			L-QC[①]			L-QD[①]		
		280	300	310	320	330	340	350	XXX	
最高允许使用温度[②]		280	300	310	320	330	340	350	XXX	GB/T 23800
外观		清澈透明、无悬浮物								目测
自然点/℃	不低于	最高允许使用温度								SH/T 0642
闪点(闭口)/℃	不低于	100								GB/T 261
闪点(开口)[③]/℃	不低于	180			—					GB/T 3536
硫含量(质量分数)/%	不大于	0.2								GB/T 388 GB/T 11140
氯含量/(mg/Kg)	不大于	20								附录 B
酸值/(mgKOH/Kg)	不大于	0.05								GB/T 4945[⑤]、 GB/T 7304
铜片腐蚀(100℃，3h)	不大于	1								GB/T 5096
水分/(mg/kg)	不大于	500								GB/T 11133 SH/T 0246 ASTM D6304[⑤]
水溶性酸碱		无								GB/T 0259
倾点/℃	不高于	-9			报告[④]					GB/T 3535

续表

项 目		质 量 指 标							试验方法或应用文件
		L-QB			L-QC①		L-QD①		
		280	300	310	320	330	340	350	XXX	
密度（20℃）/（kg/m³）		报告④								GB/T 1884 GB/T 1885 SH/T 0604
灰分（质量分数）/%		报告④								GB/T 508
馏程 初馏点⑥/℃ 2%/℃		报告④ 报告④								SH/T 0558 GB/T 6536
沸程/℃（气相）		报告④								GB/T 7534
残炭（质量分数）/℃	不大于	0.05								GB/T 268⑤ SH/T 0170
运动黏度/（mm²/s） 0℃ 40℃ 100℃		报告④ 40 报告④						报告④ 报告④ 报告④		GB/T 265
热氧化安定性（175℃，72h）⑦ 黏度增长（40℃）/% 酸值增加（mgKOH/g） 沉渣（mg/100g）	不大于 不大于 不大于	40 0.8 50			—					附录C
热稳定性 （最高允许使用温度下加热） 外观 变质率/%	 不大于	720 h 透明、无悬浮物和沉淀 10				1000 h 透明、无悬浮物和沉淀 10				GB/T 23800

注：① L-QC 和 L-QD 类有机热载体应在闭式系统中使用。

② 在实际使用中，最高工作温度较最高允许使用温度至少应低于 10℃，L-QB 和 L-QC 的最高允许液膜温度为最高允许使用温度加 20℃，可与供应商协商较低的温度。L-QDC 的最高允许液膜温度为最高允许使用温度加 30℃。相关要求见《锅炉安全技术监察规程》。

③ 有机热载体在开式传热系统中使用时，要求开口闪点符合指标要求。

④ 所有"报告"项目，由生产商或经销商向用户提供实测数据，以供选择。

⑤ 测定结果有争议时，硫含量测定以 SH/T 0689 为仲裁方法、酸值测定以 GB/T 4945 为仲裁方法、残炭以 GB/T 268 为仲裁方法、水分以 ASM D6304 为仲裁方法。

⑥ 初馏点低于最高工作温度时，应采用闭式传热系统。

⑦ 热氧化安定性达不到指标要求时，有机热载体应在闭式系统中作用。

第三节　电气绝缘油

　　电器绝缘油包括变压器油、电缆油、电容器油和断路器油四大类型，其中变压器油需求量最大，我国现每年需求达 30kt 以上，绝缘和散热是电气绝缘油的主要功能。

一、电气绝缘油的性能特点及分类

（一）电气绝缘油的主要性能特点

1. 适宜的黏度

绝缘油不仅起绝缘作用，同时是电器设备中的热传导介质。因此电器绝缘油黏度低一些较好，这有利于冷却散热，且低黏度油具有更低的低温黏度以保证变压器在寒冷的冬季停止运行后能顺利安全启动。当变压器油正常运行时，因油温上升，油的黏度会变小，所以变压器油的黏度也不能太低，且应具有良好的黏温性能。

2. 水含量尽量低

电器绝缘油中的水以游离水、溶解水和乳化水三种形式存在。游离水常以水珠形态游离于油中或沉降于设备底部；溶解水以极小的颗粒溶于油中，在油中分散较均匀；乳化水是由于绝缘油氧化变质或被污染，油水之间的界面张力降低，油和水形成了乳化体系。水分是绝缘油的重要性能之一，因为水的存在会影响到油品的电气性能，如增大介质损失和降低击穿电压。此外，水的存在还会促进油品老化，从而导致电器设备可靠性和使用寿命下降，新油的水分一般不大于 30mg/kg。

电器绝缘油的含水量与油品的化学组成和空气相对湿度相关，随着油品中芳烃含量的增加和空气相对湿度的增大，油的吸水能力也随之增强(图 10-2)。同时，油品中的含水量随油温的增加而增大，随油温下降而减少。

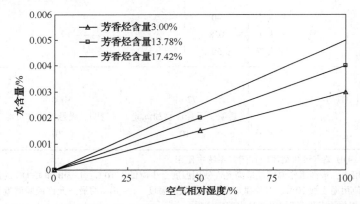

图 10-2 绝缘油中的水含量与空气相对湿度和芳香烃含量的关系

3. 介质损耗因数要小

当对绝缘油施加电流时，所通过的电流与其两端电压相位差并不是 90°，而是比 90 小 δ 角，δ 角称为介质损耗因数角，将 δ 角的正切值称为介质损耗因数。通常在一定的电压下，50Hz 和 90℃下测定。介质损耗因数是评定绝缘油电气性能指标之一，新油的介质损耗因数较小，一般在 0.001~0.0001。若油品因氧化或过热生成酸性物质或油泥以及混入其他杂质时，介质损耗因数会明显增加。同时，介质损耗因数也随油温和水含量的增加而增大。

4. 高击穿电压

将施加于绝缘油的电压逐步升高，则电压达到一定数值时，油的电阻几乎突然下降到零，即电流瞬间突增，并伴随有火花或电弧，此时的电压称为击穿电压。新油的击穿电压一般在 30~50kV 范围内，若经过处理注入设备前的油品击穿电压可达 50kV 以上。影响油品击穿电压的因素很多，如水分、纤维、油品的氧化产物等，其中水分使绝缘油的击穿电压明显下降。

5. 抗析气性好

绝缘油在高电场强度下，部分烃分子发生裂解，使油品脱氢，脱出的氢气如不能被油吸收，则形成气泡，破坏油的电气性能，并使变压器油发生气隙放电。石蜡基油在高压电场作用下会从油中释放出氢气，而许多环烷基油在相同条件下则会吸收氢气，这种特性对超高压设备用油具有一定的意义。

6. 良好的热老化安定性

绝缘油在使用中因介质损耗的存在而发热，使得油品在一定温度下长期运行，特别是变压器油，其使用寿命达数十年，良好的热老化安定性如同电器性能一样，也是一项重要的指标要求。

7. 低密度

对于变压器的密度加以控制，是为了防止在寒区工作的变压器在冬季暂停使用期间不出现浮冰，当前一般控制油的密度不大于 $895kg/m^3$。

8. 倾点低

倾点反映绝缘油的低温性能，可以估计油品的最低使用温度。变压器油的牌号就是根据其倾点或凝点来称谓的。如 45 号变压器油就表明其凝点不高于 $-45℃$。

（二）电气绝缘油的分类

1998 年制定了 GB/T7631.15—98 润滑剂和有关产品（L 类）的分类 第 15 部分：N 组（绝缘油）的分类，见表 10-5。

表 10-5　绝缘液体分类

类别	组别	IEC 出版物号	IEC 出版物分类	参考 IEC 出版物
L	NT	296	Ⅰ、Ⅱ、Ⅲ、	IEC 296，矿物油
	NT	296	ⅠA、ⅡA、ⅢA	IEC 296，加抑制剂
	NY	465	Ⅰ、Ⅱ、Ⅲ、	IEC465，电缆油
	NC	588	C-1、C-2	IEC588-3，电容器用氯化联苯
	NT	588	T-1、T-2、T-3、T-4	IEC588-3 变压器油用氯化联苯
	NY	867	1	IEC867，第 1 部分，烷基苯
	NC	867	2	IEC867，第 2 部分，烷基二苯基乙烷
	NC	867	3	IEC867 第 3 部分，烷基萘
	NT	836	1	IEC836，硅液体
	NY	963	1	IEC863，聚丁烯

注：N——所属组别，C——用于电容器，T——用于变压器和开关，Y——用于电缆。

本分类中各产品采用统一方法命名，如一个特定的产品，其完整的表示方法为 L-NT-296-ⅠA，一般允许以缩写的形式 NT296-ⅠA 表示。

长期以来，绝缘油主要以矿物油为原料。近年来随着电力和电气工业的发展，对绝缘油的电气性能和耐燃性能要求更高。矿物油型电容器油和电缆油的电气性不能满足要求，较多使用上表中所示的合成油，但变压器油还是以矿物油型基础油为主。环烷基油对生成的油泥的溶解性大、倾点低、抗析气性好，更适宜用作变压器油。

二、电气绝缘油的品种牌号

电气绝缘油的规格很多，如国际电气组织（IEC）296，美国实验材料协会 ASTM D3487，英国 BS 148 和日本 JIS C2320 等标准，下面介绍我国电气绝缘油的标准和相关产品牌号。

（一）GB 2536—2011

GB 2536—2011 包括了变压器油和低温开关油的性能指标，其中变压器（通用）、变压器油（特殊）和低温开关油的技术指标分别列入表 10-6～表 10-8。

表 10-6 变压器油（通用）标准（GB 2536—2011）

分析项目		质量指标					试验方法
最低冷态投运温度（LCSET）		0℃	-10℃	-20℃	-30℃	-40℃	
倾点/℃	不高于	-10	-20	-30	-40	-40	GB/T 3535
功能特性[①]							
运动黏度/（mm²/s）	不大于						GB/T 265
40℃		12	12	12	12	12	
0℃		1800	—	—	—	—	
-10℃		—	1800	—	—	—	
-20℃		—	—	1800	—	—	
-30℃		—	—	—	1800	—	
-40℃		—	—	—	—	2500[②]	NB/SH/T 0837
水分含量[③]/（mg/kg）	不大于	30/40					GB/T 7600
击穿电压/kV	不小于						
（满足条件之一）							
未处理油		30					
经处理油[④]		70					GB/T 507
密度[⑤]（20℃）/（kg/m³）	不大于	895					GB/T 1884 GB/T 1885
介质损耗因数[⑥]（90℃）	不大于	0.005					GB/T 5654
精制稳定特性[⑦]							
外观		清澈透明、无沉定物和悬浮物					目测[⑧]
酸值/（mgKOH/g）	不大于	0.01					NB/SH/T 0836
水溶性酸碱		无					GB/T 259

续表

分析 项 目		质 量 指 标					试验方法
最低冷态投运温度（LCSET）		0℃	−10℃	−20℃	−30℃	−40℃	
总硫含量⑨/%		无通用性要求					SH/T 0689
界面张力/（mN/m） 不大于		40					GB/T 6541
腐蚀性硫⑩		非腐蚀性					SH/T 0804
抗氧化添加剂含量⑪/%							
不含抗氧化添加剂油（U）		检测不出					
含微抗氧化添加剂油（T） 不大于		0.08					SH/T0802
含抗氧化添加剂油（I）		0.08~0.40					
2-糠醛含量/（mg/kg） 不大于		0.1					NB/SH/T 0812
运行特性⑫							
氧化安定性（120℃）							
试验时间：	总酸值/（mgKOH/g） 不大于	1.2					NB/SH/T 0811
（U）不含抗氧化添加剂油：164h	油泥/%（质量分数） 不大于	0.8					
（T）含微抗氧化添加剂：332h	介质损耗因数（90℃） 不大于	0.500					GB/T 5654
（I）含抗氧化添加剂：500h							
析气性/（mm³/min）		无通用要求					NB/SH/T 0810
健康安全环保 HSE⑬							
闪点（闭口）/℃ 不低于		135					GB/T 261
稠环芳烃（PCA）含量/% 不大于		3					NB/SH/T 0838
多氯联苯（PCB）含量/（mg/kg）		检测不出⑭					SH/T 0803

注：① 对绝缘和冷却有影响的性能。

② 运动黏度（−40℃）以第一个黏度值为测定结果。

③ 当环境温度不大于50%时，水含量不大于30mg/kg 适用于散装交货；水含量不大于40mg/kg 适用于桶装或复合中型集装容器（IBC）交货。当环境温度大于50%时，水含量不大于35mg/kg 适用于散装交货；水含量不大于45mg/kg 适用于桶装或复合中型集装容器（IBC）交货。

④ 经处理油指试验样品在60℃下通过真空（压力低于2.5kPa）过滤流过一个孔隙度为4的烧结玻璃过滤器的油。

⑤ 测定方法也包括用 SH/T 0604。结果有争议时，以 GB/T 1884 和 GB/T 1885 为仲裁方法。

⑥ 测定方法也包括用 GB/T 21216。结果有争议时，以 GB/T 5654 为仲裁方法。

⑦ 受精制深度和类型及添加剂影响的性能。

⑧ 将样品注入100ml 量筒中，在20℃±5℃下目测，结果有争议时，以 GB/T 511 测定机械杂质含量为无。

⑨ 测定方法也包括用 GB/T 11140、GB/T 17040、SH/T 0253、ISO 14596。

⑩ SH/T 0804 为必做试验。是否还需要采用 GB/T 25961 方法进行检测由供需双方协商确定。

⑪ 测定方法也包括用 SH/T 0792。结果有争议时，以 SH/T 0802 为仲裁方法。

⑫ 在使用中和/或在高电场强度和温度影响下与油品长期运行有关的性能。

⑬ 与安全和环保有关的性能。。

⑭ 检测不出指 PCA 含量小于2mg/kg，且其单峰检出限为0.1mg/kg。

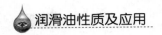

表 10-7　变压器油(特殊)标准(GB 2536—2011)

分析项目		质 量 指 标					试验方法
最低冷态投运温度(LCSET)		0℃	−10℃	−20℃	−30℃	−40℃	
功能特性①							
倾点/℃	不高于	−10	−20	−30	−40	−40	GB/T 3535
运动黏度/(mm²/s)	不大于						
40℃		12	12	12	12	12	GB/T 265
0℃		1800	—	—	—	—	
−10℃		—	1800	—	—	—	
−20℃		—	—	1800	—	—	
−30℃		—	—	—	1800	—	NB/SH/T 0837
−40℃		—	—	—	—	2500②	
水分含量③/(mg/kg)	不大于	30/40					GB/T 7600
击穿电压/kV	不小于	未处理油	30				GB/T 507
(满足条件之一)		经处理油④	70				
密度⑤(20℃)/(kg/m³)	不大于	895					GB/T 1884 GB/T 1885
介质损耗因数⑥(90℃)	不大于	0.005					GB/T 5654
精制稳定特性⑦							
外观		清澈透明、无沉定物和悬浮物					目测⑧
酸值/(mgKOH/g)	不大于	0.01					NB/SH/T 0836
水溶性酸碱		无					GB/T 259
总硫含量⑨/%(质量分数)		0.15					SH/T 0689
界面张力/(mN/m)	不大于	40					GB/T 6541
腐蚀性硫⑩		非腐蚀性					SH/T 0804
抗氧化添加剂含量⑪(质量分数)% 含抗氧化添加剂油(I)		0.08~0.40					SH/T0802
2-糠醛含量/(mg/kg)	不大于	0.05					NB/SH/T 0812
运行特性⑫							
氧化安定性(120℃)							
试验时间: (I)含抗氧化添加剂:500h		0.3					NB/SH/T 0811
总酸值/(mgKOH/g)	不大于						
油泥(质量分数)/%	不大于	0.05					GB/T 5654
介质损耗因数(90℃)	不大于	0.050					
析气性/(mm³/min)		报告					NB/SH/T 0810
带电倾向(ECT)/(μC/m³)		报告					DL/T 385

续表

分析项目		质量指标					试验方法
最低冷态投运温度（LCSET）		0℃	−10℃	−20℃	−30℃	−40℃	
健康安全环保 HSE[13]							
闪点（闭口）/℃	不低于	135					GB/T 261
稠环芳烃（PCA）含量（质量分数）/%	不大于	3					NB/SH/T 0838
多氯联苯（PCB）含量（质量分数）/（mg/kg）		检测不出[14]					SH/T 0803

注：① 对绝缘和冷却有影响的性能。

② 运动黏度（−40℃）以第一个黏度值为测定结果。

③ 当环境温度不大于50%时，水含量不大于30mg/kg 适用于散装交货；水含量不大于40mg/kg 适用于桶装或复合中型集装容器（IBC）交货。当环境温度大于50%时，水含量不大于35mg/kg 适用于散装交货；水含量不大于45mg/kg 适用于桶装或复合中型集装容器（IBC）交货。

④ 经处理油指试验样品在60℃下通过真空（压力低于2.5kPa）过滤流过一个孔隙度为4的烧结玻璃过滤器的油。

⑤ 测定方法也包括用 SH/T 0604。结果有争议时，以 GB/T 1884 和 GB/T 1885 为仲裁方法。

⑥ 测定方法也包括用 GB/T 21216。结果有争议时，以 GB/T 5654 为仲裁方法。

⑦ 受精制深度和类型及添加剂影响的性能。

⑧ 将样品注入100mL 量筒中，在20℃±5℃下目测，结果有争议时，以 GB/T 511 测定机械杂质含量为无。

⑨ 测定方法也包括用 GB/T 11140、GB/T 17040、SH/T 0253、ISO 14596。

⑩ SH/T 0804 为必做试验。是否还需要采用 GB/T 25961 方法进行检测由供需双方协商确定。

⑪ 测定方法也包括用 SH/T 0792。结果有争议时，以 SH/T 0802 为仲裁方法。

⑫ 在使用中和/或在高电场强度和温度影响下与油品长期运行有关的性能。

⑬ 与安全和环保有关的性能。

⑭ 检测不出指 PCA 含量小于2mg/kg，且其单峰检出限为0.1mg/kg。

表 10-8　低温开关油标准（GB 2536—2011）

分析项目		质量指标	试验方法
最低冷态投运温度（LCSET）		−40℃	
功能特性①			
倾点/℃	不高于	−60	GB/T 3535
运动黏度/（mm²/s） 不大于	40℃	3.5	GB/T 265
	−40℃	400②	NB/SH/T 0837
水分含量③/（mg/kg）	不大于	30/40	GB/T 7600
击穿电压/kV （满足条件之一） 不小于	未处理油	30	GB/T 507
	经处理油④	70	
密度⑤（20℃）/（kg/m³）	不大于	895	GB/T 1884 GB/T 1885
介质损耗因数⑥（90℃）	不大于	0.005	GB/T 5654
精制稳定特性⑦			
外观		清澈透明、无沉定物和悬浮物	目测⑦

续表

分析项目		质量指标	试验方法
最低冷态投运温度(LCSET)		-40℃	
酸值/(mgKOH/g)	不大于	0.01	NB/SH/T 0836
水溶性酸碱		无	GB/T 259
总硫含量⑨/%		无通用性要求	SH/T 0689
界面张力/(mN/m)	不大于	40	GB/T 6541
腐蚀性硫⑩		非腐蚀性	SH/T 0804
抗氧化添加剂含量⑪(质量分数)/% 含抗氧化添加剂油(I)		0.08~0.40	SH/T 0802
2-糠醛含量/(mg/kg)	不大于	0.1	NB/SH/T 0812
运行特性⑪			
氧化安定性(120℃) 试验时间: (I)含抗氧化添加剂:500h 总酸值/(mgKOH/g)	不大于	1.2	NB/SH/T 0811
油泥(质量分数)/%	不大于	0.8	
介质损耗因数(90℃)	不大于	0.500	GB/T 5654
析气性/(mm³/min)		无通用要求	NB/SH/T 0810
健康安全环保 HSE⑬			
闪点(闭口)/℃	不低于	100	GB/T 261
稠环芳烃(PCA)含量/%	不大于	3	NB/SH/T 0838
多氯联苯(PCB)含量/(mg/kg)		检测不出⑭	SH/T 0803

注: ① 对绝缘和冷却有影响的性能。

② 运动黏度(-40℃)以第一个黏度值为测定结果。

③ 当环境温度不大于50%时,水含量不大于30mg/kg适用于散装交货;水含量不大于40mg/kg适用于桶装或复合中型集装容器(IBC)交货。当环境温度大于50%时,水含量不大于35mg/kg适用于散装交货;水含量不大于45mg/kg适用于桶装或复合中型集装容器(IBC)交货。

④ 经处理油指试验样品在60℃下通过真空(压力低于2.5kPa)过滤流过一个孔隙度为4的烧结玻璃过滤器的油。

⑤ 测定方法也包括用 SH/T 0604。结果有争议时,以 GB/T 1884 和 GB/T 1885 为仲裁方法。

⑥ 测定方法也包括用 GB/T 21216。结果有争议时,以 GB/T 5654 为仲裁方法。

⑦ 受精制深度和类型及添加剂影响的性能。

⑧ 将样品注入100mL量筒中,在20℃±5℃下目测,结果有争议时,以 GB/T 511 测定机械杂质含量为无。

⑨ 测定方法也包括用 GB/T 11140、GB/T 17040、SH/T 0253、ISO 14596。

⑩ SH/T 0804 为必做试验。是否还需要采用 GB/T 25961 方法进行检测由供需双方协商确定。

⑪ 测定方法也包括用 SH/T 0792。结果有争议时,以 SH/T 0802 为仲裁方法。

⑫ 在使用中和/或在高电场强度和温度影响下与油品长期运行有关的性能。

⑬ 与安全和环保有关的性能。。

⑭ 检测不出指 PCA 含量小于 2mg/kg,且其单峰检出限为 0.1mg/kg。

对于在较高温度下运行的变压器或为延长使用寿命而设计的变压器的用油，应满足变压器油(特殊)技术要求。在户外寒冷气候条件下，油浸开关需使用低温开关油。

三、超高压变压器油

超高压变压器油以石油馏分为原料经精制后，加入抗氧剂、烷基苯或抗气组分调制而成的具有良好绝缘性、抗氧化安定性、抗气性和冷却性的变压器油，适用于 500kV 及以上的变压器和有类似要求的电器设备。SH 0041—91 标准的具体指标列入表 10-9。

表 10-9 超高压变压器指标(SH 0040—1991)

项 目		质 量 指 标		试验方法
牌号		25	45	
外观		透明，无沉淀物和悬浮物		目测①
密度(20℃)/(kg/cm³)	不大于	895		GB/T 1884 GB/T 1885

运动黏度/(mm²/s)
  100℃
  40℃
  0℃
	不大于
	不大于
	不大于
		报告
		13
		报告
			报告
			12
			报告
				GB/T 265

苯胺点/℃		报告		GB/T 262
倾点/℃	不高于	−22	报告	GB/T 3535②
凝点/℃	不高于	—	−45	GB/T 510②
闪点(闭口)/℃	不低于	140	135	GB/T 261
酸值/(mgKOH/g)	不大于	0.01		GB/T 4945
腐蚀性硫		非腐蚀性		SH/T 0304
水溶性酸或碱		无		GB/T 259

氧化安定性③
  酸值/(mgKOH/g)
  沉淀/%
	不大于
	不大于
		0.4
		0.2
				SH/T 0206

水溶性酸或碱		无		GB/T 259
击穿电压(间距 2.5mm 交货时)④/kV	不小于	40		GB/T 507④
介质损耗因数(90℃)	不大于	0.002		GB/T 5654
界面张力/(mN/m)	不小于	40		GB/T 6541
水分(出厂)/(mg/kg)		50		SH/T 0207
析气性/(μL/mL)	不大于	+5		GB/T 11142⑤
比色散		合格		SH/T 0205

注：① 把产品注入 100mL 量筒中，在 20℃±5℃ 下目测，如有争议时，按 GB/T 511 测定机械杂质含量为无

② 以新疆原油和大港原油生产的变压器油测定倾点和凝点时，允许用定性滤纸过滤。

③ 氧化安定性为保证项目，每年至少测定一次。

④ 测定击穿电压允许用定性滤纸过滤。

⑤ 析气性为保证项目，每年至少测定一次。

参 考 文 献

[1] 董浚修. 润滑原理与润滑油[M]. 北京：中国石化出版社，1998.

[2] 郑发正，谢凤. 润滑剂性质及应用[M]. 北京：徐州空军学院，2004，徐州.

[3] 王丙申，钟昌龄，孙淑华，张澄清. 石油产品应用指南[M]. 北京：石油工业出版社，2002.

[4] 许汉立. 内燃机润滑油产品与应用[M]. 北京：中国石化出版社，2005.

[5] 黄文轩. 润滑剂添加剂应用指南[M]. 北京：中国石化出版社，2003.

[6] 王汝霖等. 润滑剂摩擦化学[M]. 北京：中国石化出版社，1994.

[7] 梁治齐. 润滑剂生产及应用[M]. 北京：化学工业出版社，2000.

[8] 熊云，许世海等. 油品应用及管理[M]. 北京：中国石化出版社，2008.

[9] 方建华，董凌，王九等. 润滑剂添加剂手册[M]. 北京：中国石化出版社，2010.

[10] 王九，方建华等. 石油产品添加剂手册[M]. 北京：中国石化出版社，2009.

[11] 欧风. 合理润滑技术手册[M]. 北京：石油工业出版社. 1992.

[12] 颜志刚. 新型润滑材料与润滑技术实用手册[M]. 北京：国防工业出版社，1999.